职业教育“十三五”规划课程改革创新教材

计算机应用基础实用教程

（Windows 7+Office 2010）

汪　磊　罗国强　主编

科学出版社

北　京

内 容 简 介

本书是职业教育“十三五”规划课程改革创新教材，强调计算机实践操作，突出计算机应用技能的训练及对计算机基础知识的掌握。

全书共分 6 章，主要内容包括计算机基础知识、Windows 7 操作系统基础、文字处理软件 Word 2010、电子表格处理软件 Excel 2010、演示文稿处理软件 PowerPoint 2010、计算机网络基础知识。

本书既可作为职业院校计算机基础课程的教材，也可作为相关机构的培训教材。

图书在版编目（CIP）数据

计算机应用基础实用教程：Windows 7+Office 2010 / 汪磊，罗国强主编. —北京：科学出版社，2016

（职业教育“十三五”规划课程改革创新教材）

ISBN 978-7-03-049567-9

I. ①计… II. ①汪… ②罗… III. ①Windows 操作系统-职业教育-教材②办公自动化-应用软件-职业教育-教材 IV. ①TP316.7②TP317.1

中国版本图书馆 CIP 数据核字（2016）第 191766 号

责任编辑：张振华 / 责任校对：马英菊

责任印制：吕春珉 / 封面设计：曹 来

科 学 出 版 社 出版

北京东黄城根北街 16 号

邮政编码：100717

http://www.sciencep.com

三河市骏杰印刷有限公司印刷

科学出版社发行　各地新华书店经销

*

2016 年 8 月第 一 版　开本：787×1092 1/16

2020 年 8 月第六次印刷　印张：19 3/4

字数：450 000

定价：39.00

（如有印装质量问题，我社负责调换〈骏杰〉）

销售部电话 010-62136230　编辑部电话 010-62135120-2005（VT03）

前　言

随着计算机科学和信息技术的飞速发展，计算机已经成为人们生活中必不可少的一部分，计算机应用能力已成为21世纪必须具备的基本技能之一。计算机应用基础是学习其他相关技术课程的前导和基础课程，可以为后续的学习做好必要的知识准备。

计算机技术的不断发展对职业院校计算机基础教学也提出了新的挑战和要求。《国家中长期教育改革和发展规划纲要（2010—2020年）》中明确指出，要“大力发展职业教育”，“把提高质量作为重点，以服务为宗旨，以就业为导向，推进教育教学改革。”由此可见，改革计算机基础教学内容，使之更符合人才培养目标的需要，对职业教育具有重要的现实意义。基于满足职业院校计算机基础教学的需要，编者编写了本书。

本书具有以下特色：

1）内容实用，突出能力。本书知识目标、技能目标明确，知识以“够用、实用”为原则，不强调知识的系统性，而注重内容的实用性和针对性。

2）案例丰富，理实结合。本书采用丰富的案例，并详细说明每一步操作，便于学生理解；理论知识与实训并重，学生通过针对性的实训获得知识技能。整个教学过程突出职业能力的培养，体现出职业教育课程的本质特征；做中学，做中教，实现理论与实践的一体化教学。

3）以人为本，可读性强。除以培养学生的职业能力和可持续性发展为宗旨之外，本书的体例设计与内容的表现形式还充分考虑了职业院校学生的身心发展与认知规律，便于阅读。

本书由汪磊、罗国强共同编写。罗国强编写第1章和第6章；汪磊编写第2～5章并负责全书的框架设计。

由于编者水平有限，加之时间仓促，书中难免有疏漏和不当之处，恳请读者批评指正！

前言

目　录

第 1 章　计算机基础知识 …… 1

1.1　计算机的发展简史 …… 2

1.1.1　计算机的发展阶段 …… 2

1.1.2　ENIAC 介绍 …… 3

1.1.3　冯·诺依曼体系 …… 3

1.1.4　计算机的应用领域 …… 4

1.2　计算机系统的组成与性能指标 …… 4

1.2.1　计算机系统的组成 …… 5

1.2.2　计算机的性能指标 …… 7

1.3　计算机的保养 …… 8

1.3.1　硬维护 …… 9

1.3.2　软维护 …… 9

实训 1.1　计算机的保养 …… 10

1.4　键盘的布局及指法 …… 12

1.4.1　键盘的布局 …… 12

1.4.2　正确的指法训练 …… 13

1.5　中文输入法简介 …… 14

1.5.1　拼音输入法 …… 14

1.5.2　智能 ABC 输入法 …… 15

1.5.3　五笔输入法 …… 17

实训 1.2　中文五笔速度测试 …… 29

第 2 章　Windows 7 操作系统基础 …… 35

2.1　Windows 7 概述 …… 36

2.1.1　Windows 7 简介 …… 36

2.1.2　Windows 7 界面组成 …… 38

2.2　Windows 7 基本操作和设置 …… 39

2.2.1　鼠标操作 …… 39

2.2.2　Windows 7 的桌面图标和小工具 …… 39

2.2.3　Windows 7 的任务栏 …… 41

2.2.4　Windows 7 的菜单 …… 44

2.2.5　Windows 7 的窗口 …… 45

2.2.6　Windows 7 的对话框 …… 48

实训 2.1　Windows 7 基本操作 …… 50

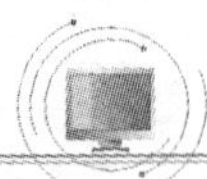

2.3 磁盘操作和文件管理 …… 54
2.3.1 磁盘操作 …… 54
2.3.2 文件及文件夹的基本操作 …… 56
实训 2.2 Windows 7 的文件管理 …… 61
2.4 Windows 7 系统设置 …… 65
2.4.1 控制面板简介 …… 65
2.4.2 系统属性设置 …… 66
2.4.3 程序卸载和功能选择 …… 67
2.4.4 文件夹选项设置 …… 68
2.4.5 输入法设置 …… 69
2.4.6 时间与日期的设置 …… 69
2.4.7 用户账户管理 …… 70
2.4.8 Windows 防火墙设置 …… 70
2.4.9 个性化设置 …… 71
2.4.10 其他设置 …… 72
2.5 Windows 7 附件工具 …… 72
2.5.1 画图工具 …… 72
2.5.2 写字板 …… 73
2.5.3 计算器 …… 73
实训 2.3 Windows 7 的程序管理 …… 74
实训 2.4 Windows 7 的系统设置 …… 77

第 3 章 文字处理软件 Word 2010 …… 84

3.1 Word 2010 简介与基本操作 …… 85
3.1.1 Word 2010 简介 …… 85
3.1.2 文档的基本操作 …… 87
3.2 文档编辑 …… 89
3.2.1 文档的基本编辑 …… 89
3.2.2 文档的格式设置 …… 91
实训 3.1 合作协议书的制作 …… 100
3.3 表格的制作 …… 105
3.3.1 创建表格 …… 106
3.3.2 表格的编辑与修改 …… 107
3.3.3 表格的格式设置 …… 108
3.3.4 表格中数据的计算和排序 …… 110
3.3.5 将表格转换为文本 …… 112
实训 3.2 个人简历的制作 …… 112
3.4 制作图文混排的文档 …… 118

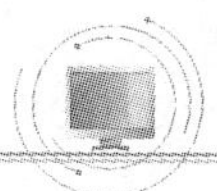

3.4.1 插入艺术字 ······ 118
3.4.2 插入图片 ······ 119
3.4.3 插入 SmartArt 图形 ······ 120
3.4.4 绘制自选图形 ······ 121
3.4.5 使用文本框 ······ 123
实训 3.3 校园大赛海报的制作 ······ 124
3.5 页面版式的编排与打印 ······ 129
3.5.1 页面设置的功能 ······ 129
3.5.2 设置分栏 ······ 129
3.5.3 设置首字下沉 ······ 130
3.5.4 页眉、页脚与页码 ······ 130
3.5.5 添加脚注和尾注 ······ 133
3.5.6 拼写和语法检查 ······ 133
3.5.7 插入和更新目录 ······ 134
3.5.8 插入公式 ······ 135
3.5.9 统计字数和保护文档 ······ 135
3.5.10 文档的打印 ······ 137
实训 3.4 企业招聘简章的制作 ······ 138

第 4 章 电子表格处理软件 Excel 2010 ······ 146

4.1 Excel 2010 简介与基本操作 ······ 147
4.1.1 Excel 2010 简介 ······ 147
4.1.2 工作簿的基本操作 ······ 150
4.2 数据输入与编辑 ······ 151
4.2.1 数据类型 ······ 151
4.2.2 直接输入数据 ······ 152
4.2.3 自动填充数据 ······ 153
4.2.4 其他数据输入操作 ······ 156
4.2.5 数据编辑 ······ 158
实训 4.1 数据输入与单元格格式设置 ······ 160
4.3 工作表与工作簿管理 ······ 164
4.3.1 工作表格式设置 ······ 164
4.3.2 工作表管理 ······ 168
4.3.3 工作簿窗口管理 ······ 171
4.3.4 保护工作表和工作簿数据 ······ 175
实训 4.2 工作表基本操作 ······ 176
4.4 数据计算与函数 ······ 182
4.4.1 在当前工作表中引用另一个工作表的数据 ······ 182

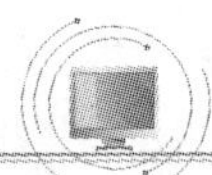

4.4.2 绝对引用和相对引用 …… 182
4.4.3 常用计算方法 …… 182
4.5 图表操作 …… 185
4.5.1 图表类型 …… 185
4.5.2 图表术语 …… 187
4.5.3 创建图表 …… 188
4.5.4 图表编辑 …… 190
实训 4.3 图表应用 …… 191
4.6 数据管理 …… 195
4.6.1 排序 …… 195
4.6.2 筛选 …… 196
4.6.3 分类汇总 …… 198
4.6.4 创建数据透视表 …… 200
实训 4.4 数据管理 …… 201

第 5 章 演示文稿处理软件 PowerPoint 2010 …… 205

5.1 PowerPoint 2010 简介与基本操作 …… 206
5.1.1 PowerPoint 2010 简介 …… 206
5.1.2 演示文稿的创建 …… 213
5.2 演示文稿的基本编辑 …… 215
5.2.1 编辑幻灯片 …… 215
5.2.2 文本编辑 …… 217
5.2.3 占位符编辑 …… 218
5.2.4 段落设置 …… 221
实训 5.1 PowerPoint 的基本操作 …… 224
5.3 图片、图表的处理 …… 236
5.3.1 图片的插入与编辑 …… 236
5.3.2 图形的绘制和编辑 …… 239
5.3.3 图表的创建和使用 …… 241
实训 5.2 版面元素的添加 …… 245
5.4 幻灯片设计 …… 251
5.4.1 自定义动画 …… 251
5.4.2 创建交互式演示文稿 …… 252
5.4.3 母版使用 …… 253
5.4.4 应用设计模板 …… 254
实训 5.3 幻灯片风格设计 …… 257
5.5 放映打包演示文稿 …… 264
5.5.1 演示文稿的放映 …… 264

5.5.2　演示文稿的切换效果……266
5.5.3　演示文稿中音、视频对象的插入……267
实训 5.4　幻灯片风格设计……270

第 6 章　计算机网络基础知识……280

6.1　计算机网络简介……281
6.1.1　计算机网络的产生与发展……281
6.1.2　计算机网络的定义与功能……281
6.1.3　计算机网络的分类……282
6.2　Internet 及其应用……286
6.2.1　Internet 概述……286
6.2.2　Internet 的服务……286
实训 6.1　网页的搜索与保存……289
实训 6.2　电子邮件服务的申请和使用……293
6.3　IP 地址的设置……297
6.3.1　IP 地址概述……297
6.3.2　域名系统……299
实训 6.3　IP 地址的查询与 TCP/IP 的设置……301

参考文献……304

第 1 章

计算机基础知识

学习目标

- 了解计算机的发展简史。
- 掌握计算机系统的组成。
- 掌握计算机的保养知识。
- 掌握正确的指法。
- 了解中、英文输入法。

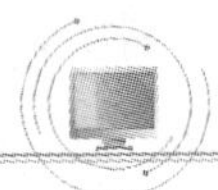

1.1　计算机的发展简史

计算机是电子信息技术迅速发展的产物，是人类科学技术史上一项伟大的成就，从问世到今天，给人类社会发展带来了极其深远的影响。如今，计算机已经进入千家万户，走进各行各业，无论是生活还是工作都已经离不开它。计算机应用领域之广泛，发展速度之快，都令大家为之赞叹。本节介绍计算机的发展史及应用领域。

1.1.1　计算机的发展阶段

根据计算机所采用的电子元器件来划分，电子计算机的发展分成以下几个时期（又称几代）。

1. 电子管计算机

第一代（1946～1957 年）是电子管计算机。它的基本电子元器件是电子管，如图 1-1（a）所示。内存储器采用水银延迟线，外存储器主要采用磁鼓、纸带、卡片、磁带等。由于当时电子技术的限制，运算速度只有每秒几千次至每秒几万次基本运算，内存容量仅几千个字。因此，第一代计算机体积大，耗电多，速度低，造价高，使用不便，主要局限于一些军事和科研部门进行科学计算。软件上前期采用机器语言，后期采用汇编语言。

2. 晶体管计算机

第二代（1958～1964 年）是晶体管计算机。1948 年，美国贝尔实验室发明了晶体管，如图 1-1（b）所示，10 年后晶体管取代了计算机中的电子管，诞生了晶体管计算机。晶体管计算机的基本电子元器件是晶体管，内存储器大量使用由磁性材料制成的磁芯存储器。与第一代计算机相比，晶体管计算机体积小，耗电少，成本低，逻辑功能强，使用方便，可靠性高。软件上广泛采用高级语言，并出现了早期的操作系统。

3. 中、小规模集成电路计算机

第三代（1964～1970 年）是中、小规模集成电路计算机。随着半导体技术的发展，1958 年夏，美国德克萨斯公司制成了第一个半导体集成电路。集成电路是在几平方毫米的基片上集成了几十个或上百个电子元器件的逻辑电路，如图 1-1（c）所示。第三代计算机的基本电子元器件是小规模集成电路和中规模集成电路。由于采用了集成电路，第三代计算机各方面性能都有了极大提高：体积缩小，价格降低，功能增强，可靠性大大提高。软件上广泛使用操作系统，产生了分时、实时等操作系统和计算机网络。

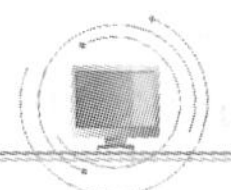

4. 大规模、超大规模集成电路计算机

第四代（1971 年至今）是大规模、超大规模集成电路计算机。随着集成了上千甚至上万个电子元器件的大规模集成电路和超大规模集成电路的出现，电子计算机发展进入了第四代。第四代计算机的基本元器件是大规模集成电路，甚至超大规模集成电路，如图 1-1（d）所示，集成度很高的半导体存储器替代了磁芯存储器，运算速度可达每秒几百万次，甚至上亿次基本运算。在软件方法上产生了结构化程序设计和面向对象程序设计的思想。另外，网络操作系统、数据库管理系统得到广泛应用。微处理器和微型计算机也在这一阶段诞生并获得飞速发展。

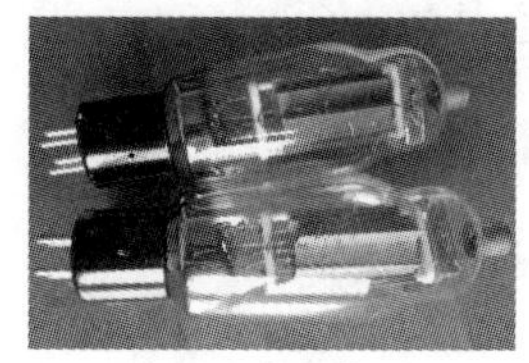

（a）电子管

（b）晶体管

（c）集成电路

（d）超大规模集成电路

图 1-1　计算机的基本元器件

1.1.2 ENIAC 介绍

世界上第一台现代电子计算机“ENIAC”（埃尼阿克），诞生于 1946 年 2 月 14 日的美国宾夕法尼亚大学，并于次日正式对外公布。在宾夕法尼亚大学莫尔电机学院揭幕典礼上，这个占地面积达 170m^2、重达 30t 的庞然大物，为来宾表演了在 1s 内进行 5000 次加法运算，这比当时运算速度最快的继电器计算机还要快 1000 多倍，完成了一次完美的亮相。

ENIAC 长 30.48m，宽 1m，占地面积约 170m^2，有 30 个操作台，相当于约 10 个普通房间的大小，重达 30t，功耗 150kW，造价 48 万美元。它包含了 17468 个真空管、7200 个二极管、1500 个中转器、70000 个电阻器、10000 个电容器、1500 个继电器、6000 多个开关，每秒执行 5000 次加法或 400 次乘法，运算速度是继电器计算机的 1000 倍、手工计算的 20 万倍。它的诞生意义非常重大，标志着电子计算机时代的到来。

1.1.3 冯·诺依曼体系

1946 年，美籍匈牙利数学家冯·诺依曼（图 1-2）提出了关于计算机的构成工作原理的基本设想：计算机应包括运算器、存储器、控制器、输入设备和输出设备五大基本部件。同时，他还提出了“存储程序”的概念和二进制原理。冯·诺依曼理论的要点：①数字计算机的数制采用二进制；②计算机应该按照程序顺序执行。人们把冯·诺依曼的这个理论称为冯·诺依曼体系结构，又称普林斯顿体系结构（princeton architecture），如图 1-3 所示。从 ENIAC 到当前最先进的计算机，采用的都是冯·诺依曼体系结构。

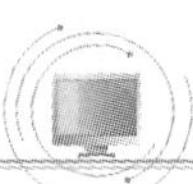

图 1-2　冯·诺依曼

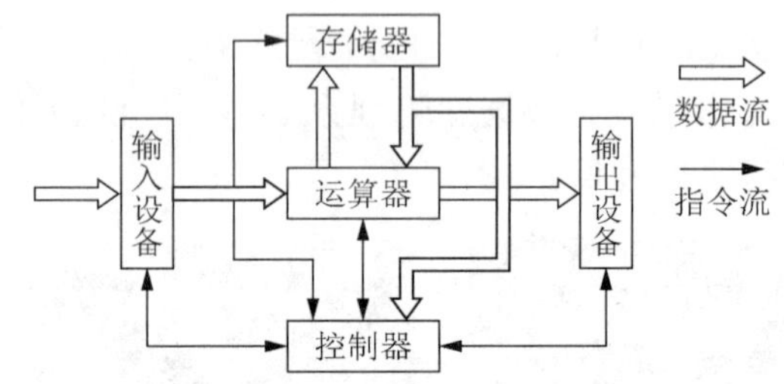

图 1-3　冯·诺依曼体系结构

1.1.4　计算机的应用领域

随着计算机技术的不断发展，其功能也越来越强大，应用范围也更加广泛。其应用领域可分为以下几方面：科学计算、过程检测与控制、信息管理（数据处理）、计算机辅助系统。其中，计算机辅助系统是一个重要的应用方向，主要包括以下几方面。

1）计算机辅助设计（computer aided design，CAD）：利用计算机来帮助设计人员进行工程设计，以提高设计工作的自动化程度，节省人力和物力。目前，此技术已经在电路、机械、土木建筑、服装等方面的设计中得到了广泛的应用。

2）计算机辅助制造（computer aided manufacturing，CAM）：利用计算机进行生产设备的管理、控制与操作，从而提高产品质量，降低生产成本，缩短生产周期，并且大大改善制造人员的工作条件。

3）计算机辅助测试（computer aided testing，CAT）：利用计算机进行复杂而大量的测试工作。

4）计算机辅助教学（computer aided instruction，CAI）：利用计算机帮助教师讲授和帮助学生学习，使学生能够轻松自如地从中学到所需要的知识。

1.2　计算机系统的组成与性能指标

计算机系统由硬件系统和软件系统两大部分组成。硬件系统和软件系统相辅相成，没有软件支持的硬件系统称为“裸机”，这样的“裸机”几乎是没有用的。计算机只有在一定的软件支持下才能完成大量的处理工作。硬件是计算机系统的物质基础，软件是计算机系统的灵魂。本节介绍计算机系统的组成与性能指标。

1.2.1　计算机系统的组成

计算机系统是指为了运行、管理和维护计算机资源而编写的各种程序的集合，由硬件系统和软件系统两部分组成，如图 1-4 所示。

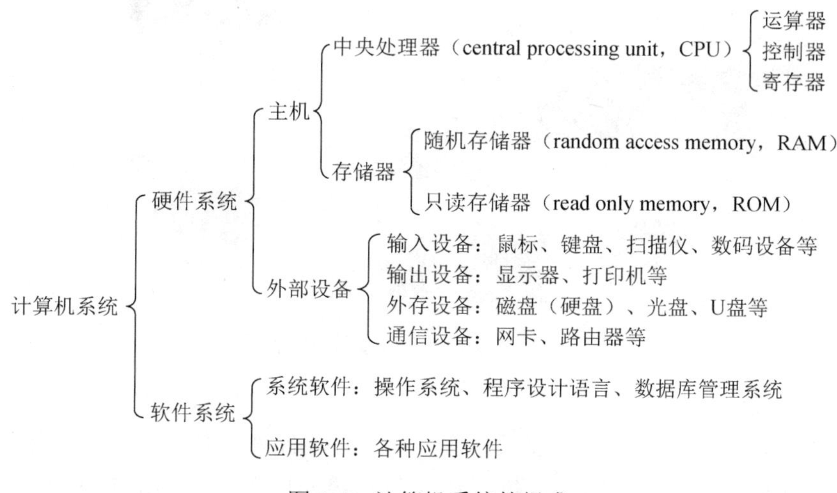

图 1-4　计算机系统的组成

1. 计算机的硬件系统

计算机硬件系统包括运算器、控制器、存储器、输入设备和输出设备五个基本部分。

（1）运算器

运算器又称算术逻辑单元（arithmetic and logic unit，ALU），主要对信息或数据进行处理和运算。算术运算是指按算术规定的法则进行运算，如加、减、乘、除等。逻辑运算是指与、或、非、比较等。

（2）控制器

由指令存储器、译码器、程序计数器等组成的控制器是计算机的神经中枢和指挥中心，负责程序指令的读取和分析，再依照时间的先后顺序向计算机的相应部件发出控制信号，负责协调、控制输入/输出操作和内存的访问。

（3）存储器

在计算机中存储各种信息的部件称为存储器。存储器分为两种：一种为主存储器，又称内存储器；另一种为辅助存储器，又称外存储器，如 CD-ROM、硬盘，如图 1-5 所示。

图 1-5　存储器

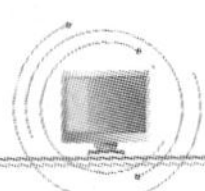

（4）输入设备

输入设备包括键盘、鼠标、手写板、扫描仪、数码照相机等，其负责把计算机外部的程序、数据信息等送入计算机内部设备，如图 1-6 所示。

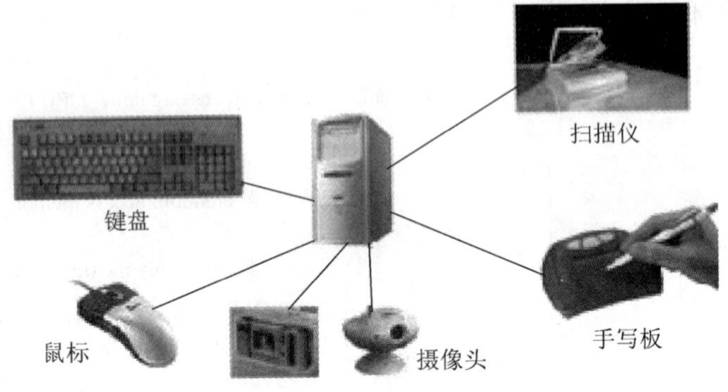

图 1-6　输入设备

（5）输出设备

计算机内部的数据信息可以传到显示器、打印机等外部设备，这些设备称为输出设备。常用的输出设备有显示器、打印机、投影仪、数码照相机等，如图 1-7 所示。

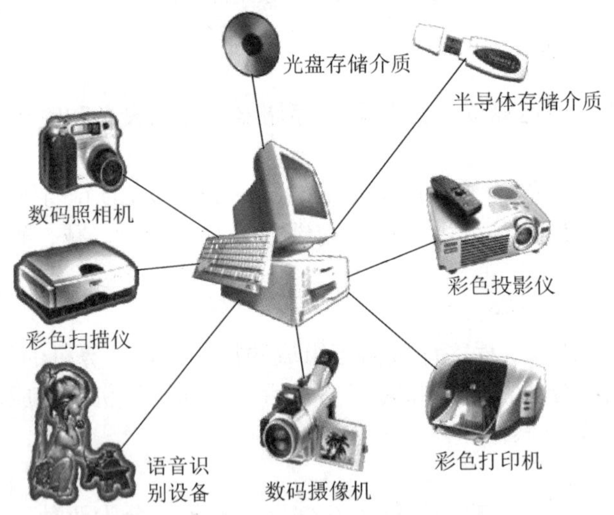

图 1-7　输出设备

微型计算机又称 PC 或个人计算机。一台微型计算机由主机、显示器、键盘、鼠标等设备组成。主机是计算机的重要组成部分，由主板、硬盘、CPU、内存条、光驱、风扇等组成。

2. 计算机的软件系统

软件是指为进行运行、维护、管理、应用微型计算机所编制的程序和运行程序所需要的数据及其有关文档资料。软件按照功能可分为系统软件与应用软件两大部分。

（1）系统软件

系统软件是指管理、监控、维护计算机，并为用户操作使用计算机提供服务的一类软件。它一般与具体应用无关，在系统一级提供服务，确保计算机正常工作，确保用户有一个良好的操作使用环境，确保应用软件能够正常运行，同时也为用户开发具体的应用程序提供必不可少的开发平台。

常用的系统软件有操作系统、语言处理程序等。

1）操作系统。

操作系统是系统软件的核心和基石。它负责管理和控制计算机系统的所有硬件资源和软件资源，并担任用户与计算机之间的接口。只有在操作系统的管理和控制下，计算机系统所有的软硬件资源才能协调一致、有条不紊地工作。目前常用的操作系统软件有 Windows 7、Windows NT、UNIX、OS/2、Novell NetWare 等。

2）语言处理程序。

计算机语言就是人与计算机进行沟通的、计算机能够接受处理的、具有一定格式的语言，通常分为机器语言、汇编语言、高级语言和 4GL（fourth-generation language，第四代语言）。

机器语言是一种计算机能直接识别、不需要翻译、直接供机器使用的语言，直接使用机器指令编写程序。它的指令集通常与具体机器有关，是一组 0、1 代码。

汇编语言是一种与机器语言相对应的语言，它采用一定的助记符号来表示机器语言中的指令和数据，使得机器语言符号化，便于记忆和使用，克服了一些机器语言难读、难理解、容易出错的缺点。

高级语言是一种更接近于人类自然语言和数学语言的语言，易于程序设计者理解，是目前使用最多的语言。常用的高级语言有 C 语言、Pascal 语言、Visual Basic 语言、Visual C++ 语言、Delphi 语言等。

4GL 即第四代语言，是针对网络和多媒体的程序设计语言。这种语言的特点是只需要告诉计算机做什么，而不需要告诉它怎么做，计算机就会自动完成所需的操作。常见的 Java、FrontPage 和许多的表处理语言、数据库语言都属于 4GL。

（2）应用软件

应用软件是指利用计算机的软硬件资源为某一专门的应用目的而开发的软件。应用软件通常用于某一特定的应用领域，常见的有文字处理软件（如 Microsoft Word、金山公司下的 WPS 等）、电子表格软件（如 Microsoft Excel）、浏览器软件（如 IE、NetScape Navigator 等）、网页制作软件（如 Dreamweaver、FrontPage 等）、动画制作软件（如 Flash、Cool 3D 等）、图形处理软件（如 Photoshop、3D MAX、FreeHand 等）、辅助设计软件（如 AutoCAD）。其他常用的应用软件还包括电子商务软件、财务软件、防病毒软件、游戏软件及一些个人日常软件等。

1.2.2　计算机的性能指标

一台计算机系统的整体性能由多方面的指标决定，包括硬件的各项指标，也包含微型计算机中所安装软件的种类及其版本，主要性能指标如下：

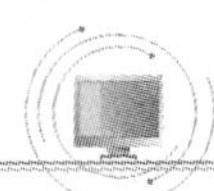

1. 字长

字长指计算机直接处理二进制的位数，即规定计算机的存储器或寄存器用多少位表示一个字。微型计算机的字长为 8 位、16 位、32 位或 64 位。字长越长，可用来表示数的有效位越多，计算机处理数据的精度越高。因此，字长是用来衡量计算机精度的主要指标。按微型计算机的字长可分为 8 位机（如早期的 Apple II 机）、16 位机（如 286 机）、32 位机（如 386 机、486 机、Pentium 机）和 64 位机，现普遍采用 Intel 公司和 AMD 公司微处理器的机器。

2. 主频

微型计算机的主频指计算机的时钟频率，即微处理器提供有规则的电脉冲速度，在很大程度上决定了计算机的运算速度。20 世纪 90 年代初主频单位一般用 MHz，如今一般用 GHz（1G=1000M）。一般来说，主频越高，计算机的运算速度越快。例如，486 机的主频一般为 25～100MHz，Pentium II 的主频为 550MHz。当前 CPU 的主频最高已达 4.1GHz。

3. 运算速度

运算速度通常指的是计算机每秒所能执行的指令条数，单位使用百万次/s、（MIPS）。显然，它是用于衡量计算机运算快慢的指标。目前，微型计算机的运算速度已达 5200MIPS 以上。

4. 内存储器容量

计算机存储器容量一般以字节作为基本单位。内存储器容量指的是计算机内存储器能存储信息的字节数。内存储器用于存储正在运行或随时要使用的程序和数据。内存储器的大小直接影响程序的运行。内存储器容量越大，所能存储的数据和运行的程序越多，程序运行速度越快，微型计算机处理信息的能力越强。目前，微型计算机的内存储器标准容量已达 2GB 以上。

5. 软件配置

计算机以硬件系统作为信息处理的物质基础，但如果要真正发挥作用还要给计算机配置一定的软件。合适的软件系统能很大程度上提高计算机的性能。

1.3 计算机的保养

当今社会计算机应用领域之广泛，发展速度之快，令人为之赞叹。如何使自己的计算机最大化地发挥工作优势，如何延长计算机的使用寿命，如何提高计算机的整体性能，是摆在大家面前的话题，通过本节的学习来了解计算机日常保养及维护的基本知识。计算机的日常维护分为硬维护和软维护两个方面。

1.3.1 硬维护

硬维护是指在硬件方面对计算机进行的维护，包括计算机使用环境、各种器件的日常维护和工作时的注意事项等。

1）一般计算机应工作在 10～25℃环境下，太高或太低都会影响计算机配件的寿命。

2）CPU 是计算机中温度最高的重要部件，温度过高可能导致蓝屏、死机或计算机不能启动，因此要做好平时的散热工作，如图 1-8 所示。

图 1-8 超大风扇的机箱

3）做好防尘工作，计算机所安放的环境要求粉尘较少。

4）防止振动，以避免计算机中部件的损坏，硬盘固定处加橡胶垫，为硬盘减振。

5）在硬盘进行读、写操作时不宜马上关闭电源。只有当硬盘指示灯停止闪烁后方可进行关机操作。计算机在使用时不要搬动机箱，不要让计算机受到振动，以免损伤到硬盘及其他部件。

6）不要经常性地开关显示器，否则容易使显示器内部瞬间产生高电压，使电流过大而将显像管烧毁。台式机开机时应先开显示器，再开主机；关机时应先关主机，再关显示器。

7）做好防潮工作，注意防止阴雨天气的水气、平时水杯里的水和湿布里的水进入计算机显示器。

8）防磁场干扰，手机等电器应远离计算机显示器。

1.3.2 软维护

一台计算机经过格式化，新装上系统时，运行速度很快，但使用一段时间，性能就会有明显的下降，这与系统中的软件增加、负荷变大有关系。例如，磁盘碎片的增加以及软件删除留下的无用注册文件，都有可能导致系统性能下降。其实，只要我们随时对计算机系统进行合理的维护，计算机就可以发挥最大化性能，可以通过如下几个步骤使计算机以最佳的状态运行。

01 安装防病毒软件，定期对计算机进行计算机病毒扫描。

02 清理磁盘碎片。可以用 Windows 自带的磁盘清理程序：单击“开始”按钮，选

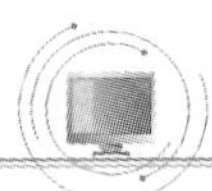

择“所有程序”→“附件”→“系统工具”→“磁盘碎片整理程序”命令。如果经常性地存取大文件，建议两个月整理一次，一般可每隔半年整理一次。

03 清除系统的垃圾文件。当按“Shift+Delete 组合键删除文件后，其实还有一些相关的连接文件和已无用的注册表键存留在硬盘中。这时需要彻底地清除那些不想要的程序和文件，即清除 TEMP 文件夹的垃圾文件。

04 Windows 在安装和使用过程中产生的垃圾包括临时文件（如*.tmp、*._mp 等）、临时备份文件（如*.bak、*.old、*.syd 等）、临时帮助文件（*.gid）、磁盘检查数据文件（*.chk）以及*.dir、*.dmp、*.nch 等其他临时文件。可以使用优化大师或其他软件，将这些“垃圾”从硬盘中找出来并删除。

05 让硬盘保持良好的状态。硬盘虽然不是计算机的心脏，但如果有所损坏，造成的损失也是难以计算的。因而，硬盘的日常维护是不可缺少的。

实训 1.1　计算机的保养

实训目的

1）掌握保养计算机的重要性。

2）掌握计算机保养的方法。

实训内容

1）计算机的硬件保养。

2）计算机的软件保养。

实训步骤

通过 1.3 节计算机的日常保养及维护基本知识的学习，可以将计算机的日常维护分为硬维护和软维护两个方面。以学生上机作业为例，下面就具体地来体验一下计算机的保养与维护。

1）学生每次进入机房自觉检查机房的环境情况，如卫生情况、通风情况、温度情况及灰尘污染情况。要使一台计算机工作在正常状态并延长使用寿命，必须使它处于一个适合的工作环境。

2）学生上机时，养成良好的秩序，对号入座，不喧闹，不随意离开座位，防止机箱振动，以避免计算机中部件的损坏，为硬盘减振。

3）学生在上机时不要频繁地开关机，开关机每次应间隔片刻时间。遵循严格的开关机顺序：应先开外部设备，如显示器、音箱、打印机、扫描仪等，最后开机箱电源；反之，关机应先关闭机箱电源。

4）学生离开座位时，尽量不要关机，暂时不用时，尽量开启屏幕保护程序或休眠，以延长显示器的使用寿命。

5）养成劳逸结合的习惯，不要通宵达旦地使用计算机，否则对计算机的使用寿命不利，对身体的伤害则更大，显示器、机箱、鼠标和键盘都是有辐射的，键盘上的辐射量实际上更大。

6）学生在上机时，注意不要在计算机显示器的周围放置带磁的东西，如手机、音响等，这样可避免磁干扰。

7）学生上机时，如果有必要搬动计算机则要轻手轻脚。机器未工作时，也应尽量避免搬动机器，如果需要搬动，注意避免过大的振动，因为过大的振动会对硬盘一类的配件造成损坏。搬运时尽量不要倒置、侧卧，最好用防振的海绵、报纸等垫好。

8）安全第一，查杀病毒。在使用 U 盘或光盘前，最好先用杀毒软件进行查毒，并注意随时更新自己的计算机病毒库。如果经常上网，一定要安装计算机病毒防火墙，并最好设置每天定时杀毒。注意平时的杀毒功能的使用。

9）用 360 安全卫士软件清理恶意软件，修复漏洞。

10）清理磁盘和整理磁盘碎片，操作步骤如下：

01 在“计算机”窗口，右击要清理的磁盘，在弹出的快捷菜单中选择“属性”命令，弹出该磁盘的属性对话框，在“常规”选项卡中单击“磁盘清理”按钮，在弹出的磁盘清理对话框中勾选要删除的文件，单击“确定”按钮。

02 清除临时文件，单击“开始”按钮，选择“运行”命令，打开“运行”对话框，在输入框中输入“%temp%”，单击“确定”按钮。

03 用优化大师软件或超级兔子软件清理注册表和垃圾文件。

04 关闭一些启动程序，单击“开始”按钮，选择“运行”命令，打开“运行”对话框，在输入框中输入“msconfig”，单击“确定”按钮，在打开的“系统配置”对话框中选择“启动”选项卡，除杀毒软件、输入法外一般的程序都可以关掉。

05 删除不用的程序软件。

06 整理磁盘碎片：单击“开始”按钮，选择“所有程序”→“附件”→“系统工具”→“磁盘碎片整理程序”命令，在打开的“磁盘磁片整理程序”对话框中选择其中一个磁盘进行碎片整理。

11）查看“设备管理器”中有没有带黄色或红色“！”标记的设备选项，如果有此标记则表明硬件设备有冲突，可以先删除该设备，然后进行刷新或进行“新硬件检测”，按照安装向导重新安装设备驱动程序或进行必要的驱动程序升级，以解决系统的冲突问题。如果“设备管理器”各项列表正常，则无须进行操作。

12）如果磁盘显示的容量有问题，就单击“开始”按钮，选择“所有程序”→“附件”→“系统工具”→“磁盘清理”命令，可以清理磁盘上不需要的文件；如果系统运行速度日益减慢，运行“磁盘碎片整理程序”，可在“运行”对话框的输入框中输入“defrag”或在系统工具中启动运行，以整理磁盘因读写产生的各类临时文件、无效文件等。

13）学生在上机过程中还要注意鼠标的保养、键盘的保养、显示器的保养、光驱的保养、机箱内部清洁和风扇的保养。

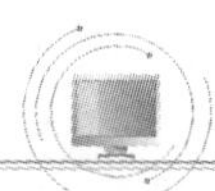

实训小结

通过本次实训，同学们掌握了保养计算机的重要性，并且掌握了如何对计算机进行保养（保养又分为硬件保养和软件保养两个方面），从而使同学们在今后的工作中将计算机的保养知识切实运用到日常工作和生活中去，以实现计算机性能优势的最大化。

1.4 键盘的布局及指法

在用计算机进行文字输入之前，我们必须先掌握计算机键盘的布局情况、录入时正确的坐姿及如何提高录入速度，为今后的录入能力打下坚实的基础。

1.4.1 键盘的布局

键盘的按键数因不同的机型而有所不同，使用较普遍的计算机键盘有 101 个键或 104 个键。键盘按功能不同可分为 5 个区：功能键区、主键区、编辑键区、指示灯区、数字键区，如图 1-9 所示。

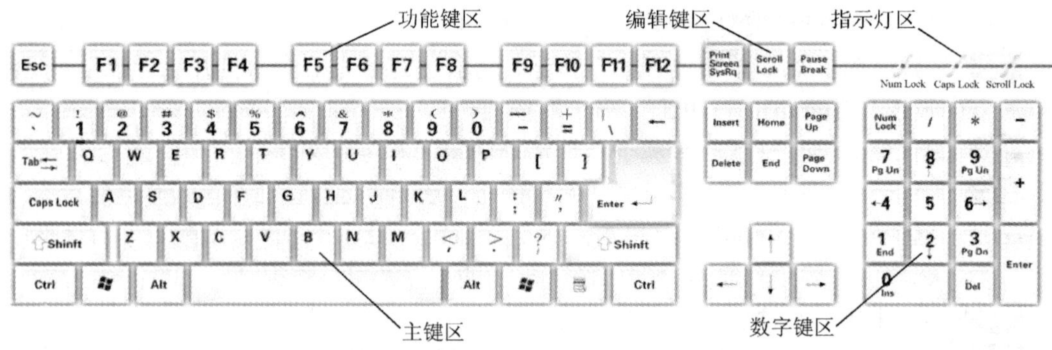

图 1-9　键盘的分区

常用键的基本功能见表 1-1。

表 1-1　键盘常用键的功能

键的符号	功能和使用方法
←↑→↓	光标移动键
Home、End	使光标移到本行起始位置或结束位置
Page Up、Page Down	往前翻一屏内容或往后翻一屏内容
Space	空格键，按一下该键能输入一个空格符或移动一个光标位置
Backspace	退格键，按一下该键可左移一个字符，同时删除光标位置前的一个字符
Insert	插入键，用于插入与改写状态的切换
Delete	删除键，删除光标位置上的一个字符

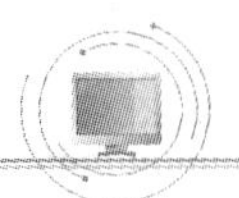

续表

键的符号	功能和使用方法
Enter	换行键或称回车键，按一下该键，表示结束前面的输入或转换到下一行开始，或执行前面输入的命令
Esc	一般表示终止执行，或命令的取消
Tab	制表定位键，按一下该键，光标可移动一个制表位置（8 个字符）
Shift	上挡转换键，按住该键不放可输入上挡的各种符号或大写字母
Ctrl	控制键，该键是组合键，必须与其他键组合使用，构成某种控制作用
Alt	转换键，该键是组合键，必须与其他键组合成功能键或控制键
Num Lock	数字锁定键，使数字小键盘切换为输入数字
Caps Lock	大写字母转换键，当按该键时，Caps Lock 指示灯亮时可连续输入大写字母
Pause	暂停键，按一下该键可暂停正在执行的命令和程序，按任意键即可继续执行

1.4.2　正确的指法训练

正确的键盘指法操作是提高录入速度的重要因素。掌握正确的指法，养成良好的操作习惯，才会有事半功倍的效果。通过本节知识的学习，可以为以后成为打字高手奠定基础。

1. 基准键输入

将手指放在键盘上，如图 1-10 所示，两个拇指轻放在 Space 键上。当手指不敲击任何键时，手指应固定在基准键位上，随时待命。我们把[A][S][D][F][J][K][L][;]8 个键称为基准键。键盘左半部分由左手负责，右半部分由右手负责。在做基准键练习时，应按规定把手指分布在基准键上，有规律地练习每个手指的指法和键感。同时要学会击打 Space 键和 Enter 键，并且每一只手指都有其固定对应的按键，具体分工如图 1-11 所示。

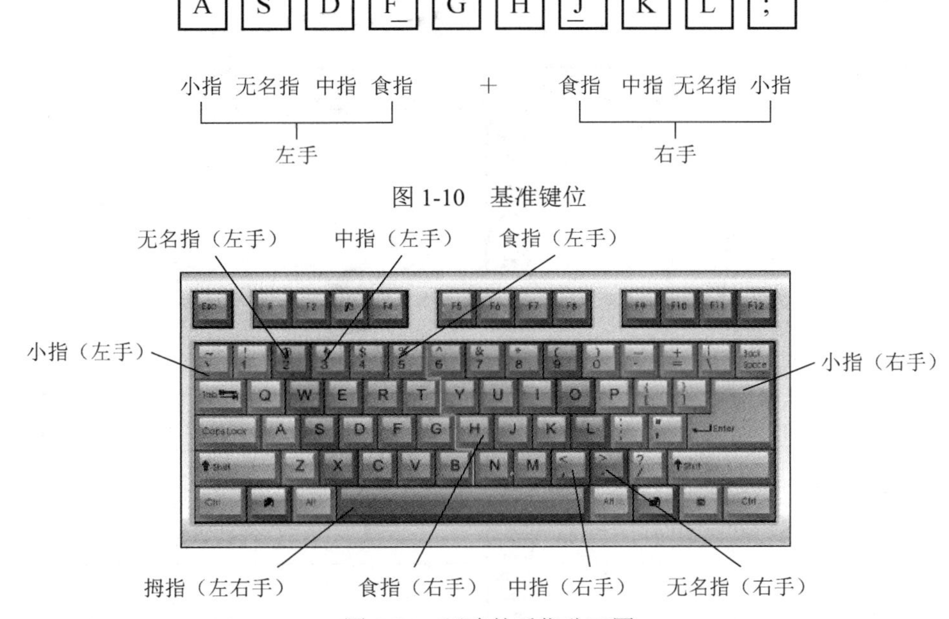

图 1-10　基准键位

图 1-11　正确的手指分工图

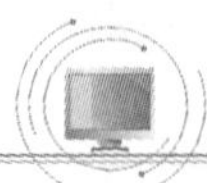

2. 指法准确性练习

为了提高打字速度，我们必须强调打字的准确性。对于职业打字员而言，要求的打字速度在 6 键/s 左右。如果想成为一个出色的打字员就要达到键速 8 键/s 以上，即 480 键/min 以上的速度。

为了提高速度和准确性，最好的办法是反复练习一段稿子，直到达到一定的速度和准确性，才可换稿练习。每练一遍，我们要把所用时间及错误个数记录下来进行比较，然后有重点地继续练习。

1.5 中文输入法简介

在我国计算机的应用中，汉字输入占有十分重要的环节。通过计算机工作者的不懈努力，最近几年，汉字输入法越来越多，各种输入法的技术日趋完善。本节将为大家介绍几种常见的中文输入法。

1.5.1 拼音输入法

拼音输入法是一种字音编码，输入的基础就是汉语拼音，特点是易学，掌握了汉语拼音，基本无输入障碍；缺点是在字音编码中，拼音同音字比较多，造成选词困难，输入速度较慢。例如，在拼音中“羊”和“阳”同音，这会在输入过程中，造成一个选择的过程，影响输入速度。

激活拼音输入法后屏幕上将出现输入法状态条，主要用于表示当前的输入状态，可以单击其中的按钮来切换输入状态。状态条各按钮的含义见表 1-2。

表 1-2 状态条各按钮的含义

按钮类型	按钮	含义
中文/英文切换按钮	中	中文输入
	英	英文输入
全角/半角切换按钮	●	全角符号
	◐	半角符号
中/英文标点切换按钮	°,	中文标点
	·,	英文标点
软键盘开/关切换按钮	⌨	打开或关闭软键盘
简/繁体字输入切换	简	输入简体字
	繁	输入繁体字

1.5.2 智能 ABC 输入法

智能 ABC 输入法是常用的输入法之一，包含笔形、全拼、双拼、简拼、混拼输入等输入方式，如图 1-12 所示。

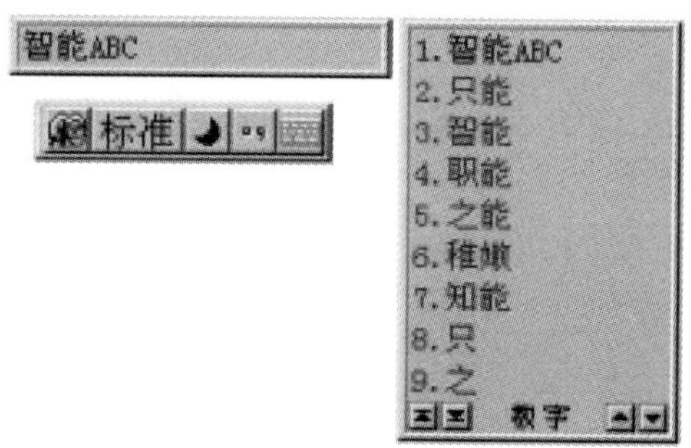

图 1-12 智能 ABC 输入法

1. 笔形输入

在不会汉语拼音，或者不知道某字的读音时，可以使用笔形输入法。其输入规则如下：在智能 ABC 系统中，汉字“形”的元素按照基本的笔画形状共分为 8 类，见表 1-3。

表 1-3 智能 ABC 笔形代码表

笔形代码	笔形	笔形名称	实例	注释
1	一（㇀）	横（提）	二、要、厂、政	“提”也算是横
2	丨	竖	同、师、少、党	
3	丿	撇	但、箱、斤、月	
4	丶（八）	点（捺）	定、忙、间	“捺”也算是点
5	㇆	折（竖弯勾）	对、队、刀、弹	顺时针方向弯曲，多折笔画，以尾折为准，如“了”
6	乙	弯	匕、好、绿、以	逆时针方向弯曲，多折笔画，以尾折为准，如“乙”
7	十（乂）	叉	草、希、档、地	交叉笔画只限于下叉
8	口	方	国、是、吃	四边整齐的框

取码时按照笔顺，即写字的习惯，最多取 6 笔。含有笔形“十”和“口”的结构，按笔形代码 7 或 8 取码，而不将它们分割成简单笔形代码 1～6。

例如：

汉字　笔形描述

辐　7158

果　87134

丰　711

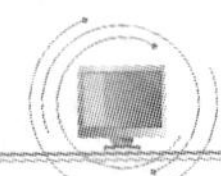

2. 全拼输入

如果使用汉语拼音比较熟练，可以使用全拼输入法。其输入规则即按规范的汉语拼音输入，输入过程和书写汉语拼音的过程完全一致。

例如：

广西（guangxi）

隔音符号在 Enter 键的左边，其作用是把词组的读音分开，让计算机明白是什么读音，避免产生歧义。

例如：

西安（xi'an）

天安门（tian'anmen）

3. 简拼输入

如果对汉语拼音把握不甚准确，可以使用简拼输入法。其输入规则是取各个音节的第一个字母组成，对于包含 zh、ch、sh（知、吃、诗）的音节，也可以取前两个字母组成。

例如：

汉字	全拼	简拼
计算机	jisuanji	jsj
长城	changcheng	cc，cch，chc，chch

4. 混拼输入

汉语拼音开放式、全方位的输入方式是混拼输入法。其输入规则是，两个音节以上的词语，有的音节全拼，有的音节简拼。

例如：

汉字	全拼	混拼
金沙江	jinshajiang	jinsj，jshaj

5. 双打输入

当我们熟练掌握混拼输入法后，输入速度将会大幅提高。智能 ABC 还有一种专业的输入方式，就是双拼。双打输入法为专业录入人员提供了一种快速的输入方式。其输入规则是，一个汉字在双打方式下，只需要击键两次：奇次为声母，偶次为韵母。有些汉字只有韵母，称为零声母音节：奇次输入“o”字母（o 被定义为零声母），偶次为韵母。虽然击键为两次，但是在屏幕上显示的仍然是一个汉字规范的拼音。

例如：

汉字	全拼	双拼
广	guang	gt
上	shang	vh

1.5.3　五笔输入法

五笔字型是一种形码输入方式。形码输入方式如同小孩搭积木，先分析汉字结构，找出可以组字的所有字根，并将它们合理地分布在键盘上。当需要输入汉字时，就将相应的字根编码进行组合。形码的特点是重码少、输入速度快，但需要有一定的记忆，只有在熟记字根的基础上，掌握一定的拆字和输入方法，才能输入汉字。

1. 五笔字型编码基础

五笔字型方案把汉字从结构上由简单到复杂分为笔画、字根、汉字这 3 个层次，认为汉字由字根组成，字根由笔画构成。

汉字的字型，是指由字根构成汉字时，字根之间在汉字中所处的位置关系，一般可以分为 3 种类型：左右型、上下型、杂合型，字型代号分别为 1、2、3。

（1）汉字的 5 种笔画

所有的汉字都是由笔画构成的，但笔画的形态变化很多。如果按其长短、曲直和笔势走向来分，可以分出几十种，易被人们所接受和掌握，但必须进行科学的分类。

在书写汉字时，不间断地一次写成的线条叫做汉字的笔画。在这样的一个定义的基础上，对成千上万的汉字加以分析，将汉字中诸多笔画归纳为一种基本笔画：横、竖、撇、捺、折。根据这 5 种笔画组字频度的高低进行排列，依次用 1、2、3、4、5 作为笔画代号，见表 1-4。

表 1-4　汉字的笔画

代号	笔画名称	笔画走向	笔画及其变形
1	横	左→右	一
2	竖	上→下	丨
3	撇	右上→左下	丿
4	捺	左上→右下	丶
5	折	带转折	乙

在日常的五笔学习中，对于汉字的笔画，我们还应注意以下几种情况。

1）运笔方向从左到右和从左下到右上的笔画都归纳为“横”。这与平常的书写方法也是一样的。例如，“班”字中的“王”旁的末笔是“提”。为了输入方便将“提”和“横”归纳为同一类。

2）运笔方向由上到下的笔画都归纳为“竖”。把竖左钩也归纳在这一类里。例如，“利”字的末笔是竖左钩“亅”，将其左钩忽略，视为“竖”类。

3）从右上到左下的笔画都归纳为“撇”，还将不同角度的撇笔画都归纳为“撇”这一类。

4）从左上到右下的笔画都归纳为“捺”。还将点也归纳在里面，一般将其视为“捺”缩小而成的。例如，“为”字里首笔和末笔都是“、”，也都属于“捺”这一类。

5）把所有带转折的笔画都视为“折”（不包括竖左钩）。

由此可见，汉字除了 5 种基本笔画以外，还有这 5 种笔画的变形体。因此，在判断一

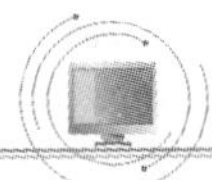

个笔画的类型时，要特别注意笔画的运笔方向。

（2）汉字的 3 种字型

根据汉字的构成与各字根之间的关系，可以把汉字分为 3 种类型：左右型、上下型、杂合型。将左右型命名为“1”型，上下型命名为“2”型，杂合型命名为“3”型，见表 1-5。

表 1-5　末笔字型交叉识别码

字型 / 末笔笔形	左右型 1	上下型 2	杂合型 3
横 1	11G	12F	13D
竖 2	21H	22J	23K
撇 3	31T	32R	33E
捺 4	41Y	42U	43I
折 5	51N	52B	53V

所有的汉字都有明显的界线，彼此间有一定距离的几个部分的相互位置关系。

1）左右型汉字。

如果一个汉字可分为左、右两部分或左、中、右 3 部分，那么这个汉字就属于左右型汉字。例如，左右型汉字有汉、村、代、放，左中右型汉字有树、湘、谁、街，其他类型汉字有结、封、佳、部等。

2）上下型汉字。

如果一个汉字可分为上、下两个部分或上、中、下 3 部分，那么这个汉字就属于上下型汉字。例如，上下型汉字有名、字、节、章，上中下型汉字有莫、煮、器、紧，其他排列类型有花、品、型、华等。

3）杂合型汉字。

如果一个汉字既不属于左右结构也不属于上下结构，那么将此字视为杂合型汉字。杂合型汉字包括全包型、半包型、交叉型、连笔型、孤点型。组成汉字的一个字根包围了其余全部字根即为全包型，如国、团、因等；组成汉字的一个字根包围了其余字根的一部分，则属于半包型，如边、运、尼、司、局等；组成汉字的字根间相互交叉的属于交叉型，如本、重、及、末、未等；连笔型汉字有天、下、上、且、主等；孤点型汉字有叉、为等。

（3）字根间的结构关系

在五笔字型输入法中，汉字由 130 个基本字根组成。这 130 个基本字根之间的关系主要有单、散、连、交 4 种情况。

1）单字根结构。

如果一个字根无须拆分，本身就是一个汉字，这种成字的方式就为“单”，通常称为键名汉字或成字字根。它们都有自己的编码规则，占全部字根的 70%左右。例如，言、王、力、石等。

2）散字根结构。

如果一个汉字由两个以上的字根组成，字根的位置属左右型或上下型，且字根之间又保持一定的距离，那么将这种成字的方式称为“散”。例如，汉、昌、花、笔、根、如等。

3）连字根结构。

如果一个汉字由多个字根组成且它们之间有着相互联系，将其称为连字结构。在五笔字型编码方案中，相连的关系与通常所说的相互连接有所不同。例如，足、充、首、左、右、页等，这些就不属于连字根里的“连”，而属于“散”。五笔字型中的“连”是指以下两种情况。

① 与某基本字根相连的汉字，如自（丿+目）、且（月+一）、千（丿+十）、下（一+卜）、人（丿+丶）、产（立+丿）等。

② 带点结构的汉字，如勺、太、术、主、头等。点与另外字根并不一定相连。

4）交叉字根结构。

如果一个汉字的字根相互交叉层叠在一起，那么将这种组字的方式称为“交”，如农、申、里、必等。

五笔字型输入法的编码规定：凡是组成汉字的是两个或多个字根，而且它们的连接方式是交叉连接的，那么该汉字就属于杂合型。还认为可以属于“散”的汉字才可以分左右型和上下型，属于“连”与“交”的汉字一律归为杂合型，不分左右型、上下型的汉字也一律归为杂合型。认清字根的组字关系，对拆分汉字、确定交叉识别码是很有帮助的。

2. 五笔字型的字根及分布

一个完整的汉字，既不是一系列不同笔画的线性排列，也不是各种笔画的任意堆积，而是由若干笔画复合连接交叉所形成的相对不变的结构（即字根）构成的。平时常说，“木子李”“立早章”，是说李字由“木”和“子”组成，章字由“立”和“早”组成。木、子、立、早都是五笔字型的基本字根。

一般来说，字根是有形有义的，这是构成汉字的基本单位。这些基本单位经过拼形组合，就产生了为数众多的汉字。因此，字根是构成汉字最重要、最基本的单位，是汉字的灵魂。五笔字型优先出了 130 多个基本字根，按其组字频度与实用频度，在形、音、义方面进行归纳，同时兼顾计算机标准键盘上 26 个英文字母的排列规则，将其合理地分布在 A～Y 共计 25 个英文字母键上，这就构成了五笔字型的字根键盘，如图 1-13 所示。为了帮助初学者记住这些字根，还创建了“五笔字根口诀表”。

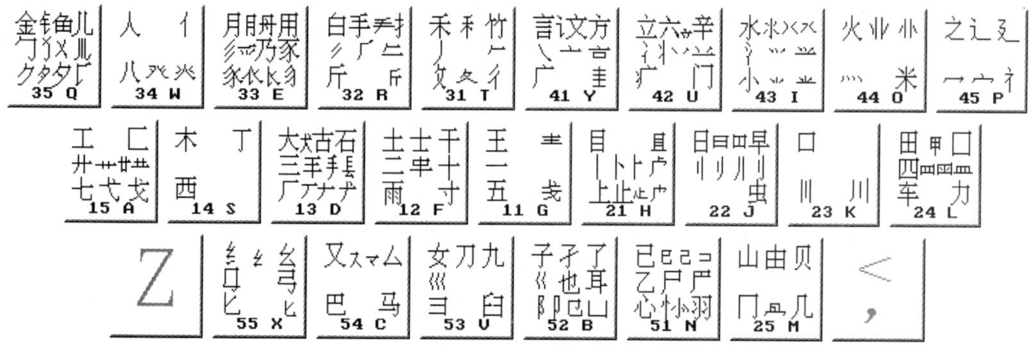

图 1-13　五笔字型字根键盘

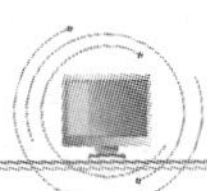

G: 11 王旁青头戋（兼）五一（“兼”与“戋”同音），
F: 12 土士二干十寸雨，一二还有革字底。
D: 13 大犬三羊古石厂，羊有直斜套去大（“羊”指羊字底“⺶”）。
S: 14 木丁西，
A: 15 工戈草头右框七（“右框”即“匚”）。
H: 21 目具上止卜虎皮，
J: 22 日早两竖与虫依。
K: 23 口与川，字根稀，
L: 24 田甲方框四车力（“方框”即“囗”）。
M: 25 山由贝，下框几。
T: 31 禾竹一撇双人立（“双人立”即“彳”），反文条头共三一（“条头”即“夂”）。
R: 32 白手看头三二斤，
E: 33 月彡（衫）乃用家衣底，爱头豹头和豹脚，舟下象身三三里。
W: 34 人和八登祭取字头。
Q: 35 金勺缺点无尾鱼（“勺缺点”指“勹”），犬旁留叉多点少点三个夕，氏无七（妻）。
Y: 41 言文方广在四一，高头一捺谁人去。
U: 42 立辛两点六门病（疒），
I: 43 水旁兴头小倒立（“水旁”指“氵”）。
O: 44 火业头，四点米，
P: 45 之字军盖建道底（即“之、宀、冖、廴、辶”），摘礻（示）衤（衣）。
N: 51 已半巳满不出己，左框折尸心和羽。
B: 52 子耳了也框向上，两折也在五耳里（“框向上”即“凵”）。
V: 53 女刀九臼山朝西（“山朝西”即“彐”）。
C: 54 又巴马，经有上，勇字头，丢矢矣（“矣”去“矢”为“厶”），
X: 55 慈母无心弓和匕，幼无力（“幼”去“力”为“幺”）。

3. 五笔汉字的拆分原则

（1）书写顺序

拆分“合体字”时，一定要按照正确的书写顺序进行。

例如，“新”只能拆成“立、木、斤”，不能拆成“立、斤、木”；“中”只能拆成“口、丨”，不能拆成“丨、口”；“夷”只能拆成“一、弓、人”，不能拆成“大、弓”。

（2）取大优先

取大优先，又称优先取大。按书写顺序拆分汉字时，应以“再添一个笔画便不能成其为码元”为限，每次都拆取一个“尽可能大”的，即尽可能笔画多的码元。例如，对于汉字“世”，第一种拆法为一、凵、乙（误）；第二种拆法为廿、乙（正）。显然，前者是错误的，因为其第二个码元“凵”，完全可以向前“凑”到“一”上，形成一个“更大”的已知码元“廿”。

（3）兼顾直观

在拆分汉字时，为了照顾汉字码元的完整性，有时不得不暂且牺牲一下书写顺序和取大优先原则，形成个别例外的情况。

例如，“国”按书写顺序应拆成“冂、王、丶、一”，但这样便破坏了汉字构造的直观性，所以只好违背书写顺序，拆成“囗、王、丶”。

例如，“自”按取大优先原则应拆成“亻、乙、三”，但这样拆，不仅不直观，而且也有悖于“自”字的字源，这叫做兼顾直观。

（4）能连不交

当一个字既可拆成相连的几个部分，也可拆成相交的几个部分时，我们认为“相连”的拆法是正确的。因为一般来说，“连”比“交”更为“直观”。

例如，“于”应拆成“一、十”（二者是相连的），不应拆成“二、丨”（二者是相交的）。

例如，“丑”应拆成“乙、土”（二者是相连的），不应拆成“刀、二”（二者是相交的）。

（5）能散不连

笔画和码元之间，码元与码元之间，可以分为“散”“连”“交”3 种关系。例如，“倡”字，3 个码元之间是“散”的关系；“自”字，首笔“丿”与“目”之间是“连”的关系；“夷”字，“一”“弓”与“人”是“交”的关系。

1）几个码元都“交”“连”在一起，如“夷”“丙”等，便肯定是杂合型，属于“3”型字，而散根结构必定是“1”型或“2”型字。

2）值得注意的是，有时候一个汉字被拆成的几个部分都是复笔码元（不是单笔画），它们之间的关系在“散”和“连”之间模棱两可。例如，“占”字，“卜、口”两者按“连”处理便是杂合型，两者按“散”处理便是上下型；“严”字，“一、业、厂”后两者按“连”处理便是杂合型，后两者按“散”处理便是上下型。当遇到这种既能“散”，又能“连”的情况时，我们规定：只要不是单笔画，一律按“能散不连”判别之。因此，以上两例中的“占”和“严”，都被认为是上下型字。

以上这些拆分原则，是为了保证编码体系的严整性。实际上，用得上后 3 条拆分原则的字只是极少数。

4. 汉字的基本分类方法

五笔字型输入法将汉字分成两大类。

1）键面汉字：在五笔字型字根键盘中已经有的汉字，分为键名汉字、成字字根汉字、单笔画字。

2）键外汉字：在五笔字型字根键盘中是没有的，是由基本字根组成的汉字，分为二根字、三根字、多根字。

5. 键名汉字的取码原则

（1）键名汉字的输入

键名汉字是特殊的字根，是从五笔字型输入法的 130 个字根中选取的一些组字频率高，而且在形体上具有一定代表性的字根。其中绝大多数本身就是一个汉字。键名汉字是各个

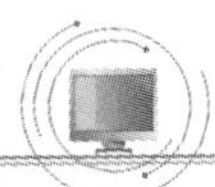

键上的第一个字根，也就是五笔字型字根键盘中每个键的第一个汉字，如金、工、木和人等。在输入键名汉字时，五笔字型汉字输入法中采用了特殊的编码方法。其规则是连续击该键 4 次。键名汉字键盘分布如图 1-14 所示。

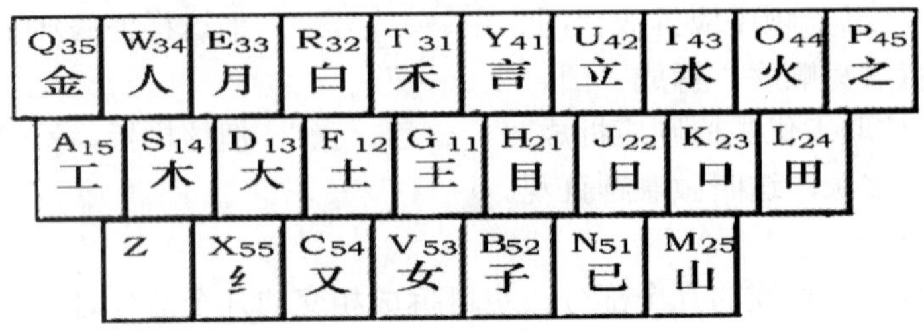

图 1-14　键名汉字键盘分布

金：QQQQ	人：WWWW	月：EEEE	白：RRRR	禾：TTTT
言：YYYY	立：UUUU	水：IIII	火：OOOO	之：PPPP
工：AAAA	木：SSSS	大：DDDD	土：FFFF	王：GGGG
目：HHHH	日：JJJJ	口：KKKK	田：LLLL	山：MMMM
已：NNNN	子：BBBB	女：VVVV	又：CCCC	纟：XXXX

（2）成字字根的输入方法

在每个键位上除了键名汉字以外，还有一些完整的汉字，称为成字字根。成字字根汉字的输入步骤如下：

1）报户口，即将包含成字字根的键位敲一下。

2）输入该汉字的第一笔的笔画代码。

3）输入该汉字的第二笔的笔画代码。

4）输入该汉字的最后一笔的笔画代码。

因此，成字字根汉字的输入公式为：报户口+第一笔笔画代码+第二笔笔画代码+末笔笔画代码，当有些成字字根不足 4 码时，便按一次 Space 键。

例如：

“辛”	辛（报户口）	、（首笔）	一（次笔）	丨（末笔）
	U（42）	Y（41）	G（11）	H（21）
“石”	石（报户口）	一（首笔）	丿（次笔）	一（末笔）
	D（13）	G（11）	T（31）	G（11）
“力”	力（报户口）	丿（首笔）	乙（次笔）	空格（末笔）
	L（24）	T（31）	N（51）	（空格）
“十”	十（报户口）	一（首笔）	丨（次笔）	空格（末笔）
	F（12）	G（11）	H（21）	（空格）

（3）单笔画字根汉字的输入

5 种单笔画“一、丨、丿、丶、乙”在国家标准中都是作为汉字来对待的。但在五笔字型输入中，它们应按成字字根的方法输入，除“一”之外，其他的都不常用。成字字根的编码只用两码，如将某些不常用的编码用在如此简短的编码上，就有些可惜。于是，在五笔字型中将这些简短的编码让位给更常用的字，人为地在其常码后加两个“L”作为 5 个单笔画的编码。

例如：

一：GGLL　　丶：YYLL

丨：HHLL　　乙：NNLL

丿：TTLL

（4）偏旁部首的输入

成字字根除了是简单汉字外，一些有国家标准的部首的输入，也按成字字根输入规则进行，即五笔字型编码系统把这些部首也当作成字字根使用。

例如：

艹：AGHH　　扌：RGHG　　宀：PYYN

常见的偏旁部首：

氵 凵 冖 幺 勹 扌 宀 巛 厶 灬 囗 彳 彡 夂 廾

钅 丬 忄 疒 匚 冫 刂 廴 亠 戈 廾 辶 彐 弋 攵

所有成字字根的输入码见表 1-6。

表 1-6　成字字根输入码

二 FG	三 DG	四 LH	五 GG	六 UY	七 AG
车 LG	刀 VN	力 LT	用 ET	儿 QT	方 YY
米 OY	止 HH	早 JH	由 MH	几 MT	也 BN
心 NY	手 RT	一 G	戋 GGGT	士 FGHG	干 FGGH
十 FGH	雨 FGHY	寸 FGHY	石 DGTG	古 DGHG	犬 DGTY
厂 DGT	丁 SGH	西 SGHG	廿 AGH	弋 AGNY	戈 AGNT
卜 HHY	曰 JHNG	虫 JHNY	川 KTHH	甲 LHNH	皿 LHNG
贝 MHNY	竹 TTG	广 YYGT	斤 RTTH	乃 ETN	八 WTY
夕 QTNY	文 YYGY	门 UYH	辛 UYGH	己 NNGN	巳 NNGN
羽 NNYG	尸 NNGT	耳 BGHG	白 VTH	巴 CNHN	幺 XNNY
弓 XNGN	马 CN	乙 NNLL	匕 XTN	冫 UYG	凵 BNH
冖 PYN	幺 XNNY	勹 QTN	扌 RGHG	宀 PYYN	巛 VNNN
囗 LHNG	彳 TTTH	彡 ETTT	夂 TTNY	灬 OYYY	厶 CNY
艹 AGHH	钅 QTGN	丬 UYGH	忄 NYHY	疒 UYGG	匚 AGN
氵 IYYG	刂 JHH	廴 PNY	亠 YYG	戈 AGYT	廾 AGTH
辶 PYNY	彐 VNGG	弋 AGNY	攵 TTGY	厶 CNY	

6. 键外汉字的取码原则

在五笔字型编码方案中，所有的代码可以分为两类：字根码和识别码。前面已经介绍过，一个汉字可以拆分为多个字根。因为每个字根都对应一个字母键，这个键所对应的英文字母就是该字根的字根码。识别码即末笔字型交叉识别码，是为了减少重码而补加的代码。

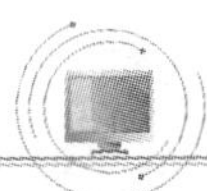

任何汉字，不管拆分成多少个字根，最多只能取 4 个字根。因此，键外字的编码规则：含 4 个或 4 个以上字根的汉字，用 4 个字根组成编码；不足 4 个字根的汉字，编码除包括字根码以外，还要补加一个识别码；仍不足 4 码，则可按 Space 键。

（1）字根码的输入

当一个汉字拆分成的字根大于 4 个时，取第一、第二、第三和最末一个字根码组成编码依次输入。当输入最末一个字根码后，该汉字会自动显示在计算机屏幕上，不需要按 Space 键。这里一、二、三、末是按正常书写顺序，从左到右，从上到下，从外到内。

因此，字根码的输入公式为第一个字根码+第二个字根码+第三个字根码+末字根码，见表 1-7。

表 1-7　字根码的输入公式

取码顺序	第一码	第二码	第三码	第四码
取码要素	取第一个字根	取第二个字根	取第三个字根	取末字根

例如，“微”由“彳、山、一、几、攵”5 个字根组成，但只取第一、第二、第三和最末一个字根，即“彳、山、一、攵”。“能”取码为“厶、月、匕、匕”，“模”取码为“木、艹、日、大”，“蕴”取码为“艹、纟、日、皿”，“成”取码为“厂、乙、乙、丿”，“德”取码为“彳、十、四、心”，“考”取码为“土、丿、一、乙”，“事”取码为“一、口、彐、丨”，“重”取码为“丿、一、日、土”，“我”取码为“丿、扌、乙、丿”，“州”取码为“丶、丿、丶、丨”。

（2）末笔字型交叉识别码的确定

当一个汉字拆分的字根不足 4 个时，依次输完字根后，还需要补加一个识别码，加识别码后仍不足 4 码时，按 Space 键。

识别码即末笔字型交叉识别码，由单字的末笔画编号和字型编号组成。具体地说，末笔字型交叉识别码为两位数字：第一位（十位）是末笔编号，即横 1、竖 2、撇 3、捺 4、折 5；第二位（个位）是字型编号，即左右型 1、上下型 2、杂合型 3。当把末笔字型交叉识别码看成一个键的区位码时，即得到末笔字型交叉识别码对应的字母键。末笔字型交叉识别码的作用是减少重码，加快选字。

例如：

单字	字根	字根码	末笔编号	字型编号	末笔字型	交叉识别码	编码
沐	氵木	IS	4	1	41	Y	ISY
汀	氵丁	IS	2	1	21	H	ISH
洒	氵西	IS	1	1	11	G	ISG
只	口八	KW	4	2	42	U	KWU
叭	口八	KW	4	1	41	Y	KWY

由此看出，沐、汀、洒的字根码都一样（IS），而且字型相同，但末笔画不同，所以加上末笔字型交叉识别码之后，它们的编码就不相同了；否则就会重码（都是 IS）。同样，只、叭的字根码一样（KW），但字型不一样，所以加上末笔字型交叉识别码后，编码也就不相同了。

（3）末笔字型交叉识别码的规则

1）所有包围型汉字中的末笔，规定取被包围的那一部分笔画结构的末笔。

例如，“国”，其末笔应取“丶”，末笔字型交叉识别码为43（I）。

2）带“辶”的汉字规定取里边字的末笔作为末笔。

例如，“远”，其末笔应取“乙”，末笔字型交叉识别码为53（V）。

3）对于字根“刀、九、力、匕”，凡是这4种字根为末字根而又需要识别时，一律用它们右下角伸得最远的笔画“折”来识别。例如：

仇：34　53　51；

化：34　55　51。

4）“我、戋、成”等汉字应遵守从上到下的原则，取“丿”作为末笔。

（4）字型的规则

1）凡单笔画与字根相连者或带点结构都视为杂合型。

2）字型区分时，也用能散不连的原则。例如，矢、卡、严都视为上下型。

3）内外型字属杂合型。例如，困、同、匝，但“见”为上下型。

4）含两字根且相交者属杂合型。例如，东、电、本、无、农、里。

5）下含“辶”的字为杂合型。例如，进、逞、远、过。

6）以下各字为杂合型：司、床、厅、龙、尼、式、后、反、处、办、皮、习、疗、压。但相似的右、左、有、友、冬、灰等为上下型。

五笔字型汉字编码规则总表见表1-8，其高度概括了五笔字型的输入方法。

表1-8　五笔字型汉字编码规则总表

<table>
<tr><td rowspan="2">键面有</td><td colspan="2">键名：连击所在的键4次</td></tr>
<tr><td colspan="2">成字根：报户口加打第一、二、末笔画（不足4码，补Space键）
例　西：西一丨一；方：方丶一乙；厂：厂一丿（空格）</td></tr>
<tr><td rowspan="5">键面无</td><td rowspan="2">书写顺序：
例　新：立木斤（正）
立斤木（误）</td><td>超过四码：取第一、二、三、末字根编码
例　赣：立早夊贝；樊：木大</td></tr>
<tr><td>刚好4码：依次键入即可
例　照：日刀口灬；到：一厶土刂</td></tr>
<tr><td>取大优先：
例　果：曰木（正）
曰一小（误）</td><td rowspan="3">不足4码：字根键入完后　补打末笔字型交叉识别码
（仍不足4码，补Space键）
例　汉：氵　又　丶
会：人　二　厶　冫
必：心　人　彡
末笔字型交叉识别码
<table>
<tr><td colspan="2" rowspan="2">末笔编号 / 字型编号</td><td>左右型</td><td>上下型</td><td>杂合型</td></tr>
<tr><td>1</td><td>2</td><td>3</td></tr>
<tr><td>横</td><td>1</td><td>11（一）</td><td>12（二）</td><td>13（三）</td></tr>
<tr><td>竖</td><td>2</td><td>21（丨）</td><td>22（刂）</td><td>23（川）</td></tr>
<tr><td>撇</td><td>3</td><td>31（丿）</td><td>32（刂）</td><td>33（彡）</td></tr>
<tr><td>捺</td><td>4</td><td>41（丶）</td><td>42（冫）</td><td>43（氵）</td></tr>
<tr><td>折</td><td>5</td><td>51（乙）</td><td>52（巛）</td><td>53（巛）</td></tr>
</table></td></tr>
<tr><td>兼顾直观：
例　自：丿目（正）
亻乙三（误）</td></tr>
<tr><td>能连不交：
例　天：一大（正）
二人（误）</td></tr>
</table>

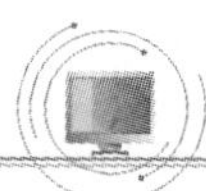

7. 简码的输入

为了加快文字录入的速度和减轻文字录入的强度，五笔字型除全码外，还设计了简码与词组码。五笔字型输入法制定了一级简码、二级简码、三级简码的输入规则，即只需输入该汉字的前一字根、前二字根、前三字根，再加按 Space 键即可完成输入。

（1）一级简码

根据每个键位上的字根形态特征，在 5 个区的 25 个键位上，每个键位上安排一个使用频率最高的汉字，即高频字，也就是最常用的一级简码，其规律大部分是按第一笔画来分类的。也就是横起笔的放在第一区，竖起笔的放在第二区，撇起笔的放在第三区，捺起笔的放在第四区，折起笔的放在第五区，且尽量使它的第二笔画与位号一致。虽然不能完全一致，但只要强加练习就很容易记住。其击键方法是按其所在键，再按 Space 键即可。键盘上 25 个键位相对应的一级简码如图 1-15 所示。

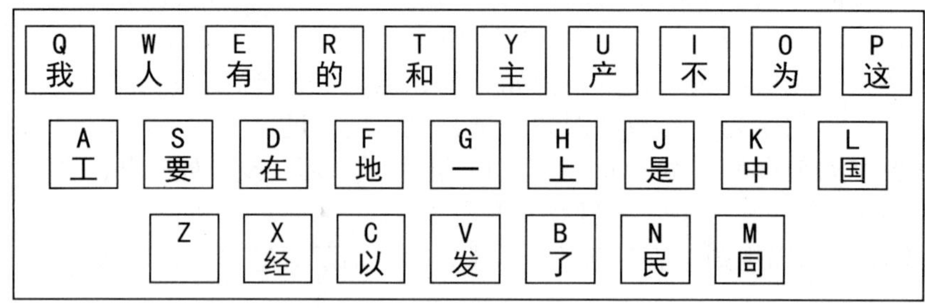

图 1-15　键盘上 25 个键位相对应的一级简码

（2）二级简码

一个汉字五笔字型的全码是 4 码，在输入时需要击键 4 次，较为烦琐。为了加快输入速度，五笔字型输入法把一些使用频率较高的汉字作为二级简码。二级简码由汉字全码中的前两码的字根作为该字的代码，需再按 Space 键表示结束。对于前两笔比较直观的二级简码汉字，使用二级简码输入就避开了最后一个识别码所带来的麻烦。表 1-9 是按汉字拼音排列的二级简码。

表 1-9　按汉字拼音排列的二级简码

	G	F	D	S	A	H	J	K	L	M	T	R	E	W	Q	Y	U	I	O	P	N	B	V	C	X
G	开	屯	到	天	表	于	五	下	不	理	事	画	现	与	来	★	列	珠	末	玫	平	妻	珍	互	玉
F	载	地	支	城	圾	寺	二	直	示	进	吉	协	南	志	赤	过	无	垢	霜	才	增	雪	夫	★	坟
D	左	顾	友	大	胡	夺	三	丰	砂	百	右	历	面	成	灰	达	克	原	厅	帮	磁	肆	春	龙	太
S	械	李	权	枯	极	村	本	相	档	查	可	楞	机	杨	杰	棕	构	析	林	格	样	要	检	楷	术
A	式	节	芭	基	菜	革	七	牙	东	划	或	功	贡	世	★	芝	区	匠	苛	攻	燕	切	共	药	芳
H	虎	╳	皮	睚	肯	睦	睛	止	步	旧	占	卤	贞	卢	眯	瞎	餐	睥	盯	睡	瞳	眼	具	此	眩
J	虹	最	紧	晨	明	时	量	早	晃	昌	蝇	曙	遇	电	显	晕	晚	蝗	果	昨	暗	归	蛤	昆	景
K	呀	啊	吧	顺	吸	叶	呈	中	吵	虽	吕	另	员	叫	噗	喧	史	听	呆	呼	啼	哪	只	哟	嘛
L	轼	团	轻	因	胃	轩	车	四	★	辊	加	男	轴	思	辚	边	罗	斩	困	力	较	轨	办	累	罚

续表

	G	F	D	S	A	H	J	K	L	M	T	R	E	W	Q	Y	U	I	O	P	N	B	V	C	X
M	曲	邮	凤	央	骨	财	同	由	峭	则	★	崭	册	岂	赕	迪	风	贩	朵	几	赠	╳	内	嶷	凡
T	长	季	么	知	秀	行	生	处	秒	得	各	务	向	秘	秋	管	称	物	条	笔	科	委	答	第	入
R	找	报	反	拓	扔	持	后	年	朱	提	扣	押	抽	所	搂	近	换	折	打	手	拉	扫	失	批	扩
E	肛	服	肥	须	朋	肝	且	胩	膛	胆	肿	肋	肌	甩	膦	爱	胸	遥	采	用	胶	妥	脸	脂	及
W	代	他	公	估	仍	会	全	个	偿	介	保	佃	仙	亿	伙	★	你	伯	休	作	们	分	从	化	信
Q	氏	凶	色	然	角	针	钱	外	乐	旬	名	甸	负	包	炙	锭	多	铁	钉	儿	匀	争	欠	★	久
Y	度	离	充	庆	衣	计	主	让	就	刘	训	为	高	记	变	这	义	诉	订	放	说	良	认	率	方
U	并	闻	冯	关	前	半	闰	站	冰	间	部	曾	商	决	普	帝	交	瓣	亲	产	立	妆	闪	北	六
I	江	池	汉	尖	肖	法	汪	小	水	浊	澡	渐	没	沁	淡	学	光	泊	洒	少	洋	当	兴	涨	注
O	煤	籽	烃	类	粗	灶	业	粘	炒	烛	炽	烟	灿	断	炎	迷	炮	煌	灯	烽	料	娄	粉	糨	米
P	宽	字	★	害	家	守	定	寂	宵	审	宫	军	宙	官	灾	之	宛	宾	宁	客	实	安	空	它	社
N	民	敢	怪	居	★	导	怀	收	悄	慢	避	惭	届	忆	屡	忱	懈	怕	★	必	习	恨	愉	尼	心
B	陈	子	取	承	阴	际	卫	耻	孙	阳	职	阵	出	也	耿	辽	隐	孤	阿	降	联	限	队	陛	防
V	毁	好	妈	姑	奶	寻	姨	叟	录	旭	如	舅	妯	刀	灵	巡	婚	★	杂	九	嫌	妇	★	姆	妨
C	戏	邓	双	参	能	对	骊	★	★	骒	台	劝	观	马	╳	驼	允	牟	骠	矣	骈	艰	难	★	驻
X	红	弛	经	顷	级	结	线	引	纱	旨	强	细	纲	纪	继	综	约	绵	★	张	弱	绿	给	比	纺

（3）三级简码

除了一级简码、二级简码外，还有三级简码。三级简码是用单字全码中的前三码字根来作为该字代码的。在确定是否是三级简码时，只要确定该字的前三个字根就能唯一代表该字的称为三级简码。对于三级简码而言，它并没有减小总的击键次数，但由于省略了对最后一个字根和末笔字型交叉识别码的判断，所以也可以提高输入速度。

例如：

鬼=白+儿+厶　　RQC　　淡=氵+火+火　　IOO

强=弓+口+虫　　XKJ

8. 词组的输入

为了提高录入速度，五笔字型输入法采用了常见的词组来进行录入，可以直接输入词组，五笔字型的词组有二字词组、三字词组、四字词组和多字词组。其取码规则因词的长短而异。

（1）二字词组

二字词组的编码由所含的两个汉字依次各取前两个字根，即分别取它们的第一个字根和第二个字根的编码组合成四码。二字词组的使用频率高、数量大。在五笔字型输入法86版中，二字词组共有10500组，其编码顺序见表1-10。

表 1-10　二字词组编码顺序

取码顺序	第一码	第二码	第三码	第四码
取码要素	取第一个字的 第一个字根	取第一个字的 第二个字根	取第二个字的 第一个字根	取第二个字的 第二个字根

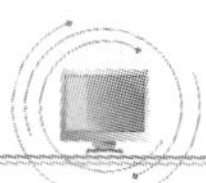

例如：

“机器”木、几、口、口　　输入编码（SMKK）

“编辑”纟、丶、车、口　　输入编码（XYLK）

“计算”讠、十、竹、目　　输入编码（YFTH）

“合同”人、一、冂、一　　输入编码（WGMG）

“修理”亻、丨、王、日　　输入编码（WHGJ）

（2）三字词组

在对三字词组取码时，取该词前面两字的第一个字根码和最后一字的前两个字根码，共四码组成，见表 1-11。

表 1-11　三字词组编码顺序

取码顺序	第一码	第二码	第三码	第四码
取码要素	取第一个字的第一个字根	取第二个字的第一个字根	取第三个字的第一个字根	取第三个字的第二个字根

例如：

“电风扇”日、几、丶、羽　　输入编码（JMYN）

“纪念碑”纟、人、石、白　　输入编码（XWDR）

“四川省”四、川、小、丿　　输入编码（LKIT）

“研究院”石、宀、阝、宀　　输入编码（DPBP）

（3）四字词组

在对四字词组取码时，取该词每个汉字第一个字根码，共四码组成，见表 1-12。

表 1-12　四字词组编码顺序

取码顺序	第一码	第二码	第三码	第四码
取码要素	取第一个字的第一个字根	取第二个字的第一个字根	取第三个字的第一个字根	取第四个字的第一个字根

例如：

“人民政府”人、民、一、广　　输入编码（WNGY）

“五笔字型”一、丿、宀、一　　输入编码（GTPG）

“程序设计”禾、广、言、言　　输入编码（TYYY）

“科学技术”禾、小、扌、木　　输入编码（TIRS）

（4）多字词组

超过 4 个字的词组称为多字词组。多字词组在取码时，直接取第一、第二、第三和最末一个汉字的第一个字根码。多字词组的编码顺序见表 1-13。利用词组的输入会大大提高输入速度。当然，不是所有的词组计算机内都有，初学者需要长时间实践，才会慢慢熟悉。

表 1-13　多字词组编码顺序

取码顺序	第一码	第二码	第三码	第四码
取码要素	取第一个字的第一个字根	取第二个字的第一个字根	取第三个字的第一个字根	取最后一个字的第一个字根

例如：
"中国共产党"口、口、廾、小
"中华人民共和国"口、亻、人、口
"中国人民解放军"口、口、人、冖
"全国代表大会"人、口、人、人
"新疆维吾尔自治区"立、弓、纟、匚

实训 1.2　中文五笔速度测试

实训目的

1）进一步熟悉五笔字根。
2）掌握五笔汉字的拆分原则。

实训内容

1）熟练使用五笔输入文章。
2）提高录入速度，速度达到中文录入 30 字/min 以上。

实训步骤

01 在计算机上运行"金山打字通 2008"软件，进入图 1-16 所示的登录界面。

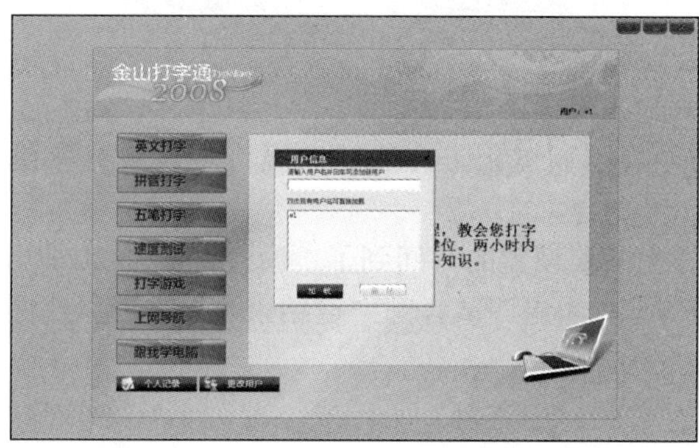

图 1-16　金山打字通 2008 登录界面

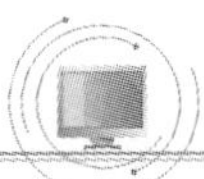

02 输入自己的信息，单击“加载”按钮，然后单击左边的“速度测试”按钮，进入图 1-17 所示的界面。

03 在右上角单击“课程选择”按钮，在打开的“课程选择”对话框中点选“中文文章”单选按钮，如图 1-18 所示，单击“确定”按钮，然后就可以开始练习了。

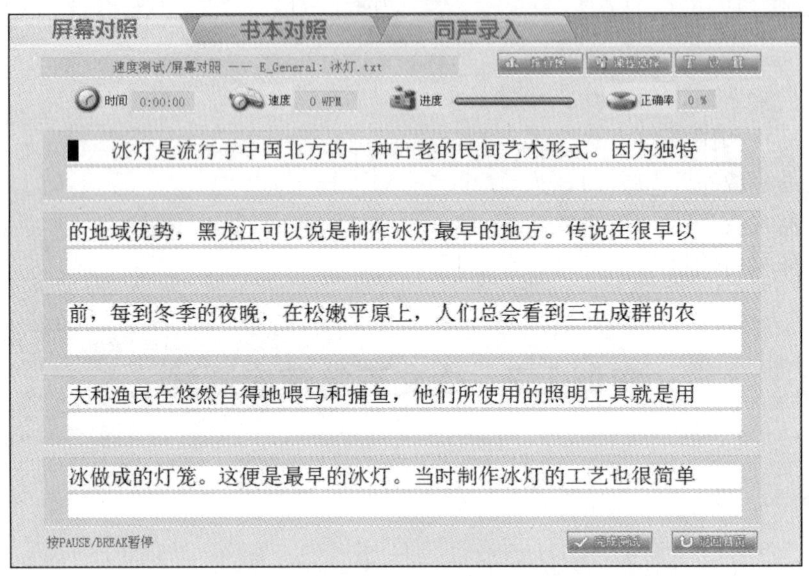

图 1-17　测试界面

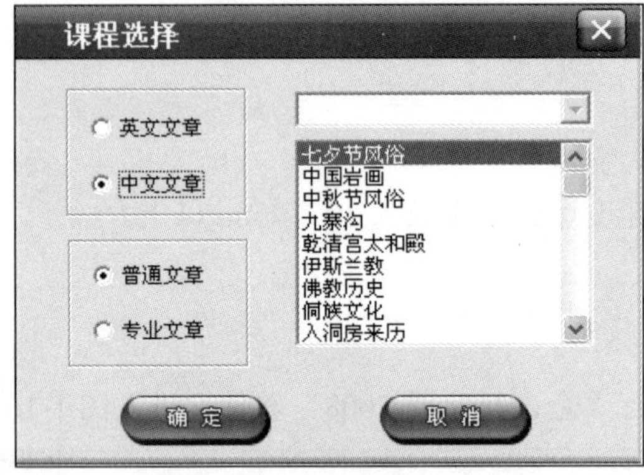

图 1-18　“课程选择”对话框

04 在图 1-19 中，可以通过正上方的“速度”域，让打字练习者掌握当前的瞬时速度。

05 当一篇文章打完了或设置的时间到了，会打开图 1-20 所示测试结果对话框，显示测试者的完成测试的信息。如果测试者想中途结束测试，可以在图 1-19 中直接单击界面右下角的“完成测试”按钮。

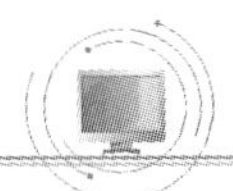

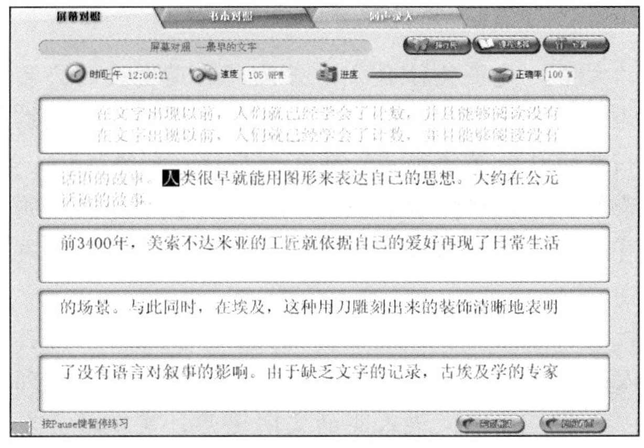

图 1-19　打字练习

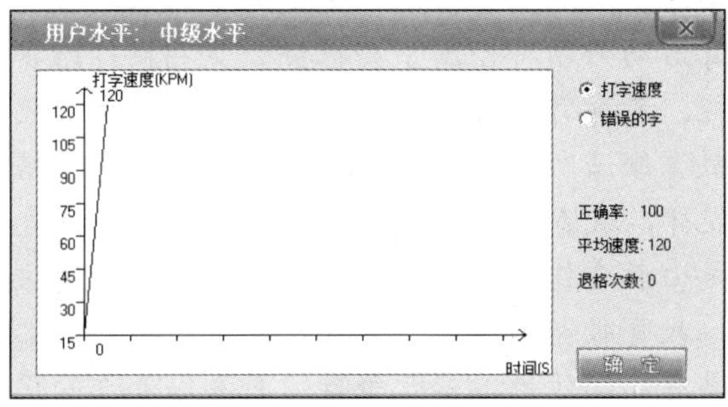

图 1-20　测试结果对话框

06 把班级的同学分成 3 组，分别对同一篇文章进行“屏幕对照”“书本对照”“同声录入”3 种录入方式测试，然后进行测试，以达到全面提高录入速度的效果。

在图 1-17 所示界面下，选择上方的“书本对照”选项卡，进入图 1-21 所示界面，对照以下文章进行录入。

图 1-21　“书本对照”选项卡

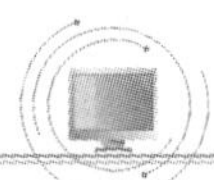

坚持教育的公益性

教育是事关民生的大事，是事关社会公平正义、和谐发展的公共事业。教育具有公益性，这种公益性体现为：教育是一项面向全体社会公众具有共同利益的事业，教育是超越一切个人利益和集团利益的社会整体利益，具有全局性、全体性、平等性、公共性的特征。在社会主义市场经济条件下，正确认识和坚持教育的公益性，对于明确各级政府和学校的责任，制定正确的教育政策，保证教育事业的健康发展，办好人民群众满意的教育，具有十分重要的意义。

坚持教育的公益性是教育本质和功能的内在要求。教育活动与其他社会活动的本质区别，在于教育是培养人的社会活动，通过教育，人的智慧与能力得到提高，情趣、爱好得以发展，精神生活得以丰富，最终促进人类的文明进步，实现社会发展的整体利益。公民受教育权利的实现，不仅可以改变个人的命运，而且更能提高全民族的素质。因此，教育活动不仅是一种保证和实现个人利益的活动，更是一个国家和社会为了实现和保障社会共同利益的基本途径。教育活动必须符合国家和社会公共利益，维护和实现公共利益就成为教育最重要的目标和功能。教育领域有产业成分，但决不能产业化；教育活动存在市场行为，但决不能市场化。教育领域所有的过程和环节都应该服从于培养人这个本质。如果任意以市场规律代替教育规律，或者教育工作服从于市场法则，都是不行的。

坚持教育的公益性是由教育作为公共服务领域的基本属性所决定的。教育通过培养人提供一种社会公共服务，教育服务主要属于公共产品或准公共产品的范畴，全体社会公众都应该无差别地享有，具有非排他性、非竞争性。教育培养人的周期长，它是通过培养人改善民生、服务社会的，具有长效性。政府只有切实发挥支持和保障作用，才能保证教育事业的健康发展。在社会主义市场经济条件下，我们要加快教育事业的发展，也需要适当引进竞争机制，改变政府垄断办学的格局，以提高教育资源的配置效率，但这些改革绝不是要把整个教育活动变成产业过程和营利性事业，削弱政府的主导作用，从而破坏教育的公益性这个根本。

坚持教育的公益性是当今国际教育发展的主要趋势。从当今国际教育发展的趋势来看，即便是发达的市场经济国家，也始终强调教育的公共性、公益性，绝大多数国家都建立了比较完善的公共教育体系，公共资源都是支撑其教育体系的主体。在很多市场经济国家中，尽管经济的私有化程度很高，个人和家庭分担的教育成本也有逐步增加的趋势，但教育仍然是一种公共事业，公共教育投入仍然是教育投入的主体。许多国家都把教育列为公共政策的优先领域，把加大公共教育经费投入作为重要的举措。因此，坚持教育的公益性是大势所趋。

坚持教育的公益性，促进教育公平，可作如下考虑：

一、党委政府高度重视教育，切实承担起维护教育公益性的主要责任。各级党委政府高度重视教育，是坚持教育的公益性的重要前提。一是切实保证对教育事业的投入。近年来，在公共教育体制改革的过程中，我国已经改变了由政府包办教育的状况，逐步出现办学主体多样化的局面，但这并不意味着政府可以推卸或放弃对公共教育投入和管理的责任。特别在当前社会利益关系日益调整的格局之下，作为公益性的教育事业更需要政府来主办、来保障，不断强化对教育投入的责任。二是切实保证教育事业的均衡发展。在我国，目前各地各级各类各阶层的社会群体之间还存在着教育资源配置不均和受教育机会不均等的状况，这些发展差异的客观存在严重妨碍着教育公益性、公平性的实现。对此，政府要采取切实有效的政策措施，进行调控和干预，以实现教育资源的合理配置，促进教育事业的均衡发展。三是切实保障社会弱势群体平等受教育的机会。在我国，社会弱势群体上学难问题牵涉面广，情况特殊，关系重大，应该引起各级党委政府的特别关注，尤其要下大力气建立健全资助弱势群体子女平等受教育的社会保障制度，采取公平的补偿救济措施，提供适合他们能力和需要的教育。

二、动员社会力量，共同建立维护教育公益性的保障机制。政府的有限能力决定了它不可能提供所有的公共物品，因此，以政府为主导，建立公共部门与私营部门、非政府组织以及公民个人的合作协调机制，通过多种途径保证公共利益的实现是一种必然的选择。政府在加大对教育事业投入的同时，应充分调动社会各方面的力量扶持和兴办教育事业，把优先发展教育、建设人力资源强国的战略真正变成全民族、全社会的自觉行动。

三、提高学校认识，认真贯彻落实教育的公益性原则。公办学校是国家批准设立的公益性机构，是我国公共教育体系的主体，其发展必须坚持社会主义的办学方向，不允许任何损害教育公益性原则的思想和行为。一是必须全面贯彻党的教育方针，坚持教育为社会主义现代化建设服务，为人民服务，办好让人民满意的教育。二是必须端正办学思想，净化学校环境，在考试、招生、收费、教学、管理、服务等过程和环节都应充分体现教育的公益性、公平性，不得唯利是图，更不得损害学生的利益。

07 测试对五笔输入法的掌握程度。

测试要求：达到每分钟输入 30 字，正确率 98%。学会输入中长篇文章的练习方法，掌握节奏。

入洞房的来历

中华民族文明史距今已有五千多年了，人们把结婚仍然称为“入洞房”，尽管人类从洞穴式居住过渡到今天的高楼大厦，但“入洞房”这一名词至今仍未改变。从来没见过谁把“入洞房”改为“入楼房”。

传说，这是我们祖先轩辕黄帝规定下来的。黄帝战败蚩尤，平息了战争，建立起部落联盟，制止了群婚，结束了野蛮年代，人类文明时代最初就从此开始。过惯群婚的人类时代，一下子要改成一夫一妻制，这是多么不容易的一件事！这在五千年前，恐怕也是一场伟大的革命。这对刚刚统一了的部落联盟来说，群婚制度存在着极不利于团结的因素，经常发生抢婚事件，不光男抢女，也有女抢男。新联盟的部落之间，经常为抢婚发生打架斗殴。时间一长，矛盾必然激化，部落之间又有重新分裂的可能。黄帝为这件事经常愁眉不展。他找来身边的大臣常先、大鸿、风后、力牧、仓颉等人，多次商议如何制止群婚，建立一夫一妻制，大家谁都没有想出一个可行的办法。有一天，黄帝随同一群大臣巡察群民居住的洞穴是否安全。突然发现一家人住着三个洞穴，为了防止野兽侵害，周围用石头垒起高高的围墙，只留下一个人能出进的门口。这个发现立即引起黄帝的兴趣。当天晚上他就召见身边所有的大臣。黄帝说：“我有个制止群婚的想法，说出来让大家都议论一番，看

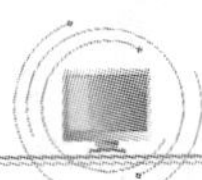

行不行。”众臣都让黄帝快讲。黄帝说：“今天咱们看了群民们居住的洞穴，我想，制止群婚的唯一办法，就是今后凡配成一男一女夫妻，结婚时，先聚集部落的群民前来祝贺，举行仪式，上拜天地，下拜爹娘，夫妻相拜。然后，吃酒庆贺，载歌载舞，宣告两人已经正式结婚。然后，再将夫妻二人送进事前准备好的洞穴（房）里，周围垒起高墙，出入只留一个门，吃饭喝水由男女双方家里亲人送，长则三月，短则四十天，让他们在洞里建立夫妻感情，学会烧火做饭，学会怎么过日子。今后，凡是部落人结婚入了洞房的男女，这就叫正式婚配，再不允许乱抢他人男女。为了区别已婚与未婚，凡结了婚的女人，必须把蓬乱头发挽个结。人们一看，知道这女人已结婚，其他男子再不能另有打算，否则就犯了部落法规。”黄帝讲完这个主张，立刻就得到常先、大鸿、力牧等人的支持。众臣建议让仓颉写个法规，公布于众，这个主张很快就得到各个部落群民的支持拥护。人们都争着为自己儿女挖洞穴（房）、垒高墙，凡儿女们一婚配，举行仪式后，就把他们送入洞房。群婚这一恶习就这样逐渐消失了。但是，千百年来的习惯势力，是最可怕的势力，根深蒂固，不是一朝一夕就能彻底改变的。也有一些群民一时不习惯一夫一妻制夫妻生活。据说，有一对狩猎能手，男的叫石磝，女的叫木苗。两人由双方家长说好婚配。举行婚礼后，双双送入洞房。生活了不到十天，由于两人都产生不愿过一夫一妻制生活的念头，有天晚上，趁着更深夜静，两人双双越墙，各自逃跑了。石磝和木苗都逃进了大森林，一时找不见有人烟的地方，心越急，路越迷。身上又没带狩猎工具，生怕野兽侵害。天亮后，又渴又饿，两人不知不觉地又走到一起了。为了保存生命，两人只好相依为命。小两口在大森林里经过一个多月折腾，担惊受怕，整天提心吊胆，只怕野兽前来袭击，谁也不愿分开，谁也离不开谁，夫妻感情越来越深，才真正懂得了爱情的滋味。回到部落后，石磝和木苗再也没有分开，小两口从此建立起一个幸福的家庭。这就是“入洞房”与“度蜜月”的来历，一直流传至今。

实训小结

通过本次实训的练习，同学们进一步熟悉了五笔字根，并且熟练掌握了五笔汉字的拆分原则和取码原则，熟练掌握了五笔词组的输入，从而提高了五笔输入文章的中文录入速度。

第2章

Windows 7 操作系统基础

学习目标

- 了解 Windows 7 的基本功能。
- 了解 Windows 7 的新特性。
- 了解 Windows 7 的新版本。
- 掌握 Windows 7 的基本操作、文件管理。
- 掌握 Windows 7 的程序管理、系统设置、设备管理。

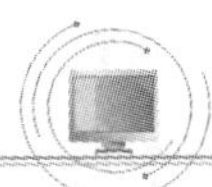

2.1 Windows 7 概述

2.1.1 Windows 7 简介

1. Windows 7 操作系统

Windows 7 是由 Microsoft 公司最新发布的操作系统，曾称为 Blackcomb 及 Vienna（Microsoft 公司当初内部的代号），对外名称是 Windows 7。它继承了部分 Windows Vista 的特性，在加强系统的安全性、稳定性的同时，重新对性能组件、部分功能、操作方式进行了完善和优化，在满足用户娱乐、工作需求等方面达到了一个新的高度。特别是在科技创新方面，增加了多处新功能。

2. Windows 7 的新特性

作为 Microsoft 公司推出的新一代 Windows 7 操作系统，其新特性介绍如下：

（1）全新的用户体验界面

Windows 7 增进了对主题的支持，除了可以设置窗口的颜色、屏幕保护程序、桌面背景、桌面图标、音效、鼠标指针以外，还可以设置桌面幻灯片。Windows 7 所有的设置可以从新的“个性化”控制界面进行控制，同时也可以从 Microsoft 网站上下载并安装更多的布景主题。

（2）新增了 Windows 小工具

以往 Windows 版本中的边栏现在被移除了，可以通过小工具库新增小工具至桌面，且当小工具靠近屏幕边框时仍会自动对齐。可以将 CPU 仪表盘、时钟、天气、新闻及日历等小工具直接显示在桌面上，方便用户快速获得相关的信息。

（3）虚拟文件夹功能

Windows 7 中的 Windows 资源管理器增加了一个称为“库”的虚拟文件夹功能，主要创建在*.library-ms 文件上。库可以管理散落在计算机各处的文档、音乐、图片和其他文件，还可以使用除了传统文件夹浏览方式以外的方法来浏览项目，如依照文件属性、编辑日期、类型和作者来查看排列的文件。

（4）Device Stage 功能

Device Stage 是一个集中管理外接多功能设备的地方，假如插入了一个可携式媒体播放器并连接到系统，马上就会在任务栏上显示设备的图标，当然 Windows 资源管理器内也会出现。

（5）最新版本的 Windows Media Player

Windows 7 内置了最新版本的播放器——Windows Media Player 12。这个版本的 Windows Media Player 提供了更多媒体格式的支持，包含 AAC 格式的音乐、MP4 格式的多媒体文件及 MOV 格式的影片等，手机的 3GP 格式也可以在 Media Player 播放。

（6）Windows Media Center

Windows 7 中的 Windows Media Center 保留了很多之前版本的设计风格，但是在用户界面捷径浏览功能上有很多变化。在浏览库的时候，当项目没有封面图案时，会使用一系列的前景和背景的组合显示，而不仅仅使用白色文字显示在蓝色的背景上。当按左或右键控制按钮快速浏览库时，专辑名称的前两个字母会突出作为提醒。该图片库还包括新的幻灯片显示功能，还可以为个人的照片评分。

（7）跳转列表

跳转列表（jump list）是 Windows 7 中的新增功能，可以帮助用户快速访问常用的文档、图片、歌曲或网站。只需右击 Windows 7 任务栏上的程序按钮即可打开跳转列表。

（8）Windows 7 的触控技术

触控技术已在 Windows 中应用多年，只是功能相对有限，然而在 Windows 7 中首次全面支持多点触控技术。可以使用手指轻松控制计算机操作，如将两个手指放在支持多点触控的计算机屏幕上，然后分开两个手指即可放大图像。如果要单击，只需使用手指按一下屏幕即可。

3. Windows 7 的常见版本

1）Windows 7 Home Basic（家庭普通版）：为找到和打开经常使用的应用程序和文档提供了更快、更简单的方法，给用户带来更便捷的计算机使用体验，其内置的 Internet Explorer 8 提高了上网浏览的安全性。

2）Windows 7 Home Premium（家庭高级版）：可帮助用户轻松创建家庭网络和共享用户收藏的照片、视频及音乐，还可以观看、暂停、录制电视节目，为用户带来最佳娱乐体验。

3）Windows 7 Professional（专业版）：可以使用自动备份功能将数据轻松还原到用户的家庭网络或企业网络中。通过加入域，还可以轻松连接到公司网络。

4）Windows 7 Enterprise（企业版）：它的主要使用对象是企业用户，通过大量授权给与 Microsoft 公司签订软件授权合约的公司，同时有一个大量授权的产品密钥，必须通过其激活。该版本操作系统可以让管理员工连接到网络的过程变得更为简单，从而确保无论是在办公室内还是在办公室外，员工都可以从计算机上获得更多的信息。

5）Windows 7 Ultimate（旗舰版）：它在结合了家庭高级版的娱乐功能和专业版的业务功能基础上，增强了易用性，用户还可以使用 BitLocker 和 BitLocker To Go 对数据加密。

4. Windows 7 的启动与退出

（1）Windows 7 的启动

计算机开机的顺序一般是先开显示器再开主机。计算机将自动启动 Windows 7，屏幕上就会出现 Windows 7 启动界面。在 Windows 7 中，如果已经建立多个用户账号，启动完毕后将出现的是登录界面，单击相应的用户图标，即可登录。Windows 7 登录界面如图 2-1 所示。

（2）Windows 7 的退出

1）保存所有应用程序中未经保存的有用信息，关闭所有运行的应用程序。

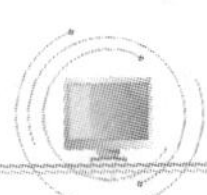

2）单击“开始”按钮，选择“关机”命令，或单击“关机”右侧的▶按钮，可以对计算机进行其他操作，如图 2-2 所示。

图 2-1　Windows 7 登录界面

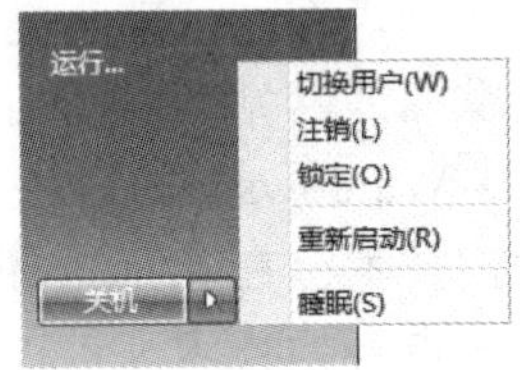

图 2-2　Windows 7“关机”菜单

2.1.2　Windows 7 界面组成

启动 Windows 7 后将进入 Windows 7 的界面。界面主要包括图标、“开始”按钮、任务栏等，如图 2-3 所示。

图 2-3　Windows 7 界面

2.2　Windows 7 基本操作和设置

2.2.1　鼠标操作

1）移动：将鼠标指针移动到某个特定位置或某一对象上，不按下任何鼠标按键，又称指向或定位。

2）单击：将鼠标指针指向某个对象后，按下鼠标左键后立即放开。

3）右击：将鼠标指针指向某个对象后，按下鼠标右键后立即放开。

4）双击：将鼠标指针指向某个对象后，快速地连续按两次鼠标左键。

5）拖动：将鼠标指针指向某个对象后，按住鼠标左键不放，将鼠标移动到另一位置后放开按键。

默认情况下，常见的几种鼠标指针形状见表 2-1。

表 2-1　常见鼠标指针形状

形状	名称	含义
	正常选择	表示准备接受用户输入命令
	忙	处于忙碌状态
	文字选择	指针出现在文字编辑区，可输入文本内容
	不可用	某些功能不能使用
	链接选择	鼠标指针所在的位置是一个超链接
	移动	可以拖动窗口

2.2.2　Windows 7 的桌面图标和小工具

1. 默认图标

图标是代表文件、文件夹、程序和其他项目的图示图片，双击图标可以打开相应的程序窗口。其中，“Administrator”“计算机”“网络”“回收站”“Internet Explorer”等图标，是安装 Windows 7 后自动添加的，用户可以自己添加图标。

在桌面空白位置右击，在弹出的快捷菜单中选择“排列方式”选项，在级联菜单中选择“名称”“大小”“项目类型”“修改日期”选项，可分别按要求排列图标。

桌面上图标的大小可以通过按住 Ctrl 键的同时，向上或向下滚动鼠标中轮的方法来改变。

1）“Administrator”：系统预先设置的一个系统文件夹，主要用来保存 Windows 7 的应用程序、编辑和使用的文档和图片，是 Office 文档默认的存储位置。

2）“计算机”：桌面上的一个重要文件夹，这是访问系统资源的一个入口，双击此图标，打开“计算机”窗口，将显示系统的主要资源。

3）“网络”：通过它可以访问网络上的其他计算机，共享其他计算机上的资源。

4）“回收站”：用于暂时存放被用户删除的一些信息，用户可以根据需要恢复和删除“回收站”中的文件或文件夹。

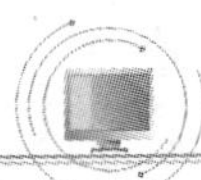

5）“Internet Explorer”：专门用来定位和访问网络信息的浏览器程序。

根据不同的操作习惯，有些人喜欢干净整齐的桌面，有些人又喜欢将许多图标都放在桌面上，以便快速访问经常使用的程序、文件和文件夹。所以，Windows 7 允许用户随时添加或删除桌面上的常用图标。

2. 快捷方式图标

桌面快捷方式是一个放在桌面上的程序快捷方式图标，双击快捷方式图标可以直接启动相应的应用程序。它的图标左下角都带有标注，创建桌面快捷方式的具体操作步骤如下：

01 在桌面空白处右击，在弹出的快捷菜单中选择“新建”→“快捷方式”命令，打开“创建快捷方式”对话框。

02 在“请键入对象的位置”文本框中输入应用程序名，单击“下一步”按钮，如图 2-4 所示。在“键入该快捷方式的名称”文本框中输入名称，单击“完成”按钮。

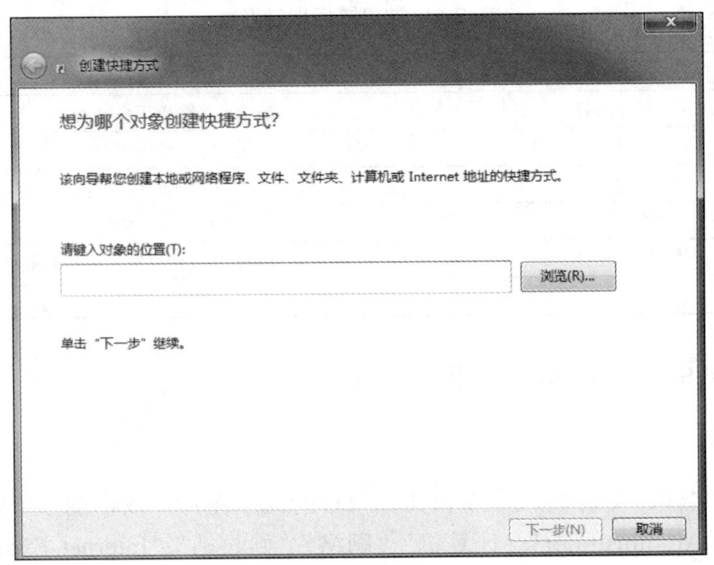

图 2-4　创建快捷方式

3. 桌面小命令

Windows 7 提供了多种实用的桌面小工具，这些小工具是可以提供概览信息的微型程序，通过它们可以轻松访问常用工具。Windows 7 附带的一些小工具有“日历”“时钟”“天气”“源标题”“幻灯片放映”“图片拼图板”等。在桌面空白处右击，在弹出的快捷菜单中选择“查看”→“显示桌面小工具”命令，让系统处于显示桌面小工具的状态。再次在桌面空白处右击，在弹出的快捷菜单中选择“小工具”命令，打开小工具窗口后，选择需要添加的小工具，然后双击小工具的图标将该工具显示在桌面上。如果要获得更多的桌面小工具，可以单击小工具窗口右下方的“联机获得更多小工具”超链接。

2.2.3　Windows 7 的任务栏

1. 任务栏的组成

任务栏是位于屏幕底部的水平长条。与桌面不同的是，桌面可以被窗口覆盖，而任务栏几乎始终可见。任务栏由“开始”按钮、任务区、语言栏、通知区域、日期和时间区、“显示桌面”按钮等几部分组成，如图 2-5 所示。

图 2-5　任务栏

1）“开始”按钮：位于桌面的左下角，任务栏的左端。它是使用 Windows 7 所有功能的入口，各种应用程序的启动、对话框的弹出、帮助文件的调阅等，都要通过单击“开始”按钮后弹出的“开始”菜单进行。

2）任务区：当同时打开了多个应用程序时，这些应用程序窗口图标将显示在任务区。当打开多个应用程序后，有些图标的周围有一个“方块”，形成了“按钮”的效果，这种图标对应着正在运行的程序，单击此类图标“按钮”，可以将对应的程序放在最前端。没有“方块”效果的为尚未运行的程序快捷方式，单击此类图标可启动对应的程序。

3）语言栏：可以进行输入法的切换。

4）通知区域：用于显示在后台运行的程序或其他通知。一些运行中的应用程序、通知和警报，以及系统音量、网络图标会显示在通知区域。通知区域的图标可以通过鼠标的拖动来实现排序、隐藏和显示。

5）日期和时间区：Windows 7 可以在单击该区域时，同时显示多时区时间。

6）“显示桌面”按钮：单击“显示桌面”按钮，系统会自动地将所有打开的应用程序全部最小化，放在任务区，并显示桌面。再次单击该按钮后，则最小化的窗口会被恢复显示。

2. 任务栏属性设置

对任务栏进行属性更改，在任务栏空白区域右击，在弹出的快捷菜单中选择“属性”选项，打开“任务栏和「开始」菜单属性”对话框，如图 2-6 所示。

1）选择“任务栏”选项卡，可以设置锁定任务栏、自动隐藏任务栏和任务栏在屏幕上的位置等。单击“通知区域”选项组中的“自定义”按钮，可以对通知区域的图标设置显示或隐藏。

通知区域的设置，也可以在通知区域单击▲按钮，选择“自定义”命令，打开“通知区域图标”窗口，如图 2-7 所示。

2）选择“「开始」菜单”选项卡，可以设置关机菜单。

3）选择“工具栏”选项卡，可以添加需要的工具栏到任务栏。

4）在通知区域内的网络图标和声音图标上右击，在弹出的快捷菜单中选择“打开网络和共享中心”或“音量控制选项”命令，在打开的“网络和共享中心”窗口或“音量控制

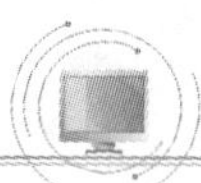

选项”对话框中进行相应设置，如图 2-8 所示。

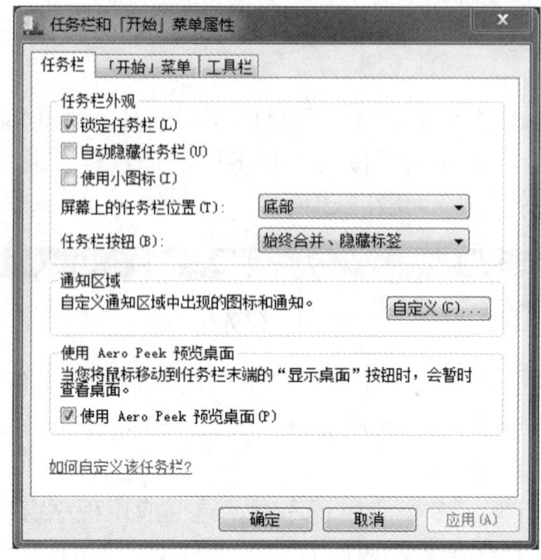

图 2-6 “任务栏和「开始」菜单属性”对话框

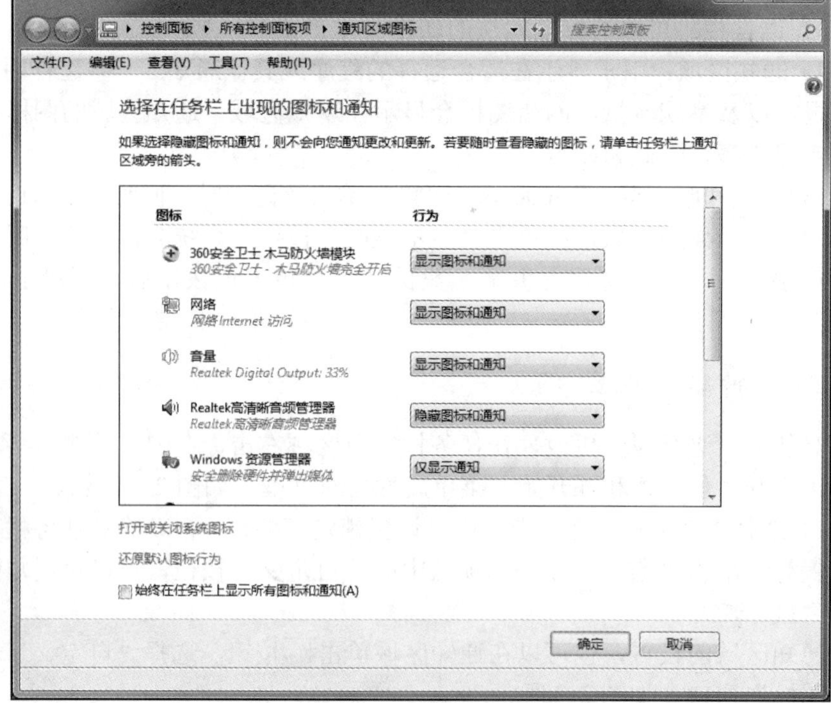

图 2-7 通知区域的设置

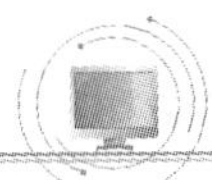

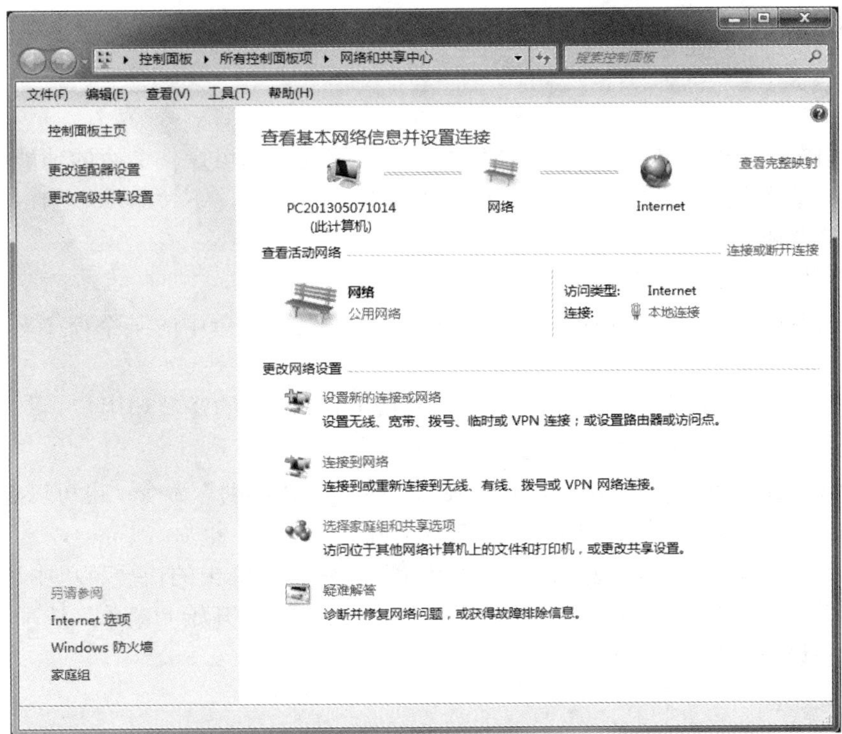

（a）“网络和共享中心”窗口

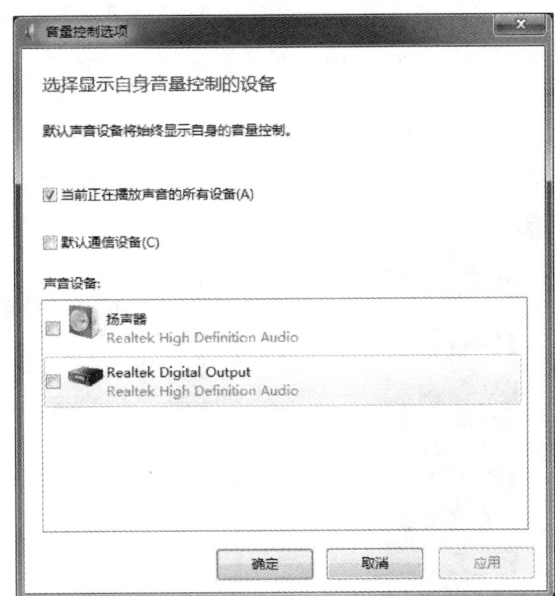

（b）“音量控制选项”对话框

图 2-8　“网络和共享中心”窗口和“音量控制选项”对话框

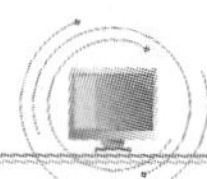

2.2.4 Windows 7 的菜单

1. “开始”菜单

单击“开始”按钮，打开的“开始”菜单是系统提供的可操作命令的功能列表。菜单栏上的各类命令称为菜单项，单击菜单项后可展开下拉菜单，下拉菜单中的每一项称为命令项，如图 2-9 所示。

“开始”菜单中各菜单项功能如下：

1）所有程序：显示可运行的各程序菜单项，单击级联菜单中的某个程序名，可运行该程序。

2）搜索：用于查找文件、文件夹、计算机或 Internet 上的资源和用户。

3）运行：用命令方式运行应用程序或打开文件夹。

4）关机：关闭计算机，还可以选择“睡眠”或“重新启动”命令；也可以选择“注销”或“切换用户”命令，用于切换用户或注销现有用户。

对“开始”菜单进行属性更改：右击“开始”按钮，在弹出的快捷菜单中选择“属性”命令，打开“任务栏和「开始」菜单属性”对话框，选择“「开始」菜单”选项卡，可以在其中进行相关设置，如图 2-10 所示。

2. 其他菜单

在 Windows 7 中除“开始”菜单外，还有窗口控制菜单、窗口菜单及桌面快捷菜单。

1）窗口控制菜单。在窗口标题栏右击，会弹出窗口控制菜单，作用与窗口标题栏右侧窗口控制按钮基本相同，如图 2-11 所示。

2）窗口菜单。窗口菜单位于窗口的菜单栏上，又称下拉菜单，如图 2-12 所示。

3）桌面快捷菜单。在任意对象上右击，将弹出该对象的快捷菜单，如图 2-13 所示。

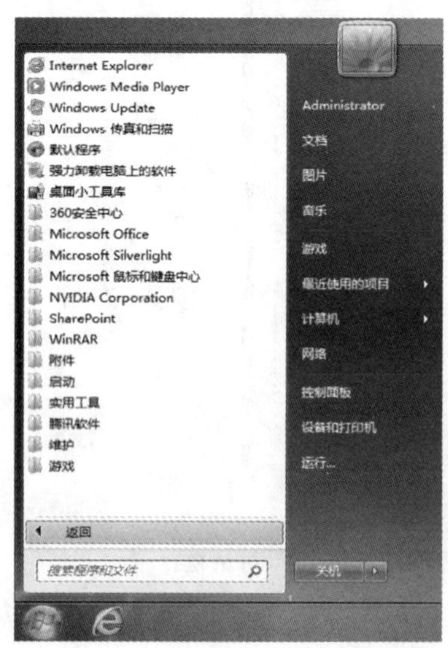

图 2-9 “开始”菜单

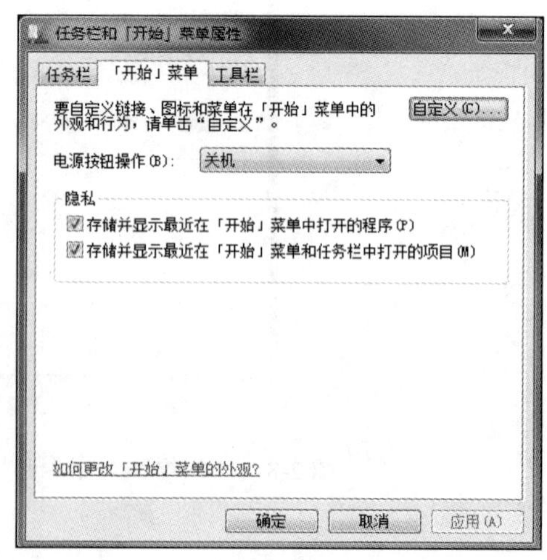

图 2-10 “「开始」菜单”选项卡

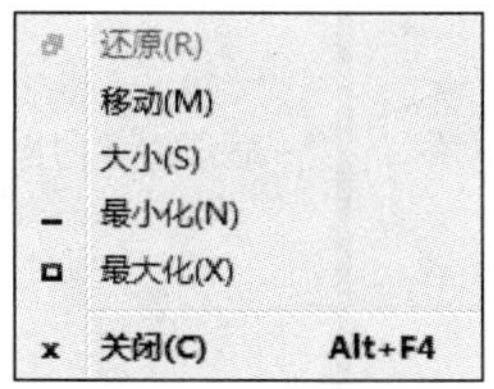

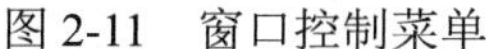

图 2-11　窗口控制菜单

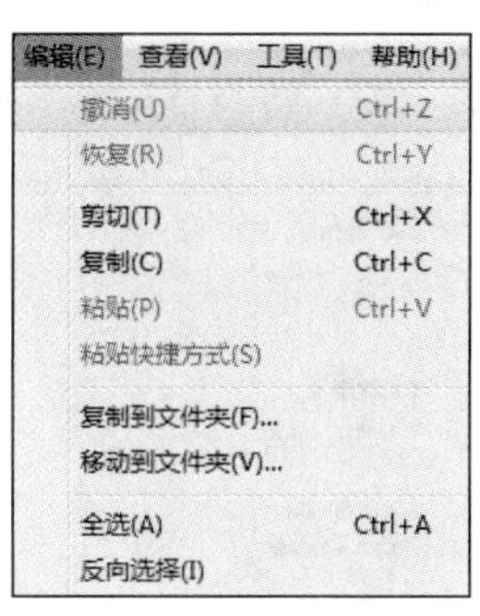

图 2-12　窗口菜单

图 2-13　桌面快捷菜单

3. 菜单中常用符号的含义

1）命令的颜色：命令呈黑色的表示用户可以执行，命令呈灰色的表示当前用户不能选择和执行。

2）命令前的标记：命令前带有✓标记（复选项）的表示该命令项已选用，同类的命令可以复选，再次单击该标记可以取消；命令前带有●标记（单选项）的表示该命令已选用，并且同类命令只能选择其中之一。

3）命令后的标记：命令后带有 ▸ 标记的表示该命令带有级联菜单；命令后带有…标记的表示执行该命令将打开对话框。

4）命令后的组合字母键：命令后带有的组合字母键表示该命令的快捷键。

2.2.5　Windows 7 的窗口

1. 窗口的组成

Windows 操作系统的操作都是在窗口中进行的，窗口操作是最基本的操作。以“计算机”窗口为例，图 2-14 是一个典型的 Windows 7 窗口，由如下几部分组成。

（1）标题栏

标题栏位于窗口最上方，拖动标题栏可以实现窗口的移动。标题栏右侧包括所有的窗口控制按钮，依次是“最小化”“最大化/还原”“关闭”3 个按钮。

（2）浏览导航按钮

浏览导航按钮用于在浏览记录中导航。在窗口中浏览操作，都会增加一条导航记录，可以利用“返回”按钮和“前进”按钮逐层定向到曾经浏览过的位置。单击下拉按钮，可以使用菜单形式列出最近的浏览记录。

（3）地址栏

地址栏列出了当前浏览位置的详细路径信息。可以从地址栏浏览文件夹（在地址栏中输入驱动器名、文件夹名或文件夹的路径，然后按 Enter 键）或运行程序（输入程序名或组件名，然后按 Enter 键）。在每一层路径的右侧还有一个向右的箭头按钮▸，这是地址栏按钮，单击对应的按钮，可以弹出一个菜单，其中列出了与该文件夹同级的其他文件夹。

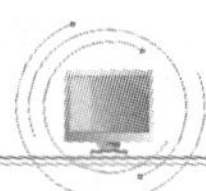

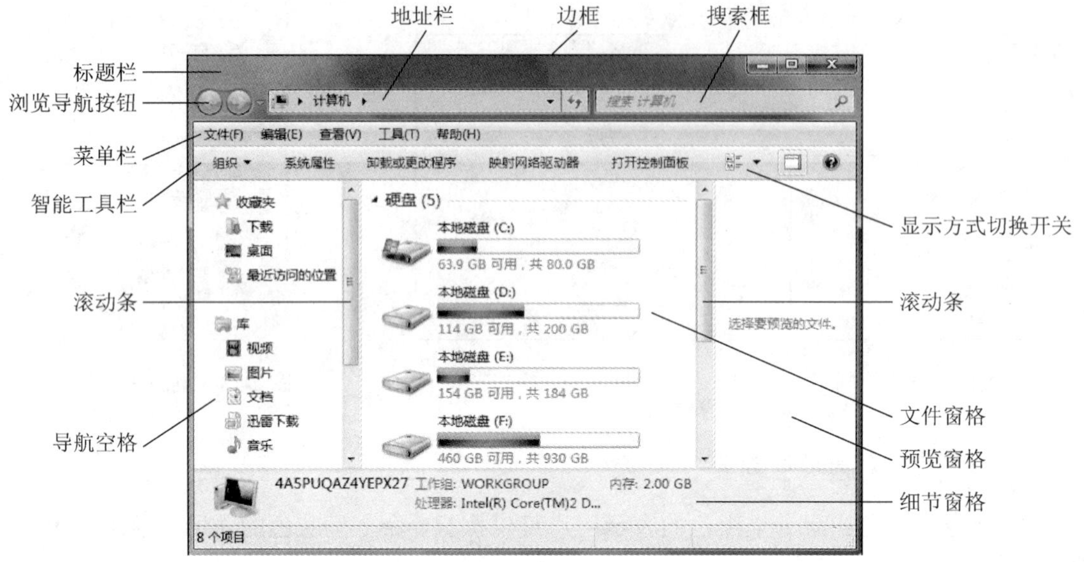

图 2-14　Windows 7 窗口

（4）搜索框

将需要搜索的关键字输入搜索框，在输入过程中，搜索的结果会在窗格中动态显示。

（5）菜单栏

菜单栏默认是隐藏的，可以在智能工具栏选择“组织”→“布局”命令，在弹出的级联菜单中勾选“菜单栏”复选框来显示菜单栏。它含有应用程序定义的各个菜单项，不同的应用程序有不同的菜单项，但主要包括“文件”“编辑”“查看”“工具”“帮助”等菜单项。单击菜单项将弹出相应的下拉菜单。在下拉菜单中，单击某个命令项可以执行该命令。

（6）智能工具栏

智能工具栏根据实际情况动态显示最匹配的选项。

（7）显示方式切换开关

在智能工具栏的右侧，单击下拉按钮，弹出视图选择菜单，可以切换不同的视图模式显示文件（夹），如图 2-15 所示。

（8）预览窗格

预览窗格默认是隐藏的，单击按钮可将其打开，如果在文件窗格中选中某个文件，在不需要打开此文件的条件下，该文件内容直接显示在预览窗格中。

（9）导航窗格

在窗口左侧是导航窗格，该窗格从上到下分为不同的类别，以树形的方式列出了一些常用位置，通过每个类别前方的箭头 ▷ 或 ◢ 来展开或合并。利用导航窗格，可以更快捷地在不同位置间进行浏览，如图 2-16 所示。

（10）文件窗格

文件窗格用于显示要浏览文件（夹）的具体内容。

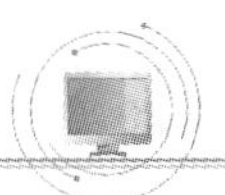

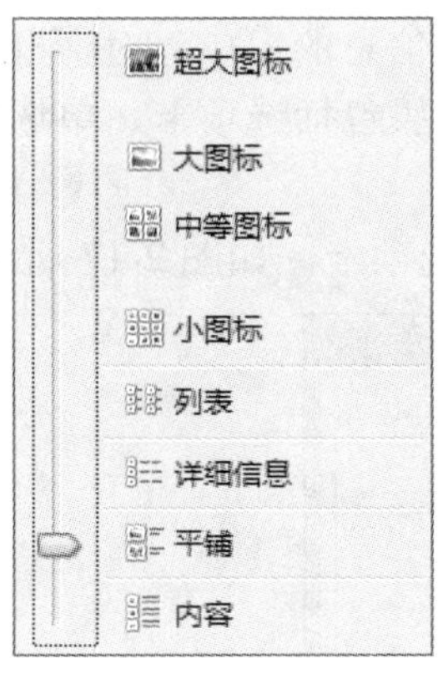

图 2-15　视图选择菜单

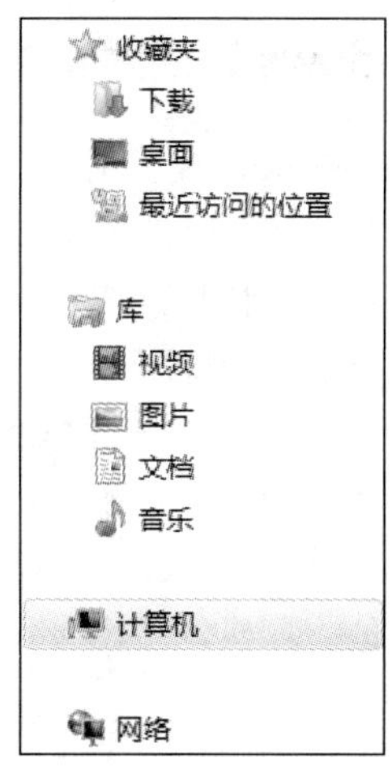

图 2-16　导航窗格

（11）细节窗格

细节窗格用于显示所选内容的详细信息。这些信息是通过文件的属性获得的，方便用户找到所需文件。

（12）边框

将鼠标指针移到边框上，当鼠标指针变成双向箭头时，拖动鼠标可改变窗口的大小。

（13）滚动条

滚动条包括横向滚动条和纵向滚动条。单击滚动条两端的箭头按钮或拖动滑块、单击滚动条上的某个位置都可以滚动窗口内容。

2. 窗口的操作

（1）Aero 晃动

在同时打开多个窗口后，当用户只需要使用一个窗口，希望将其他所有窗口都最小化时，只要在目标窗口的标题栏上按住鼠标左键不放，然后左右晃动鼠标若干次，其他窗口就会最小化。再次按住鼠标左键不放，然后左右晃动鼠标，窗口布局将恢复原来状态。

（2）Aero 窗口吸附

为让两个窗口准确并排排列在屏幕上，同时查看两个窗口的内容，提高屏幕显示效率，在窗口的标题栏上按住鼠标左键不放，将其拖动到屏幕最左侧或右侧，此时会出现该窗口的虚拟边框，当鼠标指针与屏幕边缘碰撞出现“气泡”效果时松开鼠标，窗口会自动占据屏幕一半的面积。另外一个窗口同样操作，占据屏幕的另一半面积。

（3）任务栏快捷菜单操作

当前桌面中打开了多个大小不一的窗口，为让窗口整齐排列，在任务栏空白处右击，在弹出的快捷菜单中可以选择“层叠窗口”“堆叠显示窗口”“并排显示窗口”命令。

（4）Flip 3D

按 Windows 徽标键+Tab 组合键，所有打开的窗口会以 3D 效果堆叠呈现，反复按 Tab 键即可让所有窗口从后向前滚动，松开 Windows 徽标键可切换到堆叠在最前面的窗口。

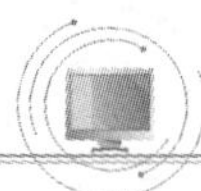

2.2.6 Windows 7 的对话框

对话框是 Windows 7 用户与计算机系统之间进行交互信息的窗口，对话框一般不能最大化或最小化，但可以改变其在屏幕上的位置。对话框一般包括选项卡、单选按钮、复选框、下拉列表、文本框、按钮、数值框等。

1）选项卡。内容较多的对话框通常按类别分为几个选项卡，如图 2-17 所示。

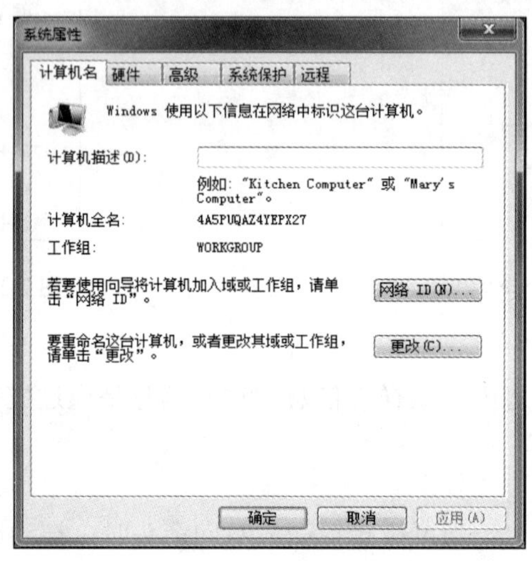

图 2-17　选项卡

2）单选按钮。单选按钮用于在一组可选项中只能选择一项的情况，标记为◉，如图 2-18 所示。

3）复选框。复选框用于在一组可选项中可以选择一项或多项的情况，标记为☑，如图 2-18 所示。

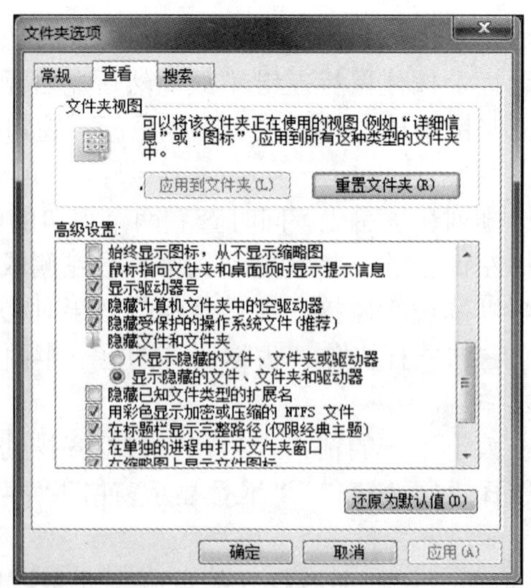

图 2-18　单选按钮和复选框

4）下拉列表。单击下拉按钮，弹出选项的下拉列表，下拉列表用于在一组对象列表中选择其中一项，如图 2-19 所示。

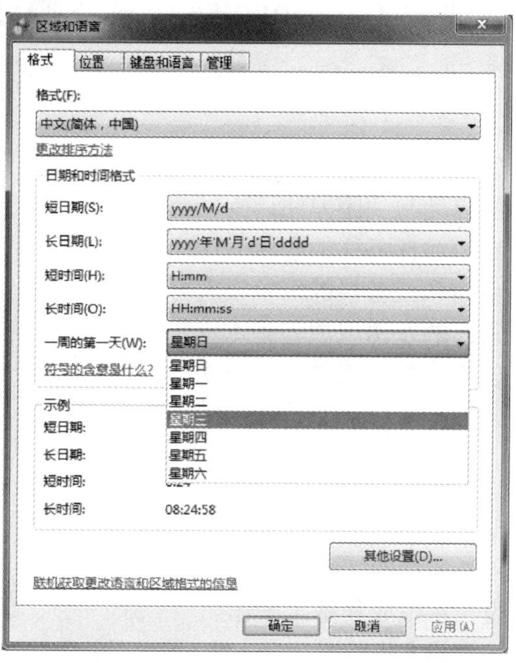

图 2-19　下拉列表

5）文本框。文本框用于输入文字信息，如图 2-20 所示。

6）按钮。按钮表示一个操作，单击按钮可以执行该项操作。

7）数值框。数值框用于输入数值，微调按钮用于改变数值大小，可以单击上下箭头或直接输入数值，如图 2-21 所示。

图 2-20　文本框

图 2-21　数值框和微调按钮

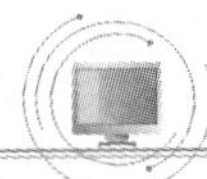

实训 2.1　Windows 7 基本操作

实训目的

1）掌握 Windows 7 的启动与关闭方法。
2）了解 Windows 7 桌面和任务栏的构成。
3）掌握 Windows 7 桌面和任务栏的简单设置方法。
4）掌握 Windows 7 窗口的基本组成和基本操作。
5）了解 Windows 7 回收站的使用与清理方法。

实训内容

1）启动和关闭 Windows 7 操作系统。
2）Windows 7 桌面和任务栏的简单设置。
3）Windows 7 窗口的基本组成和基本操作。
4）Windows 7 回收站的基本操作。

实训步骤

1. 启动 Windows 7

在计算机关闭的情况下，启动 Windows 7 的操作步骤如下：

01 打开总电源开关，按下显示器的开关按钮，电源指示灯亮表示已打开显示器。

02 按主机箱上的电源按钮，指示灯亮表示已打开主机。

03 计算机开始自动运行，并显示启动界面，表示 Windows 7 已经成功启动。

04 系统正常启动后，屏幕显示“请单击您的用户名”提示，要求选择用户名（默认情况下只有一个用户名 Administrator），单击要选择的用户名。此时，如果系统没有设置密码，则自动进入系统；如果系统设置了用户密码，则在口令输入框内输入相应的口令，然后按 Enter 键或单击➔按钮，即可进入 Windows 7 的桌面。

2. 待机、关闭和重新启动 Windows 7

待机、关闭和重新启动 Windows 7 之前应首先关闭所有打开的应用程序，步骤如下：

01 单击“开始”按钮，打开如图 2-22 所示的“开始”菜单。

02 选择“关机”命令，进入关闭计算机界面，如图 2-23 所示。

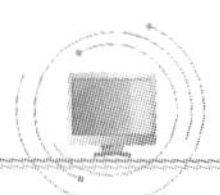

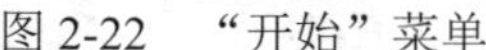
图 2-22　“开始”菜单

图 2-23　关闭计算机界面

3. Windows 7 桌面的基本构成

Windows 7 正常启动后，仔细观察桌面上的图标，了解哪些图标是 Windows 7 自带的，哪些是后安装的，任务栏上有哪些组件等。

4. 桌面和任务栏的简单设置

01 将鼠标指针移动到任务栏的上侧，当鼠标指针形状变为上下箭头后，拖动任务栏，可以改变任务栏的高度，如图 2-24 所示。

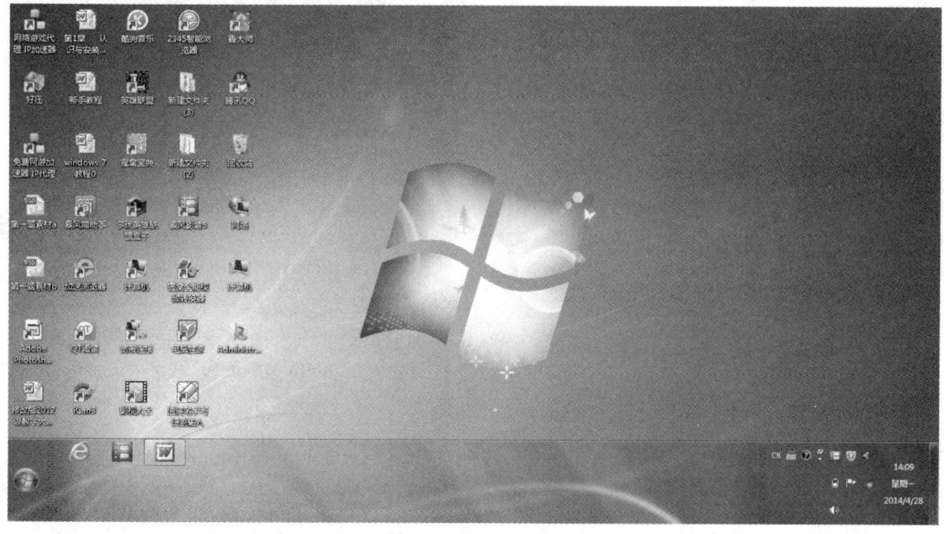

图 2-24　改变任务栏的高度

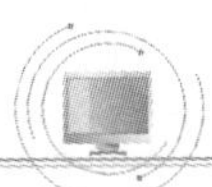

将鼠标指针移动到任务栏中的空白处，按住左键，然后向屏幕边缘拖动，可以将任务栏移动到屏幕的左边缘、右边缘或上边缘，如图 2-25 所示。

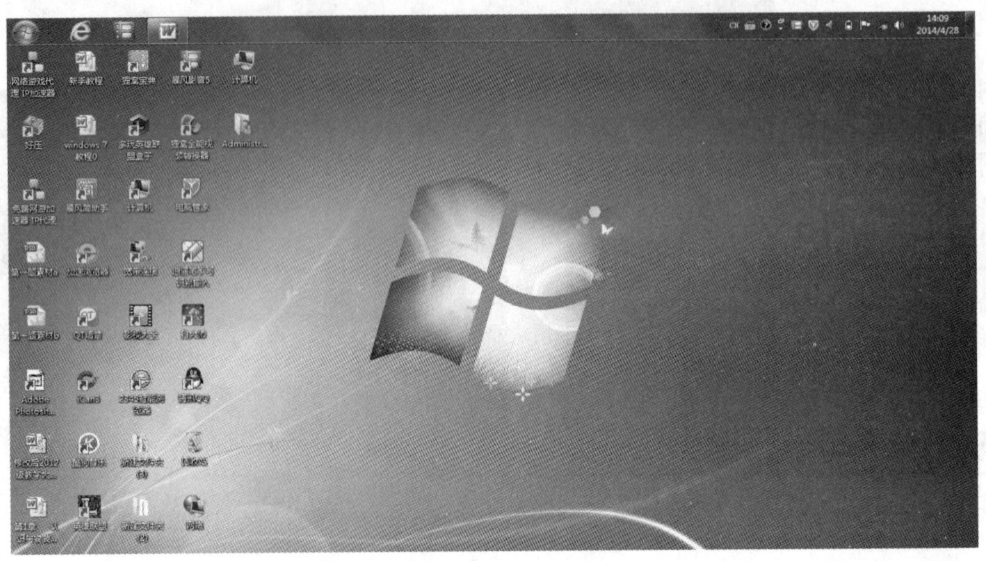

图 2-25　将任务栏移动到屏幕边缘

02 显示或隐藏桌面上的“我的文档”“计算机”“网络”“Internet Explorer”等图标。在桌面空白处右击，在弹出的快捷菜单中选择“查看”命令，在级联菜单中将“显示桌面图标”复选框勾选上即可，如图 2-26 所示。

03 设置任务栏为自动隐藏，选择或取消“分组相似任务栏”功能。在任务栏空白区域右击，在弹出的快捷菜单中选择“属性”命令，打开“任务栏和「开始」菜单属性”对话框，如图 2-27 所示，在其中进行相应设置。

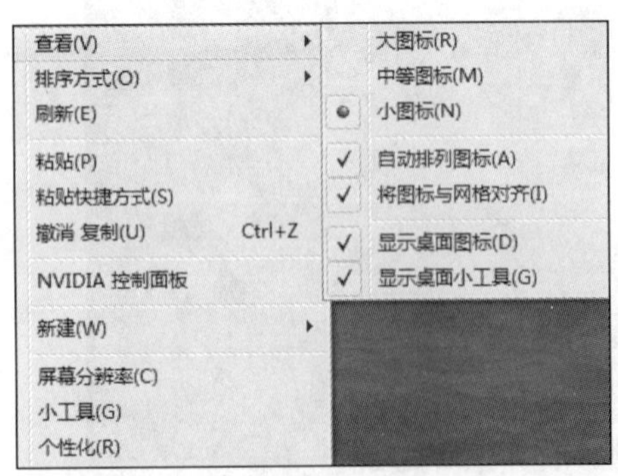

图 2-26　桌面项目

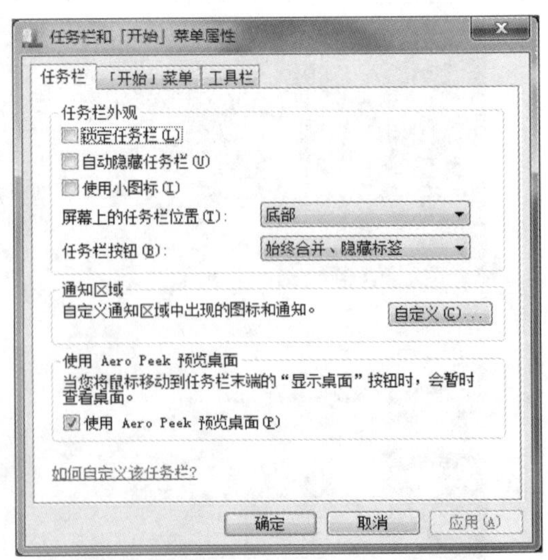

图 2-27　“任务栏和「开始」菜单属性”对话框

5. 调整窗口的基本方法

在桌面上双击“计算机”图标，打开“计算机”窗口，如图 2-28 所示，仔细观察窗口的组成。

将鼠标指针移动到窗口 4 条边的任意一边，观察鼠标指针形状的变化，拖动鼠标，可以改变窗口的高度或宽度。多做几次练习，熟练掌握鼠标指针的定位，并根据需要将打开的窗口调整到适当大小。

将鼠标指针移动到窗口 4 个角的任意一个角，观察鼠标指针形状的变化，拖动鼠标，可以同时改变窗口的高度和宽度。

将鼠标指针移动到标题栏，拖动鼠标，可以改变窗口在桌面上的位置。

6. “回收站”的设置和使用

（1）“回收站”的设置

在桌面上右击“回收站”图标，在弹出的快捷菜单中选择“属性”命令，打开“回收站 属性”对话框，如图 2-29 所示，在其中进行相应设置。

（2）清理“回收站”

在桌面上双击“回收站”图标，打开“回收站”窗口，选中不需要恢复的对象（要彻底删除的），选择“文件”→“删除”命令，就可彻底删除该对象。

（3）清空“回收站”

删除的对象如果很多，就可能占满回收站的空间，如果回收站中的对象确认都是不需要的，右击“回收站”图标，在弹出的快捷菜单中选择“清空回收站”命令即可。

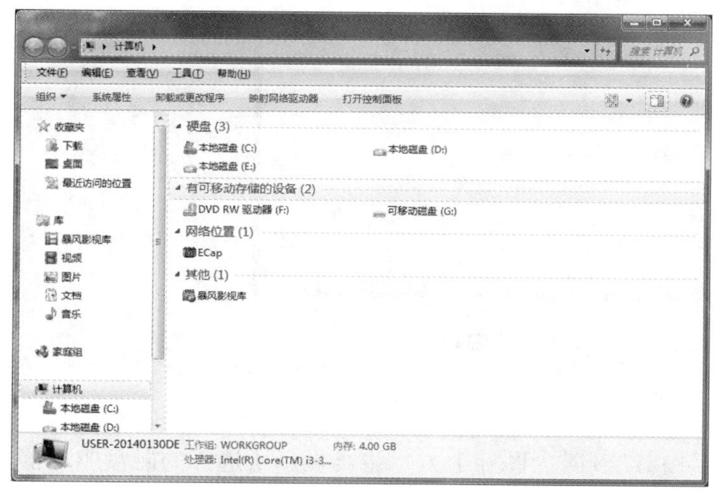

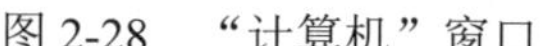
图 2-28　“计算机”窗口

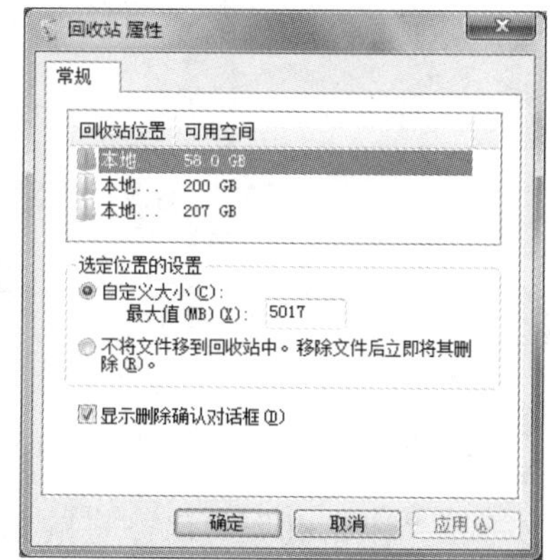

图 2-29　“回收站 属性”对话框

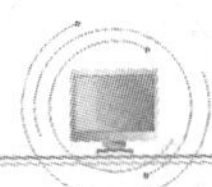

实训小结

通过本次实训的操作练习，同学们进一步了解了 Windows 7 的窗口、界面的组成，以及跟旧版本的界面差异之处，实地进行了 Windows 7 的关闭、启动及回收站的基本操作，基本掌握了 Windows 7 的常规使用，为后面章节的学习打下了坚实基础，提高了对 Windows 7 操作系统的基本认知。

2.3 磁盘操作和文件管理

2.3.1 磁盘操作

磁盘是计算机上的主要存储设备，存储了计算机中的所有信息，包括 Windows 系统文件、程序和个人文件。对于一张示未经格式化的 U 盘或者刚分区过的硬盘，要格式化以后才能使用，因此在格式化之前用户要做好重要数据的备份。在桌面上双击“计算机”图标，打开“计算机”窗口。该窗口中包含系统中所有驱动器图标，如图 2-30 所示。

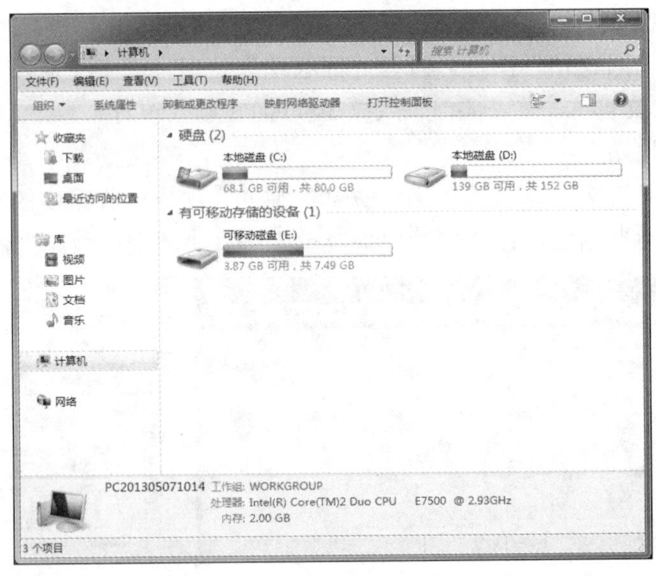

图 2-30 “计算机”窗口

1. 查看磁盘信息

在“计算机”窗口，将鼠标指针移动到磁盘图标上方，将会显示所选择的磁盘驱动器的容量。单击磁盘驱动器，细节窗格也会显示所选择的磁盘驱动器容量。

2. 格式化磁盘

在“计算机”窗口，选中准备格式化的磁盘驱动器。选择“文件”→“格式化”命令

（或在磁盘上右击，在弹出的快捷菜单中选择“格式化”命令），打开“格式化　本地磁盘”对话框，单击“开始”按钮，如图 2-31 所示。

3. *检查磁盘*

如果磁盘有坏扇区或文件系统有错误，可以运行磁盘扫描程序进行修复。具体操作步骤如下：

01 打开“计算机”窗口，选中磁盘驱动器，选择智能工具栏上的“系统属性”命令（或在磁盘驱动器上右击，在弹出的快捷菜单中选择“属性”命令），弹出“本地磁盘属性”对话框，选择“工具”选项卡。

02 在“查错”选项组中单击“开始检查”按钮，打开“检查磁盘 本地磁盘”对话框，如图 2-32 所示。

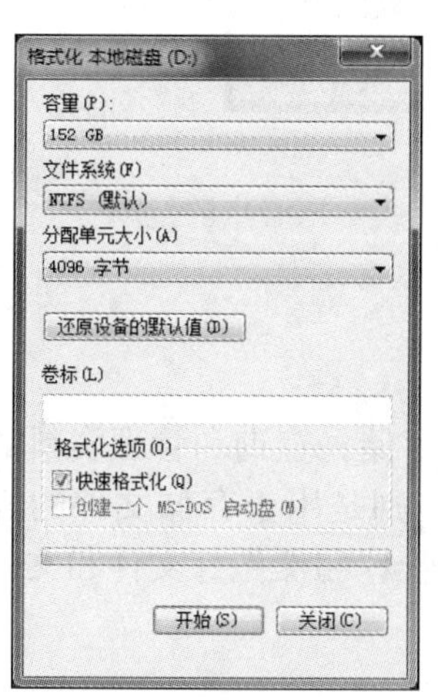

图 2-31　格式化磁盘

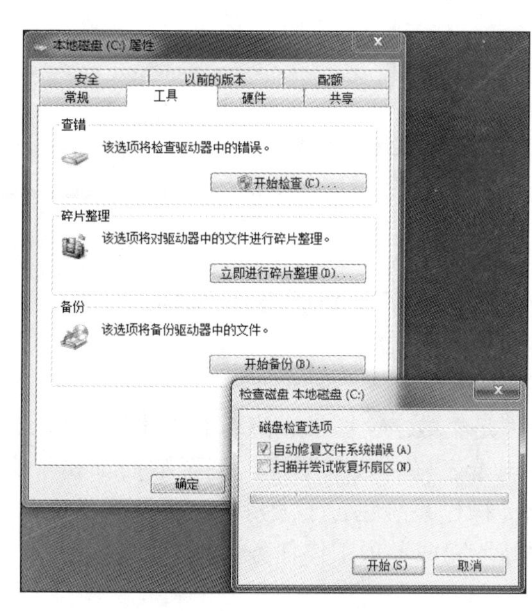

图 2-32　检查磁盘

03 可以勾选“自动修复文件系统错误”或“扫描并尝试恢复坏扇区”复选框，单击“开始”按钮。

4. *磁盘碎片整理*

计算机使用久了，磁盘上存储了大量的文件，这些文件并非保存在一个连续的磁盘空间上，而是把一个文件分散放在很多地方，这些零散的文件被称为“磁盘碎片”，这些碎片会降低整个 Windows 的性能。为提高磁盘驱动器的工作效率，需要定期对磁盘碎片进行整理，具体操作步骤如下：

01 打开“计算机”窗口，选中磁盘驱动器，选择智能工具栏上的“系统属性”命令，打开“本地磁盘属性”对话框，选择“工具”选项卡。

02 在“碎片整理”选项组中单击“立即进行碎片整理”按钮，打开“磁盘碎片整理

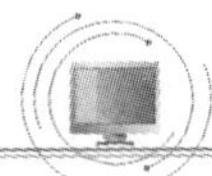

程序”窗口，单击“磁盘碎片整理”按钮，如图 2-33 所示。

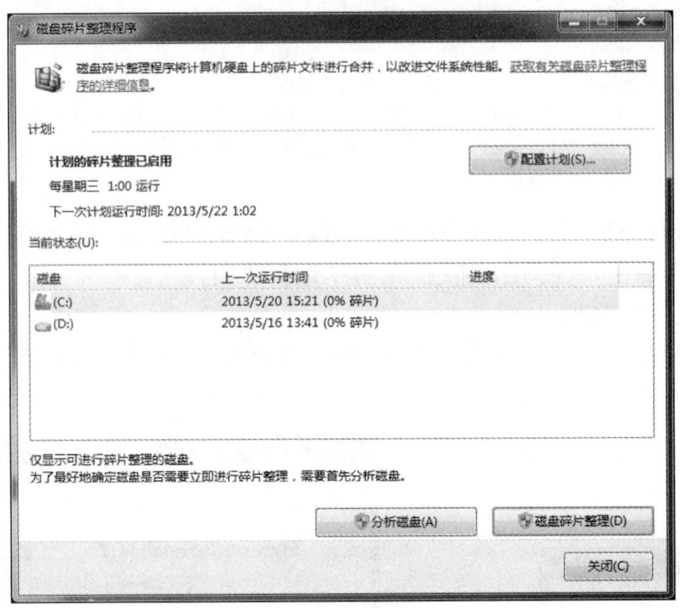

图 2-33　“磁盘碎片整理程序”窗口

2.3.2　文件及文件夹的基本操作

1. 文件及文件夹的概念

文件是集数字、图像、声音和文本等信息于一身，用于存储、查询和管理资料的文本文档、电子表格、数字图片，甚至歌曲都属于文件。文件夹则是用于存储文件的容器。Windows 操作系统包含了大量的文件及文件夹，因此，只有管理和操作好文件和文件夹，才能更好地完成各项工作任务。

2. 文件的命名规则

1）所有文件必须有文件名，文件名由主文件名和扩展名两部分组成，主文件名在前，扩展名在后，扩展名一般用来标识文件的类型，两者之间用“. ”分隔，如 photo.bmp、file.docx、audio.mp3 等。

2）Windows 7 系统中的文件、文件夹名，最多可以支持 255 个英文字符，键盘输入的英文字母、符号、空格等都可以作为文件名的字符来使用。

3）文件名中不能包含\、/、:、*、?、"、<、>、| 符号。

4）文件名不区分大小写，如 abcd.docx 与文件 ABCD.DOCX 是同名文件。

5）系统中的保留设备名不能作为文件名，如 CON、NUL、AUX 或 COM1、COM2 等。

3. 通配符

通配符包括“*”和“？”，“*”代表任意字符组合，“？”代表任意一个字符。例如，

*.txt 表示所有的文本文件，a? .txt 表示所有以 a 开头、第二个字符任意且主文件名字符数不超过两个的文本文件。通配符常用于文件搜索、查找和替换。

4. 新建文件夹

01 打开“计算机”或“Windows 资源管理器”窗口，确定要放置新文件夹的驱动器或文件夹位置。

02 选择“文件”→“新建”→“文件夹”命令（或在空白位置右击，在弹出的快捷菜单中选择“新建”→“文件夹”命令）。也可以选择智能工具栏上的“新建文件夹”命令，如图 2-34 所示。

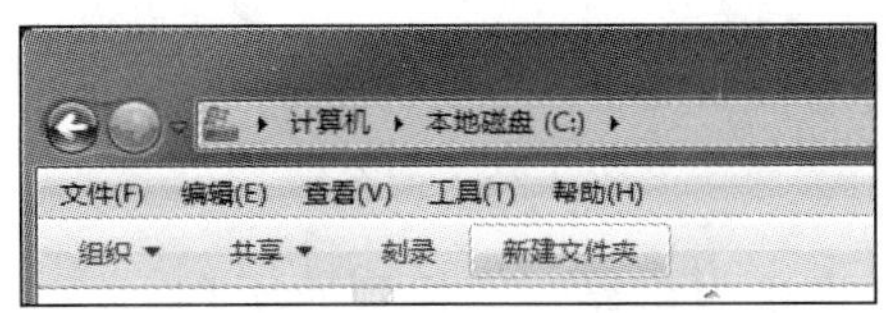

图 2-34　新建文件夹

03 输入新文件夹名，按 Enter 键或单击该文件夹名称框外任意位置。

5. 选择和打开文件（夹）

01 在“计算机”或“Windows 资源管理器”窗口中打开目标文件（夹）所在的磁盘或文件夹，单击目标文件（夹）的图标将其选中。

02 双击某个文件夹可以打开该文件夹，单击地址栏对应的地址按钮可以选择打开同层的文件夹。

6. 选择连续或不连续的文件（夹）

01 先单击要选择的第一个文件（夹），再按住 Shift 键并单击要选择的最后一个文件（夹），这样可选择其间连续的所有文件（夹）；如果按住 Ctrl 键，逐个单击可以选择不连续的文件（夹）。

02 要取消选择，可单击窗口中任意空白位置。

7. 文件（夹）的显示方式

（1）文件或文件夹视图模式

显示方式有超大图标、大图标、中等图标、小图标、列表、详细信息、平铺、内容。

打开“计算机”窗口，在菜单栏中的“查看”命令项中可以选择某种显示方式（或在空白处右击，在弹出的快捷菜单中选择“查看”选项）。也可以通过智能工具栏右侧的显示方式切换开关命令，切换显示方式。

（2）排序方式

01 打开“计算机”窗口，选择“查看”→“排序方式”命令（或在空白处右击，在弹出的快捷菜单中选择“排序方式”命令）。

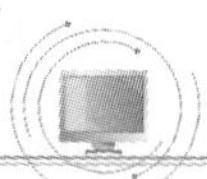

02 在弹出的级联菜单中选择相应的命令，文件（夹）可以按名称、修改日期、类型、大小排列。

8. 文件（夹）的查找

01 打开“计算机”窗口，在搜索框中输入（或选择“开始”按钮，在打开的“开始”菜单中的“搜索程序和文件”输入框中输入，如图 2-35 所示）需要查找的文件（夹）名的全部或部分关键字，文件窗格（或“开始”菜单）会动态显示搜索结果。

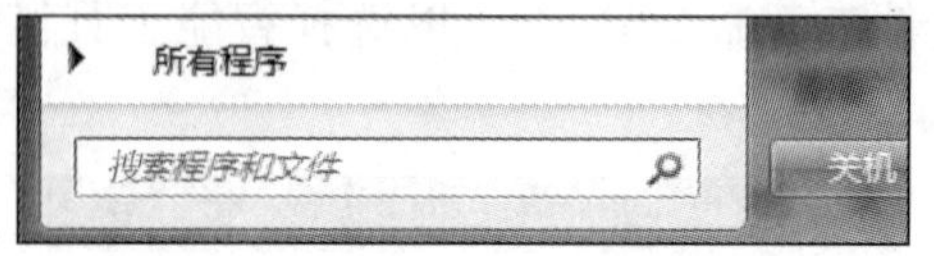

图 2-35　搜索栏

02 查找结束后，文件窗格内将显示查找到的所有文件（夹）的信息。

9. 文件（夹）的移动与复制

01 选中需要移动、复制的文件（夹）。

02 如果移动文件（夹），选择“编辑”→“剪切”命令［或在选中的文件（夹）上右击，在弹出的快捷菜单中选择“剪切”命令］；如果复制文件（夹），选择“编辑”→“复制”命令［或在选中的文件（夹）上右击，在弹出的快捷菜单中选择“复制”命令］。

03 选择目标文件夹。

04 选择“编辑”→“粘贴”命令（或在文件夹内空白位置处右击，在弹出的快捷菜单中选择“粘贴”命令），选中的文件（夹）即被移动或复制到目标文件夹中。

10. 文件（夹）的重命名

01 选中需要重命名的文件（夹）。

02 选择“文件”→“重命名”命令［或在选中的文件（夹）上右击，在弹出的快捷菜单中选择“重命名”命令］，输入新文件（夹）名，按 Enter 键或单击该文件（夹）名称框外的任意位置。

11. 文件（夹）的删除

01 选中需要删除的文件（夹）。

02 选择“文件”→“删除”命令［或在选中的文件（夹）上右击，在弹出的快捷菜单中选择“删除”命令］，打开“删除文件（夹）”对话框，单击“是”按钮。

12. “回收站”的使用

从 Windows 7 中删除文件或文件夹时，所有被删除的文件或文件夹并没有真正被删除，而是临时存放在“回收站”中，可根据需要在回收站中进行恢复或彻底删除操作。

（1）恢复删除

01 双击“回收站”图标，打开“回收站”窗口，选中需要恢复的对象。

02 选择“文件”→“还原”命令（或在选中的对象上右击，在弹出的快捷菜单中选择“还原”命令），将该对象恢复到原来的位置。也可以选择智能工具栏上的“还原此项目”命令。

（2）清空回收站

在“回收站”窗口，选中所有对象，选择“文件”→“删除”命令，也可以选择“文件”→“清空回收站”命令（或在“回收站”图标上右击，在弹出的快捷菜单中选择“清空回收站”命令），清空回收站中所有对象。

13. 文件（夹）的隐藏与显示

（1）隐藏文件或文件夹

通过隐藏文件或文件夹，可以将计算机中一些重要文件或隐私资料暂时隐藏起来，以防止文件被恶意修改或删除。右击需要隐藏的文件（夹），在弹出的快捷菜单中选择“属性”命令，在打开的文件属性对话框中勾选“隐藏”复选框，最后单击“确定”按钮即可，如图 2-36 所示。

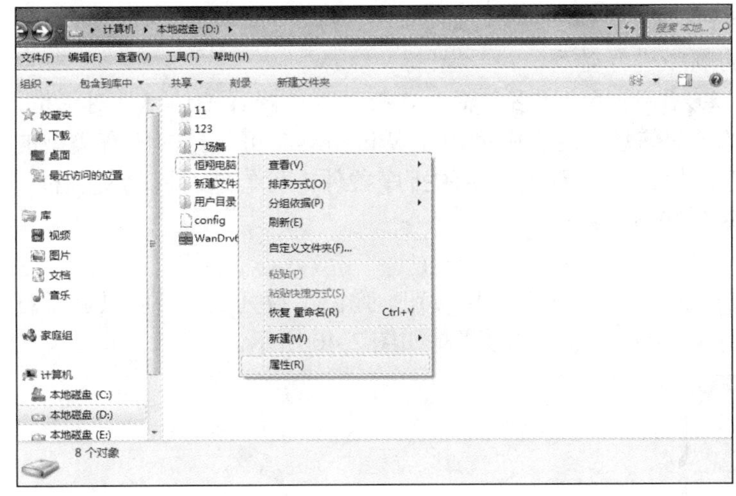

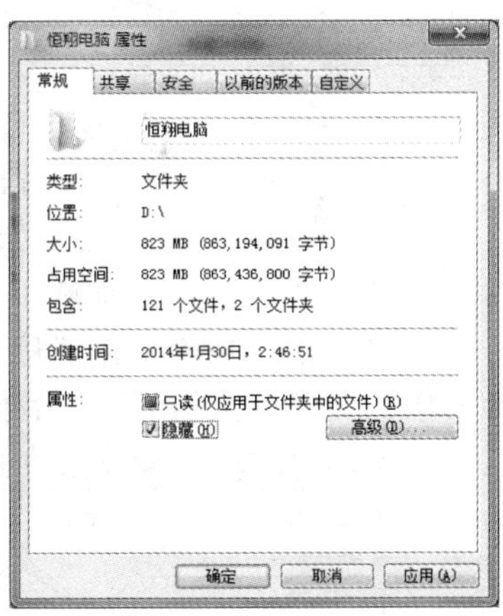

图 2-36 隐藏文件

（2）显示隐藏的文件和文件夹

若要显示计算机中隐藏的文件或文件夹，可以先打开“计算机”窗口，然后选择“工具”→“文件夹选项”命令，在打开的“文件夹选项”对话框中选择“查看”选项卡，在“高级设置”列表中点选“显示隐藏的文件、文件夹和驱动器”单选按钮，最后单击“确定”按钮即可，如图 2-37 所示。

设置了隐藏属性但被设置显示的文件或文件夹，在窗口以半透明的效果显示，如图 2-38 所示。

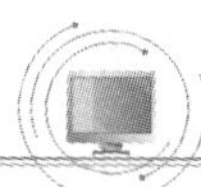

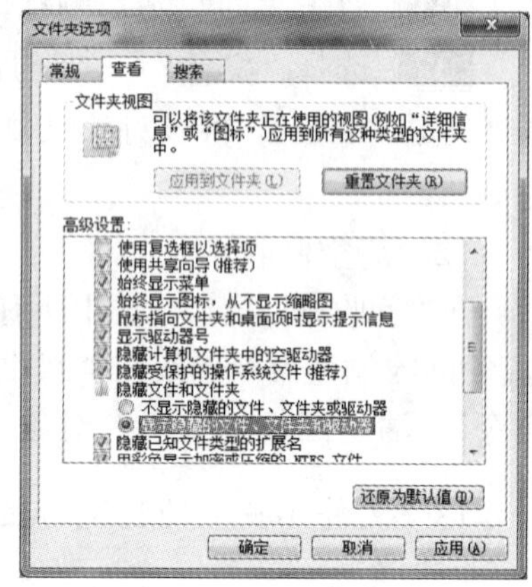

图 2-37　显示隐藏的文件、文件夹和驱动器

14. 文件（夹）的排序和筛选

图 2-38　半透明显示设置了隐藏属性的文件

（1）文件（夹）的排序

01 在文件窗格空白处右击，在弹出的快捷菜单中选择“排序方式”→“名称”命令，也可以根据实际需要，按照特定的顺序进行排列。

02 选择“更多”命令，打开“选择详细信息”对话框，在“详细信息”列表中列出了 Windows 7 可支持的所有类型的排序属性，对于希望使用的排序条件，可勾选对应的复选框，如图 2-39 所示。

（2）文件（夹）的筛选

将鼠标指针指向单个排序按钮的右侧，单击下拉按钮，弹出下拉列表，可以只显示符合要求的文件（夹），不符合条件的文件（夹）被隐藏，如图 2-40 所示。

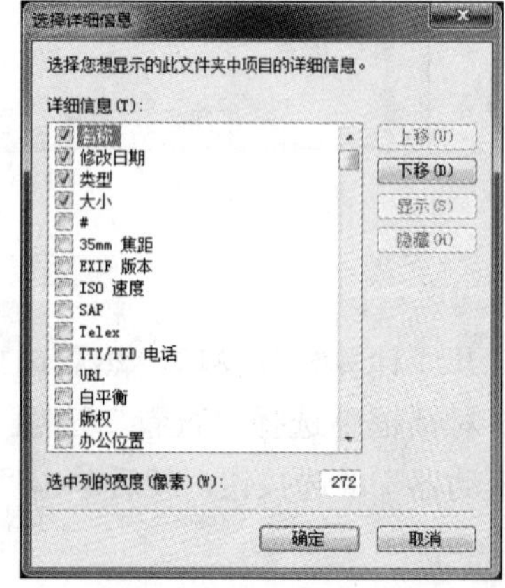

图 2-39　“选择详细信息”对话框

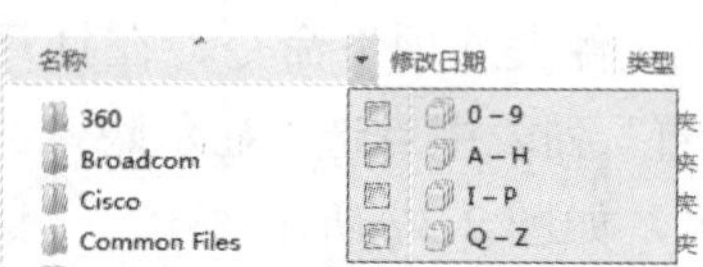

图 2-40　文件（夹）的筛选

实训2.2 Windows 7的文件管理

实训目的

1）掌握“计算机”的基本操作。

2）掌握文件和文件夹的新建、属性设置、重命名、复制、移动、删除和查找。

3）掌握“回收站”的清空与还原。

实训内容

1）掌握“计算机”的基本操作。

2）在D盘根目录下新建“计算机基础”文件夹。

3）在“D:\计算机基础”文件夹下新建“操作系统基础.doc”文件。

4）将“D:\计算机基础”文件夹的属性设置为“隐藏”，将该文件夹下的文件“操作系统基础.doc”的属性设置为“只读”。

5）将“计算机基础”文件夹名称改为“大学计算机基础”，将“操作系统基础.doc”文件名称改为“第三章　操作系统基础.doc”。

6）将“第三章 操作系统基础.doc”文件复制到D盘根目录下。

7）将D盘根目录下的“第三章 操作系统基础.doc”文件移动到C盘根目录下。

8）删除“D:\大学计算机基础”目录下的“第三章 操作系统基础.doc”文件到“回收站”；不经“回收站”直接删除C盘根目录下的“第三章 操作系统基础.doc”文件。

9）将“回收站”中的“第三章 操作系统基础.doc”还原到原来位置，并清空“回收站”。

10）在C盘中查找所有的.doc类型文件。

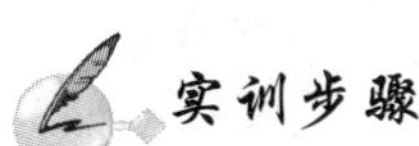

实训步骤

1. “计算机”的基本操作

双击桌面上的“计算机”图标，打开“计算机”窗口，此时，可以看到本地计算机上所有可以使用的磁盘。双击C盘图标，打开本地磁盘“(C:)”窗口，窗口中将显示C盘根目录下的所有内容，观察根目录下哪些是文件、哪些是文件夹。

选择“查看”命令，在其下拉菜单中分别选择“大图标”“列表”“详细信息”“平铺”“内容”等命令，观察显示形式有何变化。

2. 新建文件夹

01 在“计算机”窗口导航窗格中单击D盘盘符，则在文件窗格显示D盘中的内容。

02 在文件窗格空白处右击，在弹出的快捷菜单中选择“新建”→“文件夹”命令，

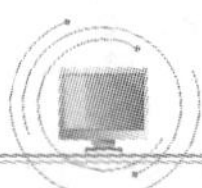

在文件窗格会出现新建的文件夹，将该文件夹命名为“计算机基础”，如图 2-41 所示。

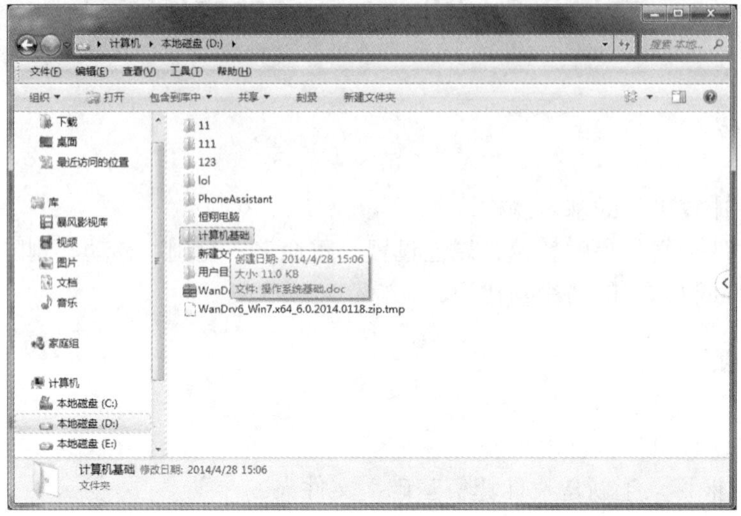

图 2-41　新建文件夹

3. 新建文件

01 在“计算机”窗口导航窗格中单击“计算机基础”文件夹，则在文件窗格显示该文件夹下的内容（此时无任何文件夹或文件）。

02 在文件窗格空白处右击，在弹出的快捷菜单中选择“新建”→“Microsoft Word 文档”命令，在文件窗格会出现新建的 Word 文档，将该文件命名为“操作系统基础.doc”，如图 2-42 所示。

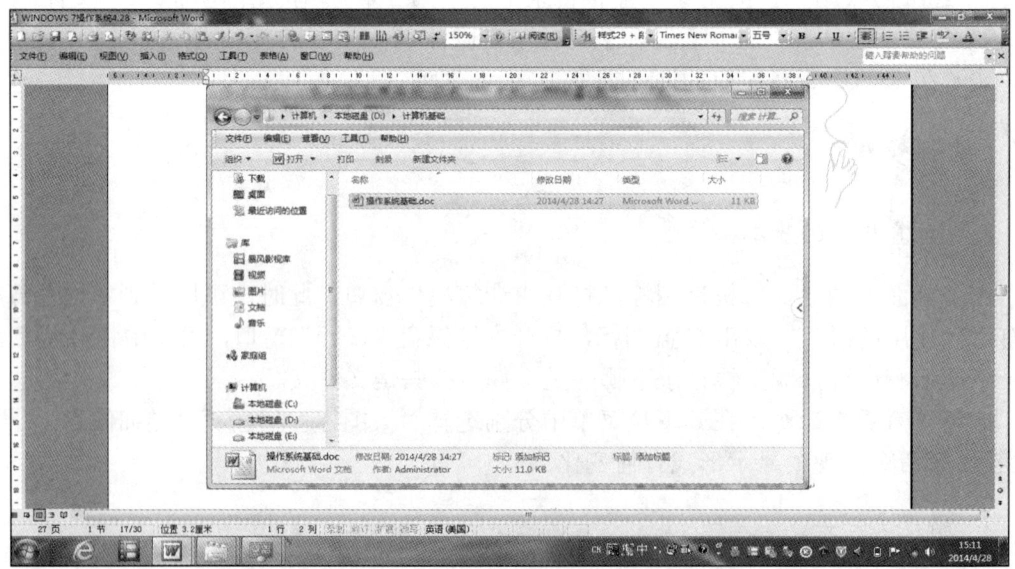

图 2-42　新建文件

4. 文件或文件夹的属性设置

01 在“计算机”窗口导航窗格中单击“计算机基础”文件夹，则在文件窗格显示该文件夹下的内容。

02 右击“计算机基础”文件夹，在弹出的快捷菜单中选择“属性”命令，打开“计算机基础 属性”对话框，如图 2-43 所示，勾选“隐藏”复选框，然后单击“确定”按钮。

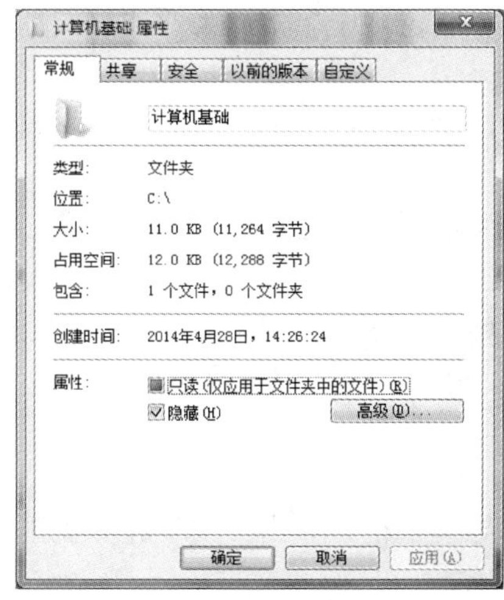

图 2-43　“计算机基础 属性”对话框

“操作系统基础.doc”文件的属性设置和上述文件夹的设置基本相同，可根据上述步骤自行练习。

5. 文件或文件夹的重命名

（1）文件夹的重命名

01 在“计算机”窗口导航窗格中单击“计算机基础”文件夹，则在文件窗格显示该文件夹下的内容。

02 在“计算机”窗口文件窗格中右击“计算机基础”文件夹，在弹出的快捷菜单中选择“重命名”命令。

03 在文件夹名处输入“大学计算机基础”，然后单击空白处，确认文件夹名称的修改。

（2）文件重命名

01 在“计算机”窗口导航窗格中单击“大学计算机基础”文件夹，则在文件窗格显示该文件夹下的内容。

02 在“计算机”窗口文件窗格中右击“操作系统基础.doc”文件，在弹出的快捷菜单中选择“重命名”命令。

03 在文件名处输入“第三章 操作系统基础.doc”，然后单击空白处，确认文件名称的修改。

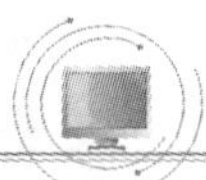

Windows 7 默认不显示已知文件类型的扩展名，以避免用户随意修改扩展名。如果确有必要修改文件扩展名，可以选择“工具”→“文件夹选项”命令，打开“文件夹选项”对话框，选择“查看”选项卡，取消勾选“隐藏已知文件类型的扩展名”复选框后，按 Enter 键，这样以后的文件列表将显示所有文件的扩展名。

6. 文件或文件夹的复制

01 在“计算机”窗口导航窗格中单击“大学计算机基础”文件夹，则在文件窗格显示该文件夹下的内容。

02 在“计算机”窗口文件窗格中单击“第三章 操作系统基础.doc”文件，选中文件。

03 将鼠标指针指向选中文件，按住 Ctrl 键，然后按住鼠标左键将选中的文件从文件窗格拖动到导航窗格中的 D 盘盘符上。

04 松开鼠标左键和 Ctrl 键，复制完成。

文件夹的复制与文件的复制类似，在此不再赘述。

7. 文件或文件夹的移动

01 在“计算机”窗口导航窗格中单击“大学计算机基础”文件夹，则在文件窗格显示该文件夹下的内容。

02 在“计算机”窗口文件窗格中单击“第三章 操作系统基础.doc”文件，选中文件。

03 将鼠标指针指向所选中文件，按住 Shift 键，然后按住鼠标左键将选中的文件从文件窗格拖动到导航窗格中的 C 盘盘符上。

04 松开鼠标左键和 Shift 键，移动完成。

文件夹的移动与文件的移动类似，在此不再赘述。

8. 文件或文件夹的删除

（1）“D:\大学计算机基础”目录下“第三章 操作系统基础.doc”文件的删除

01 在“计算机”窗口导航窗格中单击“大学计算机基础”文件夹，则在文件窗格显示该文件夹下的内容。

02 在“计算机”窗口文件窗格中右击“第三章 操作系统基础.doc”文件，在弹出的快捷菜单中选择“删除”命令。

03 在弹出的“删除文件”对话框中单击“是”按钮。

（2）C 盘根目录下“第三章 操作系统基础.doc”文件的删除

01 在“计算机”窗口导航窗格中单击 C 盘盘符，则在文件窗格显示 C 盘中的内容。

02 在“计算机”窗口文件窗格中右击“第三章 操作系统基础.doc”文件，按住 Shift 键，在弹出的快捷菜单中选择“删除”命令。

03 在弹出的“确认文件删除”对话框中单击“是”按钮。

9. “回收站”的基本操作

（1）还原“第三章 操作系统基础.doc”文件

01 在“计算机”窗口导航窗格中单击“回收站”，则在文件窗格显示回收站中的内容。

02 右击“第三章 操作系统基础.doc”文件，在弹出的快捷菜单中选择“还原”命令，即可将其还原到原位置。

（2）清空“回收站”

01 在“计算机”窗口文件窗格中单击“回收站”，则在文件窗格显示回收站中的内容。

02 选择“文件”→“清空回收站”命令。

03 在弹出的确认删除对话框中单击“是”按钮。

10. 查找文件或文件夹

01 单击“开始”按钮。

02 在打开的“开始”菜单中的“搜索程序和文件”输入框中输入“*.doc”。

03 系统将在全盘内进行搜索，搜索的结果将在“开始”菜单中动态显示出来。

在查找时，可以在要查找的文件或文件夹名中适当地插入一个或多个通配符，Windows 7 的通配符有两个，即问号（？）和星号（*）。其中，问号代表可以和任意一个字符匹配，而星号代表可以和多个任意字符匹配。

实训小结

通过本次实训的操作练习，同学们进一步掌握了计算机的基本操作，掌握了文件和文件夹的新建、选定、属性设置、重命名、复制、移动、删除和查找等操作事项，以及“回收站”的清空与还原，更加深入地掌握了 Windows 7 的常规基本使用，提高了对 Windows 7 操作系统的基本操作要求。

2.4　Windows 7 系统设置

2.4.1　控制面板简介

控制面板是 Windows 7 提供的用于设置和管理计算机中资源的一套系统工具。在安装 Windows 7 时，它将自动地对系统环境进行默认的设置。用户在使用计算机的过程中，可以通过控制面板对计算机系统环境进行调整和设置，或者增加新的硬件或软件。

打开“控制面板”窗口的常用方法如下：

1）单击“开始”按钮，选择“控制面板”命令，即可打开“控制面板”窗口，如图 2-44 所示。

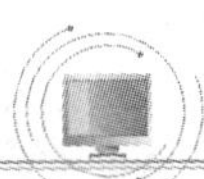

图 2-44　“控制面板”窗口

2）在“计算机”窗口的智能工具栏中选择“打开控制面板”命令，即可打开“控制面板”窗口。

2.4.2　系统属性设置

01 选择“控制面板”→“系统和安全”→“系统”命令，打开“系统”窗口（或在“计算机”图标上右击，在弹出的快捷菜单中选择“属性”命令），如图 2-45 所示。

02 在“查看有关计算机的基本信息”选项组中可以查看计算机的操作系统、CPU 的类型、主频和内存容量、计算机名称、工作组等。

03 选择“设备管理器”命令，打开“设备管理器”窗口，可以查看、更改计算机的硬件设置，如图 2-46 所示。在设备列表中：①如果在设备上出现黄色感叹号，说明资源冲突；②如果在设备上出现问号，说明设备驱动存在问题；③如果在设备上出现红色叉号，说明设备无法使用。

双击具体设备名称，打开相应的设备属性对话框，如图 2-47 所示。

图 2-45　“系统”窗口

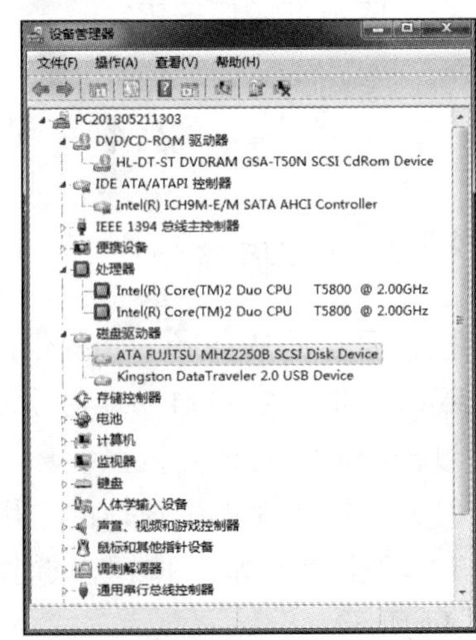

图 2-46　“设备管理器”窗口

04 选择“远程设置”命令，打开“系统属性”对话框。

① 在“远程”选项卡中可以查看、更改远程桌面设置。

② 选择“系统保护”选项卡，可以进行系统还原的相关设置。

③ 选择“高级”选项卡，可以设置计算机的虚拟内存，如图 2-48 所示。

④ 选择“计算机名”选项卡，可以查看和更改计算机名和工作组名。

图 2-47　设备属性对话框

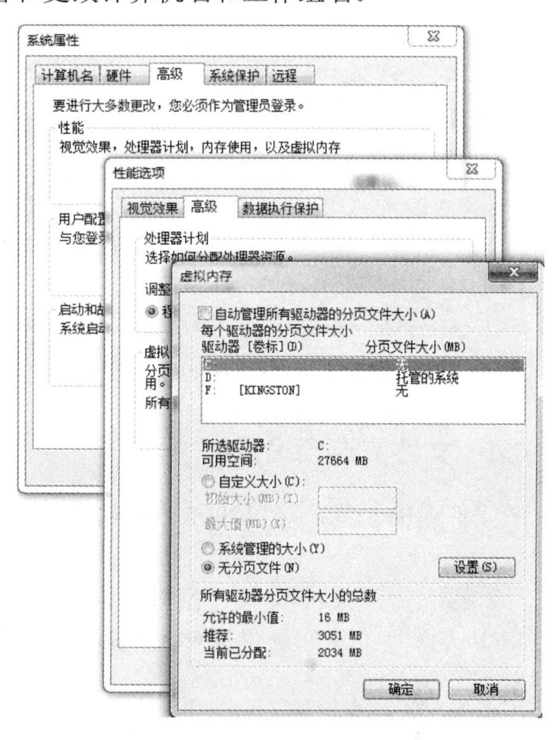

图 2-48　设置计算机的虚拟内存

2.4.3　程序卸载和功能选择

1. 手动卸载应用程序

当应用程序没有提供自动卸载功能时，应该手动卸载应用程序。具体操作步骤如下：

01 选择“控制面板”→“程序”→“程序和功能”命令，打开“程序和功能”窗口，如图 2-49 所示。

02 双击选中的应用程序，根据不同的程序，打开相应的对话框，对程序进行卸载。

2. Windows 功能选择

选择“程序和功能”窗口左侧的“打开或关闭 Windows 功能”命令，打开“Windows 功能”窗口，根据需要勾选项目前的复选框，如图 2-50 所示。

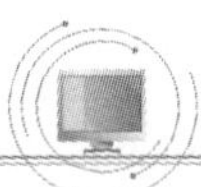

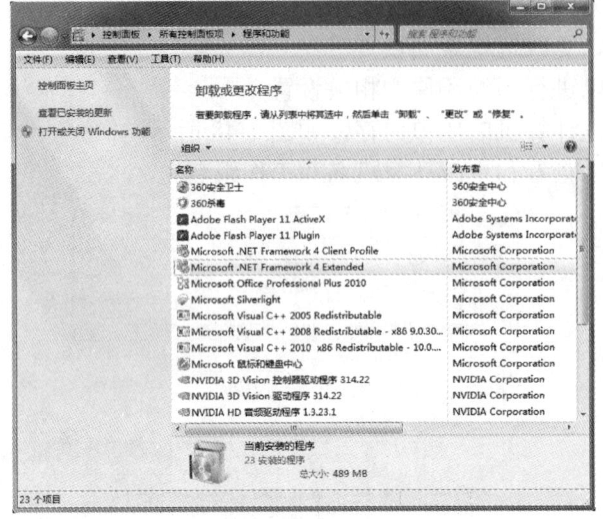

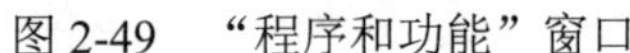

图 2-49　“程序和功能”窗口　　　　图 2-50　“Windows 功能”窗口

2.4.4　文件夹选项设置

文件夹的设置，可以通过“控制面板”中的“文件夹选项”来进行，具体操作步骤如下：

01 打开“控制面板”窗口，选择“工具”→“文件夹选项”命令（或在“计算机”窗口中选择“工具”→“文件夹选项”命令），打开“文件夹选项”对话框，如图 2-51 所示。

02 选择“常规”选项卡，可以设置文件夹的浏览方式和打开项目的方式。

03 选择“查看”选项卡，通过点选项目前的单选按钮或勾选项目前的复选框，可以设置显示或隐藏具有隐藏属性的文件（夹），还可以设置已知文件类型的文件扩展名的显示或隐藏等多项设置，如图 2-52 所示。

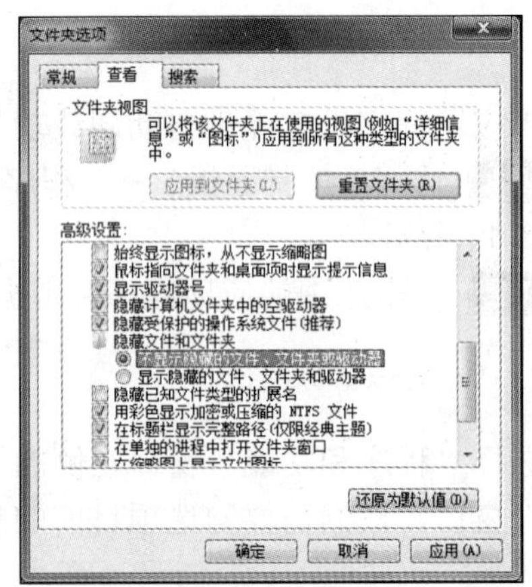

图 2-51　“文件夹选项”对话框　　　　图 2-52　设置文件夹属性

2.4.5　输入法设置

01 选择“控制面板”→“时钟、语言和区域”→“区域和语言”命令，打开“区域和语言”对话框。

02 在“区域和语言”对话框中选择“键盘和语言”选项卡，如图 2-53 所示。

03 单击“更改键盘”按钮，打开“文本服务和输入语言”对话框（或在任务栏上的输入法指示器上右击，在弹出的快捷菜单中选择“设置”命令）。在该对话框中可以添加、删除输入法，设置输入法的属性，为输入法设置快捷键等，如图 2-54 所示。

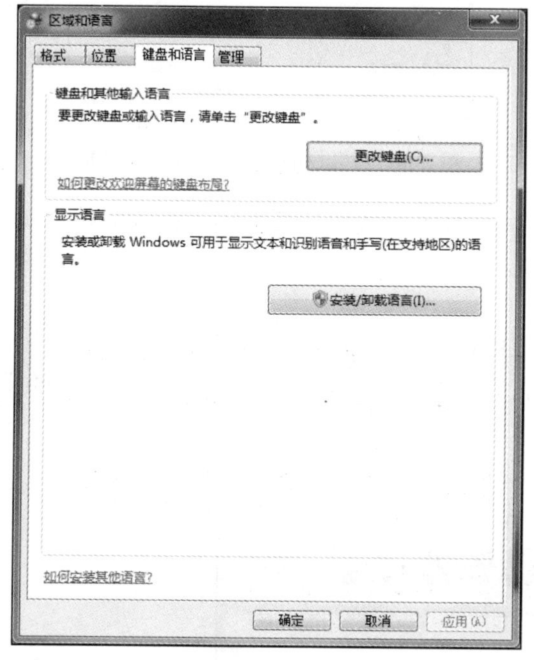

图 2-53　“键盘和语言”选项卡

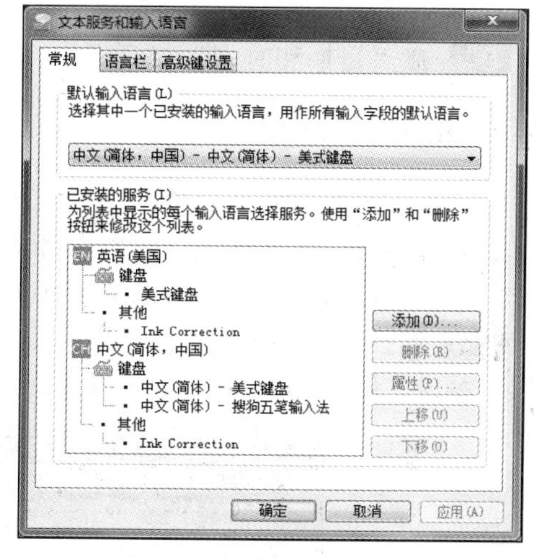

图 2-54　“文本服务和输入语言”对话框

与输入法相关的快捷键如下：

① Ctrl+Shift 组合键：切换输入法。

② Ctrl+Space 组合键：打开/关闭中文输入。

③ Shift+Space 组合键：全/半角切换。

④ Ctrl+。（句号）组合键：中英文标点切换。

2.4.6　时间与日期的设置

01 选择“控制面板”→“时钟、语言和区域”→“日期和时间”命令，打开“日期和时间”对话框。

02 在“日期和时间”对话框中选择“日期和时间”选项卡，如图 2-55 所示。

03 单击“更改日期和时间”按钮，打开“日期和时间设置”对话框。在该对话框中可以设置日期、时间及分秒，如图 2-56 所示。

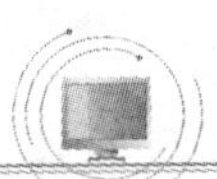

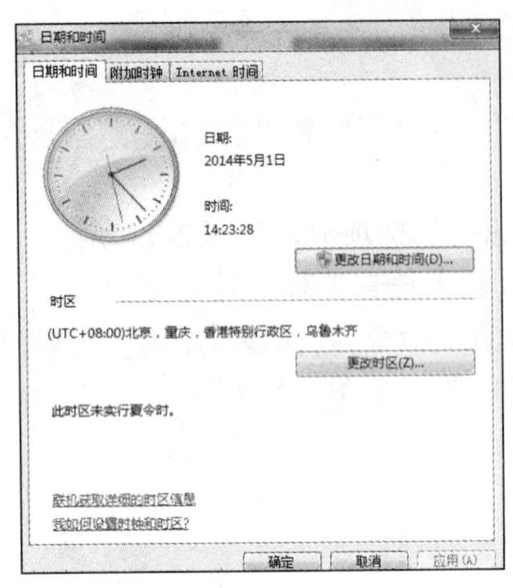

图 2-55　“日期和时间”选项卡

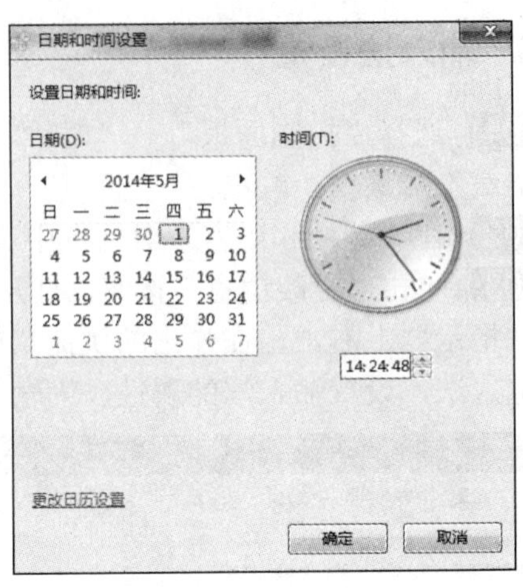

图 2-56　“日期和时间设置”对话框

04 在“日期和时间”对话框中，单击“更改时区”按钮，还能更改时区的差异域。

2.4.7　用户账户管理

用户账户有两种典型类型：①标准用户，可以运行大多数应用程序，还可以对系统进行一些常规操作；②管理员，对整个计算机拥有完全的访问权限，并且可以执行任意的操作，包括安装应用软件、修改系统时间等需要管理特权的任务。

01 选择“控制面板”→“用户账户和家庭安全”→“用户账户”命令，打开“用户账户”窗口，如图 2-57 所示，可以为账户创建密码、更改欢迎屏幕上的账户图片。

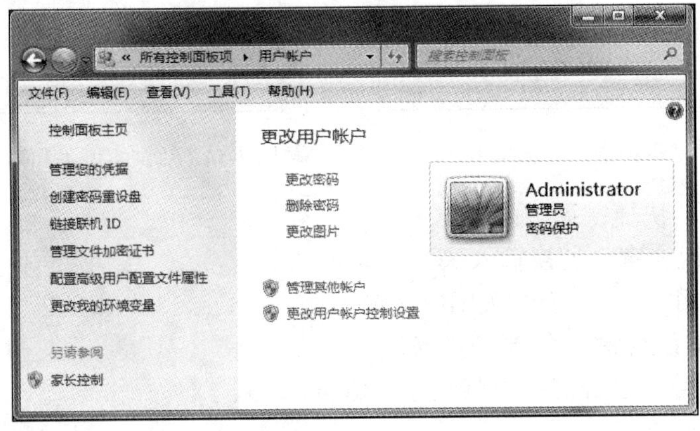

图 2-57　“用户账户”窗口

02 选择“管理其他账户”命令，可以创建新账户。

2.4.8　Windows 防火墙设置

选择“控制面板”→“系统和安全”→“Windows 防火墙”→“打开或关闭 Windows 防火墙”命令，可以启用或关闭 Windows 防火墙，如图 2-58 所示。

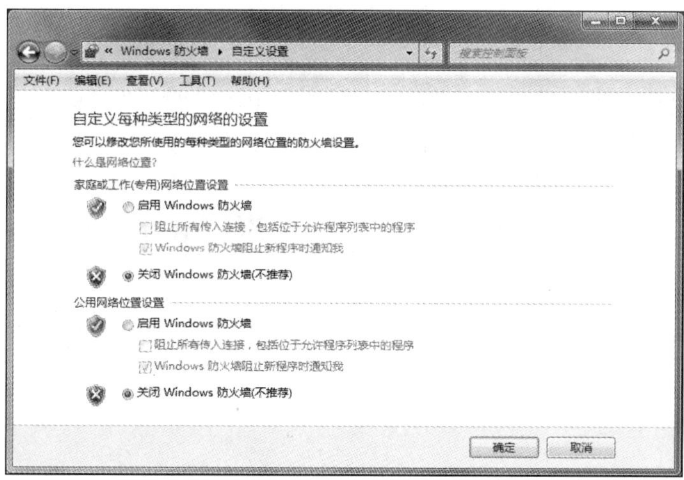

图 2-58　启用或关闭 Windows 防火墙

2.4.9　个性化设置

01 选择“控制面板”→“外观和个性化”→“个性化”命令，打开“个性化”窗口在“更改计算机上的视觉效果和声音”选项组中可以更改 Windows 7 的主题。

02 选择“桌面背景”命令，在“选择桌面背景”选项组可以设置多张背景图片，在“更改图片时间间隔”选项组可以设置自动更换背景的时间，如图 2-59 所示。

03 选择“窗口颜色”命令，可以更改窗口边框、“开始”菜单、任务栏的颜色。

04 选择“声音”命令，打开“声音”对话框，可以更改程序事件的声音。

05 选择“屏幕保护程序”命令，打开“屏幕保护程序设置”对话框，可以进行屏幕保护程序的相关设置，如图 2-60 所示。

图 2-59　设置自动更换背景的时间

图 2-60　设置屏幕保护程序

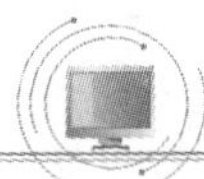

2.4.10　其他设置

打开“控制面板”窗口，还有很多常用设置，如“键盘”“鼠标”“网络和共享中心”“显示”“声音”“电源选项”等，设置比较简单，这里不再赘述。

2.5　Windows 7 附件工具

Windows 7 中内置了实用的附件工具，这里介绍常用的画图工具、写字板、计算器。

2.5.1　画图工具

1．“画图”窗口

Windows 7 的“画图”应用程序是一个颜色丰富、工具齐全的绘图应用程序。可以在“画图”窗口中绘制并存储各种图形，也可将图形复制到其他应用程序，或将其他应用程序中的图形复制到“画图”窗口中。单击“开始”按钮，选择“所有程序”→“附件”→“画图”命令，打开“画图”窗口，如图 2-61 所示。

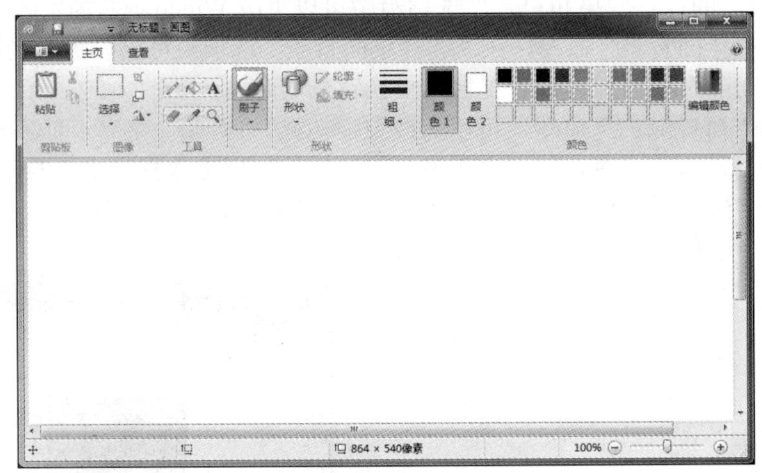

图 2-61　“画图”窗口

“画图”窗口主要包括以下几部分。

1）“画图”按钮 ：包括新建、打开、保存、打印、退出等命令，可以进行文件操作。

2）“主页”选项卡：包括剪贴板、图像、工具、形状、颜色等选项组，提供给用户对图片进行编辑和绘制的功能。

3）“查看”选项卡：包括缩放、显示或隐藏、显示选项组，主要用于图片浏览效果的调整和设置。

4）快速访问工具栏：同样提供了画图程序对图片的操作命令。

5）功能区：包括绘图工具的集合，可以使用这些工具创建徒手画并向图片中添加各种形状。

6）绘图区：绘制和编辑图形的场所，即窗口中的空白位置。

2. 绘制图形

要使用功能区中的工具，先选择“主页”选项卡，再选中对应选项组里的工具，然后在绘图区单击或拖动鼠标即可。

1）选择“文本”工具，在绘图区拖动鼠标建立一个适宜宽度的虚线文本框，此时“文本”工具上下文功能区选项卡会自动显示，可以利用“文本”选项卡，选择合适的字体、字号、字型等，然后在虚线文本框中单击，即可开始输入文本。输入完毕后，在虚线文本框外单击，所输入文本生效。

2）选择“橡皮擦”工具，指针变成方块，按住鼠标左键后拖动可用“颜色 2”擦去其他颜色；按住鼠标右键拖动可用“颜色 2”替代“颜色 1”。

3）选择“颜色”选项组，单击所需颜色的色块后，选择“用颜色填充”工具，此时鼠标指针变成倾斜的颜料桶状，将其移至封闭的图形区域中单击即可实现颜色填充。

3. 编辑图形

1）移动和复制图形。在“主页”选项卡的“图像”选项组中，单击“选择”下拉按钮，在弹出的下拉菜单中选择所需要移动或复制的图形，形成剪切块。拖动剪切块可以移动图形，按 Ctrl 键同时拖动可在图形窗口中复制图形。

2）翻转和旋转图形。在选中剪切块的前提下，在“主页”选项卡的“图像”选项组中，单击“旋转”下拉按钮，在弹出的下拉菜单中选择翻转或旋转方式。若不选择剪切块，则对整个图形进行翻转或旋转。

2.5.2　写字板

单击“开始”按钮，选择“所有程序”→“附件”→“写字板”命令，打开“写字板”窗口。“写字板”是一个简单易用、功能比记事本强大的文字处理程序，它可以进行中英文文档编辑，并可以对编辑的文档设置不同的字体和段落格式，还可以插入图片，具备了编辑较复杂文档的基本功能，界面也采用了 Ribbon 界面，如图 2-62 所示。

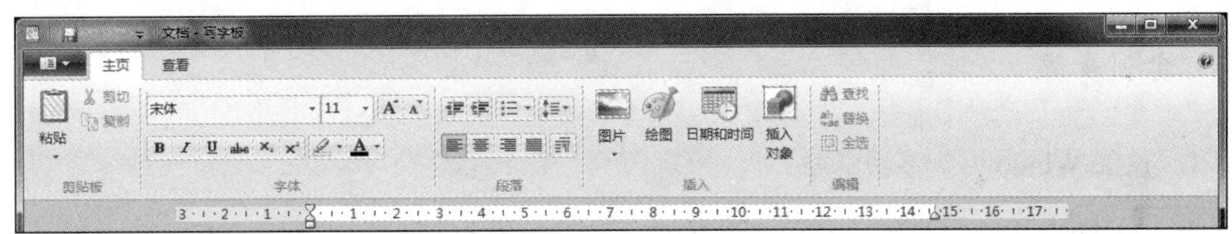

图 2-62　写字板的功能区选项卡和选项组

2.5.3　计算器

单击“开始”按钮，选择“所有程序”→“附件”→“计算器”命令，打开“计算器”

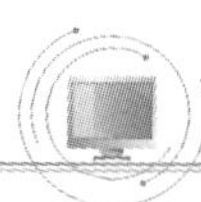

窗口。计算器是一个简单实用的工具，它可以完成标准计算器的所有计算功能。

Windows 7 附件中的计算器有 4 种类型：标准型、科学型、程序员、统计信息。可以通过菜单栏中的“查看”命令进行选择，如图 2-63 所示。

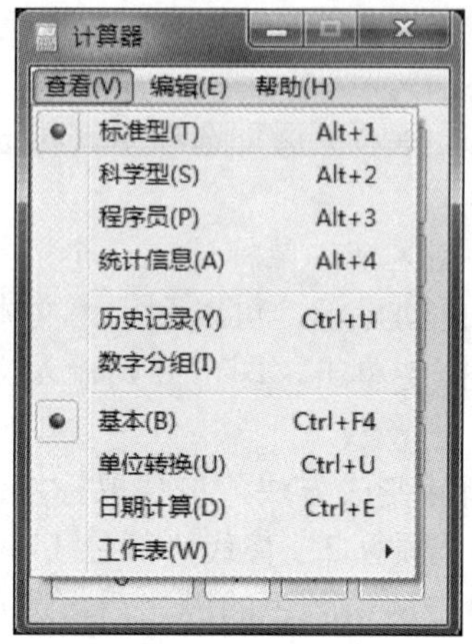

图 2-63 “查看”菜单

实训 2.3 Windows 7 的程序管理

实训目的

1）掌握 Windows 7 启动程序的设置方法。

2）掌握 Windows 7 应用程序的卸载方法。

实训内容

1）设置 Windows 7 启动程序。

2）卸载 Windows 7 应用程序。

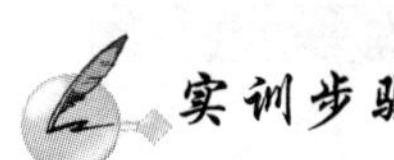

实训步骤

1. 设置 Windows 7 启动程序

在 Windows 7 操作系统中有很多程序在系统开机时自动运行，如某应用程序在前台运行，系统服务程序等常在后台运行。下面设置或者取消开机自动运行程序。

01 打开“C:\Documents and Settings”文件夹下的“WL”，单击“开始”按钮，选择“所有程序”命令，可以找到一个名称为“启动”的文件夹，如图 2-64 所示。

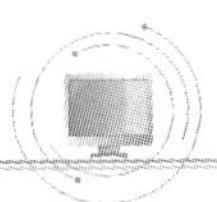

注意： WL 是本地计算机的账户名，不同计算机的账户名不同。

将要开机自动运行的程序拖动至其中，待开机时该程序即可自动运行。这样的操作具有一定危险性，因为自动运行的可能是正常程序，也有可能是计算机病毒。

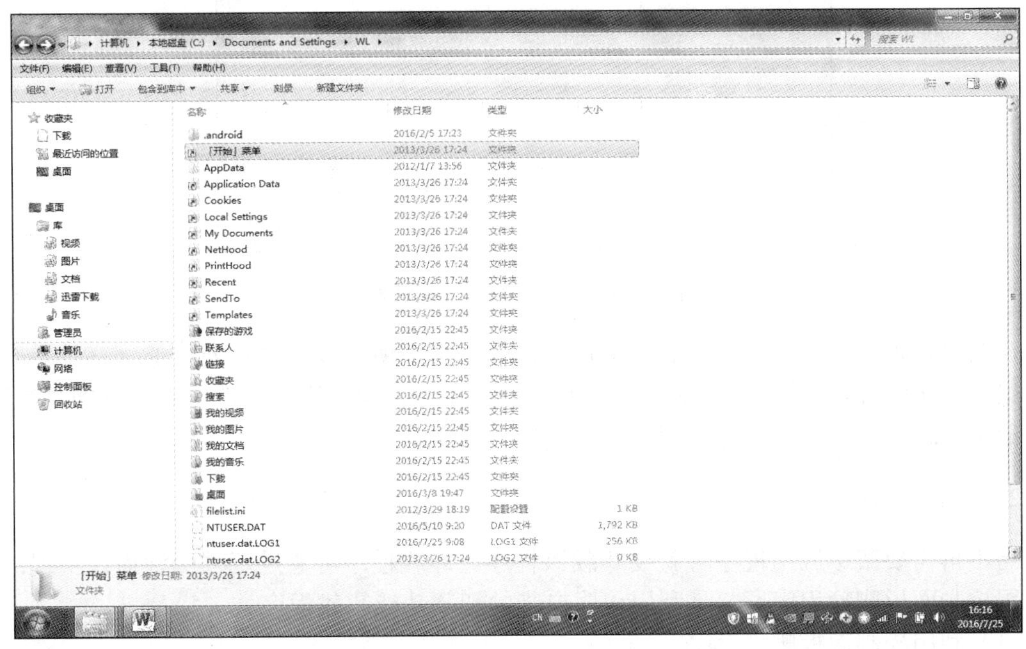

图 2-64　找到“启动”文件夹

02 取消系统中开机自动运行的程序的方式除了删除“启动”文件夹下的所有文件外，还需要进行以下操作：单击“开始”按钮，在“搜索程序或文件”文本框中输入“msconfig”，如图 2-65 所示，按 Enter 键，弹出“系统配置”对话框，如图 2-66 所示。

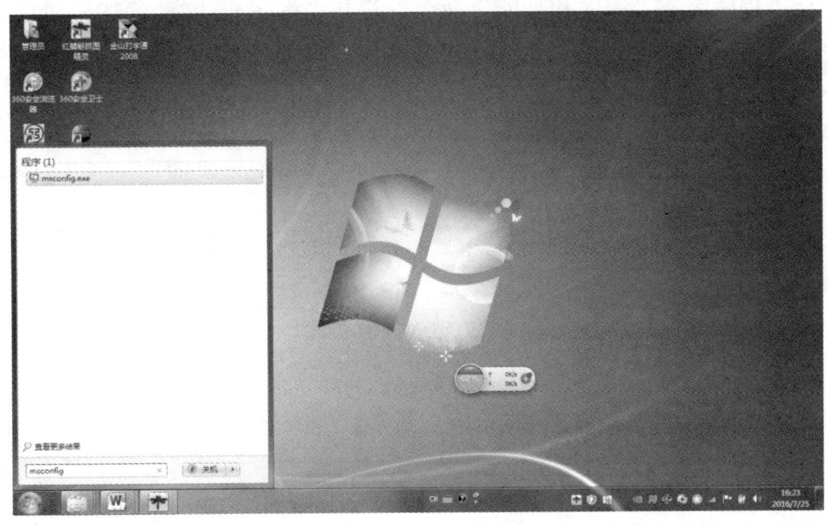

图 2-65　“运行”对话框

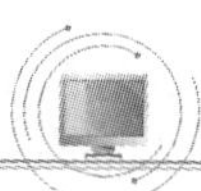

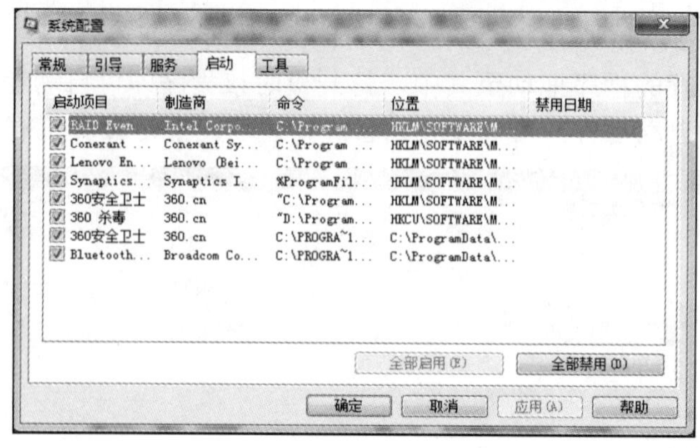

图 2-66 “系统配置”对话框

在此对话框中选择“启动”选项卡，在此选项卡中所有复选框被勾选的程序都会开机自动运行。开机自动运行的程序越多，开机速度一般也越慢。取消勾选所有程序的复选框，即可取消系统中开机自动运行的程序。

2. 卸载应用程序

当不再需要某个应用程序时就要卸载该程序。卸载程序可通过下列两种途径实现：一是利用控制面板删除程序，二是利用程序自带的卸载功能卸载程序。

（1）利用控制面板删除程序

控制面板在 Windows 7 操作系统中占据非常重要的地位，普通用户所需的几乎所有管理项目在控制面板中都可以找到。通过控制面板可以管理键盘、鼠标、扬声器、打印机等设备。

01 单击“开始”按钮，选择“控制面板”命令，打开“控制面板”窗口。

02 选择“程序”→“程序和功能”命令，打开“程序和功能”窗口，如图 2-67 所示。

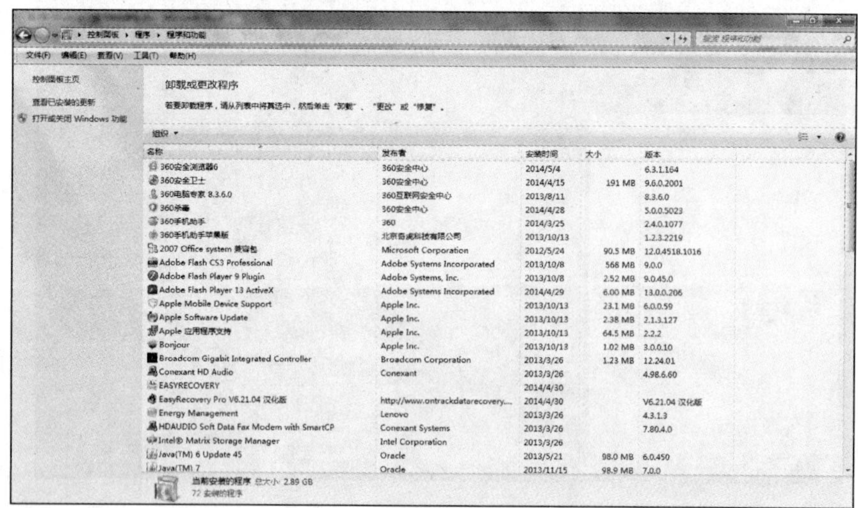

图 2-67 “程序和功能”窗口

03 在图 2-67 所示窗口中，找到要删除的应用程序，单击该程序图标，然后单击“卸载/更改”按钮即可按提示删除该应用程序。

（2）利用程序自带的卸载功能卸载程序

在些程序自带了卸载程序，以卸载“腾讯 QQ”为例，单击“开始”按钮，选择“所有程序”，双击打开腾讯 QQ 文件夹，选择“卸载腾讯 QQ”命令即可卸载该应用程序。或者找到应用程序所在的目录，在同一目录下一般有 uninstall.exe 文件或带红叉形式的图标，双击即可卸载该应用程序。

实训小结

通过本次实训的操作练习，同学们进一步掌握了 Windows 7 启动程序设置方法，以及 Windows 7 应用程序卸载方法。通过这次学习，学生可以根据自身的需求在计算机上自如地安装及卸载相关的应用软件，以达到一定的学习效果。

实训 2.4　Windows 7 的系统设置

实训目的

1）了解 Windows 7 系统的基本设置。
2）掌握控制面板常用设置。
3）掌握系统账户的创建和修改方法。

实训内容

1）显示属性设置。
2）鼠标和键盘设置。
3）日期和时间设置。
4）输入法设置。
5）创建及修改账户。

实训步骤

1. 打开控制面板

在 Windows 7 中，“控制面板”是用于修改 Windows 7 外观和行为方式的工具，也是用户对计算机系统进行设置的重要工具。

单击“开始”按钮，选择“控制面板”命令，即可打开“控制面板”窗口。

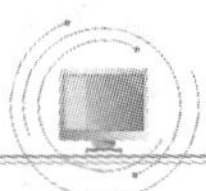

“控制面板”窗口有 3 种显示风格，默认的是“类别”视图，单击窗口右侧的“查看方式”下拉按钮，可以切换到“大图标”“小图标”方式。

2. 设置显示属性

选择“控制面板”→“外观和个性化”→“个性化”命令，打开“个性化”窗口；也可以右击桌面空白处，在弹出的快捷菜单中选择“个性化”命令，打开“个性化”窗口，如图 2-68 所示，在该窗口中可以设置桌面的主题、背景、屏幕保护和分辨率等。

图 2-68　“个性化”窗口

（1）“主题”设置

在“个性化”窗口中可以设置计算机主题。计算机主题包括桌面背景、背景声音、图标等所有计算机中可以设置的个性化元素。

（2）“桌面”设置

在“个性化”窗口中可以设置桌面的背景，选择“桌面背景”命令，打开“桌面背景”窗口，用户可以将桌面背景设置为系统提供的背景，也可以单击“浏览”按钮，选择计算机中其他磁盘上的图片作为背景。在“个性化”窗口中选择“更改桌面图标”命令，打开“桌面图标设置”对话框，在该对话框中可以设置桌面上的“计算机”“网络”等图标。勾选“回收站”复选框，桌面上显示“回收站”图标；取消勾选“回收站”复选框，桌面上“回收站”图标消失。

（3）“屏幕保护程序”设置

在“个性化”窗口中可以设置屏幕保护程序。屏幕保护程序是在一段指定的时间内没有对计算机进行任何操作时，屏幕上出现较暗的画面或活动画面，从而减少计算机的功耗与屏幕的损耗，保障系统的安全。选择“屏幕保护程序”命令，打开“屏幕保护程序”对话框，可以在屏幕保护程序下拉列表中选择“三维文字”选项，单击“设置”按钮，打开“三维文字设置”对话框，在文本框中输入“屏幕保护程序”，单击“确定”按钮关闭对话框。将“屏幕保护程序设置”对话框中的“等待”时间设置为“5 分钟”，单击“确定”按钮完成设置。

（4）窗口“外观”设置

在“个性化”窗口中可以选择窗口外观方案的设置，选择“窗口颜色”命令，在打开的“窗口颜色和外观”窗口中可以更改窗口的边框、“开始”菜单和任务栏的颜色。选择“高级外观设置”选项可以修改活动窗口、按钮、图标和对话框等的样式、颜色和字体等属性。例如，在“字体”下拉列表中选择不同字体及设置大小，单击“确定”按钮，可以观察到桌面图标下字体的大小变化。在“项目”下拉列表中选择“已选定的项目”选项，设置其大小为“48”，观察桌面上图标的变化。

（5）“显示器分辨率和颜色”设置

在“个性化”窗口中选择“显示”命令，可设置显示器颜色和分辨率。分辨率通常有 800×600 像素、1024×768 像素、1280×720 像素、1280×768 像素、1360×768 像素等。

3. 鼠标和键盘设置

（1）设置鼠标属性

选择“控制面板”→“硬件和声音”→“设备和打印机”命令，在打开的窗口中双击“鼠标”图标，打开“鼠标 属性”对话框，如图 2-69 所示。在“鼠标键”选项卡中，可以查看和设置鼠标的双击速度，通过勾选和取消勾选“切换主要和次要的按钮”复选框可以设置鼠标的左右键；在“指针”选项卡中，可以查看和设置鼠标指针的外形等。

（2）设置键盘属性

选择“控制面板”→“硬件和声音”→“设备和打印机”命令，在打开的窗口中双击“键盘”图标，打开“键盘 属性”对话框，如图 2-70 所示。在该对话框中可以查看和设置键盘的重复延迟间隔、重复率的快慢、光标闪烁频率等参数，以及查看键盘的硬件信息。

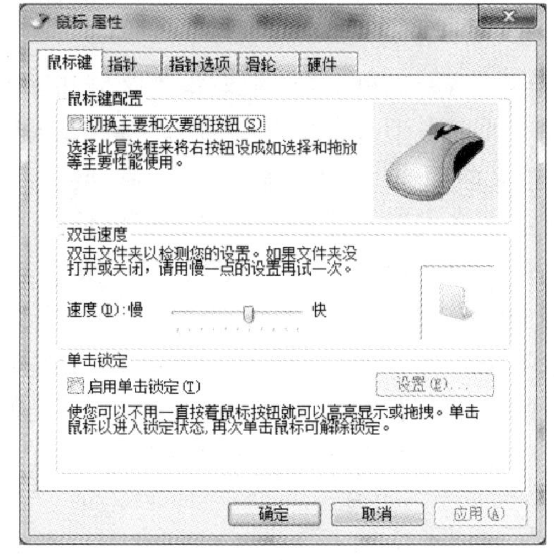

图 2-69　“鼠标 属性”对话框

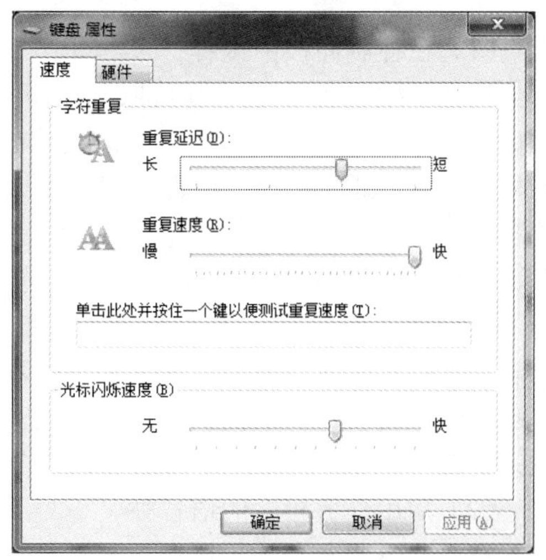

图 2-70　“键盘 属性”对话框

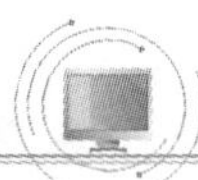

4. 设置和查看系统的日期和时间

选择“控制面板”→“时钟、语言和区域”命令，在打开的窗口中双击“日期和时间”图标，打开“日期和时间”对话框，如图 2-71 所示。单击“更改日期和时间”按钮，打开“日期和时间设置”对话框，在其中可以设置计算机当前的日期和时间，也可以查看过去的日期和时间，如查看 2014 年 4 月 28 日是星期几等。

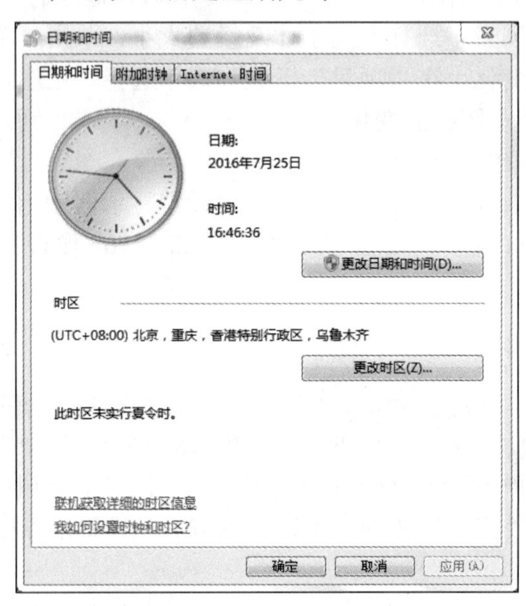

图 2-71　“日期和时间”对话框

5. 设置输入法

（1）在控制面板中设置

选择“控制面板”→“时钟、语言和区域”命令，在打开的窗口中双击“区域和语言”图标，即打开“区域和语言”对话框。在“格式”选项卡中设置日期、时间、货币和数字的显示方式，通常选择与位置匹配的区域，如英语（美国）、法语（加拿大）等。要更改标准和格式可以单击“其他设置”按钮，打开“自定义格式”对话框，即可设置要使用的日期、时间、数字和货币格式等。在“键盘和语言”选项卡中单击“更改键盘”按钮，如图 2-72 所示，打开“文本服务和输入语言”对话框，如图 2-73 所示。在“已安装的服务”列表中选择输入法，通过单击“添加”和“删除”按钮可安装或删除当前计算机系统可以使用的输入法。选择“高级键设置”选项卡，在此可以查看输入语言快捷键，单击“更改按键顺序”按钮，打开“更改按键顺序”对话框，在此可更改输入语言的热键。

（2）启用任务栏中的语言栏

在“文本服务和输入语言”对话框中选择“语言栏”选项卡，在此可以设置是否在桌面显示语言栏或显示在任务栏，以及是否在任务栏中显示其他语言栏图标。如果系统中安装了两种或两种以上的输入法，可以通过任务栏中的语言栏进行输入法的切换。

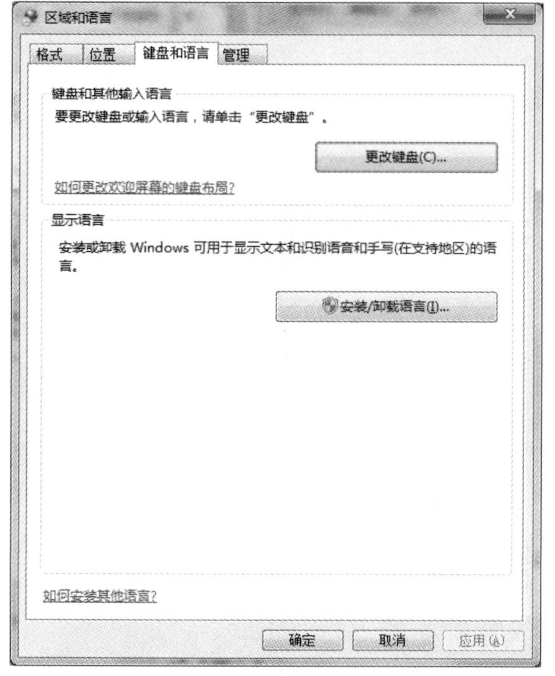

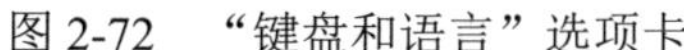
图 2-72 “键盘和语言”选项卡

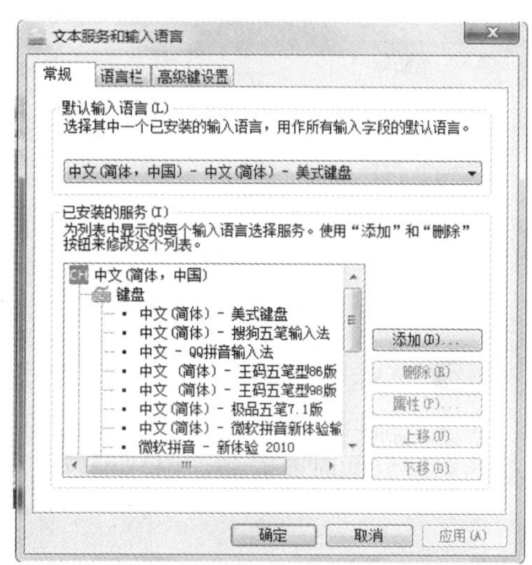

图 2-73 “文本服务和输入语言”对话框

6. 创建及修改账户

Windows 7 支持多用户操作，进入 Windows 7 时可以看到多用户选择界面。各用户之间的操作互不影响。不同的用户具有不同的名称和密码，输入错误的密码将不能进入系统。

（1）创建账户

01 选择“控制面板”→“用户账户和家庭安全”命令，在打开的窗口中双击“用户账户”图标，打开“用户账户”窗口。

02 选择“管理其他账户”→“创建一个新账户”命令，在打开的窗口中输入新账户的名称，如“用户 1”，选择类型为“管理员”或“标准用户”，单击“创建账户”按钮，新账户即创建成功。

（2）更改账户

01 选择“用户账户”→“管理其他账户”命令，选择要更改的账户，选择“更改账户名称”命令，窗口显示如图 2-74 所示的内容。在文本框中将名称为“管理员”的账户改为“Administrator”，单击“更改名称”按钮确认更改。

02 选择“用户账户”→“管理其他账户”命令，选择要更改的账户，选择“更改密码”命令，窗口显示如图 2-75 所示的内容。为“管理员”账户设置密码（如 123456），并以“数字”作为密码提示。这样在进入操作系统时需输入密码才能登录。

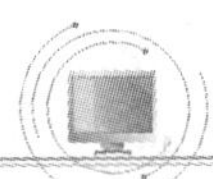

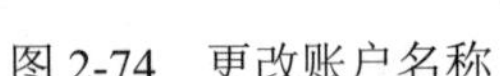

图 2-74　更改账户名称

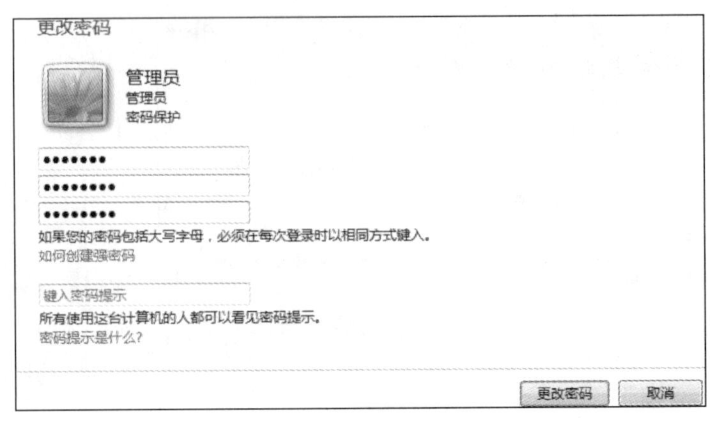

图 2-75　更改账户密码

03 选择“用户账户”→“管理其他账户”命令，选择要更改的账户，选择“更改图片”命令，窗口显示如图 2-76 所示的内容。每个账户都拥有一个图片，在登录 Windows 7 系统的欢迎界面时会看到，用户可以在此设置合适的图片。

图 2-76　更改图片

04 选择“用户账户”→“管理其他账户”命令，选择希望更改的账户，双击进入该账户，选择“更改账户类型”命令，窗口显示如图 2-77 所示的内容。当前“管理员”的账户类型为“计算机管理员”，在计算机上可以进行任何操作，可将其改为“标准用户”，使它的权限得到限制。

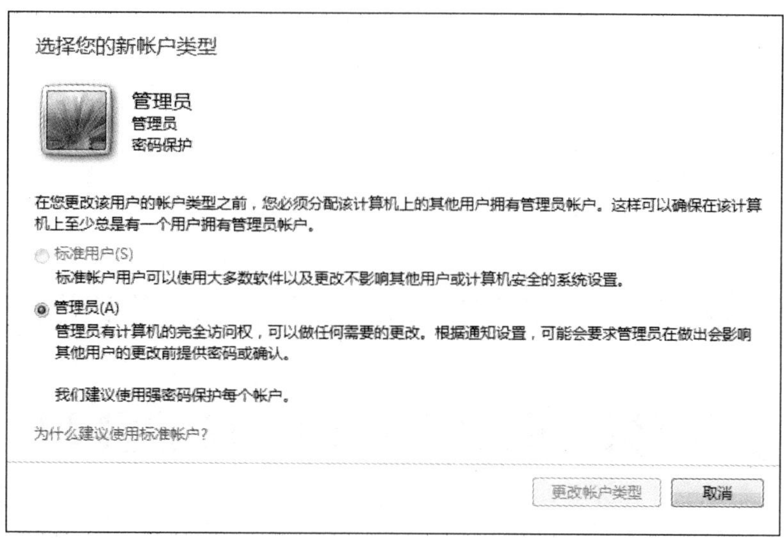

图 2-77　更改账户类型

实训小结

通过本次实训的操作练习，同学们基本掌握了计算机中 Windows 7 系统的基本设置，如控制面板常用设置、显示属性设置、鼠标和键盘设置、日期和时间设置、输入法设置，以及创建及修改账户的设置，这样就对整个 Windows 7 操作系统有了一个全面的了解与认识，为学习其他软件打下了坚实的基础。

第 3 章

文字处理软件 Word 2010

学 习 目 标

- 了解文字处理软件 Word 2010 的基本功能。
- 了解样式、页面设置等高级排版功能。
- 掌握文档的基本操作。
- 掌握 Word 中字符、段落格式的设置方法。
- 掌握 Word 中表格制作、图形对象编辑的方法。
- 掌握 Word 文档的打印方法。

3.1　Word 2010 简介与基本操作

3.1.1　Word 2010 简介

作为一个文字处理软件，Word 2010 是目前广泛应用于各领域办公自动化方面的文字处理软件。它具有易学易用、功能齐全等特点，主要用于创建、编辑、排版、打印各类用途的文档。与从前版本相比，它还新增了许多新的功能，如博客的撰写与发布，制作书法书帖，强大的结构图制作工具 Smart Art，可以将 Word 文档转换为 PDF 或 XPS 格式等，使得 Word 2010 以更强大、更新颖的风格出现在广大用户的面前。

1. Word 2010 的启动和退出

Word 2010 的启动有多种方式，常用方式有以下 3 种。

1）使用“程序”菜单启动。操作步骤：单击“开始”按钮，选择“所有程序”→“Microsoft Office”→“Microsoft Word 2010”命令即打开一个空白文档。

2）使用桌面快捷方式启动。双击桌面上的 Word 2010 快捷方式图标启动。

3）通过已存在的 Word 文档启动。双击已存在的 Word 文档，即可启动 Word 2010，并打开该文档。

退出 Word 2010 的常用方法有以下两种。

1）单击 Word 2010 标题栏中 W 工具下的“关闭”按钮。

2）选择 Word 2010 快速访问工具栏中的“关闭”选项。

如果文档尚未保存，Microsoft Word 会弹出信息提示框，单击“是”按钮即可关闭并保存修改的文档。

2. 文档窗口组成

启动 Word 2010 就可以看到 Word 文档的窗口，工作界面主要由标题栏、快速访问工具栏、功能区、窗口控制按钮、编辑区、滚动条及状态栏 7 部分组成，如图 3-1 所示。

图 3-1　Word 2010 文档窗口

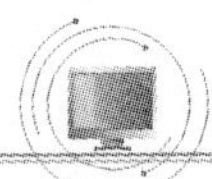

（1）标题栏

Word 窗口最顶部一栏称为标题栏，如图 3-2 所示。

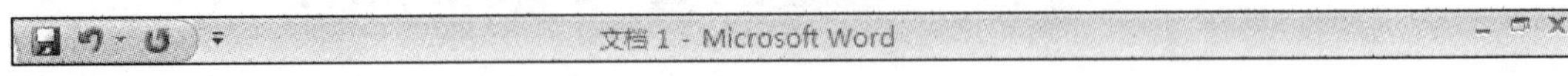

图 3-2　标题栏

标题栏包含快速访问工具栏、当前 Word 文档标题信息以及右侧的 3 个窗口控制按钮，这 3 个按钮依次为“最小化”按钮、“最大化”按钮（“还原”按钮）和“关闭”按钮。

（2）功能区

功能区位于标题栏的下面，默认状态下，Word 2010 的功能区中有“文件”“开始”“插入”“页面布局”“引用”“邮件”“审阅”“视图”和“加载项”9 个选项卡，如图 3-3 所示。

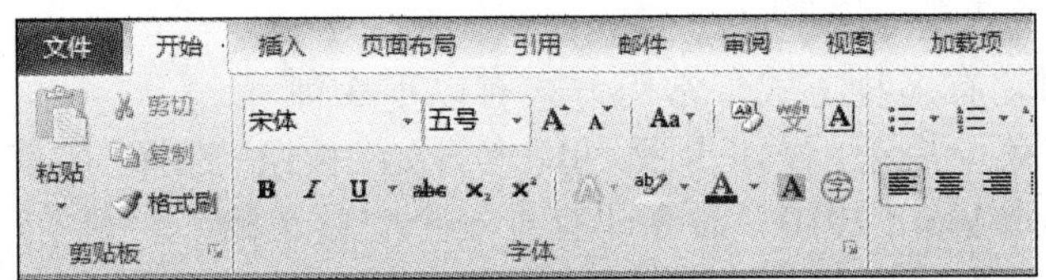

图 3-3　功能区

有时 Word 2010 中的某些特定命令并没有出现在选项卡的各个选项组中。通过单击某些选项组右下角的小对角箭头，用户就会看到与该选项组相关的更多选项，该箭头称为对话框启动器，如图 3-4 所示。

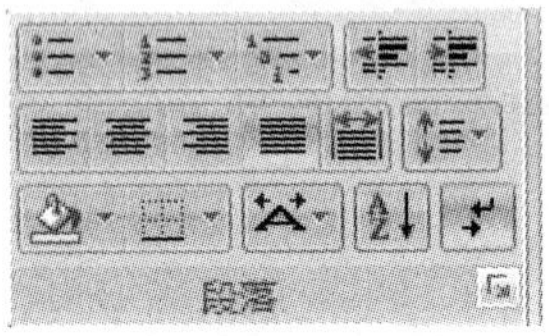

图 3-4　单击“段落”对话框启动器

（3）文本编辑区

利用功能区的各个命令对文档编辑区域进行操作。

（4）标尺和滚动条

标尺分为水平标尺和垂直标尺两种，分别位于文本编辑区的上方和左侧，主要用于查看正文、表格及图片等的高度和宽度，也可以用来设置制表位以及缩进段落。

滚动条分为垂直滚动条和水平滚动条两种，分别位于文本编辑区的右侧和下方，用于滚动文档内容，从而将当前屏幕上看不到的内容显示出来。

（5）状态栏

Word 2010 状态栏可以显示一些如页码、数字统计、语言等信息外，还可以调节显示比例、切换视图方式等，如图 3-5 所示。

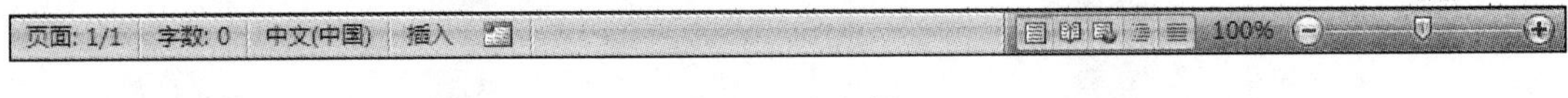

图 3-5　状态栏

3. 使用帮助

在使用软件的过程中，如需帮助，可以直接单击功能区右侧的按钮，打开 Word 帮助系统，用户可以从 Internet 获取帮助信息，以查找相关的资料和信息。

3.1.2　文档的基本操作

1. 新建文档

启动 Word 2010 后，如果要创建新文档，常用以下几种方法。

1）选择“文件”→“新建”命令，如图 3-6 所示，打开新建文档对话框，在对话框中选择自己所需要创建的文档类型。

2）按 Ctrl+N 组合键。

2. 打开文档

打开文档有以下常用的操作方法。

1）选择“文件”→“最近所用文件”命令，可以打开最近使用的文档，如图 3-7 所示。

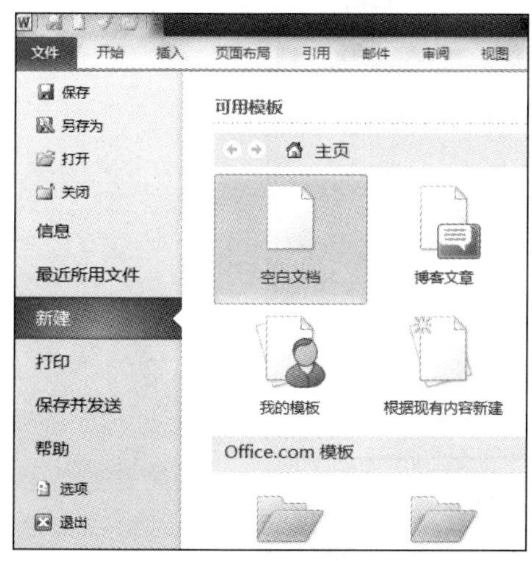

图 3-6　新建文档

图 3-7　打开最近使用的文档

2）选择“文件”→“打开”命令，打开“打开”对话框，在该对话框中选择要打开的文档，单击“打开”按钮即可。

3）按 Ctrl+O 组合键，打开“打开”对话框，打开指定文档。

3. 保存文档

当文档编辑修改后，就必须保存文档，具体操作方法如下：

1）单击快速访问工具栏上的“保存”按钮，打开“另存为”对话框，在保存位置下拉列表框中选择要保存的位置，在“文件名”文本框中输入文件名，在“保存类型”下拉列表框中选择所需的文件类型，然后单击“保存”按钮即可，如图 3-8 所示。

2）单击快速访问工具栏中的“保存”按钮。

4. 加密文档

为文档设置密码可以防止未经授权查看或修改文档内容，或者控制其他人对文档进行

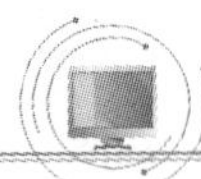

访问，设置文档密码的具体操作步骤如下：

01 选择“文件”→“信息”→“保护文档”→“用密码进行加密”命令，如图 3-9 所示。

02 打开“加密文档”对话框，在对话框中输入一个限制打开文档的密码，如图 3-10 所示。

03 单击“确定”按钮，在打开的“确认密码”对话框中再次输入打开文件时的密码。

04 单击“确定”按钮返回文档，然后关闭并保存对文档的修改。

05 再次打开此文档时，会打开“密码”对话框，在“密码”对话框中输入设定的打开文档密码，即可打开文档，如图 3-11 所示。

图 3-8 “另存为”对话框

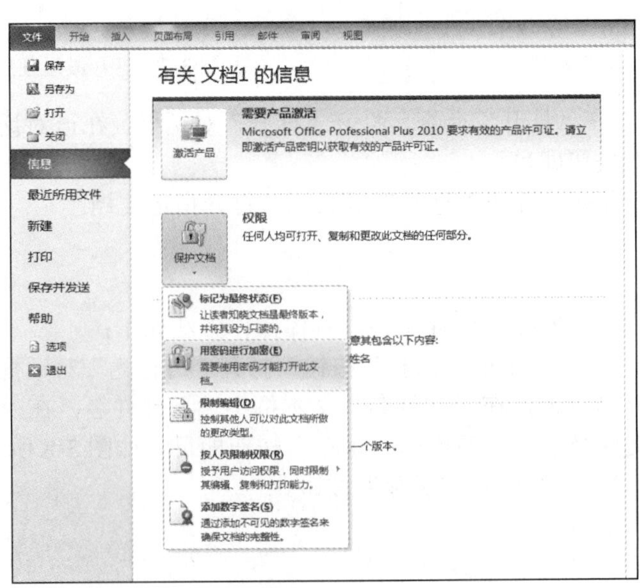

图 3-9 选择“用密码进行加密”命令

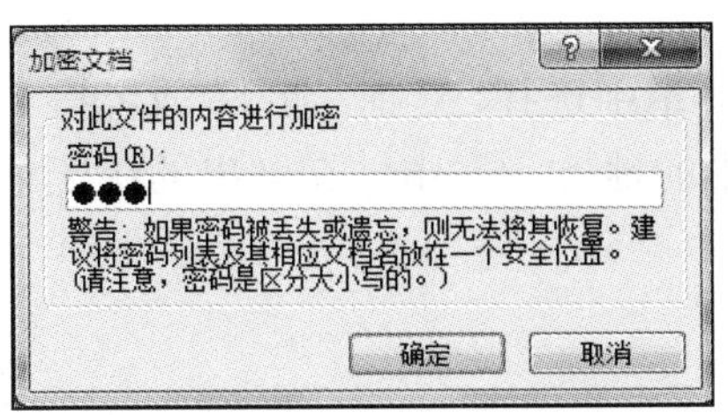

图 3-10　“加密文档”对话框

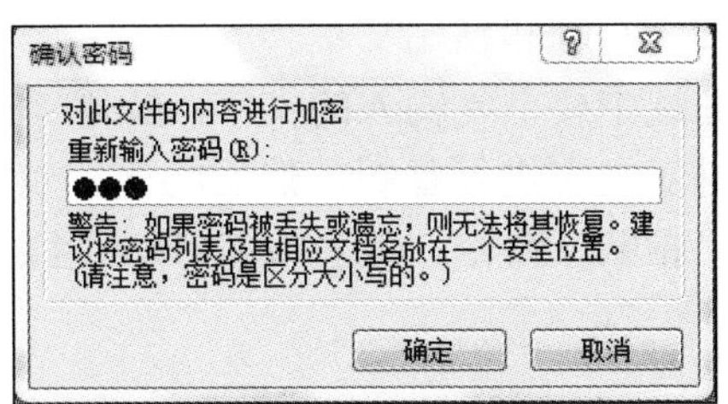

图 3-11　“密码”对话框

5. 视图

Word 2010 提供了页面视图、阅读版式视图、Web 版式视图、大纲视图和草稿 5 种显示方式，如图 3-12 所示。

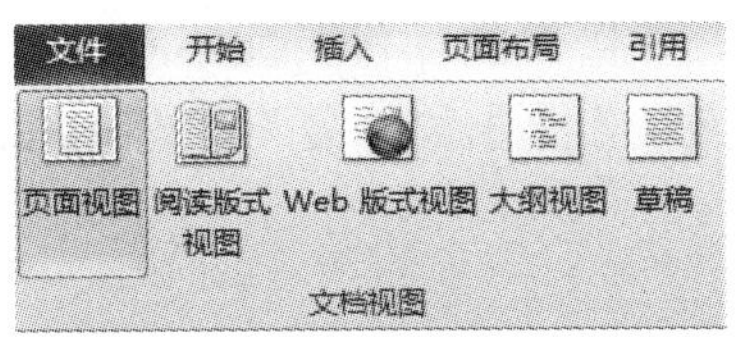

图 3-12　“文档视图”选项组

3.2　文档编辑

3.2.1　文档的基本编辑

1. 选中文本

选中文本是文本操作的基础，如在移动、复制、粘贴和删除某一部分的文本，以及改变文本字体的大小、颜色等操作时都需要先选中所需文本。要选中文本对象，最常用的方法就是通过鼠标选择，这是最基本和最灵活的文本选择方法。

具体操作步骤：将光标置于要选择文字的开始位置，按住鼠标左键不放并拖动鼠标到要选中文字的结束位置松开。

利用鼠标选中文字的方法对连续的字、句、行、段的选择也同样适用。

2. 剪切、复制和粘贴

在编辑文档的过程中，如果发现某些句子、段落在文档中所处的位置不合适或者是要多次重复出现，可以利用剪切、复制和粘贴的功能，避免不必要的重复输入工作。

（1）剪切和粘贴文本

选中需要移动的文本，右击，在弹出的快捷菜单中选择“剪切”命令，或者按 Ctrl+X 组合键对文字进行剪切，然后将光标置于要输入文本的地方，右击，在弹出的快捷菜单中选择“粘贴”命令，或者按 Ctrl+V 组合键实现粘贴。

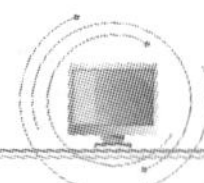

（2）复制和粘贴文本

先选中要重复输入的文字，右击，在弹出的快捷菜单中选择“复制”命令，或者按 Ctrl+C 组合键对文字进行复制；然后将光标置于要输入文本的地方，右击，在弹出的快捷菜单中选择“粘贴”命令，或者按 Ctrl+V 组合键实现粘贴。

3. 删除

需要删除文档中的某些内容，可以选择以下操作。

1）删除插入点右边的字符：按 Delete 键。

2）删除插入点左边的字符：按 Backspace 键。

3）删除任意数量的文本：先选中文本，然后按 Delete 键删除选中内容。

4. 撤销、恢复和重复

在编辑文档时难免会出现一些错误的操作，如不小心删除、替换或者移动了某些文本的内容，Word 2010 提供的“撤销”、“恢复”等功能可帮助用户快速纠正误操作，提高工作效率。

5. 查找和替换

在文档的编辑过程中，有时会发现文档中有些错误的内容性质是相同的，且这种错误不仅有一处，而且很分散，因此人工查找、修改起来非常困难。Word 2010 提供了强大的文本查找与替换功能。使用 Word 2010 可以查找和替换文字、格式、段落标记、分页符和其他项目，还可以使用通配符和代码来扩展搜索。

（1）查找文本

若需要查找某些相关的文本，查找文本具体操作步骤如下：

01 在“开始”选项卡的“编辑”选项组中，单击“查找”按钮，或者按 Ctrl+F 组合键，打开“导航”任务窗格。

02 在“搜索文档”文本框中输入要查找的文本。

03 单击“下一处 搜索结果”按钮，即可在文档中进行查找。如果要继续查找，可以再次单击“下一处 搜索结果”按钮。

如果对查找有更高的要求，可以单击“查找”下拉按钮，在弹出的下拉菜单中选择“高级查找”命令，在打开的“查找和替换”对话框中单击“更多”按钮，Word 2010 将在对话框中显示更多的搜索选项，如搜索方向、区分大小写等。

（2）替换文本

使用替换文本功能可以用一段文本替换文档中指定的文本，具体操作步骤如下：

01 设置开始替换的位置。

02 在“开始”选项卡的“编辑”选项组中，单击“替换”按钮或者按 Ctrl+H 组合键，打开“查找与替换”对话框，在“查找内容”文本框中输入要查找的文本，按 Enter 键确认。

03 这时要查找的内容便会显示出来，若要替换所有查找到的内容，在“替换为”文本框中输入替换内容后，则可以单击“替换”按钮，若要对查找到的内容进行有选择的替换，则应单击“查找下一处”按钮，逐个进行查找；如果要替换当前查找到的文本，则单击“替换”按钮，否则单击“查找下一处”按钮继续查找。

3.2.2　文档的格式设置

在完成文档文字和内容的输入后，为了使文档更加美观、便于阅读，或者符合某些特定的格式，需要对输入的文字进行简单的格式设置。文档的格式设置包括字符格式、段落格式、项目符号和编号、创建新样式、边框和底纹、插入符号和特殊符号及插入时间和日期等。

1. 字符格式设置

对字符的格式进行设置，将使文字的效果更加突出。Word 2010 为用户提供了 3 种方法用以设置字符的格式，分别是使用“字体”选项组设置字符格式、利用“字体”对话框设置字符格式及使用格式刷复制字符格式。

（1）使用“字体”选项组进行字符格式设置

对字符进行格式设置时，必须先选择操作对象，然后才能进行各种操作，如图 3-13 所示为“字体”选项组，各按钮功能见表 3-1。

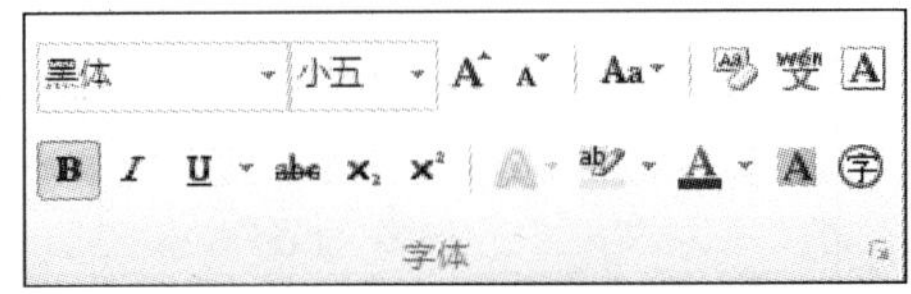

图 3-13　“字体”选项组

表 3-1　“字体”选项组按钮功能

工具图标	功能
黑体	设置字体（可从下拉列表中选择需要的字体）
小五	设置字号（可从下拉列表中选择需要的字号）
B	设置或取消粗体
I	设置或取消斜体
U	设置或取消下画线（可从下拉列表中选择需要的下画线及颜色）
A	设置或取消方框
A	设置或取消底纹
ab	设置突出显示（可从下拉列表中选择突出显示的颜色）
A	设置字符颜色（可从下拉列表中选择字符颜色）

1）设置字体。常用的中文字体有宋体、楷体、黑体、隶书等。一般情况下，书籍的正文用宋体，显得较为正规；一些标题用黑体，起到强调作用。一段文字中可以使用不同的字体。

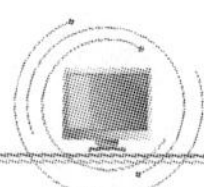

选中要修改的文字，在“字体”选项组中的“字体”下拉列表中选择所需字体的名称。如果是英文字符，则选择英文字体，如图 3-14 所示。

2）设置字号。汉字的大小用字号来指定，字号从初号、小初号，直到八号，对应的文字越来越小。一般情况下，书籍的正文用五号字。英文的大小用“磅”的数值表示，1 磅等于 1/12 英寸，数值越大，表示的英文字符越大。

选中要修改的文字，在“字体”选项组中的“字号”下拉列表内，输入或单击一个字号或磅值。例如，选择“五号”选项或“12”，如图 3-15 和图 3-16 所示。

3）设置字符的其他格式。利用“字体”选项组还可以设置字符的“加粗”“斜体”“下画线”“字符底纹”“字符边框”等格式。

（2）利用“字体”对话框进行字符格式设置

选中要修改的文字，单击“字体”选项组中的对话框启动器或按 Ctrl+D 组合键，打开“字体”对话框，如图 3-17 所示。在“字体”对话框中可以对字符格式进行设置。

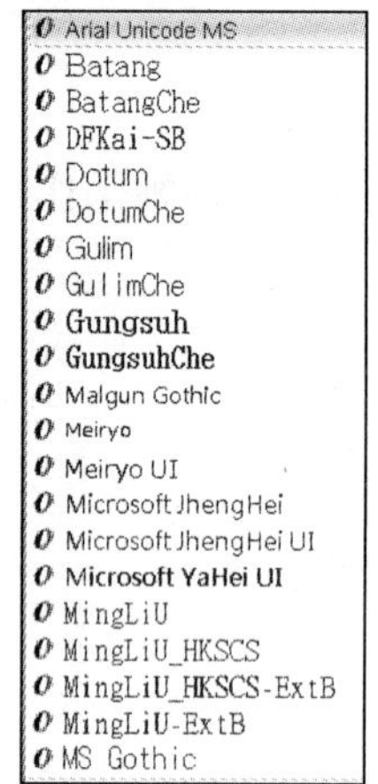

图 3-14　选择英文字体

图 3-15　选择字号

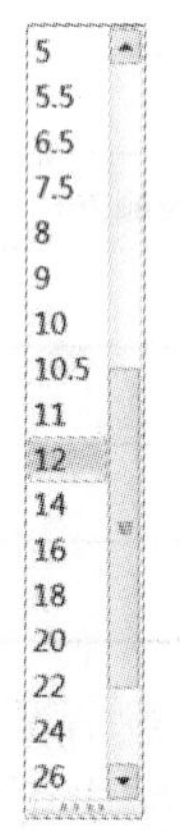

图 3-16　选择英文字号

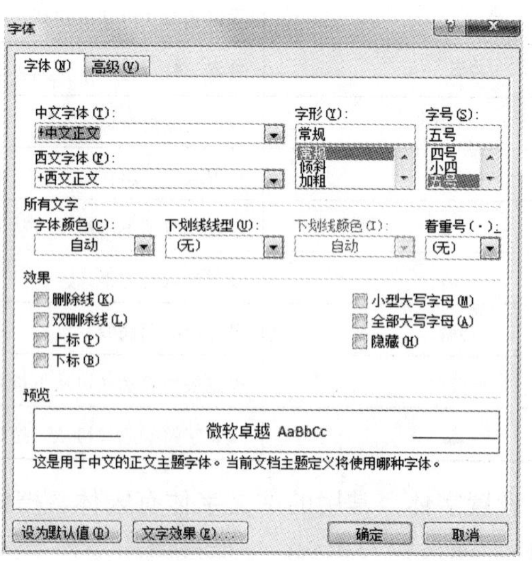

图 3-17　“字体”对话框

（3）使用格式刷复制字符格式

在对文本进行格式设置时，常常需要将某些文本、标题的格式复制到文档中的其他地方。这时，使用格式刷复制格式会很方便，不用再对文档中的其他地方进行格式设置。

具体做法：先选中已设置好格式的文本，然后在“开始”选项卡的“剪贴板”选项组中单击“格式刷”按钮，此时鼠标指针变为刷子形状，再拖动鼠标指针选中需要设置相同格式的文字即可。

2. 段落格式设置

段落是指以 Enter 键输入的回车符结束的文本，它是构成整个文档的骨架，是文字、图形或其他对象的集合。

（1）设置段落对齐

Word 2010 中段落对齐的方式有很多种，如两端对齐、居中对齐、右对齐、分散对齐等。表 3-2 显示了各种对齐方式的名称、功能、图标按钮及快捷键。

表 3-2　“段落”选项组按钮功能

图标按钮	名称	功能	组合键
	文本左对齐	所选文本左对齐，右边参差不齐	Ctrl+L
	两端对齐	所选段落的左、右两边与左、右边距均对齐	Ctrl+J
	居中	所选文本居中，左、右两边参差不齐	Ctrl+E
	文本右对齐	所选文本右对齐，左边参差不齐	Ctrl+R
	分散对齐	所选行左、右两边均对齐，使文字平均分布	Ctrl+Shift+D

（2）设置段落缩进

段落缩进是指段落中的文本与页边距之间的距离。段落缩进包括左缩进、右缩进、首行缩进及悬挂缩进。

1）用水平标尺设置缩进。水平标尺是横穿文档窗口顶部并以度量单位（如英寸）作为刻度的水平标尺栏。

用水平标尺设置段落缩进，首先选中要缩进的段落。如果看不到水平标尺，可勾选“视图”选项卡中的“标尺”复选框，然后在水平标尺上，将“左缩进”“右缩进”“首行缩进”“悬挂缩进”标记拖动到希望的位置。

下列方法可实现用水平标尺设置左、右缩进。

① 将光标移到需要设置缩进的段落中。

② 拖动水平标尺左端的“首行缩进”标记▽，可改变文本第一行的左缩进；拖动“左缩进”标记，可改变该段中所有文本的左缩进；拖动“右缩进”标记△，可改变所有文本的右缩进。

2）用菜单设置缩进。更精确地设置缩进，可以单击“开始”选项卡的“段落”选项组中的对话框启动器（“段落”选项组右下角），打开“段落”对话框，如图 3-18 所示。选择

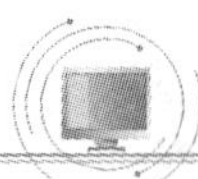

“缩进和间距”选项卡，在“缩进”选项组“特殊格式”下拉列表中选择“首行缩进”选项，然后设置其他所需选项。

3）设置段落间距。段落间距是指行与行、段与段之间的距离。在默认情况下，Word采用单倍行距。设置段落间距的方法：将光标移到需要进行设置的段落中，单击“段落”选项组中的对话框启动器，打开“段落”对话框，如图3-18所示。选择“缩进和间距”选项卡，在“间距”选项组的“段前”和“段后”微调框中输入所需间距值，在“行距”下拉列表中选择所需行距值。

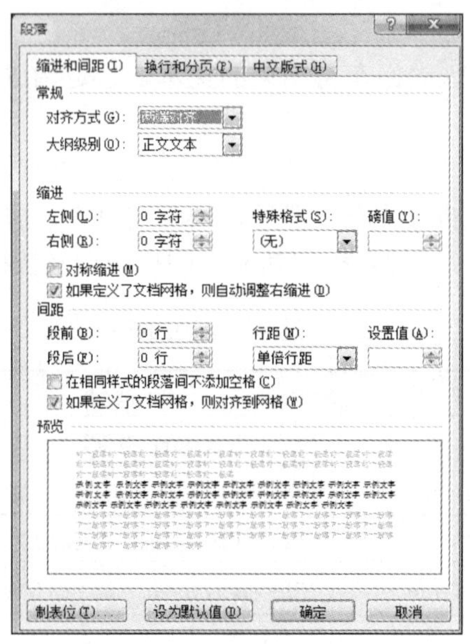

图3-18　“段落”对话框

3. 项目符号和编号

（1）自动编号

自动识别输入：输入“1.”，然后输入项目，按Enter键，下一行就自动出现了“2.”。如果Word认为输入的是编号，就会调用编号功能，很方便地设置编号。不想让编号出现，按Backspace键，编号就会消失。

（2）项目符号

设置项目符号：将光标定位在要设置项目符号的段落，在“开始”选项卡的“段落”选项组中，单击“项目符号”右侧的下拉按钮，弹出“项目符号”下拉菜单，在“项目符号库”选项组中选择其中一个项目符号，如图3-19所示，就可以给所选段落设置一个自选的项目符号了。

自定义项目符号：在“项目符号”下拉菜单中，选择“定义新项目符号”命令，打开“定义新项目符号”对话框，如图3-20所示。单击“符号”按钮，在打开的“符号”对话框中选择一种符号，单击“确定”按钮；单击“字体”按钮，在打开的“字体”对话框中选择一种字体，单击“确定”按钮，返回“定义新项目符号”对话框，单击“确定”按钮，就可以把刚才选中的符号作为项目符号了。

（3）编号设置

在“开始”选项卡的“段落”选项组中，单击“编号”右侧的下拉按钮，弹出“编号”下拉菜单，如图 3-21 所示，在“编号库”选项组中选择一种编号，单击“定义新编号格式”按钮，打开“定义新编号格式”对话框，如图 3-22 所示。从“编号样式”下拉列表中选择中文的“一，二，三（简）…”选项，在“编号格式”输入框中就出现了用户选择的样式，在后面输入一个顿号，将下圆点删除；从下面的“预览”选项组中可以看到设置的效果。单击“字体”下拉按钮，打开“字体”对话框，将“中文字体”设置为“楷体”，单击“确定”按钮，返回“定义新编号格式”对话框，可以看到编号的字体已经变成楷体了。

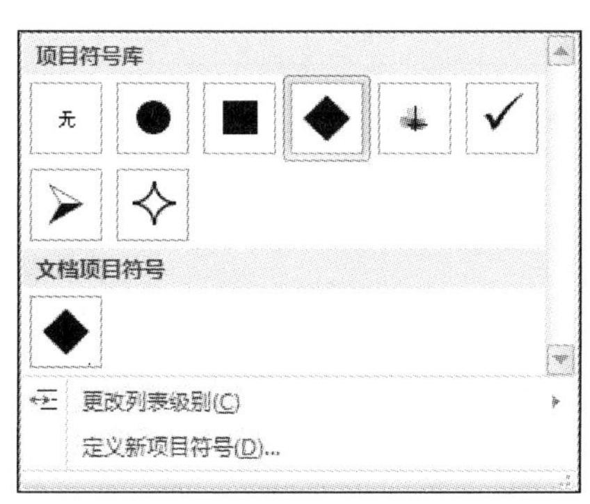

图 3-19　“项目符号”下拉菜单

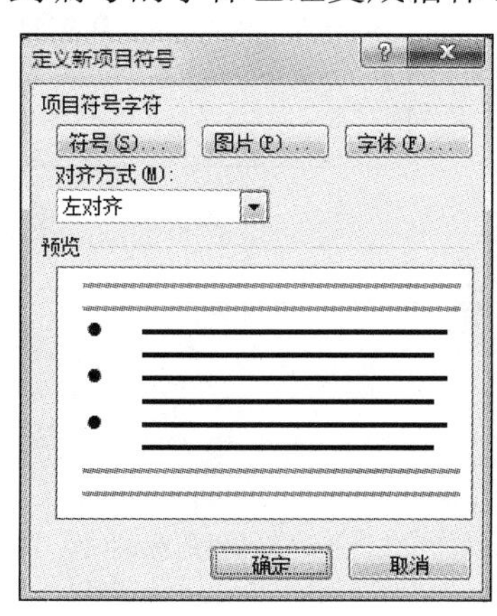

图 3-20　“定义新项目符号”对话框

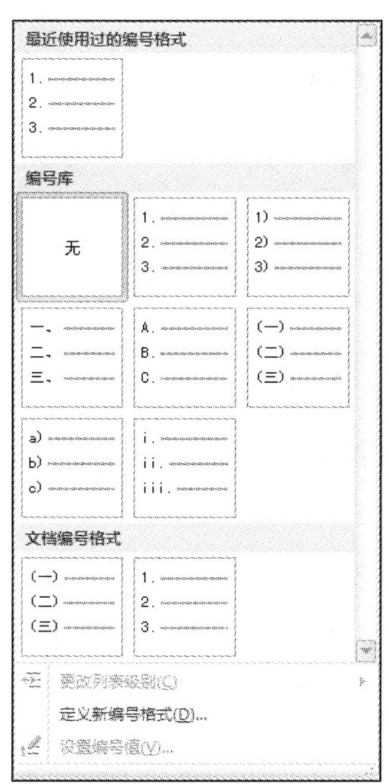

图 3-21　“编号”下拉菜单

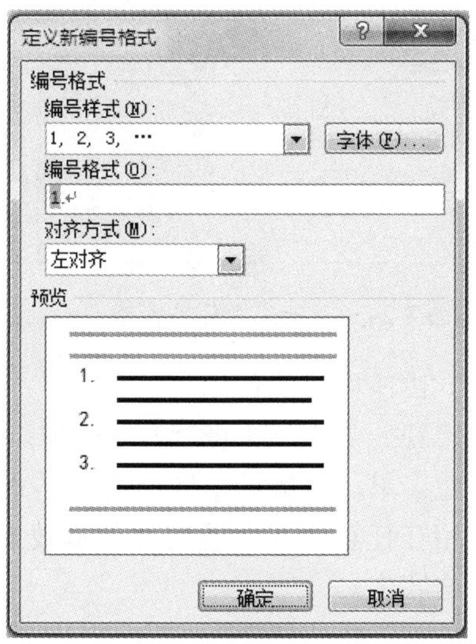

图 3-22　“定义新编号格式”对话框

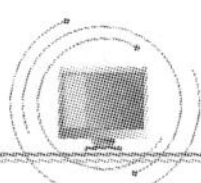

4. 样式的使用

（1）应用样式设置文档格式

选中需要进行格式设置的文字或段落，在“开始”选项卡的“样式”选项组中，如图 3-23 所示，单击对话框启动器，打开“样式”任务窗格，如图 3-24 所示，从中选择相应选项。单击“样式”选项组中的“其他”按钮，可打开如图 3-25 所示的下拉菜单。将鼠标指针停留在任意样式上能实时预览效果，找到最适合的样式后，单击该样式即可将其应用到所选内容中。

图 3-23 “样式”选项组

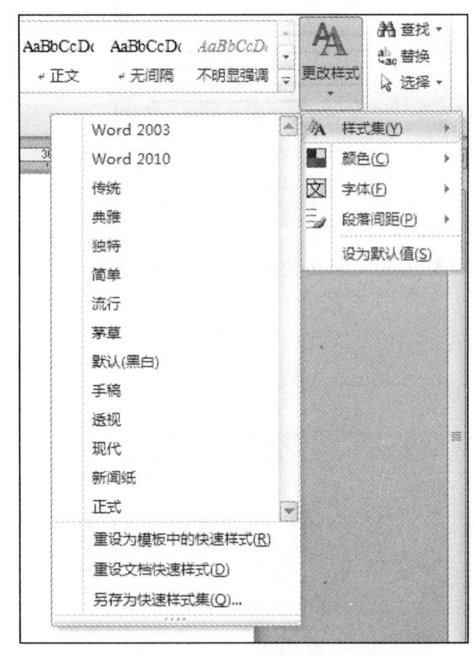

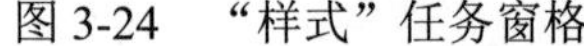
图 3-24 “样式”任务窗格

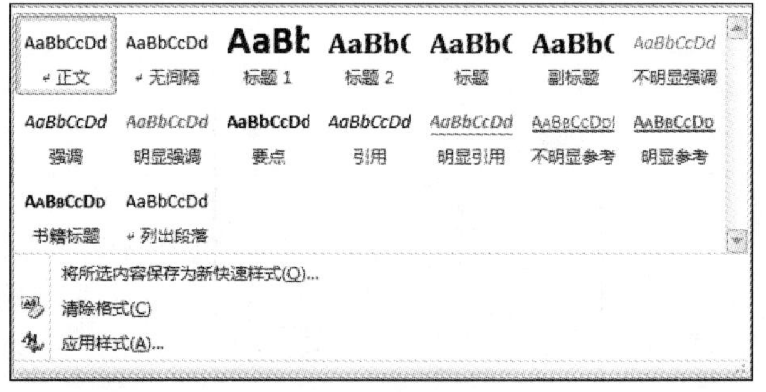

图 3-25 展开所有样式

（2）快速样式的使用

在“开始”选项卡的“样式”选项组中，单击“更改样式”下拉按钮，弹出“更改样式”下拉菜单，将鼠标指针指向“样式集”选项以查找预定义的样式，如图 3-26 所示。将指针停留在任意样式上能实时预览效果，找到最适合的样式后，单击该样式即可将其应用到所选内容中。

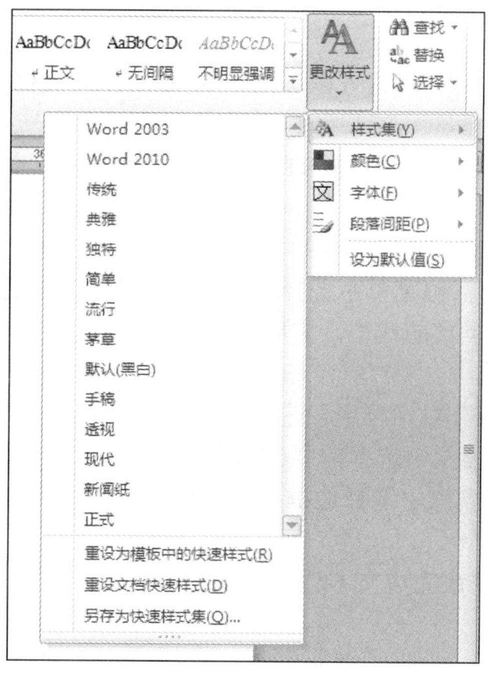

图 3-26　快速样式

（3）创建新样式

在“样式”任务窗格中，单击“新建样式”按钮，打开“根据格式设置创建新样式”对话框，如图 3-27 所示。根据需要设置新样式的属性和格式，将设置完成后的新样式保存在样式集中。

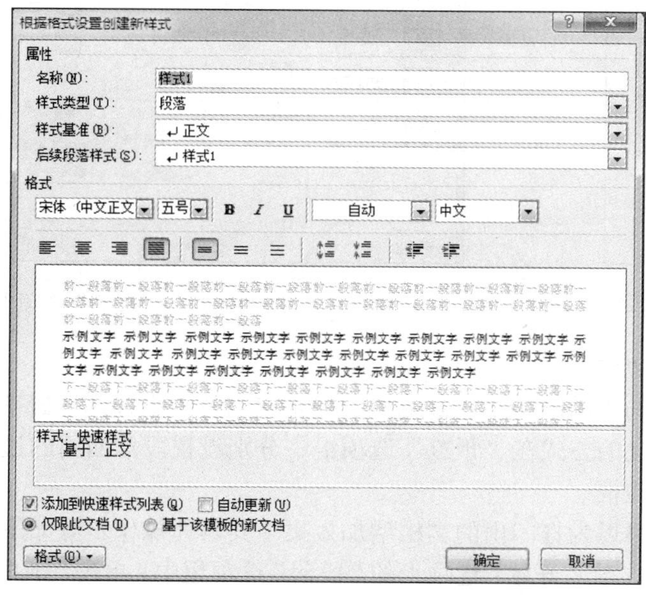

图 3-27　“根据格式设置创建新样式”对话框

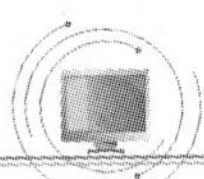

5. 边框和底纹

如果要想突出文档中的内容,给人以深刻印象,还可以为文档中各元素添加边框和底纹。

（1）设置文字边框

设置文字边框可以把用户认为重要的文本用边框围起来，着重显示。其具体操作步骤如下：

01 选中文本，在“开始”选项卡的“段落”选项组中，单击“下框线”下拉按钮，如图 3-28 所示，在弹出的下拉菜单中选择“外侧框线”或“所有框线”命令，默认为单线形框线。如果要设置更为丰富的线型，需要选择“边框和底纹”命令，打开“边框和底纹”对话框。

02 在“边框和底纹”对话框中，选择“边框”选项卡，如图 3-29 所示，然后从“设置”选项组中的 5 种边框类型中选择需要的边框类型，在“样式”列表框中选择虚线类型，还可以从“颜色”下拉列表框中选择边框框线的颜色，从“宽度”下拉列表框中选择边框框线的线宽。

03 单击“确定”按钮完成文本边框的设置。

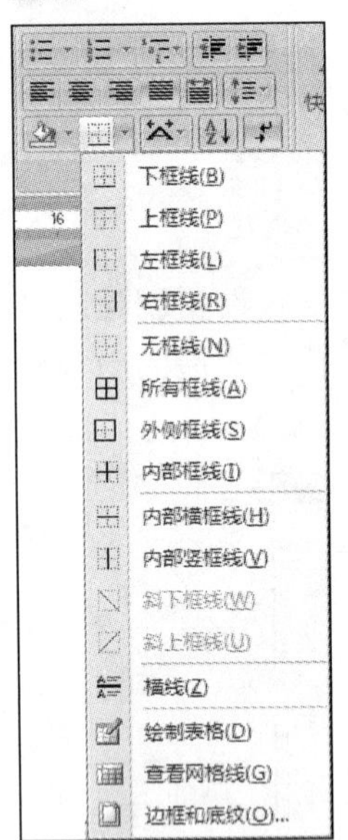

图 3-28　选择框线类型

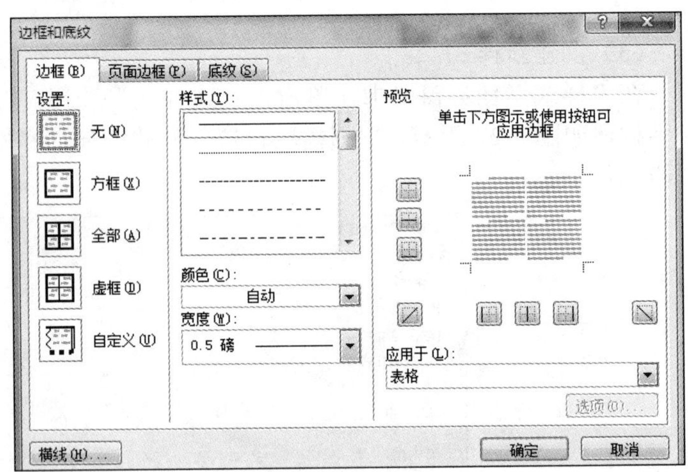

图 3-29　“边框”选项卡

（2）设置段落边框

设置段落边框的方法同文字边框类似，只是应用范围为段落。段落边框的设置更为灵活，可以通过自定义的方式在“预览”选项组中分别设置段落四周的边框。

（3）设置页面边框

设置页面边框可以为打印出的文档增加效果。其具体操作步骤如下：

01 选中文本，在“开始”选项卡的“段落”选项组中，单击“下框线”下拉按钮，在弹出的下拉菜单中选择“边框和底纹”命令，打开“边框和底纹”对话框。

02 选择“页面边框”选项卡，如图 3-30 所示，在“设置”选项组中选择需要的页面边框类型，在“样式”列表框中选择虚线类型，在“应用于”下拉列表框中选择应用对象。

03 单击“确定”按钮完成设置。

（4）设置底纹

设置底纹不同于设置边框，只能针对文字、段落设置底纹，而不能针对页面设置底纹。其具体操作步骤如下：

01 选中需要添加底纹的文档内容，在“开始”选项卡的“段落”选项组中，单击“下框线”下拉按钮，在打开的下拉菜单中选择“边框和底纹”命令，打开“边框和底纹”对话框。

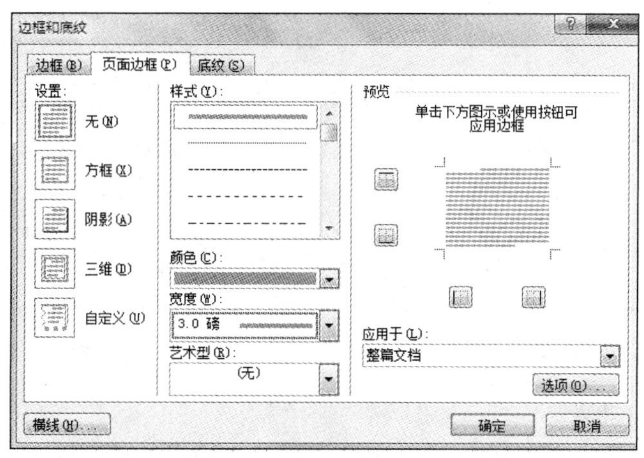

图 3-30　“页面边框”选项卡

02 在“底纹”选项卡的“填充”选项组中的各种选项中设置合适的底纹，在“应用于”下拉列表框中选择应用对象，然后通过“预览”选项组中的预览框预览，如图 3-31 所示。

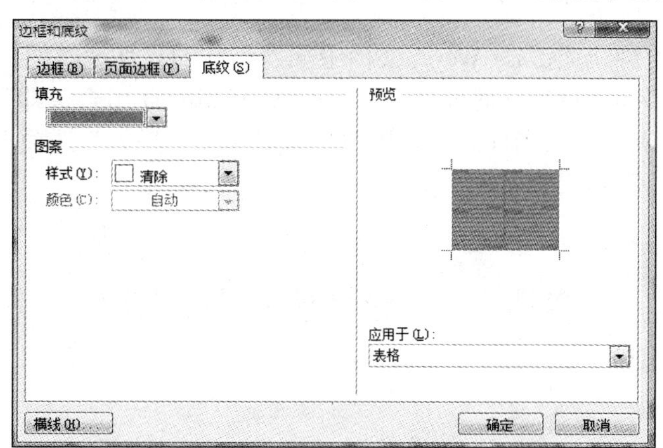

图 3-31　“底纹”选项卡

03 单击“确定”按钮完成对文本底纹的设置。

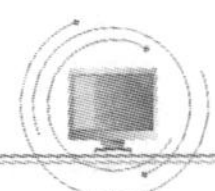

6. 插入符号和特殊符号

在文档编辑过程中，经常需要插入键盘上没有的字符，如“●”“▲”“〓”“¤”等，这些符号和特殊符号可以通过“符号”按钮及软键盘来插入。

（1）通过“符号”按钮插入

将光标定位于要插入符号的位置，在“插入”选项卡的“符号”选项组中，单击“符号”下拉按钮，在弹出的下拉菜单中选择所需的符号，如图 3-32 所示，或者选择“其他符号”命令，打开“符号”对话框，在此对话框中找到要插入的符号，如图 3-33 所示。

图 3-32 “符号”下拉菜单

图 3-33 “符号”对话框

（2）通过软键盘插入

将光标定位于要插入符号的位置，切换到任意一种中文输入法，右击输入法状态条，在弹出的快捷菜单中选择“软键盘”命令，选择需要插入的符号类型。如果是特殊符号，则选择“特殊符号”命令，在弹出的软键盘中选择需要插入的特殊符号。

7. 在 Word 中插入当前的日期和时间

用户可以随时使用快捷键在 Word 文档中插入当前的日期或时间。方法很简单，只需要将光标定位于需要插入日期或时间的位置，按 Alt+Shift+D 组合键即可插入当前日期，而按 Alt+Shift+T 组合键可插入当前时间。用户也可以单击“插入”选项卡的“文本”选项组中的“日期和时间”按钮来完成同样的工作。

实训 3.1 合作协议书的制作

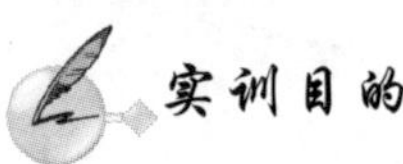

实训目的

1）熟悉 Word 2010 的界面组成、视图方式。

2）掌握 Word 2010 的基本操作，包括文档的创建与打开、文本输入与修改、文档的保存及加密。

3）熟练掌握文本的查找与替换、插入文本文件以及插入时间和符号。

4）熟练掌握文档的格式设置，包括字符格式、段落格式、项目符号与编号、边框和底纹，以及使用格式刷。

实训内容

要求使用 Word 2010 创建一个文件名为“志愿者合作协议”的新文档，然后输入协议的内容，并保存文档。

1）文档排版。为了使“志愿者合作协议”达到预期的效果，要求对文档的文字和段落进行格式设置。

2）设置样式。应用样式对“志愿者合作协议”进行格式设置，要求进行样式的创建、修改和应用等操作。

3）添加项目符号和编号。应用项目符号和编号对“志愿者合作协议”进行编辑。

4）插入日期。给“志愿者合作协议”插入日期。

制作效果图如图 3-34 所示。

志愿者合作协议

甲方：姓名_____ 性别_____ 居民身份证号____________________

乙方：姓名_____ 性别_____ 居民身份证号____________________

经甲、乙双方友好协商，根据《中华人民共和国民法通则》以及有关法律、法规的规定，为明确双方的权利义务，就有关事宜达成如下协议，乙方认同这一使命，自愿申请加入“志愿者”团队，以志愿服务的形式参与甲方的有关活动。

志愿者人数为______人，其中男性___人，女性___人。

志愿者合作期限从______年___月___日 至期______年___月___日。

第一条 定义

“志愿者”是指：由甲方组织招募，接受甲方管理，不计物质利益，基于良知、信念和责任，自愿为甲方的活动提供服务和帮助的个人或团体。

第二条 志愿服务工作内容

1. 根据乙方的意愿，甲方安排乙方在下列活动中担任志愿者：
2. 提供短期志愿者服务。
3. 提供长期志愿者服务合同协议□　提供培训志愿者服务。
4. 其他：
5. 乙方从事志愿服务工作的内容为：
6. 门急诊温馨服务。由志愿者为门急诊患者提供包括导医、导诊、咨询、费用查询、护送、控烟、秩序维护等服务。提供符合甲方宗旨和业务范围的其他公益服务。
7. 乙方参加志愿服务工作的时间从____年____月____日开始，至____年____月____日结束。提供服务的具体时间由甲方与乙方商定。

第三条 甲方的权利义务

8. 甲方负责对乙方提供培训和相关服务，并对乙方的志愿服务工作进行适当的管理、指导和监督。
9. 从乙方正式参加志愿服务工作之日起，至乙方志愿服务工作结束之日止，甲方应负责乙方参加志愿服务所需要的必要工作保障：
10. 根据需要提供必要的制服、装备；
11. 提供参加志愿服务工作期间的餐饮与交通补助；
12. 根据乙方的工作表现，甲方将给予乙方相应的工作奖励与表彰。
13. 对于不履行义务的志愿者，甲方将视情况采取提醒、教育直至取消其志愿者资格的措施。

第四条 乙方的权利义务

14. 乙方从获得志愿者资格至志愿服务工作结束，享有以下权利：
15. 参加甲方提供的培训；
16. 要求获得从事志愿服务的必需条件和必要保障；
17. 就志愿服务工作向甲方提出建议和意见；

图 3-34　“志愿者合作协议”效果图

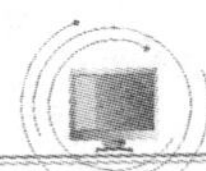

18. (5)申请退出志愿服务；
19. (6)相关法律、法规所赋予的其他权利。
20. 2、 乙方从获得志愿者资格至志愿服务工作结束，履行以下义务：
21. 遵守法律、法规，不违反道德准则；
22. 遵守甲方的相关规定，不得以志愿者身份从事任何以赢利为目的或违背甲方章程和宗旨的活动；
23. 服从甲方对志愿服务工作岗位的安排；
24. 服从甲方的指挥和调配，认真完成志愿服务工作任务；
25. 服从志愿服务期间所在团队的管理；
26. 履行志愿者服务承诺，维护甲方和志愿者形象；
27. 服务时应尊重受服务者的权利，对因服务而获取的信息应予以保密；
28. 相关法律、法规及甲方规定的其他义务。
29. 3、 乙方不在甲方领取劳务报酬。
30. 根据志愿服务项目的情况，甲方可以向乙方提供一定的生活补助、交通补助，并可以为乙方办理意外伤害保险。甲方不为乙方缴纳社会保险和公积金。
31. 乙方在工作期间生病医疗费用自理，医疗期内甲方不支付劳务费。如属工伤，则按国家对工伤的相关规定执行。

第五条 保密

32. 乙方确认，在提供志愿服务的过程中，乙方可能会得到甲方的保密信息，包括但不限于：财务和人员信息、接受捐赠与资助信息、战略规划等新联源社工事务所的运营、发展信息。
33. 乙方同意，所有保密信息均具有保密性质，并为甲方专有，乙方仅为提供服务之目的使用保密信息，不得为任何其他目的使用或授权使用全部或部分的保密信息。
34. 本协议终止后，乙方在本协议项下的保密义务并不随之终止。

第六条 保证陈述

35. 双方互相陈述、保证和承诺如下：
36. 双方均具有完全的权利和法律权限或有效的授权签订和履行本协议；
37. 本协议经双方签署，即依其中条款构成对双方合法、有效和有约束力的责任。

第七条 违约责任

38. 甲、乙双方同意，未经对方书面允许，任何一方均不对外透露本协议和其他往来文件的内容，但为履行本协议或主张协议权利所需要的正当披露除外；违约方应向守约方赔偿由此造成的实际损失。
39. 甲、乙双方应本着诚信的原则共同遵守本协议，认真履行各自应尽的义务。任何一方如果全部或部分不能履行义务时，违约方应向守约方赔偿由此造成的实际损失。

第八条 有效期和终止

40. 本协议自双方签署盖章之日起生效，有效期至协议终止或者双方权利义务均履行完毕之日(以较晚发生者为准)。

图 3-34 “志愿者合作协议”效果图（续）

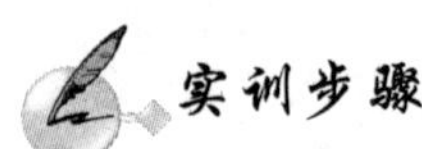

实训步骤

1. 创建文档

01 Word 2010 启动时会自动打开一个名为“文档 1”的空白文档，让用户直接在该文档中输入内容，并对其进行编辑和排版，然后选择“文件”→“另存为”命令，保存名为“志愿者合作协议”的文档。

02 在“志愿者合作协议”文档中输入协议的内容并保存。

2. 文档排版

01 打开“志愿者合作协议”文档，按 Ctrl+A 组合键选中整篇文档的内容，在“开始”选项卡的“字体”选项组中，单击右下角的对话框启动器，如图 3-35 所示，在打开的“字体”对话框中设置字体为“宋体”，字号为“五号”。

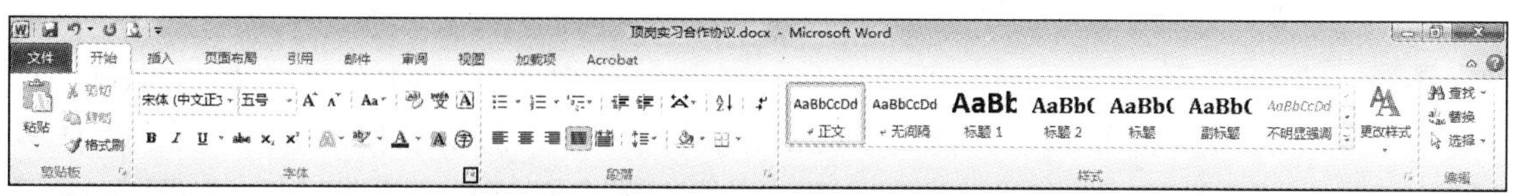

图 3-35　“开始”选项卡

02 选中标题“志愿者合作协议”，右击，在弹出的快捷菜单中选择“字体”命令，打开“字体”对话框，如图 3-36 所示，在对话框中设置字体为“黑体”，字号为“二号”，单击“确定”按钮。再单击“开始”选项卡的“段落”选项组中的“居中”按钮，设置对齐方式为“居中”。

03 选中协议的前两行，设置字体为“宋体”，字号为“小四”，然后双击功能区中的“格式刷”按钮，此时鼠标指针成为刷子形状，用格式刷刷过第 3 行到第 7 行和最后两行即可，再单击“格式刷”按钮取消格式刷。

04 选中正文部分的所有段落，右击，在弹出的快捷菜单中选择“段落”命令，在打开的“段落”对话框中选择“缩进和间距”选项卡，设置“对齐方式”为“两端对齐”；设置“缩进”的左、右侧都为“0 字符”；设置“特殊格式”为“首行缩进”，“磅值”为“2 字符”；设置“间距”的段前、段后都为“0 行”，“行距”为“固定值”，“设置值”为“18 磅”，如图 3-37 所示。

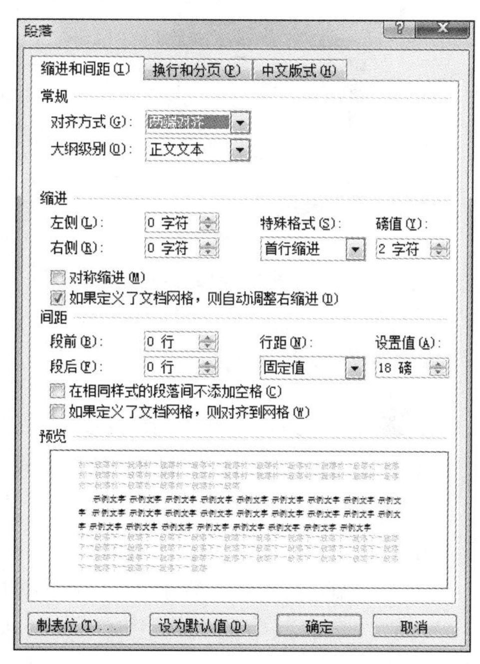

图 3-36　“字体”对话框

图 3-37　“段落”对话框

05 选中正文中第一条、第二条、第三条…至第十一条等段落文字，设置格式为“四

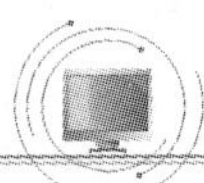

号”“加粗”“左对齐”，取消首行缩进，然后保存文档。

3. 设置标题样式

01 选中文档“第一条 定义”这一行文字，在“开始”选项卡的“样式”选项组中，单击右下角的对话框启动器，打开如图 3-38 所示的“样式”任务窗格，单击“样式”任务窗格左下方的“新建样式”按钮，打开“根据格式设置创建新样式”对话框，如图 3-39 所示，在“名称”文本框中输入样式名“条款标题”，然后单击“确定”按钮，新建的“条款标题”样式保存在样式集中。

02 分别选中文档中的“第二条 志愿者服务工作内容”“第三条 甲方的权利和义务”等直至“第十一条 其他”，单击“样式”任务窗格中的“条款标题”样式，该样式就应用到了这几项内容中。

图 3-38 “样式”任务窗格

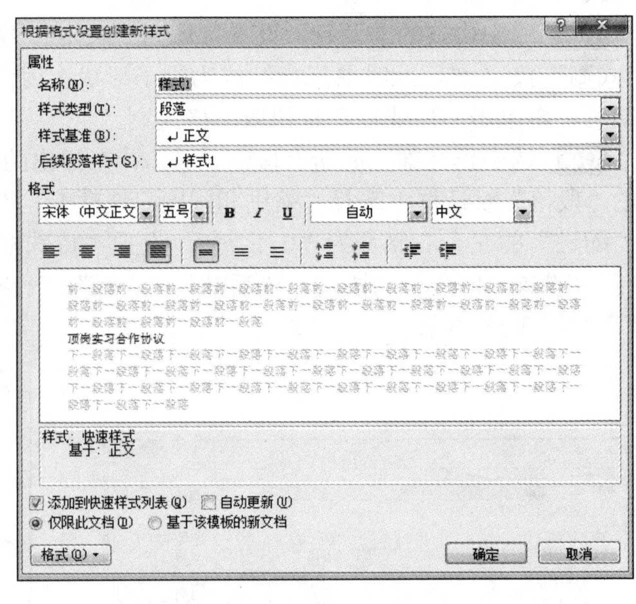

图 3-39 “根据格式设置创建新样式”对话框

4. 设置内容样式

01 选中文档“第一条 定义”下的“‘志愿者’是指：由甲方组织招募，接受甲方管理，不计物质利益，基于良知、信念和责任，自愿为甲方的活动提供服务和帮助的个人或团体。”这一段。设置“字号”为“小四”。在“开始”选项卡的“样式”选择组中，单击右下角的对话框启动器，弹出如图 3-38 所示的“样式”任务窗格，单击“样式”任务窗格左下方的“新建样式”按钮，打开“根据格式设置创建新样式”对话框，如图 3-39 所示，在“名称”文本框中输入样式名“条款内容”，然后单击“确定”按钮，新建的“条款内容”样式保存在样式集中。

02 分别选中文档中的以下各条款内容，单击“样式”任务窗格中的“条款内容”样式，该样式就应用到了各条款的内容中。

5. 添加项目符号的编号

01 选中正文中的第 6 行、第 7 行文字，在“开始”选项卡的“段落”选项组中，单击“项目符号”右侧的下拉按钮，在展开的下拉菜单中的项目符号库中选择需要的样式。

02 选择“第二条 志愿者服务工作内容”下面的条款内容文字，在“开始”选项卡的“段落”选项组中，单击“编号”右侧的下拉按钮，在展开的下拉菜单中的编号库中选择需要的样式，拖动水平标尺左端“左缩进”标记，设置“左缩进”为 0。

03 用同样的方法，设置第二、第三条直至第十一条中文字的编号。

6. 插入时间和日期

01 打开需插入日期的位置，在“插入”选项卡的“文本”选项组中，单击“日期和时间”按钮，打开“日期和时间”对话框，如图 3-40 所示。在“语言（国家/地区）”下拉列表框中选择“中文（中国）”选项，在“可用格式”列表框中选择所需的日期样式，单击“确定”按钮即可插入日期。

02 用同样的方法，在文档最后“乙方（签字）”下面插入日期，保存文档。

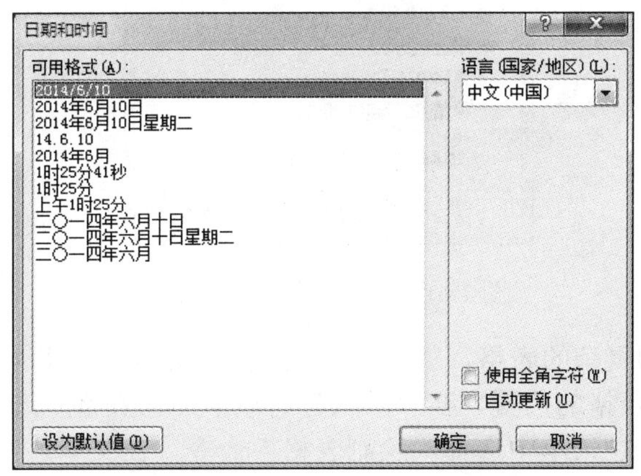

图 3-40　“日期和时间”对话框

实训小结

通过本次实训的练习，同学们掌握了 Word 2010 文档的创建、文本编辑、文字和段落的格式设置、样式的使用、插入项目符号与编号以及插入日期等操作，从而掌握了运用 Word 2010 进行文字处理的方法。

3.3　表格的制作

Word 2010 表格的功能不可忽视，通常用来组织和显示信息。由工作表或表格中交叉的行与列形成的框就是单元格，可以在单元格中输入文字或插入图片，或者插入嵌套表格。

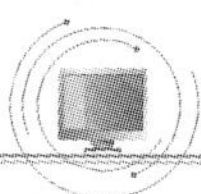

3.3.1 创建表格

表格是一个行与列有规则排列的网格。行与列的交叉处是一个矩形框，这些框称为单元格。Word 提供了几种创建表格的方法。最适用的方法与用户的工作方式及所需的表格的复杂程度有关。使用下列几种方法可创建表格。

方法一：单击要创建表格的位置，在“插入”选项卡的“表格”选项组中，单击“表格”下拉按钮，拖动鼠标，选择所需的行数、列数。

方法二：单击要创建表格的位置，在“插入”选项卡的“表格”选项组中，单击“表格”下拉按钮，在弹出的下拉菜单中选择“插入表格”命令，打开“插入表格”对话框，如图 3-41 所示，在“表格尺寸”选项组中，选择所需的行数和列数，在“‘自动调整’操作”选项组中选择调整表格大小的选项，单击“确定”按钮。使用该方法可以在将表格插入文档之前选择表格的大小和格式。

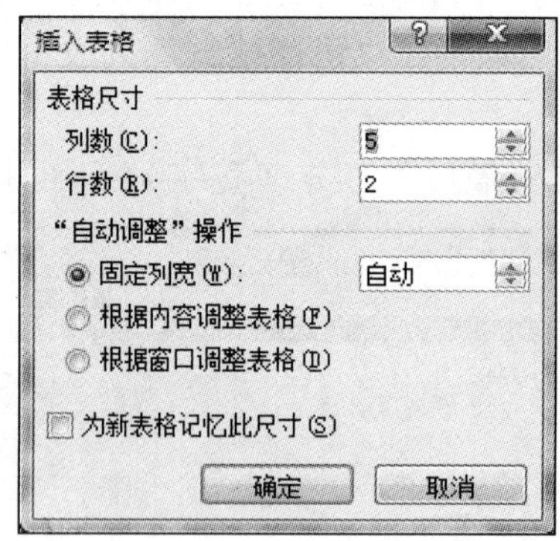

图 3-41 “插入表格”对话框

方法三：可以绘制复杂的表格，如包含不同高度的单元格或每行包含的列数不同。

01 单击要创建表格的位置，在“插入”选项卡的“表格”选项组中，单击“表格”下拉按钮，在弹出的下拉菜单中选择“绘制表格”命令。在文本区绘制表格，出现“表格工具/设计”选项卡，如图 3-42 所示。

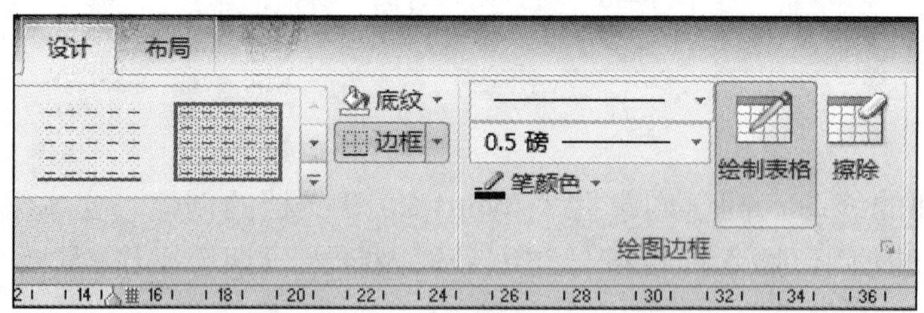

图 3-42 “表格工具/设计”选项卡

02 要确定表格的外围边框，可以先绘制一个矩形，然后在矩形内绘制行、列框线。

03 若要清除一条或一组线，可以单击“绘图边框”选项组中的“擦除”按钮，再单击需要擦除的线。

04 表格创建完毕后，单击其中的单元格，便可在其中输入文字或插入图形。

3.3.2　表格的编辑与修改

如果用户对建立的表格格式不满意，则可以对已建立的表格做进一步修改，如移动或复制单元格，插入新的单元格、行或列，调整它们的高或宽等。

1. 插入单元格、行或列

选中单元格，在“表格工具/布局”选项卡的“行和列”选项组中，选择一个选项，如图 3-43 所示。

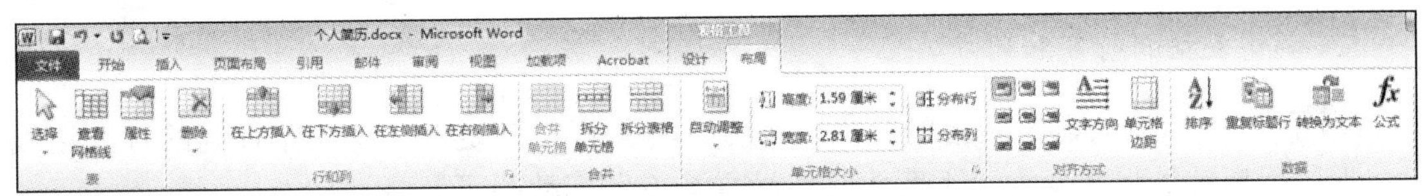

图 3-43　“表格工具/布局”选项卡

在表格中插入单元格、行或列时需要注意下列问题。

1）要在表格末尾快速添加一行，可以单击最后一行的最后一个单元格，然后按 Tab 或 Enter 键。

2）若要在表格最后一列的右侧添加一列，可以单击最后一列，在“表格工具/布局”选项卡的“行和列”选项组中选择“在右侧插入”命令。

3）也可使用“绘制表格”工具在所需的位置绘制行或列。

2. 删除单元格、行或列

选中待删除的单元格、行或列，在“表格工具/布局”选项卡的“行和列”选项组中，单击“删除”下拉按钮，弹出的下拉菜单如图 3-44 所示。然后选择“删除单元格”“删除列”“删除行”“删除表格”命令。

删除单元格(D)...
删除列(C)
删除行(R)
删除表格(T)

图 3-44　删除单元格、行或列

3. 合并与拆分单元格

可将同一行或同一列中的两个或多个单元格合并为一个单元格。例如，可以横向合并单元格以创建横跨多列的表格标题。

（1）合并单元格

01 选中要合并的单元格。

02 在“表格工具/布局”选项卡的“合并”选项组中，单击“合并单元格”按钮。

（2）拆分单元格

可将表格中的一个单元格拆分成多个单元格。

01 在单元格中单击，或选择要拆分的多个单元格。

02 在“表格工具/布局”选项卡的“合并”选项组中，单击“拆分单元格”按钮。

03 选择要将选中的单元格拆分成的列数或行数。

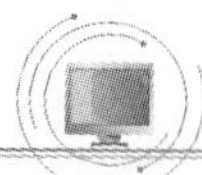

4. 拆分与合并表格

表格的拆分是指将一个表格以某一行为界进行拆分，将表格分成上、下两个独立的表格。表格的合并则是将上、下两个独立的表格合并成一个表格。

将光标定位于将要拆分的第 2 张表的第 1 行上，在“表格工具/布局”选项卡的“合并”选项组中，单击“拆分表格”按钮即可将表格一分为二。

将光标定位于第 1 张表格的最后一行外边框的右端，然后按 Delete 键，直到两个表格合并为一个表格为止。

5. 调整表格的行高和列宽

01 用鼠标拖动调整表格的行高及列宽。将鼠标指针定位在待调整行高的行底边线上，当鼠标指针的形状变为上下箭头时，沿垂直方向拖动即可调整行高。

02 将鼠标指针定位在待调整列宽的列右边线上，当鼠标指针的形状变为左右箭头时，沿水平方向拖动即可调整列宽。

03 用菜单命令调整表格的行高及列宽。选中表格，右击，在弹出的快捷菜单中选择“表格属性”命令，打开“表格属性”对话框，如图 3-45 所示。选择“行”“列”选项卡可分别对行高及列宽进行精确调整。

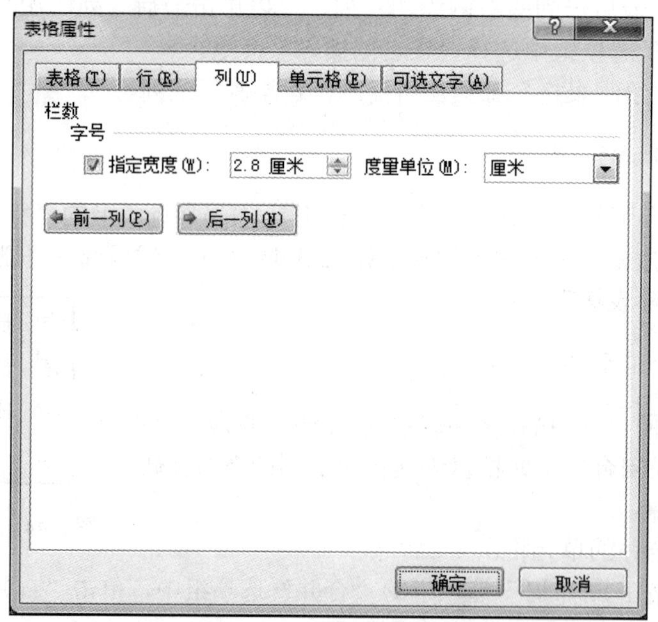

图 3-45 “表格属性”对话框

3.3.3 表格的格式设置

表格的格式设置是指对表格的外观进行修饰，使表格具有精美的外观。例如，设置表格的边框和底纹、表格快速样式等。

1. 设置表格的边框和底纹

可以为表格或表格中的选中行、列及单元格添加边框，或用底纹来填充表格的背景。为表格设置边框和底纹的步骤如下：

01 选中需要设置边框的表格或表格中的行、列及单元格。

02 右击，在弹出的快捷菜单中选择“边框和底纹”命令，在打开的“边框和底纹”对话框中选择“边框”选项卡，如图 3-46 所示。

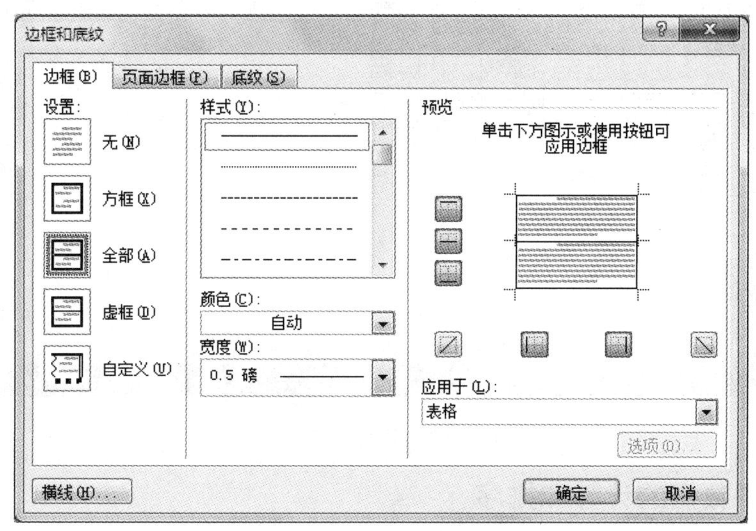

图 3-46　“边框和底纹”对话框

03 根据需要可选择“设置”选项组中的一种边框模式，可分别从“样式”“颜色”“宽度”列表中选择边框线条的形状、颜色和粗细。

04 选择“底纹”选项卡，可从“填充”下拉列表中选择所需颜色，从“图案”选项组的“样式”下拉列表中选择背景图案。

05 单击“确定”按钮。

2. 表格快速样式

无论是新建的空表，还是已经输入数据的表格，都可以使用表格的快速样式来设置表格的格式。例如，将阴影、边框、底纹和其他丰富的格式元素应用于表格。将光标定位于要进行格式设置的表格中，在“表格工具/设计”选项卡的“表格样式”选项组中，选择一种样式，即可在文档中预览此样式的排版效果，也可以单击“表格样式”选项组中右下角的“其他”按钮，打开其他表格样式选项，如图 3-47 所示。在“表格样式选项”选项组中包含 6 个复选框，这些选项让用户决定将特殊样式应用到哪些区域。

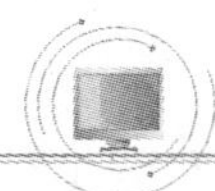

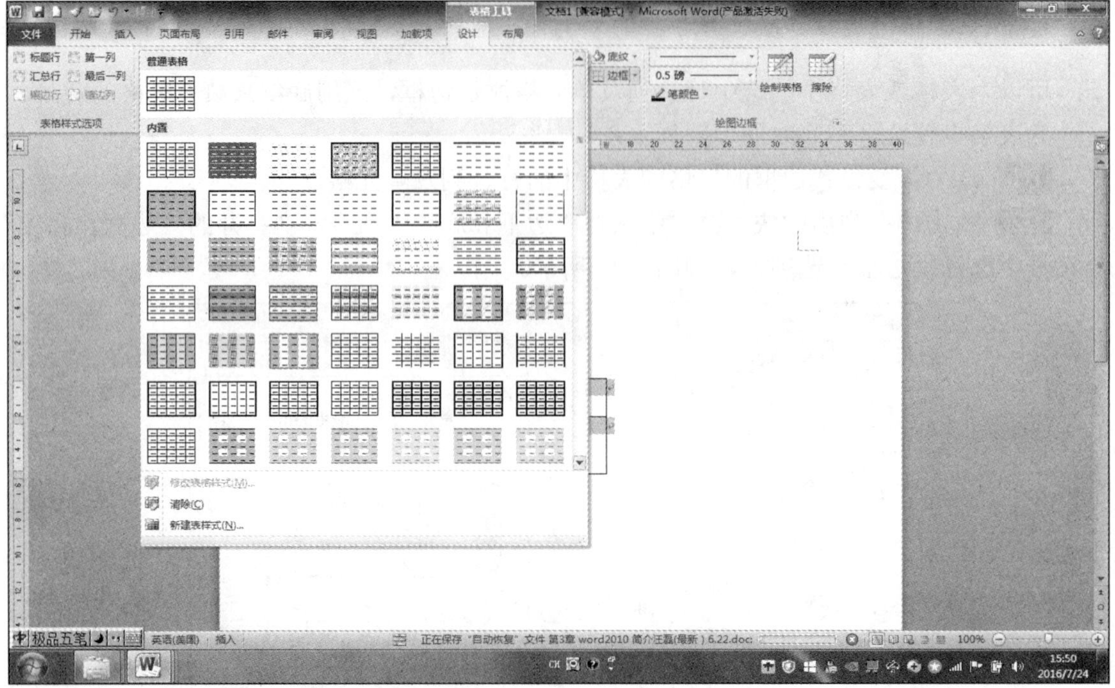

图 3-47　其他表格样式

3.3.4　表格中数据的计算和排序

Word 2010 的表格功能中提供了一些简单的计算功能，并且还提供了一系列用来计算的函数，其中包括求和函数 SUM( )、求平均值函数 AVERAGE( )、计数函数 COUNT( )、求最大值函数 MAX( )、求最小值函数 MIN( )等。

1. 单元格的引用

表格中的每个单元格都对应着一个唯一的引用编号。编号的方法是以 1、2、3…代表单元格所在的行，以字母 A、B、C…代表单元格所在的列。

2. 表格中数据的计算

在公式中可以引用当前单元格的左边、右边和上面来定义一组单元格。例如，“=SUM(LEFT)”表示对当前单元格左边的数据求和；“=SUM(RIGHT)”表示对当前单元格右边的数据求和；“=SUM(ABOVE)”表示对当前单元格上面的数据求和。

例如，给如图 3-48 所示的成绩表计算总分，其操作步骤如下：

01 将光标定位到存放运算结果的单元格 E2。

02 在“表格工具/布局”选项卡的“数据”选项组中，单击“公式”按钮，打开“公式”对话框，如图 3-49 所示。

姓名	计算机应用	应用文写作	高等数学	总分
李华	85	92	78	
王静	82	88	95	
张强	75	80	86	
周磊	83	87	92	

图 3-48　成绩表

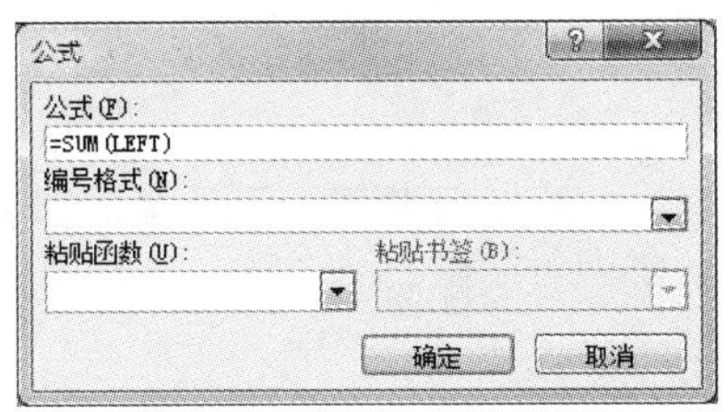

图 3-49　“公式”对话框

03 可以使用文本框中的公式，也可以输入公式“= B2+C2+D2”或者“=SUM(B2:C2)”，单击“确定”按钮完成计算。

04 用同样的方法计算其他的总分，结果如图 3-50 所示。

姓名	计算机应用	应用文写作	高等数学	总分
李华	85	92	78	255
王静	82	88	95	265
张强	75	80	86	241
周磊	83	87	92	262

图 3-50　成绩表的总分结果

3. 表格中数据的排序

用户可以对表格内容按字母顺序、数字大小、日期先后或笔画多少进行升序或降序的排列。先要选择一列作为排序的依据，当该列（称为主关键字）内容有多个相同的值时，则根据另一列（称为次关键字）排序，以此类推，最多可以选择 3 个关键字排序。

在“表格工具/布局”选项卡的“数据”选项组中，单击“排序”按钮，打开“排序”对话框，设置排序方式，如图 3-51 所示。

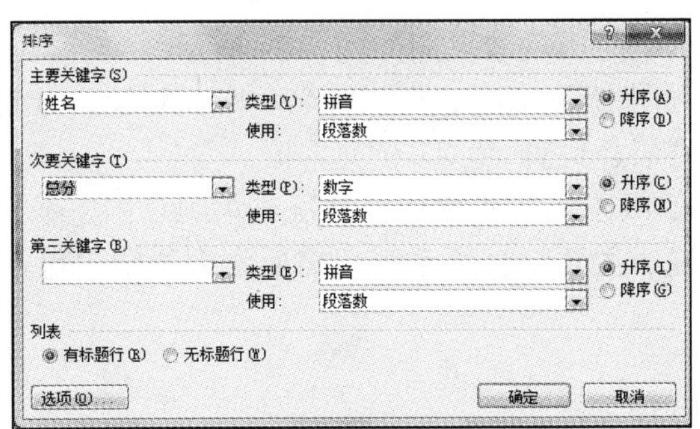

图 3-51　“排序”对话框

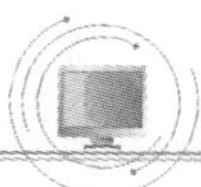

3.3.5 将表格转换为文本

为了操作方便，有时候需要将表格转换成文本。例如，将如图 3-50 所示的成绩表转换为文本，先选中整个表格，在“表格工具/布局”选项卡的“数据”选项组中，单击“转化为文本”按钮，打开“表格转换成文本”对话框，如图 3-52 所示。在“文字分隔符”选项组中点选“制表符”单选按钮，单击“确定”按钮，即可将表格转换成文本，如图 3-53 所示。

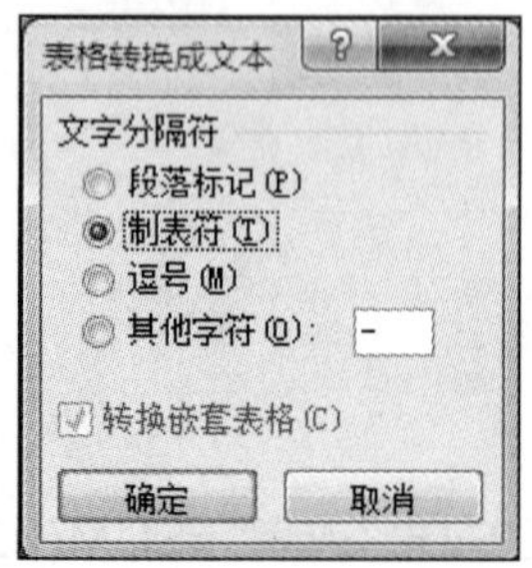

图 3-52 “表格转换成文本”对话框

姓名	计算机应用	应用文写作	高等数学	总分
王静	82	88	95	265
周磊	83	87	92	262
李华	85	92	78	255
张强	75	80	86	241

图 3-53 表格转换成文本结果

实训 3.2 个人简历的制作

实训目的

1）掌握创建表格的两种方法。

2）熟练掌握表格的调整和修改。

3）熟练掌握表格的格式设置。

4）掌握表格中数据的计算与排序。

实训内容

要求制作一份个人求职简历，效果图如图 3-54 所示。

1）制作封面简历。要求版面清晰，写明姓名、毕业院校、专业等。需要掌握的知识包括插入图片、艺术字、页眉、页脚、水印和文本框。

2）制作表格式简历。要求写明基本信息情况、求职意向、本人简历、兴趣爱好、等级证书获取情况和奖励情况、主要社会关系等。需要掌握的知识包括插入表格和对表格进行格式设置。

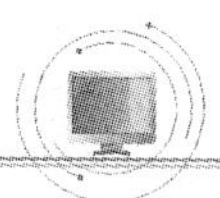

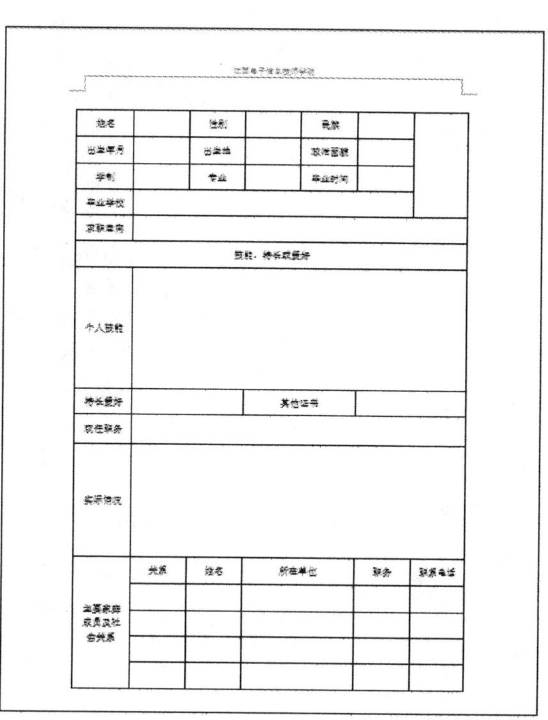

姓名		性别		民族		
出生年月		出生地		政治面貌		
学制		专业		毕业时间		
毕业学校						
求职意向						
技能、特长或爱好						
个人技能						
特长爱好			其他证书			
现任职务						
实际情况						
主要家庭成员及社会关系	关系	姓名	所在单位	职务	联系电话	

图 3-54　“个人简历”效果图

实训步骤

1. 制作封面

01 插入艺术字。在“插入”选项卡的“文本”选项组中，单击“艺术字”下拉按钮，打开艺术字样式库，如图 3-55 所示，单击第 4 行第 2 列式样，然后在文本框中输入“个人简历”，字体选择“隶书”，字号“60”，字体颜色为“橙色，强调文字颜色 6，深色 50%”，如图 3-56 所示。

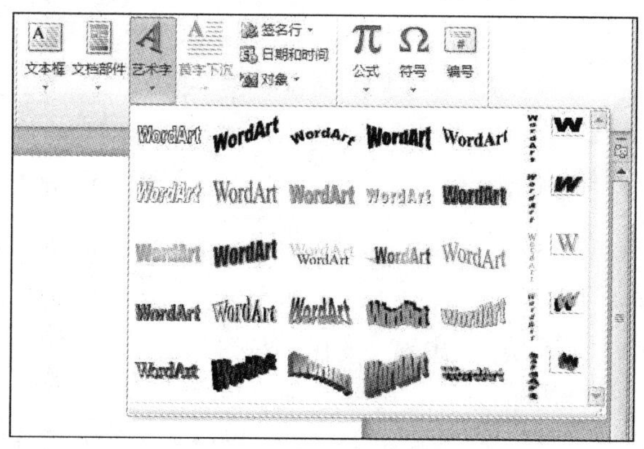

图 3-55　艺术字样式库

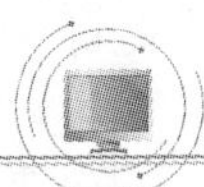

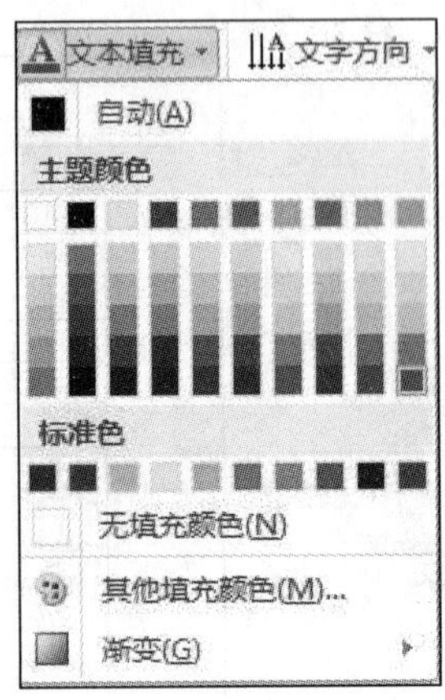

图 3-56　艺术字填充菜单

02 设置水印。在“页面布局”选项卡的“页面背景”选项组中，单击“水印”下拉按钮，弹出的下拉菜单如图 3-57 所示。选择“自定义水印”命令，弹出“水印”对话框，点选 “图片水印”单选按钮并单击“选择图片”按钮，选择图片，名为“校园.jpg”，然后单击“确定”按钮，如图 3-58 所示。

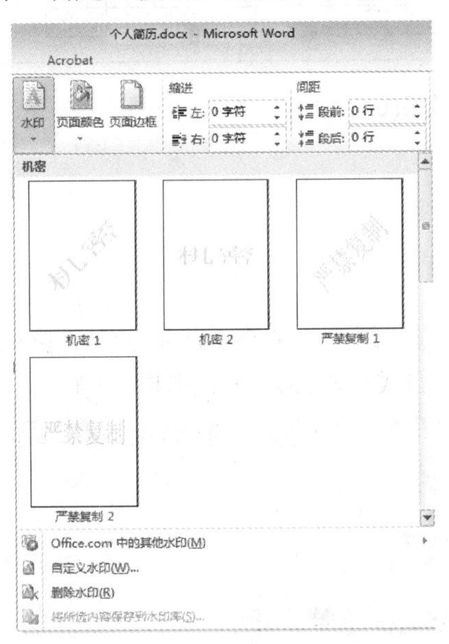

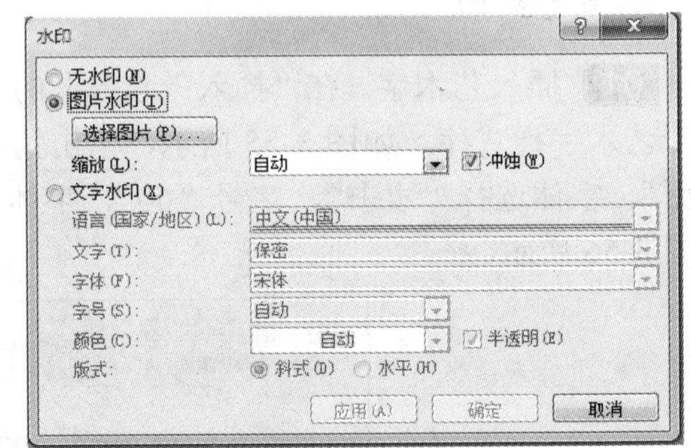

图 3-57　“水印”下拉菜单　　　　图 3-58　“水印”对话框

03 在“插入”选项卡的“文本”选项组中，单击“文本框”下拉按钮，弹出文本框的“内置”样式，如图 3-59 所示。在“内置”样式中选择“简单文本框”选项，将文本框放在相应的位置，输入校训“敬业 忠诚　勤奋 负责”，字体为“隶书”，字号为“二号”，字体颜色为“红色”。在“绘图工具/格式”选项卡的“形状样式”选项组中，单击对话框启动器，如图 3-60 所示，打开“设置形状格式”对话框，选择“填充”和“颜色线条”选项卡，设置“无填充”和“无线条”。

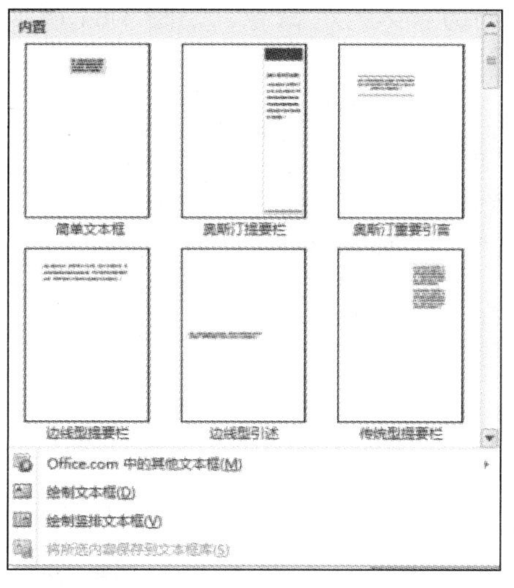

图 3-59　文本框内置样式

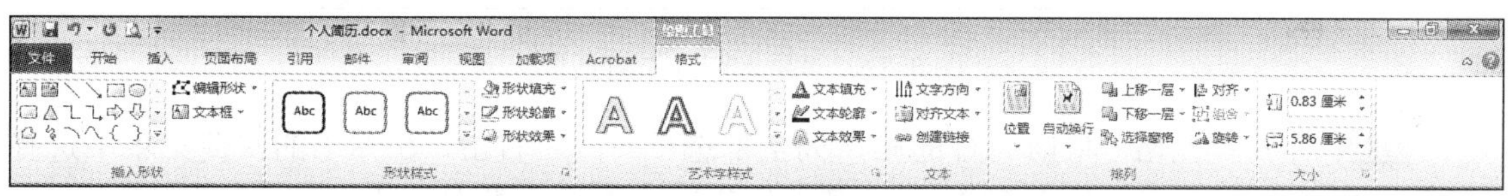

图 3-60　“绘图工具/格式”选项卡

04 在页眉和页脚中添加文字及图片。在“插入”选项卡的“页眉和页脚”选项组中，单击“页眉”下拉按钮，如图 3-61 所示。

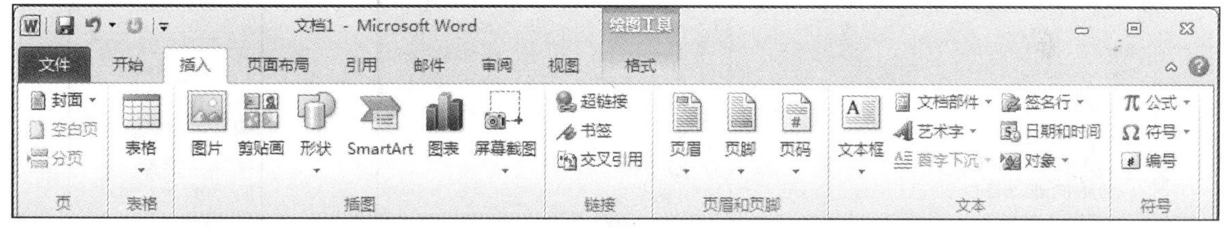

图 3-61　“插入”选项卡

在页眉中“插入”选项卡的“插图”选项组中单击“图片”按钮，打开“插入图片”对话框，如图 3-62 所示，选择图片文件“院标”，然后单击“插入”按钮，并让其居左，最后单击“关闭页眉和页脚”按钮。

2. 制作表格简历

01 设置 15 行 7 列的表格。首先，新建一个空白文档，在“插入”选项卡的“表格”选项组中，单击“表格”下拉按钮，在弹出的下拉菜单中选择“插入表格”命令，打开“插入表格”对话框，将列数改为 7，行数改为 15，然后单击“确定”按钮，如图 3-63 所示。

02 插入行。把光标定位在第 5 行的左侧，单击选中整行，然后右击，在弹出的快捷

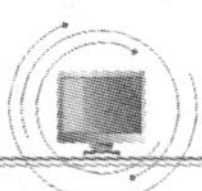

菜单中选择“插入”→“在下方插入行”命令，如图 3-64 所示。反复选择这个命令 14 次，总共插入 14 行。

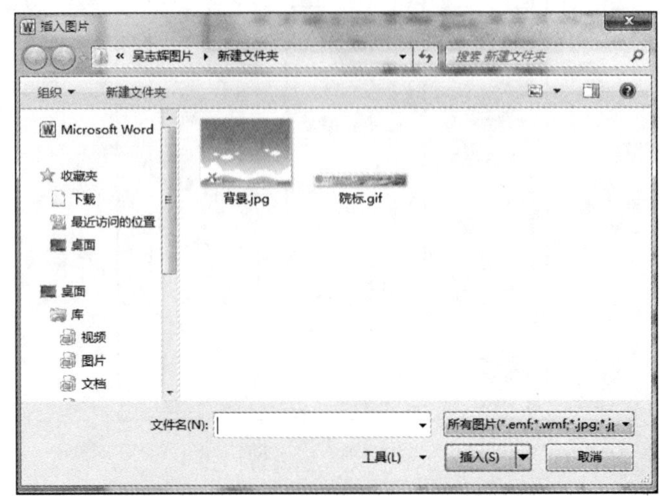

图 3-62 “插入图片”对话框

03 合并单元格。将前 5 行的第 7 列全部选中，然后右击，在弹出的快捷菜单中选择“合并单元格”命令，如图 3-65 所示。其他行也照此方法合并单元格。

图 3-63 “插入表格”对话框

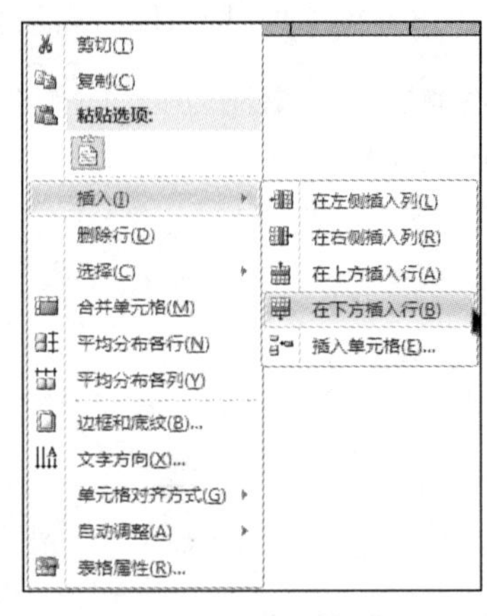

图 3-64 插入行

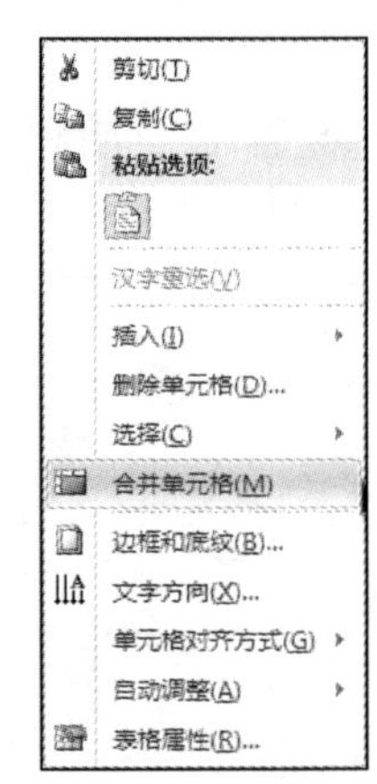

图 3-65 合并单元格

04 选中表格，在“表格工具/布局”选项卡的“单元格大小”选项组设置表格的行高为“0.8 厘米”。按照样张调整列宽。

05 设置表格对齐方式。选中全部表格，然后右击，在弹出的快捷菜单中选择“单元格对齐方式”→“水平居中”方式，如图 3-66 所示。

06 按照样张添加文字，默认为“宋体”“五号”。

07 给表格添加双线型的边框。将表格全部选中，然后右击，在弹出的快捷菜单中选择“边框和底纹”命令，打开“边框和底纹”对话框，选择“边框”选项卡，如图 3-67 所示。在“设置”选项组中选择“方框”选项，在“样式”列表框中选择“双线型”选项。

选择“底纹”选项卡，然后在“预览”栏中单击所需要的网格线，如图 3-68 所示，单击“确定”按钮。

08 在“插入”选项卡的“页眉和页脚”选项组中，单击“页眉”下拉按钮，在弹出的下拉菜单中选择一种方式。在页眉上添加文字“江西省电子信息工程学校”，文字“居中”，最后单击“关闭页眉和页脚”按钮。

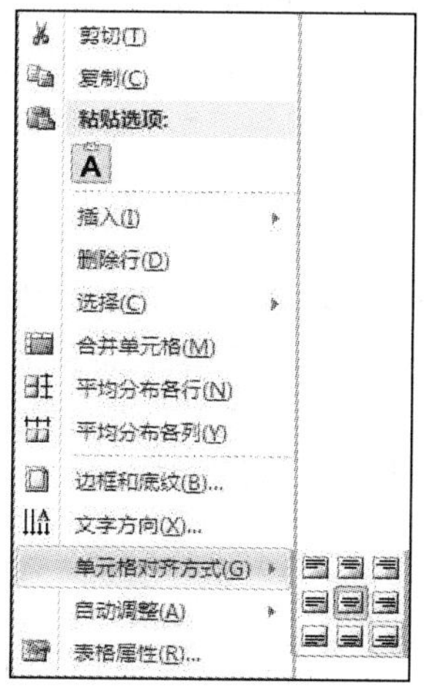

图 3-66　单元格对齐方式

图 3-67　“边框”选项卡

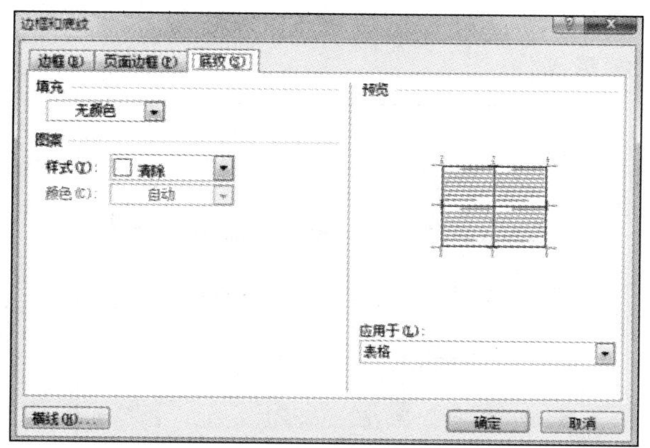

图 3-68　“底纹”选项卡

实训小结

找到一份理想的工作是毕业生们最大的心愿，制作一份出色的简历无疑将有助于实现自己的梦想。通过本节内容的学习与实训，同学们需要明白在制作简历时必须要突出的重点，并运用 Word 2010 所学表格及格式设置知识加以制作。制作好个人简历非常重要，一份符合职位要求、翔实和打印整齐的简历可以有效地获得聘用单位的面试机会。

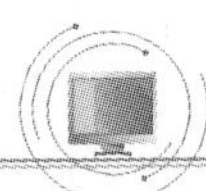

3.4　制作图文混排的文档

在 Word 文档中适当地插入一些图形和图片，不仅会使文档显得生动有趣，还能帮助读者更直观地理解文章内容。如果一篇文章只有文字而没有任何修饰性的内容，不仅缺乏吸引力，而且会使读者阅读疲劳。本节主要介绍 Word 2010 的绘图和图形处理功能，从而实现文档的图文混排。

3.4.1　插入艺术字

当制作一些报纸、杂志和海报等文档时，经常要使用一些有特殊效果的艺术字，此时就可以使用 Word 插入艺术字功能。艺术字与图片一样，都是作为一个图形对象的形式存在的，其插入操作与插入图片操作有一些共同性。

01 在“插入”选项卡的“文本”选项组中，单击“艺术字”下拉按钮，打开艺术字样式库，如图 3-69 所示。

02 选择一种所需的艺术字样式，然后单击“确定”按钮。

03 首先在“文字”文本框中输入要编辑的文字内容，然后单击“确定”按钮，最后设置艺术字的字体和字号。

04 双击艺术字，会显示“艺术字工具/格式”选项卡，如图 3-70 所示，使用此选项卡上的工具按钮可以对已插入的艺术字进行样式、文字内容、方向、大小缩放、颜色、形状、图文混排等修改和编辑操作。

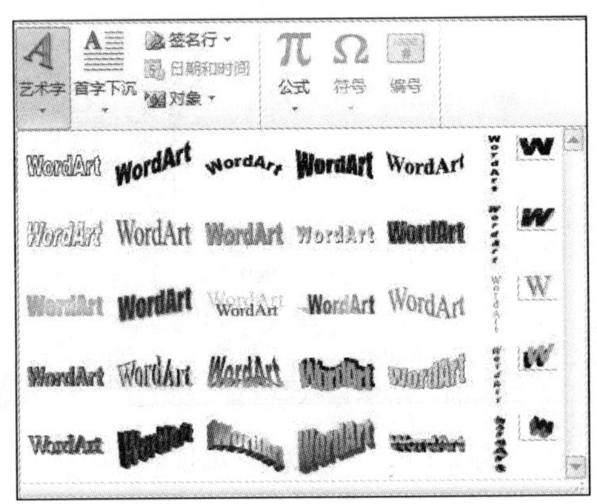

图 3-69　艺术字样式库

图 3-70　“艺术字工具/格式”选项卡

3.4.2 插入图片

1. 插入图片

在 Word 中使用图形的一种方式是从外部插入图片。这里的图片一般是来自外部的图片，也就是指用户使用一些图形图像处理软件（如 Photoshop、Freehand 和 CorelDRAW 等）绘制的图形，或者拍摄的数码照片、扫描输入的图形及用抓图工具捕捉的图形。

01 在文档中确定好光标的位置，然后在“插入”选项卡的“插图”选项组中单击“图片”按钮，打开“插入图片”对话框。

02 先在“查找范围”下拉列表中找到图片文件保存的位置，然后在文件列表框中选中要插入的文件。

03 单击“插入”按钮就可以将所选图片插入 Word 文档中。图 3-71 所示为插入图片后的效果。插入图片后双击选中此图片，此时会显示“图片工具/格式”选项卡，在该选项卡中可以设置图片大小、图片样式及调整颜色透明度等。

图 3-71 插入图片后的效果

2. 缩放图片

使用两种方法可以改变图形的大小，分别如下：

1）使用鼠标。选中插入的图片，此时图片四周会显示 8 个控制点，将鼠标指针置于要缩放的控制点上，待鼠标指针变成双向箭头形状时，拖动该控制点即可调整图片的大小。此种方法通常在对图片大小精确度要求不高的情况下使用。

2）使用“设置图片格式”对话框。

01 双击已经插入的图片，此时会显示“图片工具/格式”选项卡，如图 3-72 所示。

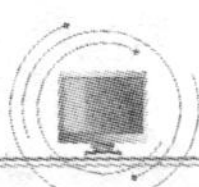

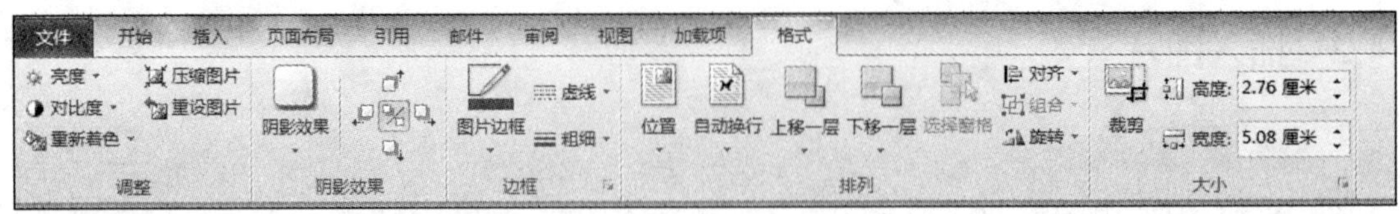

图 3-72　“图片工具/格式”选项卡

02 单击“大小”选项组中的对话框启动器，打开“布局”对话框。

03 输入适合的高度、宽度和缩放比例。

04 单击“确定”按钮。

此种方法通常在对图片大小、位置要求精确度高的情况下使用。

3. 裁剪图片

选中要裁剪的图片，此时图片四周会显示 8 个控制点，在“大小”选项组中单击“裁剪”按钮，然后从图片的一个控制点开始拖动，则出现在虚线框以内的是要保留的部分，其余部分将被剪掉。

4. 设置图片的环绕方式

为了确定图片和文字的相对位置，可以设置图片的环绕方式，方法如下：

01 选择要设置文字环绕方式的图片。

02 在“排列”选项组中单击“自动换行”下拉按钮，弹出文字环绕下拉菜单，如图 3-73 所示。

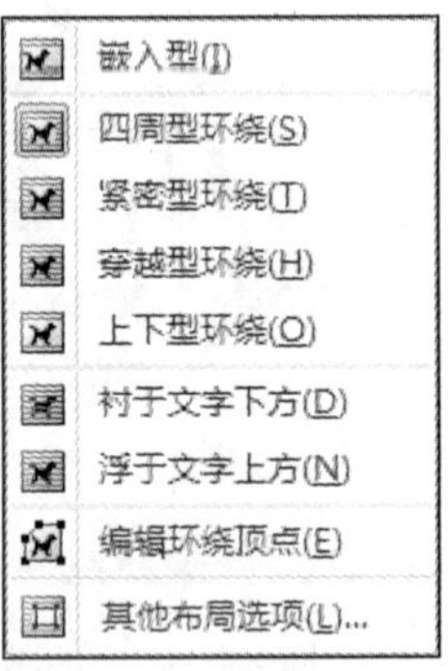

图 3-73　文字环绕下拉菜单

03 选择用户需要的文字环绕方式。

3.4.3　插入 SmartArt 图形

流程、层次结构、循环或关系等信息可以用 SmartArt 图形来表示。在创建 SmartArt 图形之前，用户要考虑最合适的显示数据的类型和布局，SmartArt 图形要传达的内容是否要求特定的外观等问题。

在“插入”选项卡的“插图”选项组中，单击“SmartArt”按钮，打开“选择 SmartArt 图形”对话框，在该对话框中用户可以选择所需的图形，如图 3-74 所示。

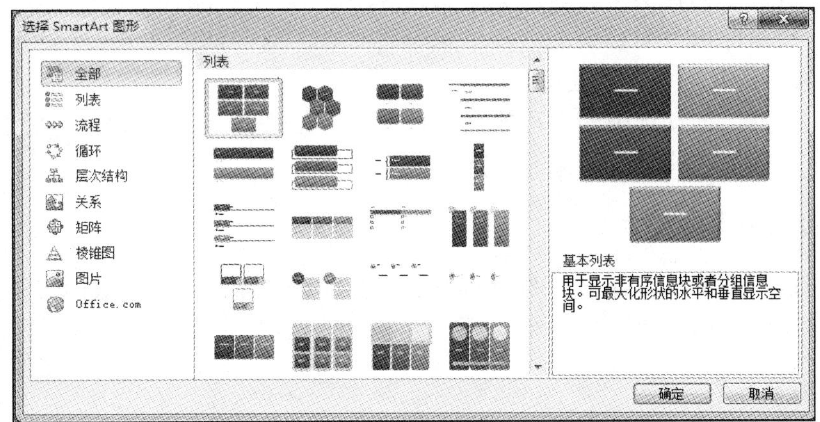

图 3-74　“选择 SmartArt 图形”对话框

3.4.4　绘制自选图形

在 Word 中可以插入各种图形对象，包括在 Word 中用各种绘图工具绘制出来的图形。在 Word 中绘制和编辑自选图形，具体可按下面的方法进行操作。

1. 直接使用形状工具

01 在“插入”选项卡的“插图”选项组中，单击“形状”下拉按钮，在弹出的下拉菜单中选择一种形状工具，如选“直线”（＼）、“箭头”（↘）、“矩形”（□）或“椭圆”（○）等。

02 移动鼠标指针到文档窗口中，然后拖动鼠标就可以画出图形了，如图 3-75 所示。

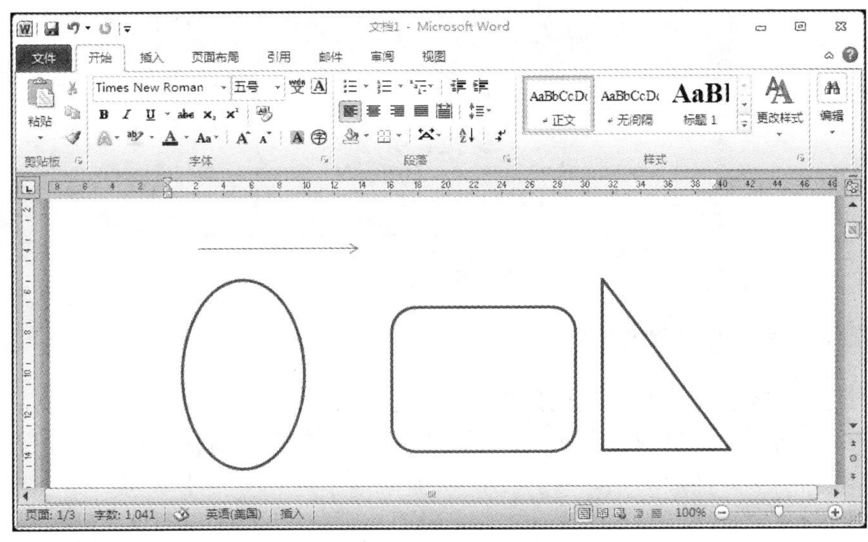

图 3-75　绘制基本图形

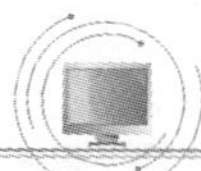

2. 选择和移动图形对象

在进行各种图形编辑操作之前，都需要先选中图形。其方法很简单，只要移动鼠标指针到图形上，单击即可。而当要选中多个图形对象时，则可以在选中一个图形对象后，按住 Shift 键，再单击要选中的其他图形即可。

当选中图形后，拖动选中的图形放置在页面的合适位置。但用鼠标移动图形有一个缺点，就是无法准确地放置到所需要的位置。

3. 改变图形对象的尺寸

选中图形后，将鼠标指针移到图形的控制点上，当鼠标指针变为双向箭头形状时，拖动控制点即可调整图形尺寸。

4. 组合图形对象

组合图形对象可以使多个图形对象变为一个整体，避免产生图形变动。要组合图形对象，首先要选中所有要进行组合的图形对象，然后右击，在弹出的快捷菜单中选择“组合”→“组合”命令，即可实现图形的组合，如图 3-76 所示。

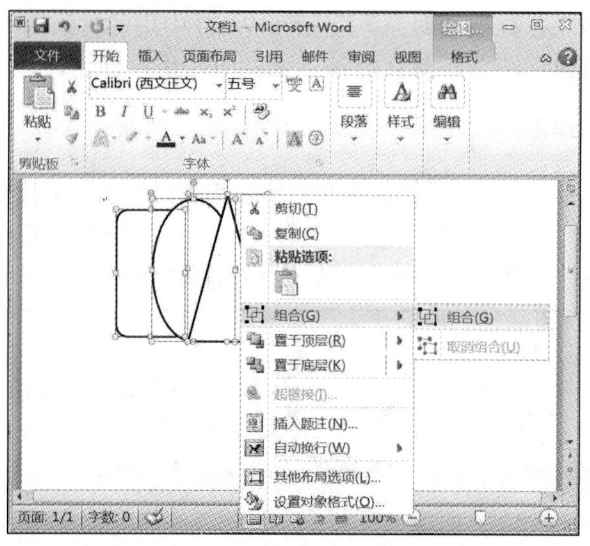

图 3-76　组合图形对象

5. 改变图形对象的叠放次序

当多个图形叠放在一块时，前面的图形可能会遮盖住后面的图形。为了使前面的图形不遮盖住后面的图形，可以改变图形对象的叠放次序。其操作方法很简单：先选中要改变叠放次序的所有图形，然后右击，在弹出的快捷菜单中选择“置于底层”命令或“置于顶层”命令，如图 3-77 所示。

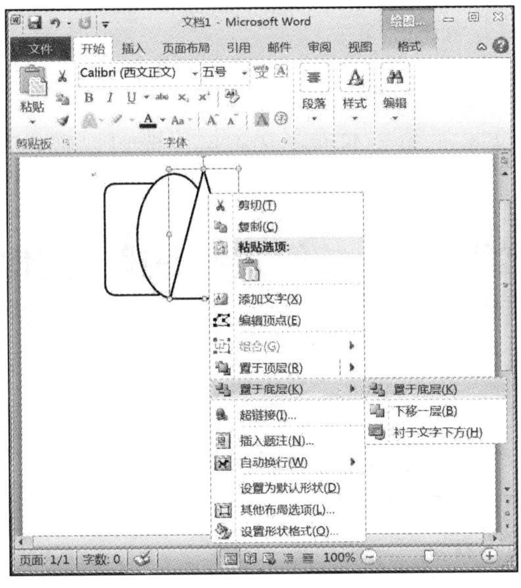

图 3-77　改变图形对象的叠放次序

6. 旋转与翻转图形对象

当插入图形后，所插图形可能与所需图形产生方向上的差异，此时可以将绘制的图形进行旋转或翻转。方法如下：选中图形后，在“图片工具/格式”选项卡的“排列”选项组中，单击“旋转”下拉按钮，在弹出的下拉菜单中选择“向左旋转 90°”“向右旋转 90°”“垂直翻转”“水平翻转”或“其他旋转选项”命令即可。

3.4.5　使用文本框

1. 插入文本框

在“插入”选项卡的“文本”选项组中，单击“文本框”下拉按钮，弹出的下拉菜单如图 3-78 所示。选择“绘制文本框”命令，在文档中拖动鼠标指针，可以插入一个空的横排文本框；插入竖排文本框只要选择“绘制竖排文本框”命令即可。

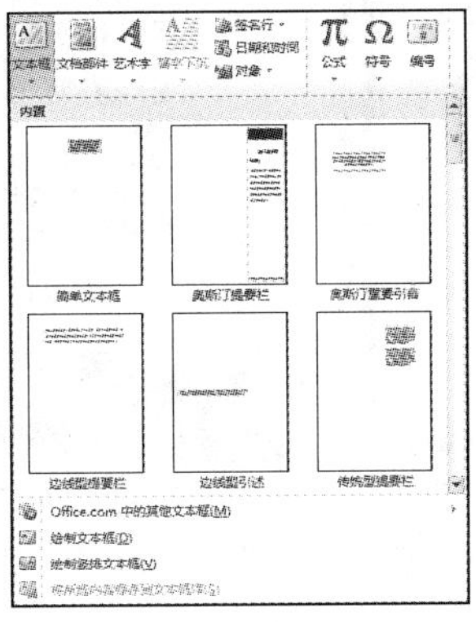

图 3-78　“文本框”下拉菜单

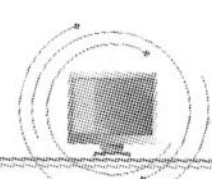

2. 给已有的文字添加文本框

选中要添加文本框的文本，在“插入”选项卡的“文本”选项组中，单击“文本框”下拉按钮，就可以给这些文本添加文本框。文本框里既可以输入文字，也可以插入图形。

实训 3.3　校园大赛海报的制作

实训目的

1）掌握图片的插入方法与艺术字样式的使用方法。
2）掌握自选图形的使用与生成方法。
3）掌握文本框的使用方法。
4）掌握 SmartArt 图形的设置。

实训内容

要求制作一份“动漫大赛宣传海报”，效果图如图 3-79 所示。

图 3-79　“动漫大赛宣传海报”效果图

实训步骤

1. 设置页面和分栏

01 新建一个空白文档，选择“文件”→“新建”→“空白文档”→“创建”命令，并以“动漫制作大赛”为文件名保存，将内容文字输入文档中。在“页面布局”选项卡的“页面设置”选项组中，单击对话框启动器，打开“页面设置”对话框，设置其上、下、左、右的页边距都为“1 厘米”，纸张方向为“横向”，如图 3-80 所示。

02 在“页面布局”选项卡的“页面设置”选项组中，单击“分栏”下拉按钮，选择“更多分栏”命令，打开“分栏”对话框，如图 3-81 所示，设置其栏数为“2”，取消勾选“栏宽相等”复选框，设置第一栏的宽度为“24.64 字符”，间距为“2.02 字符”，第二栏的宽度为“48.12 字符”，完成后保存文档。

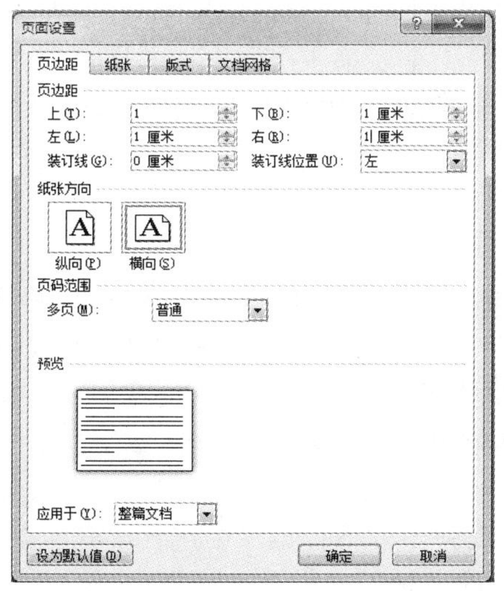

图 3-80　“页面设置”对话框

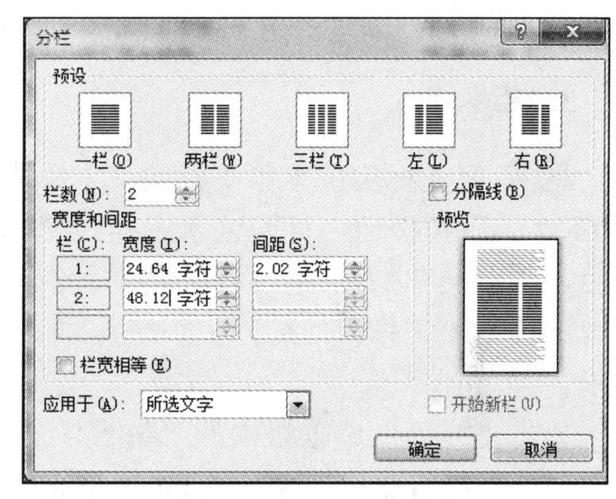

图 3-81　“分栏”对话框

2. 插入文本框

01 在“插入”选项卡的“文本”选项组中单击“文本框”下拉按钮，在弹出的下拉菜单中选择“绘制文本框”命令，在文档的第一栏绘制一个文本框。

02 双击文本框边框，在“绘图工具/格式”选项卡的“形状样式”选项组中，单击“形状轮廓”下拉按钮，在弹出的下拉菜单中选择主题颜色为“红色，强调文字颜色 2，深色 50%”，如图 3-82 所示。

03 单击“形状样式”选项组中的对话框启动器，打开如图 3-83 所示的“设置形状格式”对话框。选择“线型”选项卡，然后设置“线型”宽度为“10 磅”，复合类型为“由粗到细”，线端类型为“圆形”；选择“发光和柔化边缘”选项卡，设置其颜色为“红色，强调文字颜色 2，深色 50%”，大小为“8 磅”，透明度为“40%”。

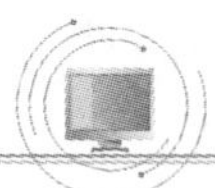

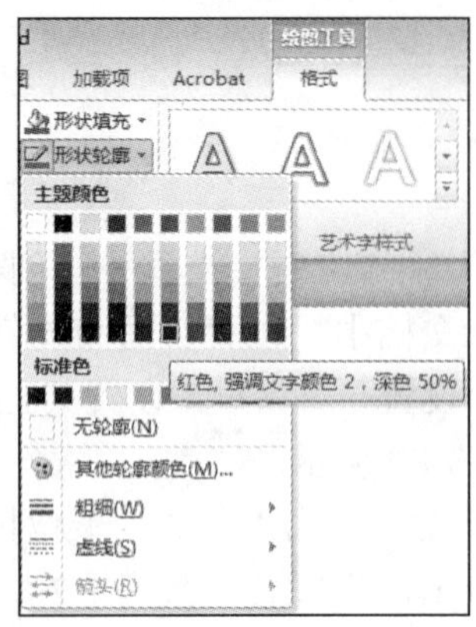

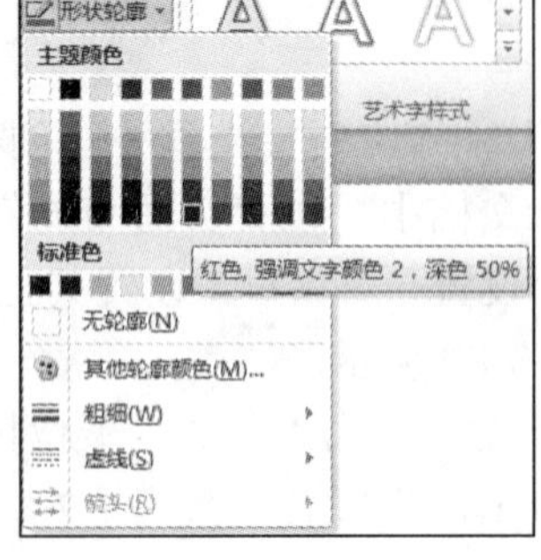

图 3-82 设置文本框形状轮廓

图 3-83 “设置形状格式”对话框

04 使用上述插入文本框的方法，在文本框的第 2 栏插入 3 个文本框，并输入相应的文字内容。设置 3 个文本框的位置、大小，并设置第 1 个、第 3 个文本框的格式为“无填充”“无线条”，第 2 个文本框的“线条颜色”为“渐变线”中的“宝石蓝”颜色，“线型”宽度为“6 磅”，复合类型为“三线”。

3. 艺术字

01 将光标定位于第 1 栏的文本框中，在“插入”选项卡的“文本”选项组中，单击“艺术字”下拉按钮，打开艺术字样式库，如图 3-84 所示，设置艺术字样式为“渐变填充-橙色，强调文字颜色 6，内部阴影”，然后在文本框中输入文本“相关活动及组织结构”，设置字体为“宋体”，字号为“小一”。设置“文本效果”为“转换，波形 2”，如图 3-85 所示。

单击“排列”选项组中的“位置”下拉按钮，在弹出的下拉菜单中选择“其他布局选项”命令，打开如图 3-86 所示的“布局”对话框，选择对齐方式为“居中”。

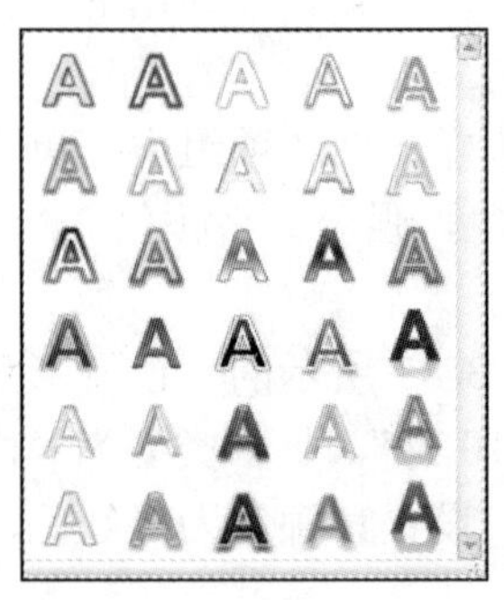

图 3-84 艺术字样式库

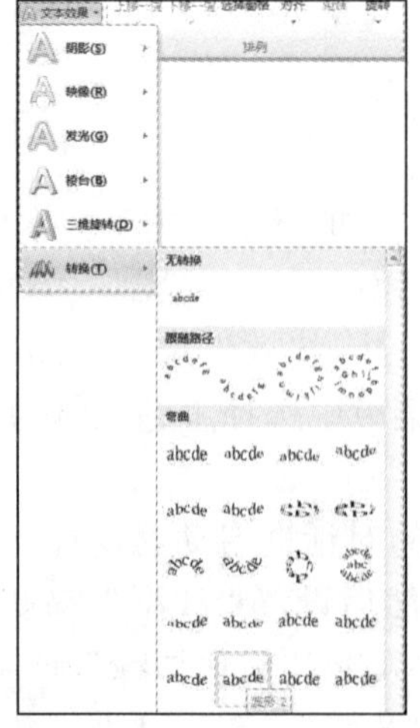

图 3-85 设置文本效果

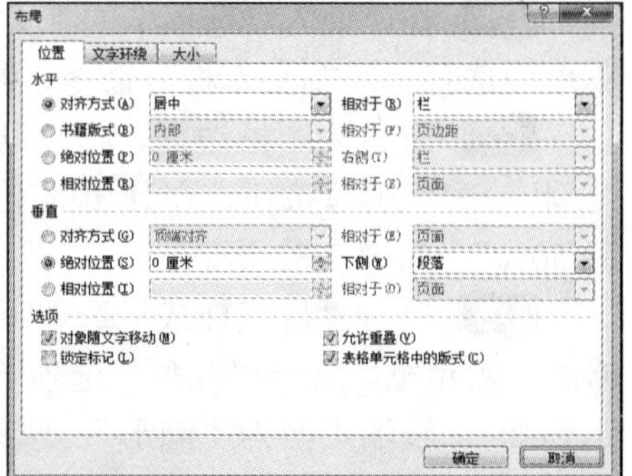

图 3-86 “布局”对话框

02 将光标定位于第 2 栏的文本框中，在“插入”选项卡的“文本”选项组中，单击“艺术字”下拉按钮，打开艺术字样式库，设置艺术字样式为“填充-红色，强调文字颜色 2，粗糙棱台”，然后在文本框中输入文本“动漫制作大赛”，设置字体为“华文行楷”，字号为“初号”，字体颜色为“橙色，强调文字颜色 6，深色 50%”，设置“文本效果”为“发光，紫色，8pt 发光，强调文字颜色 4”。

4. 插入图片

01 将光标定位于第 1 栏的文本框中，在“插入”选项卡的“插图”选项组中，单击“图片”按钮，打开“插入图片”对话框，如图 3-87 所示，双击需要插入的图片，单击“插入”按钮。

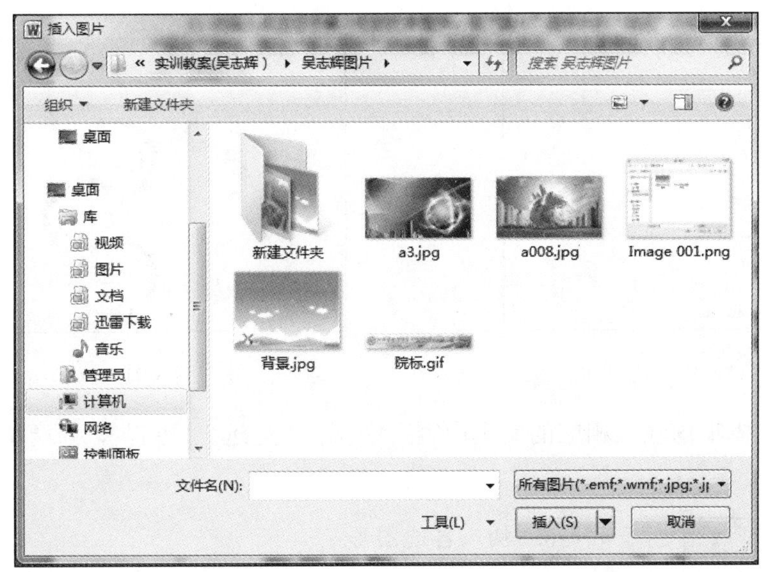

图 3-87　“插入图片”对话框

02 用同样的方法在第 2 栏的第 3 个文本框中插入图片“院标”。

5. 插入 SmartArt 图形

01 将光标定位于第 1 栏中需插入 SmartArt 图形的位置，在“插入”选项卡的“插图”选项组中，单击“SmartArt”按钮，弹出“选择 SmartArt 图形”对话框，如图 3-88 所示。选择“流程”选项卡中的“圆箭头流程”样式，单击“确定”按钮插入 SmartArt 图形，如图 3-89 所示。

02 右击插入的图形样式二级文本内容，在弹出的快捷菜单中选择“剪切”命令，然后选择最后一级的一个文本结构，右击，在弹出的快捷菜单中选择“添加形状”→“在前面添加形状”命令，如图 3-90 所示，操作结果如图 3-91 所示。

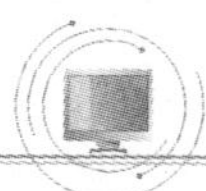

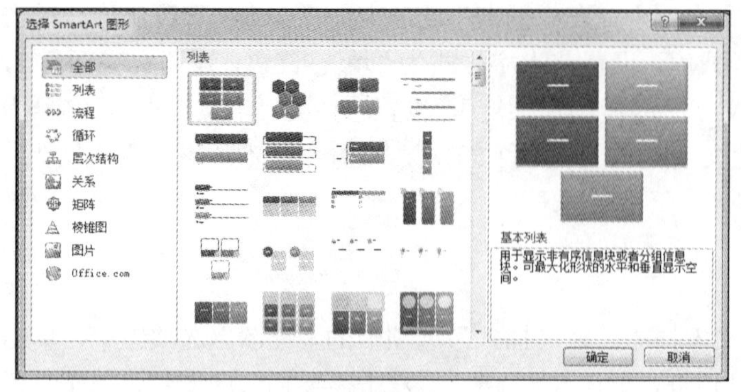

图 3-88 “选择 SmartArt 图形”对话框

图 3-89 插入的图形样式

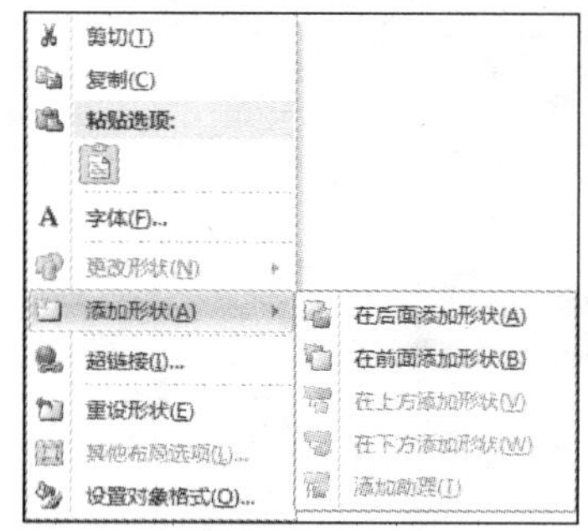

图 3-90 添加形状

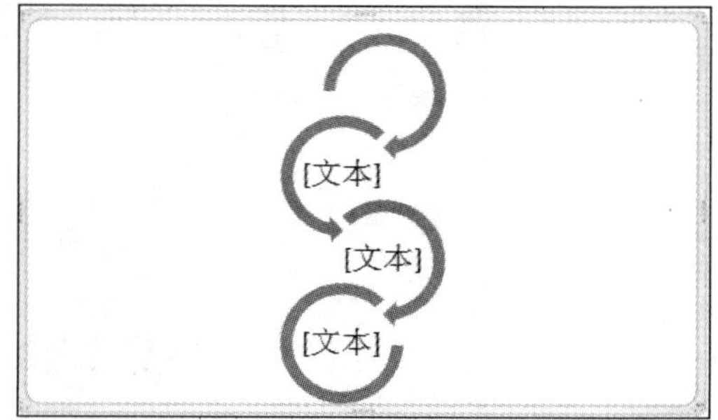

图 3-91 操作结果

03 在文本框内输入相应的文本内容 “更高”“更远”“更强”，并调整图形的大小和位置。

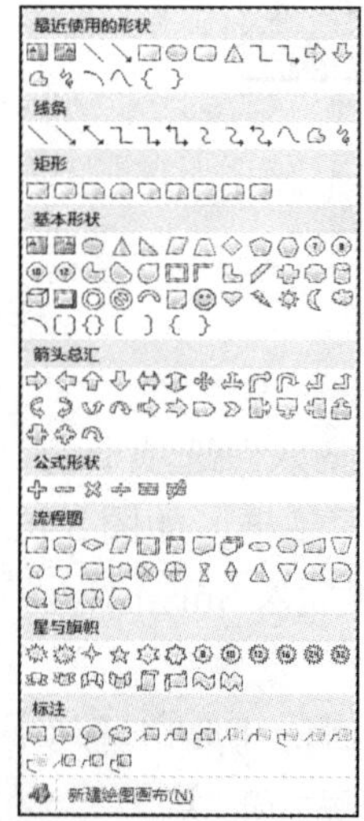

图 3-92 形状库

6. 插入自选图形

01 在“插入”选项卡的“插图”选项组中，单击“形状”下拉按钮，打开形状库，如图 3-92 所示。在“星与旗帜”选项组中单击“十字星”形状按钮，并在文档相应位置绘制一个十字星形状；双击图形，在“绘图工具/格式”选项卡的“形状样式”选项组中，设置“形状填充”主题颜色为“橙色，强调文字颜色 6”，设置“形状轮廓”标准色为“浅绿”；调整图形的大小和位置，然后插入另一个“十字星”。

02 在第 2 栏的文本框下方用同样的插入方式插入一个“上凸带型”的图形，设置其形状样式为“彩色填充-蓝色，强调颜色 1”，调整图形的大小和位置。添加文字“欢迎参加大赛”。海报最终设置结果如图 3-79 所示。

实训小结

海报是比较大众化的一种载体，用来完成一定的宣传任务。设计要求简洁明确、突出重点，人在一定距离外能看清楚所要宣传的事物。通过本次实训的学习，同学们在用 Word 制作海报时应多插入艺术字和图片、文本框、自选图形等，字体也要做相应的变动，达到图文并茂的效果，对提高综合排版能力有一定的帮助。

3.5　页面版式的编排与打印

页面设置是打印文档之前必要的准备工作，主要是指页边距、纸张大小、纸张来源和版面的设置。在“页面布局”选项卡的“页面设置”选项组中，可以设置文档的页面属性，也可以单击“页面设置”选项组中的对话框启动器，在打开的“页面设置”对话框进行操作。

3.5.1　页面设置的功能

1）页边距：设置纸张边距与页眉、页脚的位置。页边距是指文字与纸张边缘的距离。如果要在同一篇文档中采用不同的页边距，请在设置前将光标定位于不同页面设置的分界处，并在“应用于”下拉列表中选择“插入点之后”选项；如果在“应用于”下拉列表中选择“整篇文档”选项，则用户设置的页面就应用于整篇文档。

2）纸张：主要进行纸张大小、用纸方向及应用范围的设置。选择某一大小的纸张，若要更改部分文档的纸张大小，请选择纸张并按照常例更改纸张大小。然后选择“应用于”下拉列表中的“插入点之后”选项，Word 自动在使用新纸型的页面前后插入分节符。如果已将文档划分为若干节，可以单击某个节或选中多个节，再改变纸张的大小。

3）版式：进行页眉、页脚的设置和文档垂直对齐方式等设置。

4）文档网格：可实现在文档中每行固定字符数或每页固定行数的设置。

3.5.2　设置分栏

分栏中的文本在同一页面上从一栏排至下一栏。设置段落分栏，其方法如下：

01 选中要设置分栏的文本。

02 如果栏数不大于 3，可在“页面布局”选项卡的“页面设置”选项组中，单击“分栏”下拉按钮，在弹出的下拉菜单中选择分栏方案。

03 当栏数大于 3 时，可在“分栏”下拉菜单中选择“更多分栏”命令，打开“分栏”对话框，如图 3-93 所示。在“栏数”微调框中输入所设的数值。

04 在“宽度和间距”选项组中可设置栏宽、栏与栏的间距、各栏的宽度；同时，还可以设置分栏的应用范围及分隔线。

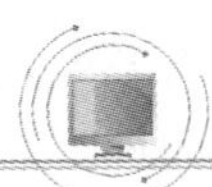

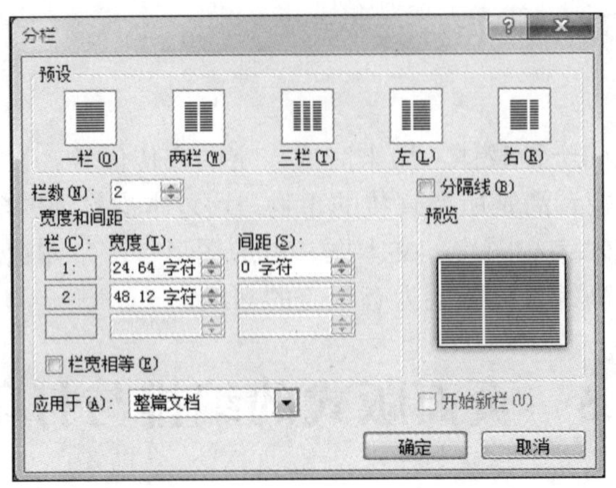

图 3-93　“分栏”对话框

05 单击“确定”按钮。

需要注意的是，在设置分栏时，如果选中的是文档的一部分，而不是一整段，选中的文本内容自动成为一节。如果要将设置的分栏删除，则将栏数设置为“一栏”即可。

3.5.3　设置首字下沉

在报纸或杂志上经常会看到第一段开头的第一个字很大，很醒目，这是首字下沉的效果。它的设置方法如下：

01 把光标置于要设置该效果的段落。

02 在“插入”选项卡的“文本”选项组中，单击“首字下沉”下拉按钮，在弹出的下拉菜单中选择“下沉”命令，即可预览首字下沉的效果；选择“首字下沉选项”命令，即可打开“首字下沉”对话框，可以设置首字下沉的格式，如“位置”“字体”“下沉行数”“距正文”的距离，如图 3-94 所示。

3.5.4　页眉、页脚与页码

页眉和页脚通常用于显示文档的附加信息，如公司名称、徽标、书名、章节名、页码、日期等文字或图形。页眉在文档每一页的顶部，页脚在文档每一页的底部。Word 2010 可以给文档的所有页建立相同的页眉和页脚，也可在文档的不同部分使用不同的页眉和页脚。

为了便于阅读和查找，通常给文档每页编制一个号码，这个号码称为页码。一般情况下，页码放在页眉或页脚中。

图 3-94　“首字下沉”对话框

1. 添加页码

如果希望每个页面都显示页码，并且不希望包含任何其他信息（如文档标题或文件位置），可以快速添加库中的页码，也可以创建自定义页码。

1）从库中添加页码。在“插入”选项卡的“页眉和页脚”选项组中，单击“页码”下拉按钮，在弹出的下拉菜单中选择所需的页码位置，如图 3-95 所示，然后单击所需的页码格式。若要返回文档正文，则在“页眉和页脚工具/设计”选项卡中，单击“关闭页眉和页脚”按钮。

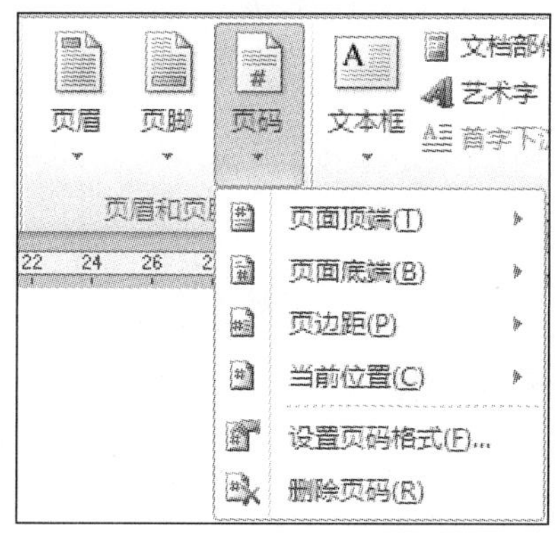

图 3-95　“页码”下拉菜单

2）添加自定义页码。库中的一些页码含有总页数（第 X 页，共 Y 页）。如果要创建自定义页码，操作步骤如下：

01 双击页眉区域或页脚区域，打开“页眉和页脚工具/设计”选项卡，执行下列操作。

若要将页码放置到中间，在“页眉和页脚工具/设计”选项卡的“位置”选项组中，单击“插入‘对齐方式’选项卡”按钮，在打开的“对齐制表位”对话框中点选“居中”单选按钮，再单击“确定”按钮。

若要将页码放置到页面右侧，在“页眉和页脚工具/设计”选项卡的“位置”选项组中，单击“插入‘对齐方式’选项卡”按钮，在打开的“对齐制表位”对话框中点选“右对齐”单选按钮，再单击“确定”按钮。

02 输入“第”和一个空格。

03 在“插入”选项卡的“文本”选项组中，单击“文档部件”下拉按钮，在弹出的下拉菜单中选择“域”命令，打开“域”对话框，如图 3-96 所示。在“域名”列表框中选择“Page”选项，再单击“确定”按钮。

04 在该页码后输入一个空格，再依次输入“页”“，”“共”，然后输入一个空格。

05 单击“文档部件”下拉按钮，在弹出的下拉菜单中选择“域”命令，打开“域”对话框，在“域名”列表框中选择“NumPages”选项，再单击“确定”按钮。

06 在总页数后输入一个空格，再输入“页”。

07 若要更改编号格式，在“插入”选项卡的“页眉和页脚”选项组中，单击“页码”下拉按钮，在弹出的下拉菜单中选择“设置页码格式”命令，在打开的如图 3-97 所示的“页码格式”对话框中进行设置。若要返回文档正文，单击“页眉和页脚工具/设计”选项卡中的“关闭页眉和页脚”按钮。

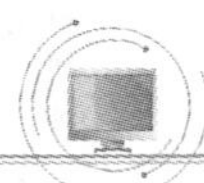

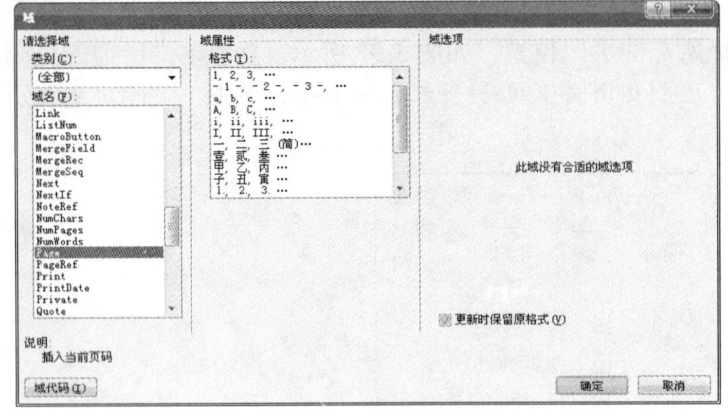

图 3-96 “域”对话框

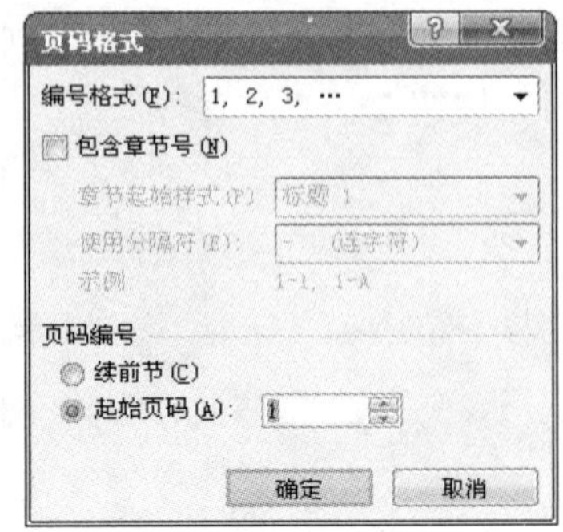

图 3-97 “页码格式”对话框

2. 从文档第 2 页开始编号

操作步骤如下：

01 插入页码后，双击页眉区域，打开“页眉和页脚工具/设计”选项卡，在“选项”选项组中勾选“首页不同”复选框，如图 3-98 所示。

02 若要从 1 开始编号，在“插入”选项卡的“页眉和页脚”选项组中，单击“页码”下拉按钮，在弹出的下拉菜单中选择“设置页码格式”命令，然后在打开的“页码格式”对话框中点选“起始页码”单选按钮并输入“1”。

03 若要返回文档正文，单击“页眉和页脚工具/设计”选项卡中的“关闭页眉和页脚”按钮。

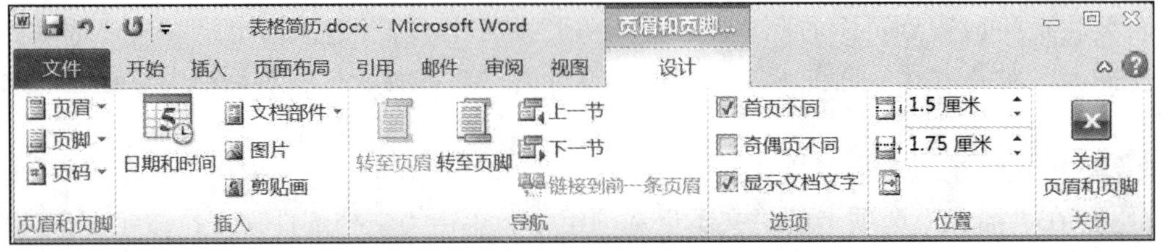

图 3-98 “页眉和页脚工具/设计”选项卡

3. 从文档其他页面开始编号

操作步骤如下：

若要从其他页面而非文档首页开始编号，在要开始编号的页面之前需要添加分节符。

01 单击要开始编号的页面的开头。

02 在“页面布局”选项卡的“页面设置”选项组中，单击“分隔符”下拉按钮，在弹出的下拉菜单中选择“下一页”命令。

03 双击页脚区域，打开“页眉和页脚工具/设计”选项卡，在“导航”选项组中单击“链接到前一条页眉”按钮以禁用它。

04 在要开始编号的页面添加页码。若要从 1 开始编号，在“插入”选项卡的“页眉和页脚”选项组中，选择“页码”下拉按钮，在弹出的下拉菜单中选择“设置页码格式”命令，然后在打开的“页码格式”对话框中点选“起始页码”单选按钮并输入“1”。

05 若要返回文档正文，单击“页眉和页脚工具/设计”选项卡中的“关闭页眉和页脚”按钮。

4. 在奇数页和偶数页上添加不同的页眉、页脚或页码

操作步骤如下：

01 双击页眉区域或页脚区域，打开“页眉和页脚工具/设计”选项卡，在“选项”选项组中勾选“奇偶页不同”复选框。

02 在其中一个奇数页上，添加要在奇数页上显示的页眉、页脚或页码编号。

03 在其中一个偶数页上，添加要在偶数页上显示的页眉、页脚或页码编号。

5. 删除页眉、页脚和页码

操作步骤如下：

01 双击页眉、页脚或页码。

02 选择页眉、页脚或页码。

03 按 Delete 键删除。

04 在具有不同页眉、页脚或页码的每个分区中重复以上步骤。

3.5.5　添加脚注和尾注

脚注和尾注用于为文档中的文本提供解释、批注及相关的参考资料。

通常用脚注对文档内容进行注释说明，而用尾注说明引用的文献。脚注或尾注由两个链接的部分组成，即注释引用标记及相应的注释文本。在默认情况下，Word 将脚注放在每页的结尾处而将尾注放在文档的结尾处。当用户指定编号方案后，Word 会自动对脚注和尾注进行编号，可以在整个文档中使用一种编号方案，也可以在文档的每一节中使用不同的编号方案。在添加、删除或移动自动编号的注释时，Word 将对脚注和尾注引用标记进行重新编号。

要插入后续的脚注，可以按 Ctrl+Alt+F 组合键；要插入后续的尾注，可以按 Ctrl+Alt+D 组合键。

3.5.6　拼写和语法检查

在默认情况下，Word 在用户输入的同时自动进行拼写检查。Word 用红色波形下画线表示可能的拼写问题，用绿色波形下画线表示可能的语法问题。

1. 输入时自动检查拼写和语法错误

首先确认已经启用自动拼写和语法检查功能。在文档中输入文本，右击有红色或绿色波形下画线的字，在弹出的快捷菜单中选择所需的命令或可选的拼写。

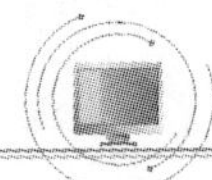

例如，如果输入了“definately”，然后输入空格或其他标点符号，“自动更正”功能将自动用“definitely”替换“definately”。

2. 集中检查拼写和语法错误

如果用户希望在完成编辑后再进行文档校对，该方法将十分有用。用户可以检查可能的拼写和语法问题，然后逐条确认更正。

在“审阅”选项卡的“校对”选项组中，单击“拼写和语法”按钮。

当 Word 发现可能的拼写和语法问题时，可在“拼写和语法”对话框中进行更正。

3.5.7 插入和更新目录

1. 插入目录

插入目录的方式有手动添加目录、自动生成目录和自定义生成目录 3 种。使用自动生成目录功能可以很方便地生成目录，但是以这种方式生成的目录无法修改目录的显示效果；使用自定义生成目录的方式可以按照用户的需求生成目录。

对于应用了内建样式的文档，用户可以直接生成相应的目录内容。将光标定位于需插入目录的位置，在“引用”选项卡的“目录”选项组中，单击“目录”下拉按钮，在弹出的下拉菜单中选择插入目录的方式。单击“插入目录”按钮，打开“目录”对话框，如图 3-99 所示，在此对话框中可设置目录的格式，单击“选项”按钮，打开“目录选项”对话框，可以设置目录选项，如图 3-100 所示。

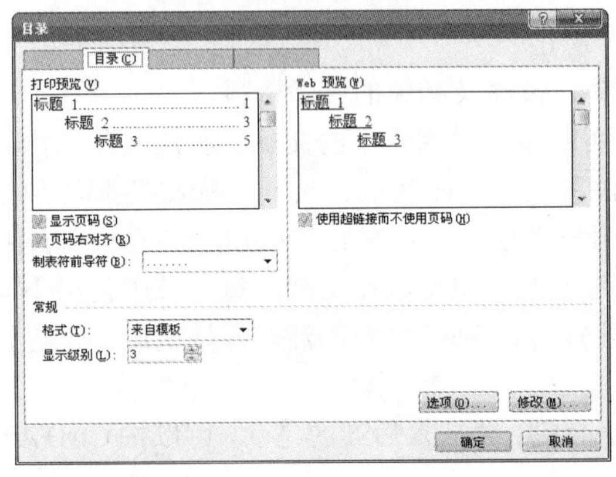

图 3-99 “目录”对话框

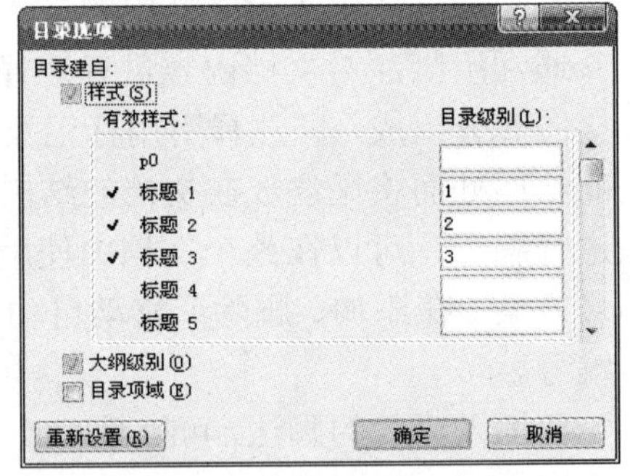

图 3-100 “目录选项”对话框

2. 更新目录

如果文档完成后发现有些地方必须要进行修改，修改后会发现标题章节及标题所在页码已经发生了变化，而目录中的页码没有同步更新，这时可以更新目录。在“引用”选项卡的“目录”选项组中，单击“更新目录”按钮，打开“更新目录”对话框。在此对话框可以点选“只更新页码”单选按钮，也可以点选“更新整个目录”单选按钮。

3.5.8　插入公式

用户可以在文档中插入不同类型的公式，只需通过 Word 2010 提供的公式编辑器进行插入即可。

将光标定位于要插入公式的位置，在“插入”选项卡的“符号”选项组中，单击“公式”下拉按钮，弹出如图 3-101 所示的下拉菜单，选择要插入的公式，或者选择“插入新公式”命令，在文档中利用“公式工具/设计”选项卡的公式工具来编辑公式，如图 3-102 所示。公式制作完成后，单击公式外的位置即可退出公式编辑状态。

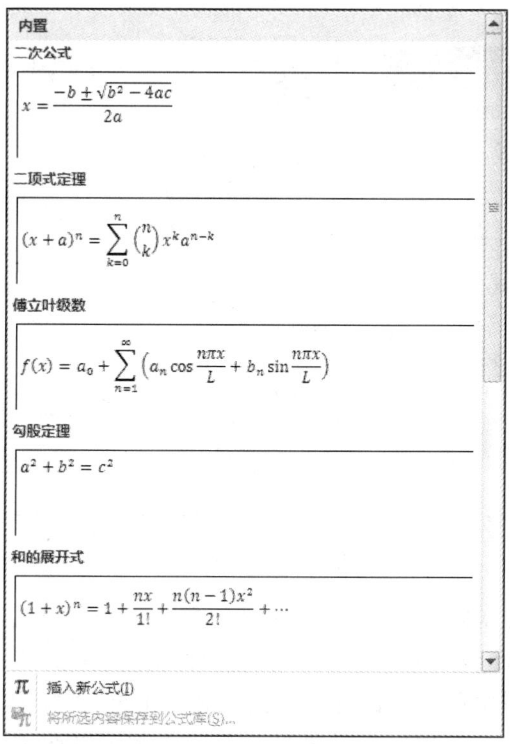

图 3-101　“公式”下拉菜单

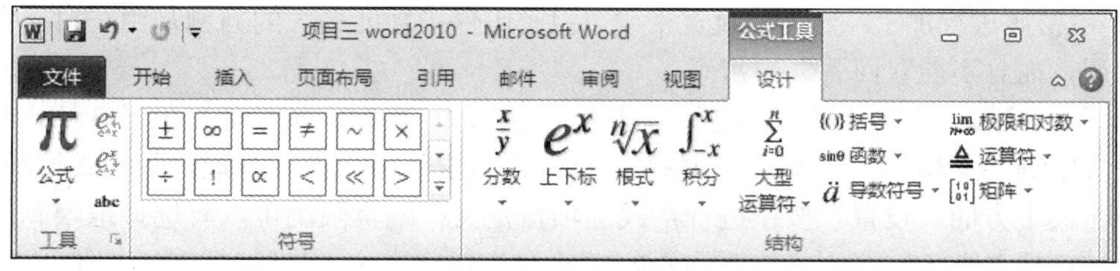

图 3-102　“公式工具/设计”选项卡

3.5.9　统计字数和保护文档

为了使自己的文档不被其他人随意阅读、抄袭和篡改，可根据具体情况选用 Office 提

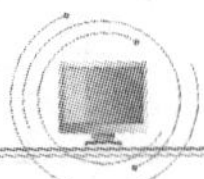

供的安全保护功能进行文档保护。打开需要设置保护的文档，选择“文件”→“信息”命令，在权限窗口中单击“保护文档”下拉按钮，可以看到Office提供的几种安全保护功能，即标记为最终状态、用密码进行加密、限制编辑、按人员限制权限、添加数字签名，如图3-103所示。

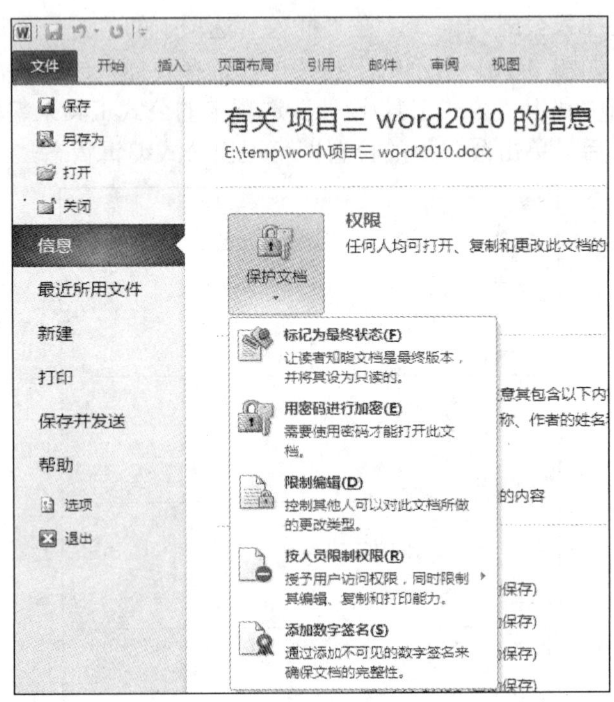

图3-103　保护文档

1）标记为最终状态：将文档设为只读模式，有助于让其他人了解文档内容。该命令还可以防止审阅者或读者无意中更改文档。在将文件标记为最终状态后，输入、编辑的命令及校对标记都会被禁用或关闭，文件变为只读形式。不过，“标记为最终状态”命令不是一项安全功能。对于已标记为最终状态的文件，任何人都可以通过取消该文件的“标记为最终状态”的状态对其进行编辑。

2）用密码进行加密：为文档设置密码。但密码保护功能最大的问题是用户自己也容易忘记密码，而且不能取回丢失的密码。

3）限制编辑：控制可对文档进行哪些类型的更改。限制编辑功能提供了3个选项，即格式设置限制、编辑限制和启动强制保护。格式设置限制可以有选择地限制格式编辑选项，可以单击其下方的“设置”按钮进行格式选项自定义；编辑限制可以有选择地限制文档编辑类型，包括“修订”“批注”“填写窗体”“不允许任何更改（只读）”；启动强制保护可以通过密码保护或用户身份验证的方式保护文档。

4）按人员限制权限：可以通过Windows用户账户限制文档的权限。可以选择使用手动设置“限制访问”对文档进行保护。

5）添加数字签名：一项流行的安全保护功能。数字签名以加密技术作为基础，帮助减轻商业交易及与文档安全相关的风险。如需新建自己的数字签名，必须首先获取数字证书，这个证书将用于证明个人的身份，通常会从一个受信任的证书颁发机构（CA）获得。如果用户没有自己的数字证书，可以通过 Microsoft 合作伙伴处（Office Marketplace）获取，或者直接在 Office 中插入签名行或图章签名行。

3.5.10　文档的打印

1. 打印预览

在打印前预览文档，有助于发现排版问题，如图片与文字不协调、布局不美观等。使用打印预览功能查询文档的具体操作步骤如下：

01 选择“文件”→“打印”命令，打开“打印”窗口，如图 3-104 所示。

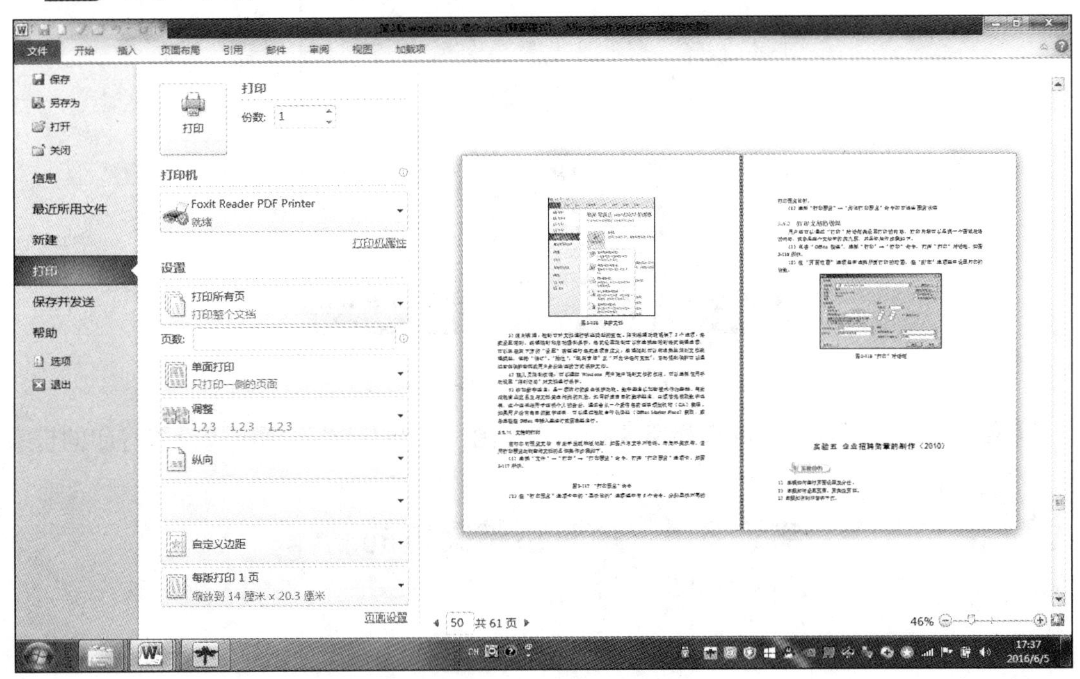

图 3-104　“打印”窗口

02 在“打印”窗口中如果对页面设置的效果不满意，还可以根据页面中的不同选项进行修改及调整，直到预览效果满意为止。

2. 打印文档的设置

用户还可以通过“打印”窗口来设置打印的内容，打印内容可以是某一个图或表格的内容，或者是整个文档中的某几页，其具体操作步骤如下：

01 选择“文件”→“打印”命令，打开“打印”窗口，在“设置”选项组中单击“打印所有页”下拉按钮，弹出下拉列表框，如图 3-105 所示。

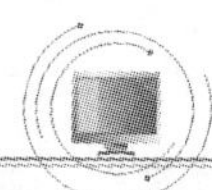

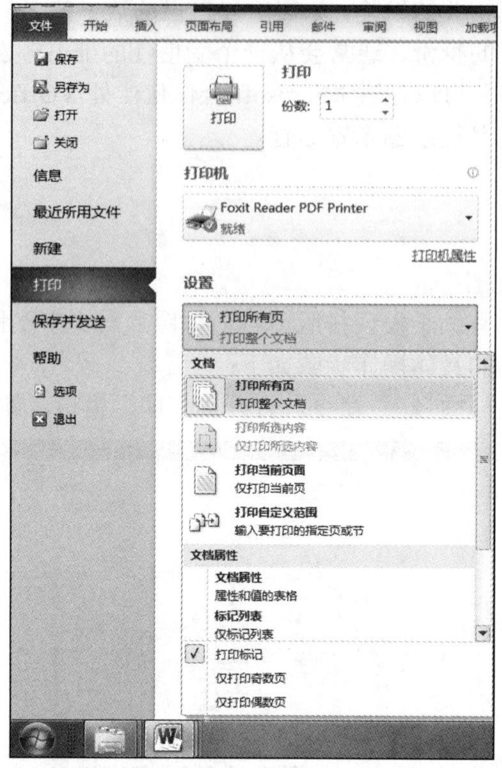

图 3-105　“设置”选项组

02 在“文档”选项组中选择所要打印的范围，在“打印”选项组中设置打印的份数。

实训 3.4　企业招聘简章的制作

实训目的

1）掌握进行页面设置及分栏的方法。
2）掌握设置页眉、页脚及页码的方法。
3）掌握制作首字下沉的方法。
4）掌握添加脚注和尾注的方法。
5）掌握使用文字的查找与替换功能的方法，达到高效率。
6）掌握综合性排版的灵活运用与设置。

实训内容

制作一份“万年青水泥股份有限公司”企业招聘简章，效果图如图 3-106 所示。

万年青水泥股份有限公司
JIANGXI WANNIANQING CEMENT CO.,LTD.

欢迎加盟万年青水泥

万年青诚邀加盟

万年青水泥股份有限公司是由始建于最早的水泥厂作为独家发起人，于1997年9月2日创立的首家上市公司，是全国最早采用国产新型干法水泥工艺线的厂家。公司现拥有万年、玉山、瑞金、于都、乐平等5个熟料生产基地，7家粉磨企业，年熟料产能1300万吨、水泥产能2300万吨。当前，公司适应新常态，把握新机遇，展现新作为；积极对接“一带一路”、长江经济带等国家战略和江西省区域发展战略，以科学发展观为统领，以提高质量和效益为核心，以改革创新为动力，做强做优水泥主业，加快新产业发展步伐，推动企业提质增效升级，贯彻落实江西省“发展升级、小康提速、绿色崛起、实干兴赣”十六字方针，在“创百亿企业、做百年企业”的进程中，成就常青基业，铸造新的辉煌！

[1]公司生产的“万年青”牌系列硅酸盐水泥广泛用于机场、高楼、桥梁、隧道、高等级公路等国家大型重点工程建设中，在华东地区拥有较高的品牌知名度及客户认知度，受到了业主、工程设计者和建设者的一致好评。“万年青”牌水泥产品获“全国建材行业用户满意产品”、“江西名牌产品”等荣誉称号。凭借上乘质量、一流服务，水泥产销量以及市场占有率在江西省水泥市场中一直名列前茅。

诚邀职位及入职条件

- 招聘要求：具有较强的沟通协调能力和团队协作[illegible]。有责任心；专业、男女均不限。
- 招聘人数：4—5人。
- 招聘岗位：销售管理人员[illegible]
- 主要职责：[illegible]
- 工资待遇：试用期基本工资xxx元/月，试用期满合格，[illegible]基本工资加奖金的薪酬制度。

公司网址：chdbook.cn　　邮　箱：xxx@163.com
联系电话：xxx-xxx　　联系人：王先生

Welcome the presences may find the occupation in here. you which you need.

[1] 万年青股份有限公司

图 3-106　“万年青水泥股份有限公司”企业招聘简章

1）在制作公司招聘简章时，要包括公司名称、对公司基本情况的介绍、招聘的条件等。

2）完成复杂图文混排的制作。

3）运用艺术字来设置主题，以便突出主题。

4）在文档中插入图片、页眉和页脚等以增加整体的视觉效果。

实训步骤

1. 设置图形格式

01 插入图片。

新建空白文档，在“插入”选项卡的“插图”选项组中，单击“图片”按钮，打开“插入图片”对话框，找到名称为“江西万年青水泥股份有限公司”的图片，然后单击“插入”按钮。

选中该图片，打开“绘图工具/格式”选项卡，在“排列”选项组中单击“自动换行”下拉按钮，在弹出的下拉菜单中选择“四周型环绕”命令，然后将图片放在如图 3-107 所示的位置。

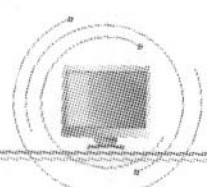

02 设置两个艺术字。

在“插入”选项卡的“文本”选项组中，单击“艺术字”下拉按钮，在弹出的艺术字样式库中选中第 3 行第 4 列，然后单击“确定”按钮。在文本框中输入文字“万年青诚邀加盟”，其他设置默认，然后单击“确定”按钮。选中艺术字，打开“绘图工具/格式”选项卡，在“文本”选项组中单击“文字方向”下拉按钮，在弹出的下拉菜单中选择“垂直”命令，使横排的文字变成竖排，再在“自动换行”下拉菜单中选择“四周型环绕”命令，最后将艺术字放在适当的位置上。

在“插入”选项卡的“文本”选项组中，单击“艺术字”下拉按钮，在弹出的艺术字样式库中选中第 2 行第 2 列，然后单击“确定”按钮。在文本框中输入文字“诚邀职位及入职条件”，字体设为“隶书”，其他设置默认。选中艺术字，打开“绘图工具/格式”选项卡，在“自动换行”下拉菜单中选择“四周型环绕”命令，最后将艺术字放在适当的位置上。

03 设置 3 个形状。

① 在“插入”选项卡的“插图”选项组中，单击“形状”下拉按钮，在弹出的形状库中选择“星与旗帜”→“八角星”选项，如图 3-107 所示，然后在相应的位置画出图形，将其选中并右击，在弹出的快捷菜单中选择“设置形状格式”命令，打开“设置形状格式”对话框，如图 3-108 所示。选择“填充”选项卡，在“填充”选项组中点选“渐变填充”单选按钮，“预设颜色”选择“羊皮纸”，“类型”选择“路径”，单击“关闭”按钮。

② 选中八角星，右击，在弹出的快捷菜单中选择“添加文字”命令，然后在图形的上面输入“欢迎加盟万年青水泥”，设置字体为“华文仿宋”，字号为“小四”，字体为“加粗”，字体颜色为“标准色，深红”。

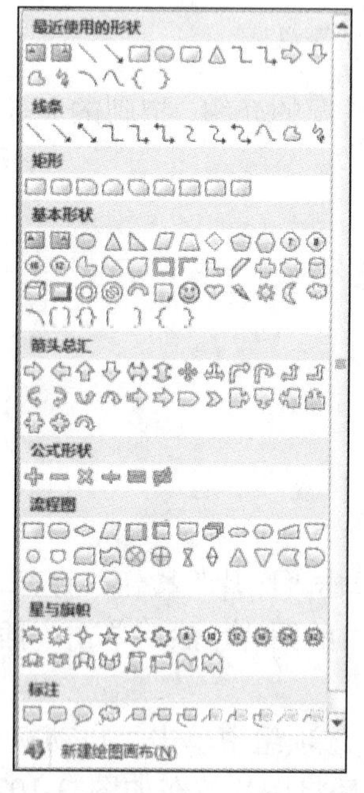

图 3-107　形状库

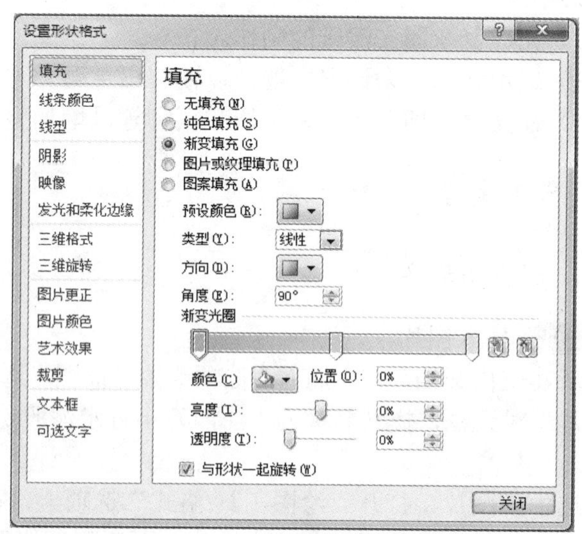

图 3-108　“设置形状格式”对话框

③ 在“插入”选项卡的“插图”选项组中，单击“形状”下拉按钮，在弹出的下拉菜单中选择“星与旗帜”→“爆炸型 2”选项，然后在相应的位置画出图形，将其选中并右击，在弹出的快捷菜单中选择“设置形状格式”命令，打开“设置形状格式”对话框，在“填充”选项卡中点选“纯色填充”单选按钮，将其填充为“红色，强调文字颜色 2，深色 25%”，“透明度”设置为“20%”，然后选择“线条颜色”选项卡，设为“无线条”，然后单击“关闭”按钮。将图形放于适当的位置，再次将其选中，然后右击，在弹出的快捷菜单中选择“自动换行”→“衬于文字下方”命令。

④ 在“插入”选项卡的“插图”选项组中，单击“形状”下拉按钮，在弹出的下拉菜单中选择“星与旗帜”→“横卷形”选项，然后在文档的下方画出图形，将其选中并右击，在弹出的快捷菜单中选择“设置形状格式”命令，打开“设置形状格式”对话框，在“填充”选项卡中点选“无填充”单选按钮，然后单击“关闭”按钮。

⑤ 继续选中横卷形，右击，在弹出的快捷菜单中选择“添加文字”命令，按照效果图输入英文。设置字体为“Arial Black”，字体颜色为“水绿色，强调文字颜色 5，深色 50%”，对齐方式为“两端对齐”。

2. 设置文字格式

01 设置页眉、页脚。在“插入”选项卡的“页眉和页脚”选项组中，单击“页眉”下拉按钮，在弹出的下拉菜单中选择一种样式，然后在页眉中插入图片，在“插入”选项卡的“插图”选项组中，单击“图片”按钮，打开“插入图片”对话框，然后选择需要的图片，单击“插入”按钮。

02 在图片的旁边输入文字 “万年青水泥股份有限公司”、英文“JIANGXI WANNIANQING CEMENT CO,LTD.”，将文字及英文选中，在“开始”选项卡的“段落”选项组中，单击“中文版式”下拉按钮，在弹出的下拉菜单中选择“双行合一”命令，如图 3-109 所示，打开“双行合一”对话框，调整好文字与英文间的位置，然后单击“确定”按钮，如图 3-110 所示。

图 3-109　“中文版式”下拉菜单

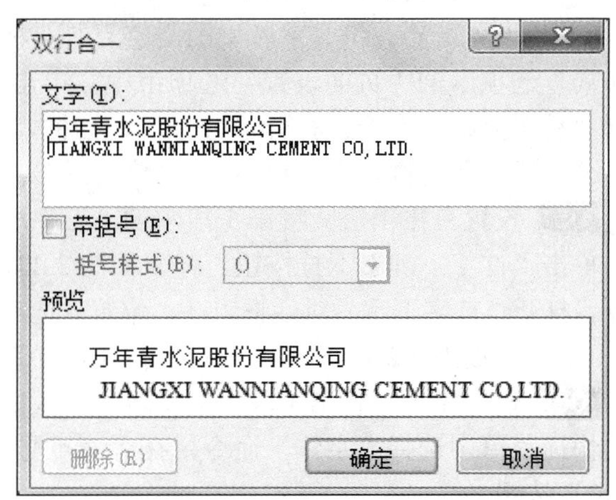

图 3-110　“双行合一”对话框

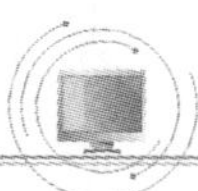

选中“万年青水泥股份有限公司 JIANGXI WANNIANQING CEMENT CO,LTD.”右击，在弹出的快捷菜单中选择“字体”命令，打开“字体”对话框，在“字体”选项卡中，设置字号为“三号”，选择“高级”选项卡，在“位置”下拉列表框中选择“提升”选项，在“磅值”微调框中选择“3 磅”选项，如图 3-111 所示。

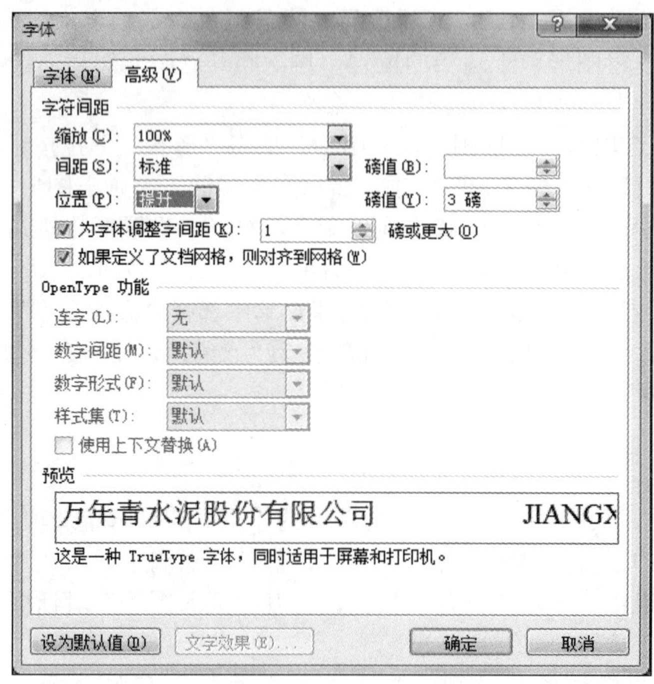

图 3-111　“字体”对话框

03 将文字及图片同时居左，然后在“页眉和页脚工具/设计”选项卡中，单击“转至页脚”按钮，这时就切换到页脚，在页脚里输入“万年青股份有限公司”，让其居左，最后单击“关闭页眉和页脚”按钮。

04 设置分栏。将文字库中的文字复制、粘贴到文档中，将第 1 段选中，然后在“页面布局”选项卡的“页面设置”选项组中，单击“分栏”下拉按钮，在弹出的下拉菜单中选择“更多分栏”命令，打开“分栏”对话框，在“预设”选项组中选择“左”选项，勾选“分割线”复选框，然后单击“确定”按钮。

05 设置首字下沉。将第 1 段中的“万”选中，在“插入”选项卡的“文本”选项组中，单击“首字下沉”下拉按钮，弹出如图 3-112 所示的下拉菜单，选择“首字下沉选项”命令，打开“首字下沉”对话框，在“位置”选项组中选择“下沉”选项，字体设置为“楷体”，下沉行数为“2”，单击“确定”按钮，如图 3-113 所示。

06 设置字体。将第 1 段中的“万年、玉山、瑞金、于都、乐平”选中，右击，在弹出的快捷菜单中选择“字体”命令，在“着重号”下拉列表中选择“•”选项，然后单击“确定”按钮。

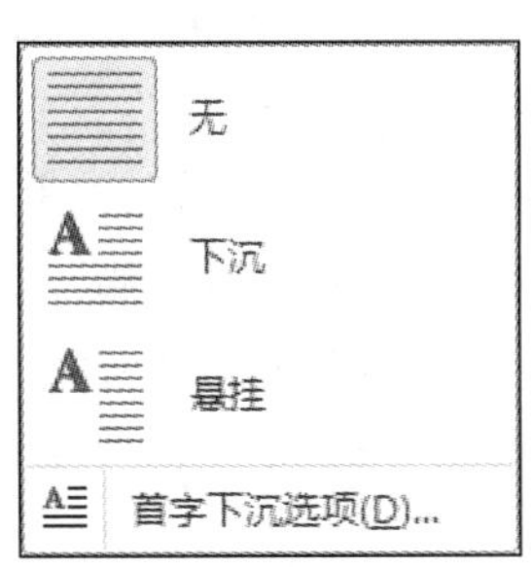

图 3-112　“首字下沉”下拉菜单

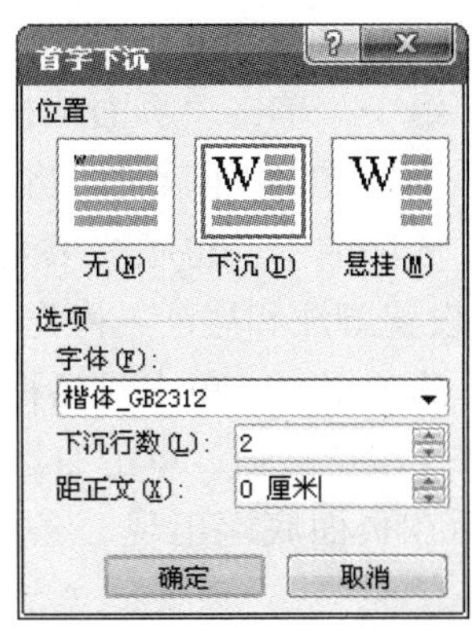

图 3-113　“首字下沉”对话框

07 将第1段中的“发展升级、小康提速、绿色崛起、实干兴赣”选中，在“页面布局”选项卡的“页面背景”选项组中，单击“页面边框”按钮，打开“边框和底纹”对话框，选择“边框”选项卡。在“设置”选项组中选择“方框”选项，在“样式”选项组中选择第5种线型，如图3-114所示。

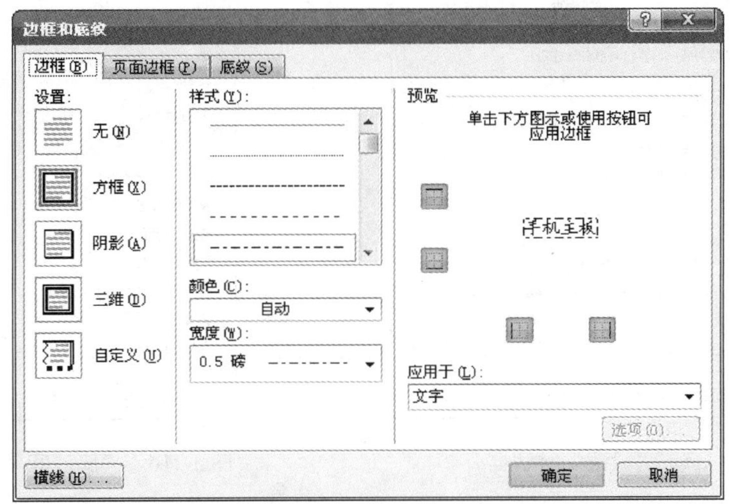

图 3-114　“边框和底纹”对话框

08 将第1段中文字“在‘创百亿企业、做百年企业’的进程中，成就常青基业，铸造新的辉煌！”选中，右击，在弹出的快捷菜单中选择“字体”命令，在“下画线线型”下拉列表中选择波浪线，然后单击“确定”按钮。

09 设置段落。将文档中的第2段选中，右击，在弹出的快捷菜单中选择“段落”命令，打开“段落”对话框。在“缩进和间距”选项卡中，将“间距”选项组中的“段前”微调框设置为“12磅”，行距设置成“多倍行距”，设置值为“1.6”，如图3-115所示。然后单击“确定”按钮。再次将其选中，在“开始”选项卡的“字体”选项组中，单击“倾斜”按钮，使字形倾斜。

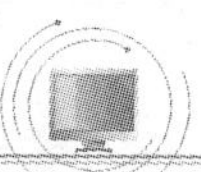

10 设置边框和底纹。将文档中的第 2 段选中，然后在“页面布局”选项卡的“页面背景”选项组中，单击“页面边框”按钮，打开“边框和底纹”对话框，选择“边框”选项卡，将边框设置为“阴影”，将线型颜色设置为“橙色，强调文字颜色 6，深色 25%”；在“底纹”选项卡中，将底纹填充为“标准色，浅绿”，然后单击“确定”按钮。

11 设置脚注和尾注。将光标定位在第 2 段第 1 个字的前面，然后在“引用”选项卡的“脚注”选项组中，单击对话框启动器，打开“脚注和尾注”对话框，如图 3-116 所示。点选“脚注”单选按钮，单击右边下拉列表框按钮，选择“页面底端”选项，单击“插入”按钮，之后在页面底端出现一条横线，在横线的下方输入注释的文字“万年青股份有限公司”。

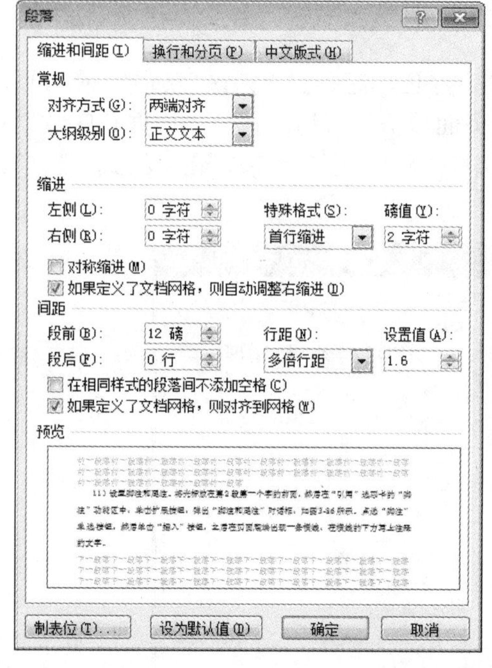

图 3-115　“段落”对话框

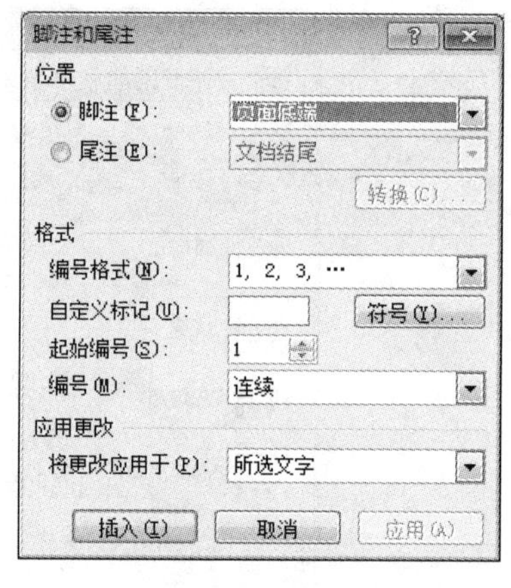

图 3-116　“脚注和尾注”对话框

12 设置查找、替换。在“开始”选项卡的“编辑”选项组中，单击“替换”按钮，打开“查找和替换”对话框。在“替换”选项卡的“查找内容”文本框中输入“的”，在“替换为”文本框中输入“员”，单击“更多”按钮，这时出现替换的“格式”按钮，如图 3-117 所示，将替换内容中的“员”字选中，单击“格式”下拉按钮，在弹出的下拉菜单中选择“字体”选项，打开“字体”对话框，将文字的颜色设置为红色，然后单击“确定”按钮，返回“查找和替换”对话框，单击“全部替换”按钮，即可实现全部替换。

13 设置项目符号和编号。将“招聘岗位和招聘条件”中的 5 个条件都选中，右击，在弹出的快捷菜单中选择“项目符号”命令，选择项目符号 ✦。

14 单击“保存”按钮。

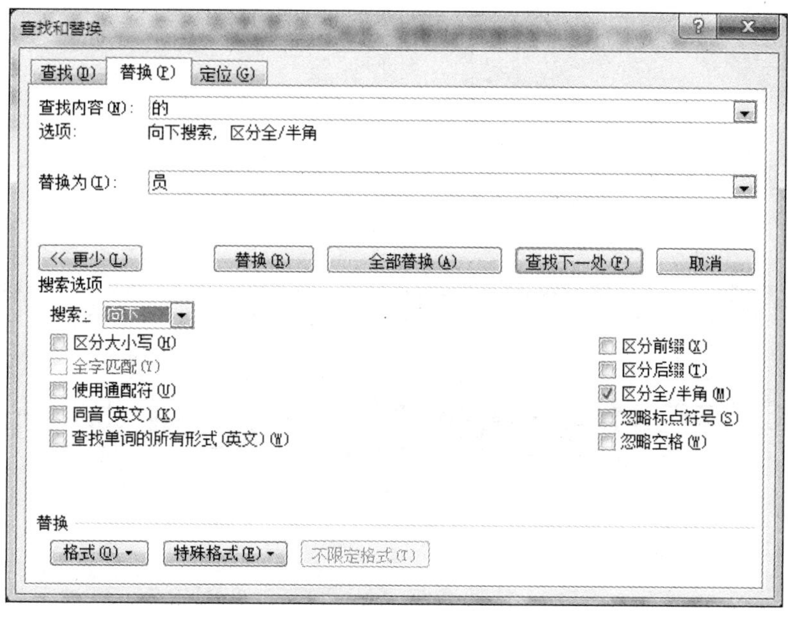

图 3-117　“查找和替换”对话框

实训小结

招聘简章是公司人事部门常用的一种办公文档，在内容上是对公司及公司招聘人员和相关待遇的描述，是为了在发布过程中引人注目。通过本次实训的制作，学生掌握了在 Word 文档的制作过程中除了要注意在文本上表述清楚外，在文档版面的页面设置、整体色调、形式分布上也应该清晰、醒目，以吸引招聘者的眼球，从而使自己成为办公能手。

第4章

电子表格处理软件 Excel 2010

学习目标

- 了解 Excel 2010 的主要功能、界面组成。
- 了解复杂函数、数据分类和汇总。
- 理解工作簿、工作表、单元格等基本概念。
- 理解公式的组成、单元格引用、常用函数用法。
- 掌握各种类型数据的输入和基本编辑。
- 掌握工作表基本操作和格式设置方法。
- 掌握数据图表的创建、数据的排序和筛选等数据管理方法。

4.1　Excel 2010 简介与基本操作

4.1.1　Excel 2010 简介

1. Excel 2010 的基本功能

Microsoft Office 组件之一的 Excel 2010 又称电子表格软件，作为当今世界使用率最高的数据处理软件，拥有强大的数据计算和分析能力，它能够利用公式和函数进行各种运算，分析汇总各类数据信息，并将相关数据用统计图表的形式直观显示出来。在财务、统计、数据分析等领域，Excel 2010 都得到了广泛应用。

2. Excel 2010 窗口组成

启动 Excel 2010 后即可出现如图 4-1 所示的窗口。Excel 2010 窗口主要由快速访问工具栏、标题栏、功能区、选项卡、编辑栏、工作区、滚动条和状态栏等元素组成。

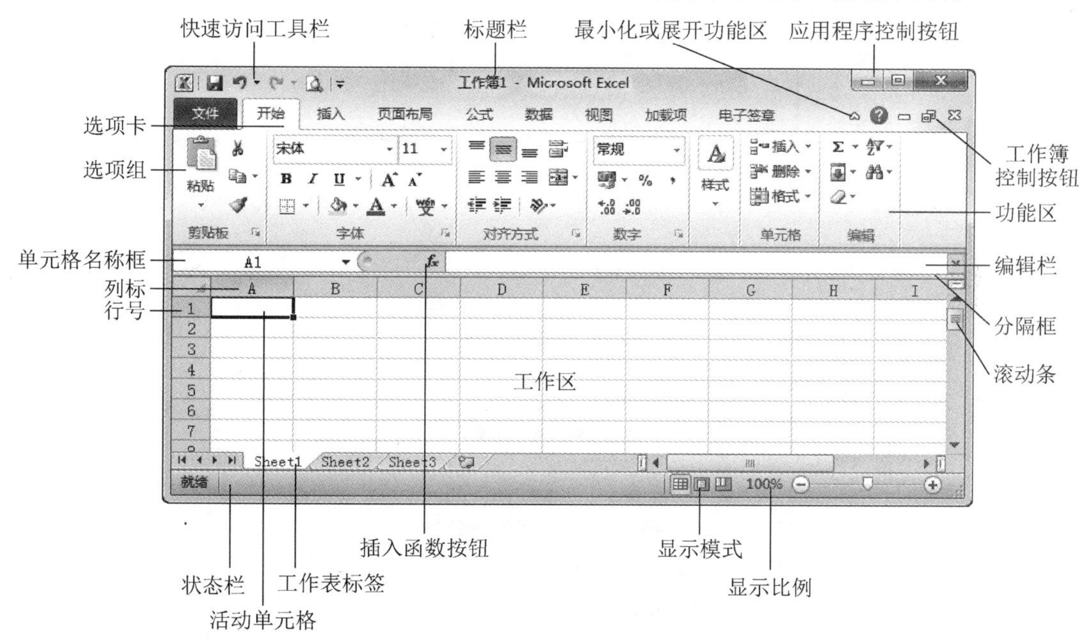

图 4-1　Excel 2010 窗口

（1）快速访问工具栏

Excel 2010 的快速访问工具栏中包含常用操作的快捷按钮，方便用户使用。单击快速访问工具栏中的按钮，即可展开并执行相应功能。单击“自定义快速访问工具栏”下拉按钮，在弹出的下拉菜单中可以根据个人需要及使用习惯自定义快速访问工具栏，如图 4-2 所示。

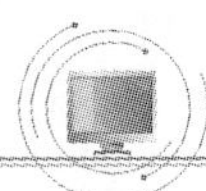

（2）“文件”按钮

单击“文件”按钮，打开下拉菜单，用户可以利用其中的命令实现保存、打开、新建、打印等功能，如图 4-3 所示。选择“文件”→“选项”命令，打开“Excel 选项”对话框，如图 4-4 所示。在“Excel 选项”对话框中可以实现对用户界面进行设置，自定义工作簿的保存方法，自定义列表，自定义功能区等功能。

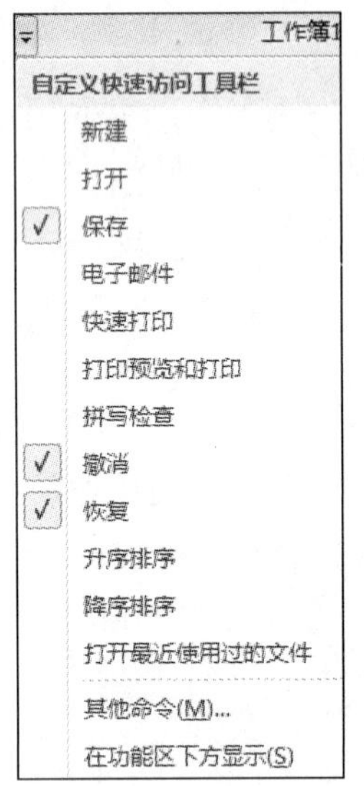

图 4-2 “自定义快速访问工具栏”下拉菜单

图 4-3 “文件”下拉菜单

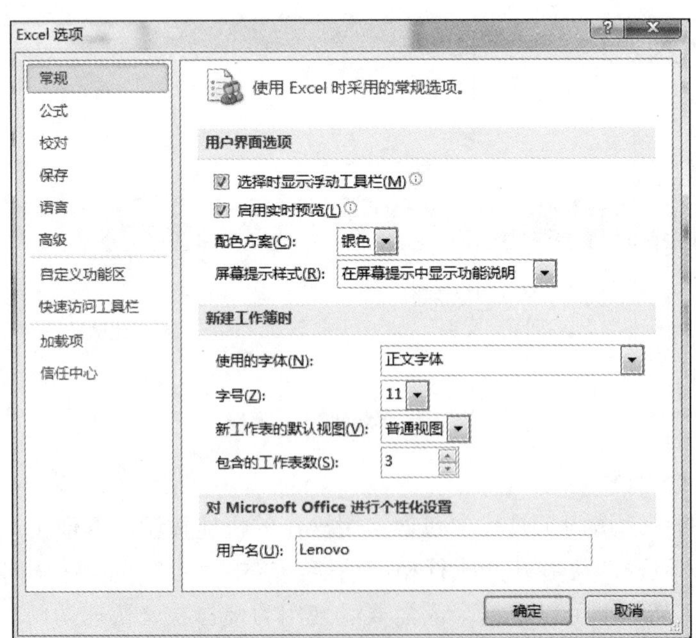

图 4-4 “Excel 选项”对话框

（3）标题栏

标题栏位于窗口的最上方、快速访问工具栏右侧，用于显示当前正在运行的 Excel 文件名信息。标题栏最右端有 3 个按钮，分别用来控制窗口的最小化、最大化/还原、关闭应用程序。

（4）功能区

与旧版本的 Excel 2003 相比，功能区是 Excel 2010 窗口界面中新添加的元素，它将旧版 Excel 2003 中的菜单栏与工具栏结合在一起，以选项卡的形式列出 Excel 2010 中的操作命令。在功能区中右击，可以自定义快速访问工具栏，自定义功能区，对功能区最小化等。

（5）选项卡

将一种类型的活动（功能）组织在一起形成选项卡，在默认情况下，Excel 2010 功能区中的选项卡包括“文件”“开始”“插入”“页面布局”“公式”“数据”“视图”“加载项”等选项卡。选项卡包含若干个选项组，如“开始”选项卡里面包含“字体”“对齐方式”“数字”等选项组，各选项组里面又集成了某一类功能的一些按钮，如图 4-5 所示。

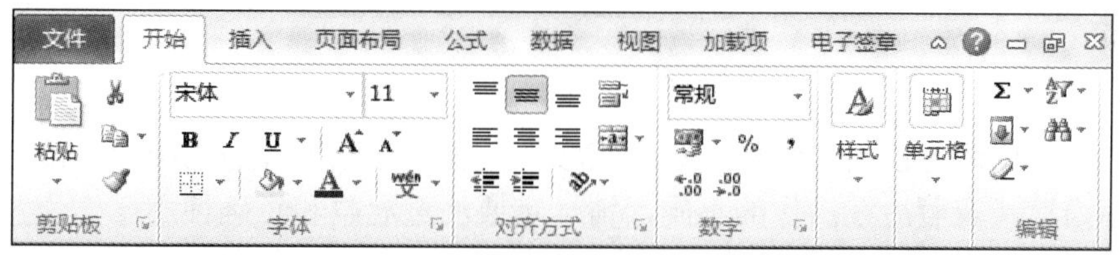

图 4-5　“开始”选项卡

（6）编辑栏

编辑栏用于显示活动单元格的内容，单击编辑栏即可进行输入。

（7）工作区

工作区是 Excel 工作表的工作窗口区域，所有的数据等信息都在工作区进行输入和编辑。

（8）单元格名称框

单元格名称框用于显示激活的单元格地址或者选中的单元格的名称、范围或对象。

（9）状态栏与显示模式

状态栏位于窗口底部，用于显示当前工作区的状态。Excel 2010 支持 3 种显示模式，分别为普通模式、页面布局模式与分页预览模式，单击窗口右下角的按钮，可以实现 3 种模式的切换。

3. 基本概念

（1）工作簿

Excel 2010 文件称为工作簿，文件扩展名为 xlsx。每个工作簿由若干个工作表构成，这样关于一个应用的多种类型的信息，就可以分别组织在同一个工作簿的不同工作表中，使用起来更加方便、快捷。

（2）工作表

一个工作簿由若干张工作表组成，默认为 3 张，以 Sheet1、Sheet2、Sheet3 表示，其

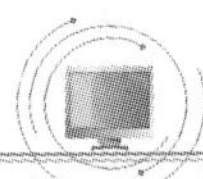

中 Sheet1 为工作表名，又称工作表标签。单击工作表标签，便可以切换到相应的工作表，可根据需要增加或删除工作表。

工作表是 Excel 界面的主体，由若干行（行号 1，2，…，共 1 048 576 行）、若干列（列号 A，B，…，Y，Z，AA，AB，…，共 16 384 列）组成。

（3）单元格与单元格地址

行和列的交叉处为单元格，输入的数据保存在单元格中。每个单元格由唯一的地址标识，即列标和行号，行号范围为 1～1 048 576，列标范围为 A～XFD，如“A4”表示第 A 列、第 4 行的单元格。

（4）活动单元格

活动单元格指当前正在使用的单元格，由黑色的粗边框线显示。将鼠标指针移动到一个单元格上并单击该单元格时，单元格的四周就会出现一个边界较粗的黑边框，即粗视框，也称覆盖框，此时该单元格为当前活动单元格。

4.1.2　工作簿的基本操作

1. 数据处理时的各种鼠标指针形状

鼠标指针是由鼠标控制的图标，Excel 数据处理时鼠标指针有很多种不同的形状，不同形状的鼠标指针代表着后续操作的不同，请一定要注意观察和正确使用。

1）✢：空心十字光标，单击用于选择单元格，按下鼠标左键拖动用于选中包含多个单元格的区域。

2）+：实心十字光标，将鼠标指针放置于单元格或选中区域的右下角时，变成此形状，拖动可用于自动填充数据。

3）✥：当光标位于单元格或区域的边线时，变成此形状，此时按下鼠标左键拖动，可用于移动单元格或区域。

4）✢：横线或竖线加双向箭头，当鼠标指针移动到行号之间或列号之间时，变成此形状，拖动可用于更改行高和列宽，如图 4-6 所示。

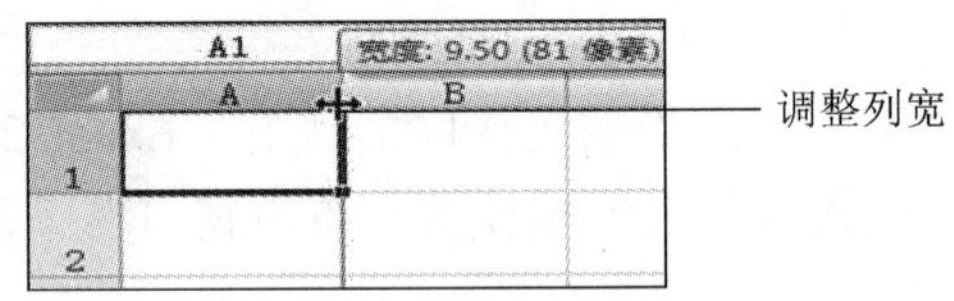

图 4-6　调整列宽

5）→、↓：向右或向下的实心箭头，当鼠标指针位于行号或列标上时，鼠标指针变成此形状，此时单击可选中一整行或一整列。

6）闪烁的竖线光标：表示单元格处于数据输入状态，此时可在单元格内输入文字或数据。

2. 选中工作表和单元格

如何选中工作表和工作表中的单元格是对 Excel 文件中的数据进行组织和管理等各项

操作的基础，见表 4-1 和表 4-2。

表 4-1　工作表选中方法

选定内容	操作方法
单个工作表	单击该工作表标签
多个相邻工作表	单击首个工作表，按住 Shift 键，单击最后一个工作表
多个不相邻工作表	单击首个工作表，按住 Ctrl 键，单击其他工作表
所有工作表	右击一张工作表标签，从弹出的快捷菜单中选择“选定全部工作表”命令

表 4-2　单元格及单元格区域选中方法

选中内容	操作方法
单个单元格	单击所需单元格
较小区域连续单元格	单击首个单元格，鼠标拖动
较大区域连续单元格	单击首个单元格，按住 Shift 键，单击最后一个单元格
多个不连续单元格	单击首个单元格，按住 Ctrl 键，单击其他单元格
整行或整列	单击行号或列标
相邻行或列	拖动鼠标选择所需行号或列标，或结合 Shift 键连续选择
整个工作表	单击左上角行号和列标相交处的全选按钮

3. 单元格地址与区域的地址

（1）单元格地址

单元格地址也就是单元格在工作表中的位置，是唯一标识单元格的编号，由列标和行号组成。例如，第 3 行 E 列的单元格的地址是 E3，而 A2 则表示 A 列 2 行的单元格。

（2）单元格区域的地址

矩形单元格区域的地址表示方法为两个单元格地址中间用冒号分隔，即“左上角单元格地址:右下角单元格地址”。例如，“A1:F4”表示左上角单元格是 A1，右下角单元格是 F4 的单元格区域。

4.2　数据输入与编辑

4.2.1　数据类型

在 Excel 中允许向单元格中输入各种类型的数据，如文本、数值、日期、时间、公式和函数等。输入单元格的这些数据称为单元格的内容。

1. 文本

在 Excel 中，文本为字符或字符与数字的组合，任何输入单元格内的字符集，只要不被解释为数值、公式、日期、时间、逻辑值，则 Excel 都视其为文本，默认情况下，文本

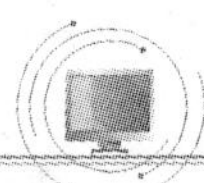

在单元格中的对齐方式为左对齐，如“计算机”“baidu.com”等；有些情况下由数字组成的内容并不表示数值，而是作为文本使用，称为数字型文本，如邮政编码、电话号码、身份证号等。

2. 数值

在 Excel 中，数值数据只能由 0～9 组成的数字和特殊字符［如+、–、(、)、/、$、￥、%、.、E、e 等字符］组成。在默认情况下，数值在单元格中的对齐方式为右对齐。

3. 日期或时间

在 Excel 中，日期和时间视为数字进行处理，在默认情况下，其对齐方式也是右对齐。

4.2.2 直接输入数据

用户在选定单元格后，可以直接在单元格中输入，也可以在编辑栏中输入。输入后单击编辑栏上的“输入”按钮✓，或者按 Enter 键、Tab 键、方向键均可完成输入。

单击单元格将选中整个单元格及内容，此时会出现活动单元格的覆盖框，这种状态下输入的数据，将覆盖单元格中已有的全部数据。双击单元格将进入单元格的编辑状态，此时单元格的四周就会出现一个边界较细的黑边框，即细视框，又称编辑框，可以对单元格中的数据进行部分编辑和修改。

常见直接输入的数据主要指文本、数值、日期和时间。

1. 输入文本

1）一般文本输入。一般的文本按步骤正常输入即可。

2）数字型文本输入。对于数字型文本，为避免其被 Excel 误认为是数值型数据，需要在输入时先输入英文状态下的单引号“'”，再输入数字。例如，输入数字文本“007”，应输入“'007”，确认后单元格中显示“007”，编辑栏中显示“'007”。

3）长文本输入。当字符宽度超过单元格宽度时，Excel 允许该文本覆盖右边相邻的单元格，从而完整显示；如果右边相邻单元格内有内容，就只能在自身的单元格宽度内显示部分内容，没有被显示的内容仍然与显示的内容一起属于该单元格，在编辑栏中可以看到，如图 4-7 所示。

A4	fx 右边的单元格中有内容			
	A	B	C	D
1				
2				
3	右边的单元格中没有内容			
4	右边的单元	Excel长文本		
5				
6				
Sheet1	Sheet2	Sheet3		

图 4-7　长文本输入

若要使全部内容在原宽度的单元格内全部显示，可以设置单元格格式的自动换行，或使用强制换行（按 Alt+Enter 组合键）。

2. 输入数值

对于数值的书写格式，Excel 有以下规定。

1）单元格中以默认的通用数字格式可显示的最大数字为 99 999 999 999，如果超出此范围，则自动在单元格中改为以科学计数法显示。

2）单元格中显示一串“#”符号时，表示此格的列宽不足够显示此数字，可调整列宽，以正确显示此数。

3）正数前面的“+”可以省略，负数前的“-”必须保留，用圆括号括起来的数也代表负数。例如，输入“-123”和“(123)”，在单元格中都显示为-123。

4）输入真分数时，应在前面用 0 和一个空格引导，如输入“0　1/2”表示二分之一，以便与日期相区别，输入后在单元格中显示 1/2，在编辑栏中显示 0.5。

5）输入假分数时，应在其整数部分和分数部分之间加一个空格，输入方法同真分数。

6）输入百分比数值时，可以直接在数值后输入百分号“%”。

7）公式中出现的数值，不能用圆括号来表示负数，不能用千分号“,”分隔千分位，不能在数字前用货币符号“￥”。

如图 4-8 所示为单元格中数字的默认显示格式示例。

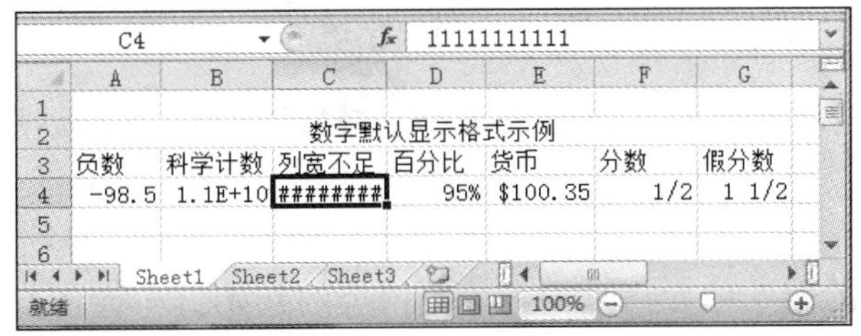

图 4-8　数字的默认显示格式示例

3. 输入日期和时间

在 Excel 中，一般输入日期时，年、月、日之间以“/”或“-”隔开，在单元格中以“年-月-日”显示，如输入“8/8”确认后显示为 8 月 8 日。

输入时间时，时、分、秒间以冒号隔开，如 8:30:50。若以 12 小时制输入时间，要在时间后留一个空格再输入“AM”或“PM”，如 8:00 AM 表示上午 8 点。若要同时输入日期和时间，应在两者之间用空格分隔。

4.2.3　自动填充数据

在 Excel 中，利用数据的填充功能可以将大量数据迅速地输入周围的工作表区域中。

1. 相同数据的填充

Excel 提供了数据填充工具，以便快捷地输入相同的数据，可以在同一行内向右或向左填充，也可以在同一列内向下或向上填充。操作方法有以下两种。

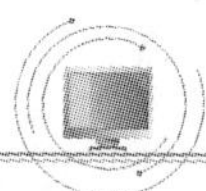

（1）拖动法填充

单击被填充区域的起始单元格，输入起始内容；将鼠标指针放在单元格右下角，出现一个黑色的十字形符号，即填充柄，沿填充方向拖动填充柄到结束位置，此时结束位置右下角出现一个“自动填充选项”图标，单击该图标右侧下拉按钮，在弹出的“填充单元格方式”下拉菜单中点选“复制单元格”单选按钮，即可完成相同数据的填充，如图 4-9 所示。

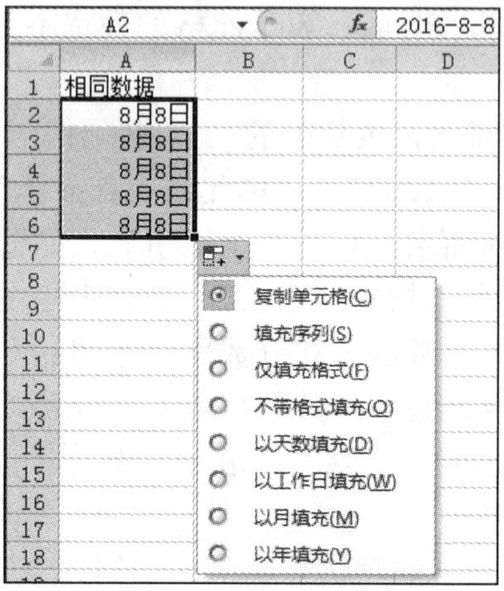

图 4-9　拖动法填充

当起始数据是数字型数据或不具有递增、递减规律的文字型数据时，直接拖动就可以完成相同填充。

（2）菜单方法填充

单击被填充区域的起始单元格，输入填充内容的起始值，选择要填充的整个区域，然后在“开始”选项卡的“编辑”选项组中，单击“填充”下拉按钮，在弹出的下拉菜单中选择需要的填充方向，即可完成数据的填充操作，如图 4-10 所示。

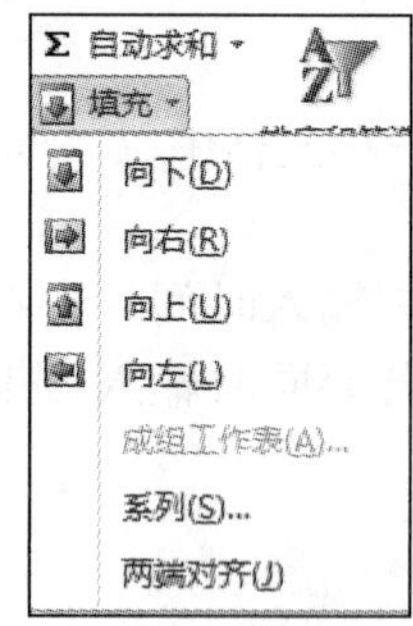

图 4-10　菜单方法填充

2. 一般序列的填充

一般序列是指具有某种规律或特征的数据序列，如等差序列、等比序列、日期序列等。下面举例说明一般序列填充的方法。

（1）拖动法填充

操作方法同相同数据的填充，但在单击“自动填充选项”下拉按钮后，在弹出的下拉菜单中选择以序列方式填充，步长默认为 1。若想要设置一定的步长，可以先输入两个单元格的内容，如“1”“3”，Excel 可以通过这两个数据获得填充数据的规律，直接拖动即可完成序列填充。

（2）菜单方法填充

操作方法类似于相同数据的填充，但在“填充”下拉菜单中选择“系列”命令，打开“序列”对话框，如图 4-11 所示。

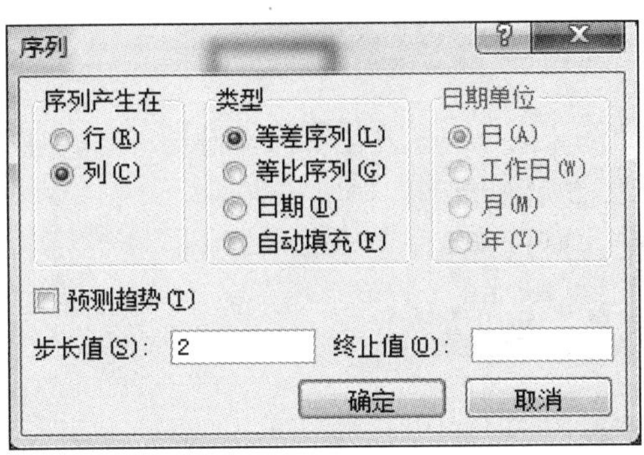

图 4-11　“序列”对话框

3. 自定义序列

Excel 之所以能够辨认出某些文本的规律，帮助用户完成序列的填充，是因为 Excel 中已经设置好这些文本的序列。当需要生成的序列在 Excel 中没有时，用户可以自己定义，如“一班、二班、三班…”，“英语系、中文系、计算机系…”这样的序列。其具体操作方法如下：

01 选择“文件”→“选项”命令，在打开的“Excel 选项”对话框中，选择“高级”选项卡，在“常规”选项组中单击“编辑自定义列表”按钮，打开“自定义序列”对话框，如图 4-12 所示。

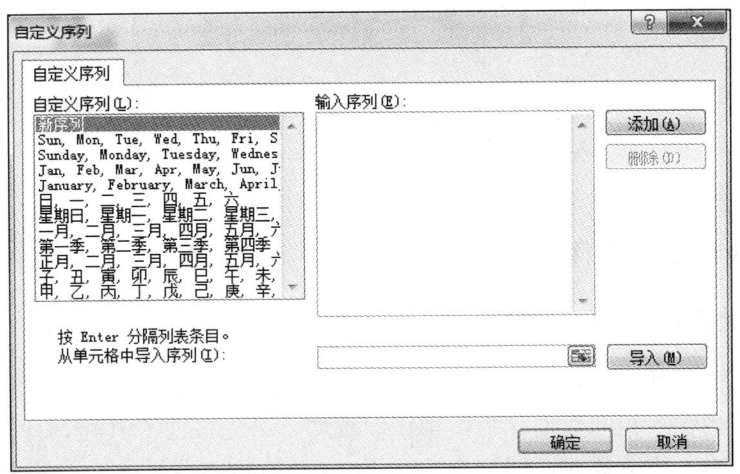

图 4-12　“自定义序列”对话框

02 “自定义序列”列表框中是已经定义好的序列。选择“新序列”选项后，在“输入序列”列表框中可输入所需要的序列，如“一班、二班、三班”等，然后单击“添加”按钮，完成自定义新序列的操作，如图 4-13 所示。

输入序列值时应该注意，在每一个序列元素输入后必须按 Enter 键，否则无法建立正确的序列。

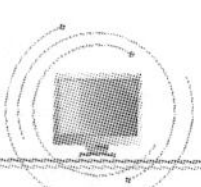

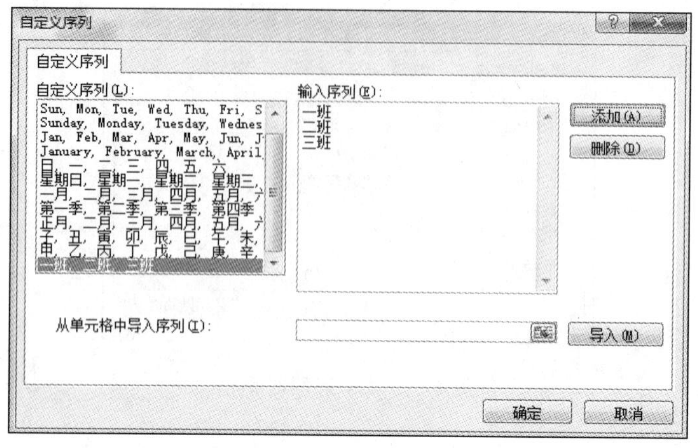

图 4-13　定义新序列

03 建立一个新的序列后，可用来进行序列的填充。其填充操作步骤与一般序列类似，即在要填充区域的起始单元格中输入要填充的值，一般是该序列的第一个值，或包含在序列之中的某一个值；选中要填充的区域，按下鼠标左键并拖动到目标处，如图 4-14 所示。

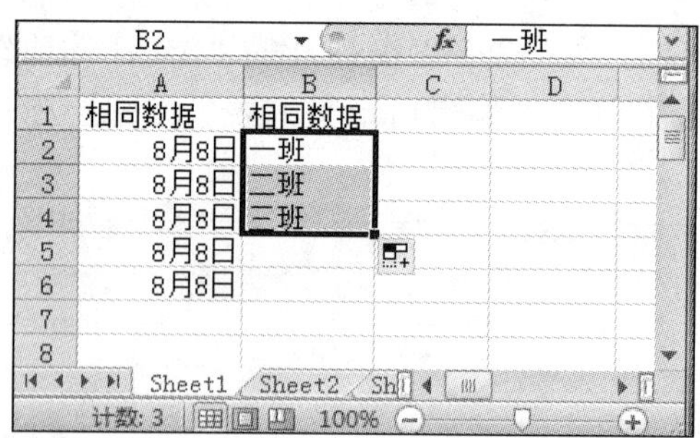

图 4-14　自定义序列填充

4.2.4　其他数据输入操作

1. 在不连续区域输入相同数据

使用自动填充功能可以在工作表的连续区域输入相同数据，如果要同时在一张工作表中多个不连续区域输入相同数据，具体操作步骤如下：先按住 Ctrl 键，单击选中所需输入数据的单元格，输入相应数据，然后按 Ctrl+Enter 组合键完成输入，如图 4-15 所示。

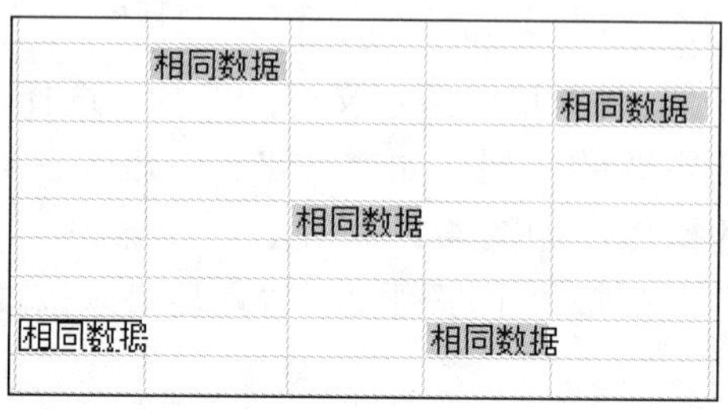

图 4-15　不连续区域输入相同数据

2. 输入有效数据

输入有效数据是指用户预先设置某一单元格允许输入的数据类型、范围，并可以设置数据输入提示信息和输入错误提示信息，具体操作步骤如下：

01 选中要定义有效数据的单元格，在“数据”选项卡的“数据工具”选项组中，单击“数据有效性”下拉按钮，在下拉菜单中选择“数据有效性”命令，打开“数据有效性”对话框，选择“设置”选项卡，如图 4-16 所示。

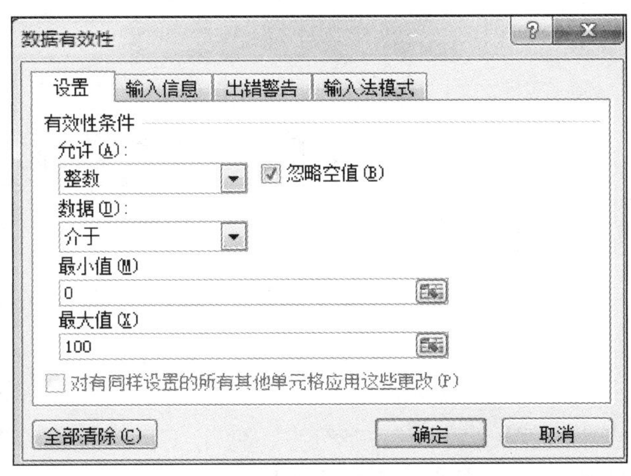

图 4-16　“数据有效性”对话框

02 在“允许”下拉列表框中，选择允许输入的数据类型，如“整数”“序列”等选项。在“数据”下拉列表框中，选择所需要的操作符，如“等于”“大于或等于”等选项，在随后出现的数值框中根据需要填写上下限及具体的数值等。

03 在“输入信息”选项卡中，勾选“选定单元格时显示输入信息”复选框，在“标题”文本框和“输入信息”文本框中输入相关信息即可。

04 在“出错警告”选项卡的“错误信息”文本框中输出错误提示信息。

有效性设置后，在输入数据时，可以帮助用户正确输入信息，并给予检测。

3. 导入外部数据

在 Excel 中，不仅可以以各种方式输入数据，还可以利用外部数据源的数据，将其直接导入 Excel 中，如将文本文件或 Word 文件中的数据导入 Excel。

常用的文本文件格式有以下两种。

1）带分隔符的文本文件（.txt），通常用制表符分隔文本的每个字段。

2）逗号分隔的文本文件（.csv），通常用逗号分隔文本的每个字段。

例如，将如图 4-17 所示文本文件导入 Excel 中，具体操作步骤如下：

01 在“数据”选项卡的“获取外部数据”选项组中，单击“自文本”按钮，打开“导入文本文件”对话框，在对话框中选择文件的路径、文件名和文件类型，单击“导入”按钮。

02 打开“文本导入向导”对话框，按照对话框提示依次进行下一步操作即可。

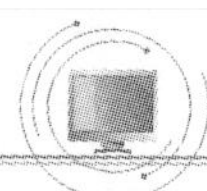

03 最终成功导入后的效果如图 4-18 所示。

成绩表.txt - 记事本

文件(F) 编辑(E) 格式(O) 查看(V) 帮助(H)

序号	姓名	性别	计算机	英语	总分
1	李凌	男	98	87	185
2	陈燕	女	84	89	173
3	周羽	男	83	79	162
4	潘峰	男	75	80	155
5	李静瑶	女	85	90	175
6	张晓京	男	82	81	163
7	凌霓洋	女	85	86	171
8	赵波	男	84	92	176
9	孙千山	男	88	56	144
10	肖玲	女	73	84	157
11	武立阳	女	78	81	159
12	曹克强	男	67	72	139
13	向红	女	86	70	156
14	庄文鼎	男	87	84	171

图 4-17　待导入文本文件

	A	B	C	D	E	F	G	H
1	序号	姓名	性别	计算机	英语	总分		
2	1	李凌	男	98	87	185		
3	2	陈燕	女	84	89	173		
4	3	周羽	男	83	79	162		
5	4	潘峰	男	75	80	155		
6	5	李静瑶	女	85	90	175		
7	6	张晓京	男	82	81	163		
8	7	凌霓洋	女	85	86	171		
9	8	赵波	男	84	92	176		
10	9	孙千山	男	88	56	144		
11	10	肖玲	女	73	84	157		
12	11	武立阳	女	78	81	159		
13	12	曹克强	男	67	72	139		
14	13	向红	女	86	70	156		
15	14	庄文鼎	男	87	84	171		
16								

成绩表　Sheet2　Sheet3

就绪　100%

图 4-18　导入后的效果

4.2.5　数据编辑

1. 查找和替换

如果需要在工作表中查找一些特定的字符串，使用 Excel 提供的查找和替换功能可以方便地查找和替换需要的内容、查找与某种格式匹配的单元格。

在 Excel 中，经常需要查找某些数据。在 Excel 中既可以查找出包含相同内容的所有单元格，也可以查找出与活动单元格中内容不匹配的单元格。它的应用进一步提高了编辑和处理数据的效率。

查找和替换的具体操作步骤如下：

01 在“开始”选项卡的“编辑”选项组中，单击“查找和选择”下拉按钮，在弹出的下拉菜单中选择“查找”命令，打开“查找和替换”对话框，输入查找内容，设置格式、范围等，单击“查找全部”按钮即可完成查找。

02 如果需要将查找到的数据替换为指定的内容，则在“查找和替换”对话框中，选择“替换”选项卡，在“替换为”文本框中输入替换内容，设置替换格式等信息，单击“替换”或“全部替换”按钮即可，如图 4-19 所示。

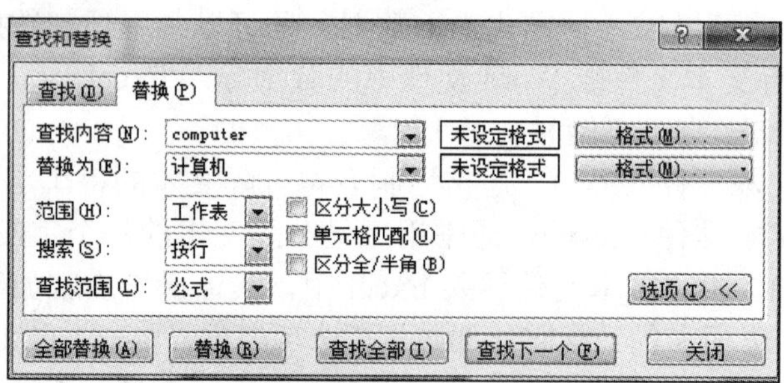

图 4-19　“查找和替换”对话框

2. 复制、移动和删除数据

在编辑 Excel 2010 中的数据时，往往需要复制、移动和删除某些数据。

（1）复制与移动数据

1）使用菜单命令复制与移动数据。移动或复制单元格或单元格区域数据的方法基本相同，选中单元格数据后，在“开始”选项卡的“剪贴板”选项组中，单击“复制”按钮或“剪切”按钮，也可以按 Ctrl+C 或 Ctrl+X 组合键，然后单击要粘贴数据的位置并在“剪贴板”选项组中单击“粘贴”按钮，或按 Ctrl+V 组合键，即可将单元格数据复制或移动到新位置。

2）使用拖动法复制与移动数据。在 Excel 2010 中，还可以使用鼠标拖动法来移动或复制单元格内容。要移动单元格内容，首先选中要移动的单元格或单元格区域，然后将光标移至单元格区域边缘，当光标变为箭头形状后，拖动光标到指定位置并释放鼠标即可实现数据的移动。如果要复制单元格内容，需要在拖动鼠标的同时按住 Ctrl 键，移动到指定位置后再释放 Ctrl 键，即可实现复制。

（2）粘贴选项与选择性粘贴

在 Excel 中按照上述方法直接粘贴数据到目标区域后，默认情况下将会在保留原格式情况下使用目标主题，某些情况下不需要原有格式，或只需要粘贴数值，为实现该效果可以采用两种方法。

1）采用粘贴选项。当数据粘贴到目标单元格区域后，目标单元格区域右下角会出现“粘贴选项”下拉按钮，如图 4-20 所示，单击该下拉按钮，即可打开“粘贴选项”下拉菜单，从中选择需要的粘贴方式，如选择转置粘贴，粘贴后如图 4-21 所示。

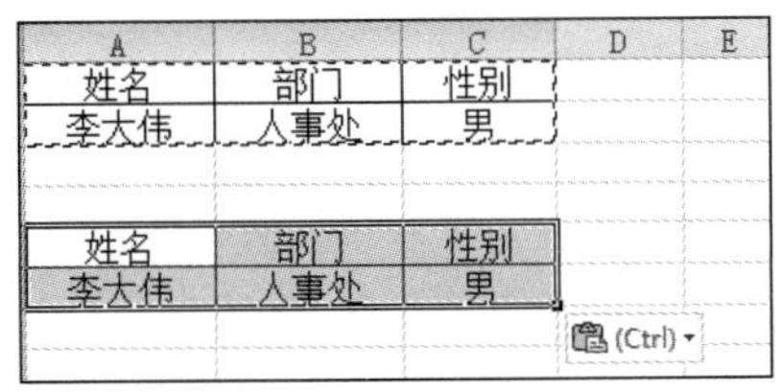

图 4-20　“粘贴选项”下拉按钮

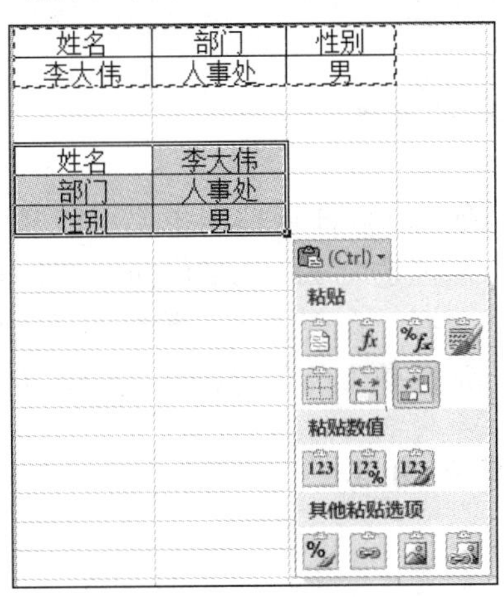

图 4-21　转置粘贴后效果

2）选择性粘贴。复制源数据，在定位到目标单元格区域后，在“开始”选项卡的“剪切板”选项组中，单击“粘贴”下拉按钮，在弹出的下拉菜单中选择“选择性粘贴”命令，如图 4-22 所示，打开“选择性粘贴”对话框，选择需要粘贴的方式，如图 4-23 所示。

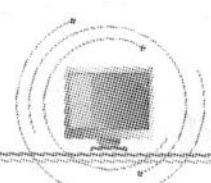

图 4-22　选择“选择性粘贴”命令

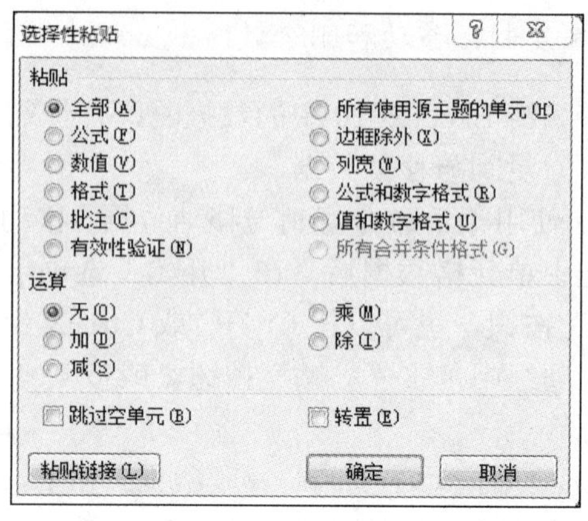

图 4-23　“选择性粘贴”对话框

（3）删除单元格中的数据

要删除单元格中的数据，可以先选中该单元格，然后按 Delete 键即可；要删除多个单元格中的数据，则可同时选中多个单元格，然后按 Delete 键。

如果想要完全地控制对单元格的删除操作，只使用 Delete 键是不够的。在“开始”选项卡的“编辑”选项组中，单击“清除”下拉按钮，在弹出的下拉菜单中选择相应的命令，即可删除单元格中的相应内容。

实训 4.1　数据输入与单元格格式设置

实训目的

1）熟悉 Excel 窗口的主要组成和基本概念。

2）掌握建立 Excel 工作簿、工作表的一般方法。

3）掌握工作表中各类数据的输入和编辑。

4）掌握基本的单元格格式设置方法。

实训内容

1）新建一个工作簿 test1.xlsx。

2）重命名 Sheet1 工作表名称为“数据输入”。

3）在 A1、B1、C1、D1 单元格分别输入标题行文字：“序号”“输入数据”“设置数据格式”“备注”，字号 14，居中。

4）通过自动填充，完成 1～14 的数字序列。

5）在“输入数据”列 B2:B15 单元格区域输入图 4-24 所示数据。

	A	B	C	D
1	序号	输入数据	设置数据格式	备注
2	1	123456	0123456	输入文本0123456，而非数字
3	2	123456	123,456.00	带千位分隔符，2位小数
4	3	123456	1.23E+05	科学计数法
5	4	123456	壹拾贰万叁仟肆佰伍拾陆	特殊：中文大写数字
6	5	0.5	1/2	分数
7	6	0.5	50.0%	百分数，1位小数
8	7	2016-6-1	2016年6月1日	日期
9	8	2016-6-1	2016-06-01,Wednesday	自定义日期：yyyy-mm-dd，dddd
10	9	2016-6-1	二〇一六年六月一日	大写日期
11	10	18:30	18时30分	输入24小时制时间
12	11	6:30	6:30 AM	输入12小时制的上午时间
13	12	6:30	6:30 PM	输入12小时制的下午时间
14	13	自动换行文字设置	手动换行 文字设置	输入并设置换行方式，B14自动换行、C14手动换行
15	14	横向	纵 向	输入并设置文字方向

图 4-24　“数据输入”工作表内容

6）按照备注列要求，在 C2 单元格输入数字型文本“0123456”。

7）复制 B3:B11 单元格区域内容到 C3:C11，并按照备注列的要求设置格式。

8）按照备注列要求，在 C12:C15 单元格区域输入数据，并设置各单元格格式。

9）调整 B 列列宽为 10。

10）设置 B14 单元格对齐方式为“自动换行”。

11）设置 C14 单元格内容（图 4-22），手动换行。

12）设置 C15 单元格文字方向为“竖排文字”。

13）为 A1:D15 单元格区域设置边框为“所有框线”。

14）设置工作表保护密码为“123”，要求只能选定单元格。

实训步骤

01 创建 test1.xlsx 工作簿。

① 启动 Excel 2010，创建一个空白文档，保存该文档，命名为“test1”。

② 右击指定路径，在弹出的快捷菜单中选择“新建”→“Microsoft Excel 工作表”命令，设置工作簿名称为“test1”。

02 重命名工作表。

① 双击“Sheet1”工作表标签，输入新的标签名称。

② 右击“Sheet1”工作表标签，在弹出的快捷菜单中选择“重命名”命令，输入新的标签名称。

03 分别选中 A1、B1、C1、D1 单元格，输入标题行文字“序号”“输入数据”“设置数据格式”“备注”，选中 A1:D1 单元格区域，选择“开始”选项卡，在“字体”选项组“字号”下拉列表中选择“14”，单击“对齐方式”选项组中的“居中”按钮。

04 在“序号”列 A2 单元格输入起始序号“1”，选中 A2 单元格，将鼠标指针放在单元格右下角，当鼠标指针变为加号形状的填充柄时，拖动鼠标指针到 A15 单元格，

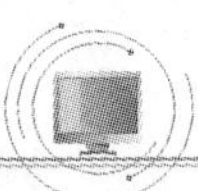

单击右下角的“自动填充选项”下拉按钮，在弹出的下拉菜单中点选“填充序列”单选按钮，如图 4-25 所示，完成后面所有序号的填充。

	A	B	C
1	序号	输入数据	设置数
2	1		
3	2		
4	3		
5	4		
6	5		
7	6		
8	7		
9	8		
10	9		
11	10		
12	11		
13	12		
14	13		
15	14		

复制单元格(C)
填充序列(S)
仅填充格式(F)
不带格式填充(O)

图 4-25　自动填充序号列

05 在“输入数据”列 B2:B15 单元格区域输入图 4-24 所示数据。

06 在 C2 单元格先输入西文的单引号“’”，再输入文本“0123456”。

07 复制 B3:B11 单元格区域内容到 C3:C11。在“开始”选项卡的“单元格”选项组中，单击“格式”下拉按钮，在弹出的下拉菜单中选择“设置单元格格式”命令，打开“设置单元格格式”对话框，如图 4-26 所示。在对话框中，按照备注列要求，对 C3:C11 单元格进行相应设置。

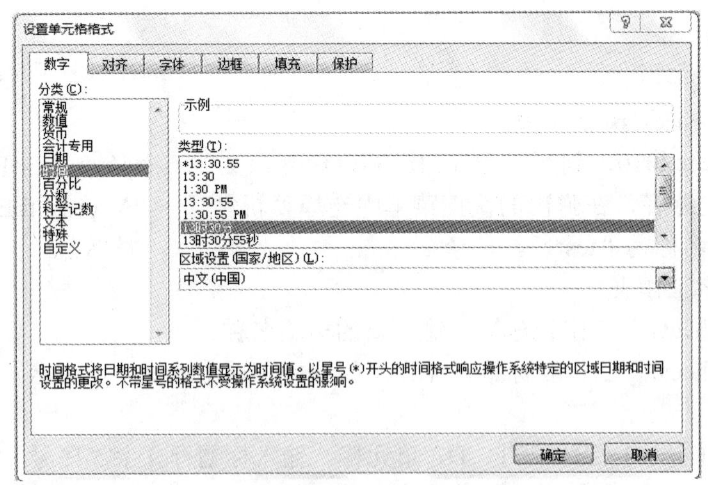

图 4-26　“设置单元格格式”对话框

08 在 C12 单元格，先输入“6:30”，按 Space 键，再输入“AM”，即可得到 12 小时制上午时间；在 C13 单元格，先输入“6:30”，按 Space 键，再输入“PM”，即可得到 12

小时制下午时间。

09 选中 B 列，在“开始”选项卡的“单元格”选项组中，单击“格式”下拉按钮，在弹出的下拉菜单中选择“列宽”命令，打开“列宽”对话框，在“列宽”输入框中输入“10”，单击“确定”按钮。

10 选中 B14 单元格，在“开始”选项卡的 “对齐方式”选项组中，单击“自动换行”按钮。

11 在 C14 单元格，先输入“手动换行文字设置”，再双击 C14 单元格，进入单元格编辑状态，将光标定位到文字“换行”后，按 Alt+Enter 组合键。

12 在 C15 单元格，先输入“纵向”，再在“开始”选项卡的“对齐方式”选项组中，单击“方向”下拉按钮，在弹出的下拉菜单中选择“竖排文字”命令，如图 4-27 所示。

13 选中 A1:D15 单元格区域，在“开始”选项卡的 “字体”选项组中，单击“下框线”按钮右侧下拉按钮，在弹出的下拉菜单中选择“所有框线”命令，如图 4-28 所示。

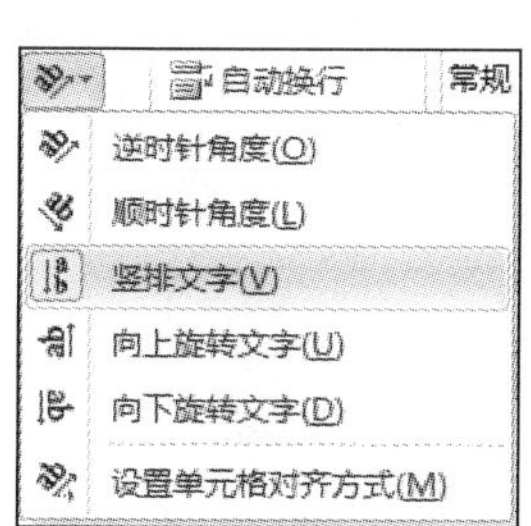

图 4-27　选择“竖排文字”命令

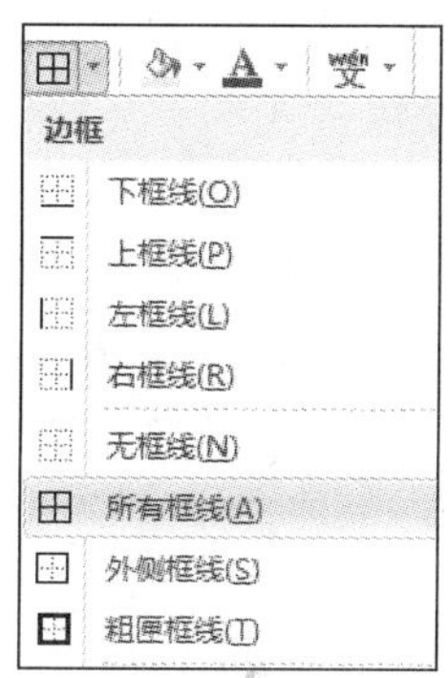

图 4-28　选择“所有框线”命令

14 在“审阅”选项卡的 “更改”选项组中，单击“保护工作表”按钮，或者选择“文件”→“信息”→“保护工作簿”→“保护当前工作表”命令，打开“保护工作表”对话框，在密码输入框中输入“123”，勾选“选定锁定单元格”复选框和“选定未锁定的单元格”复选框，如图 4-29 所示。单击“确定”按钮，打开“确认密码”对话框，再次输入密码，如图 4-30 所示。

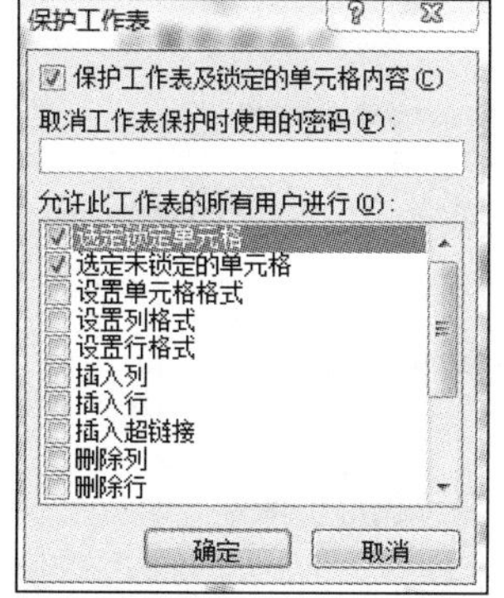

图 4-29　“保护工作表”对话框

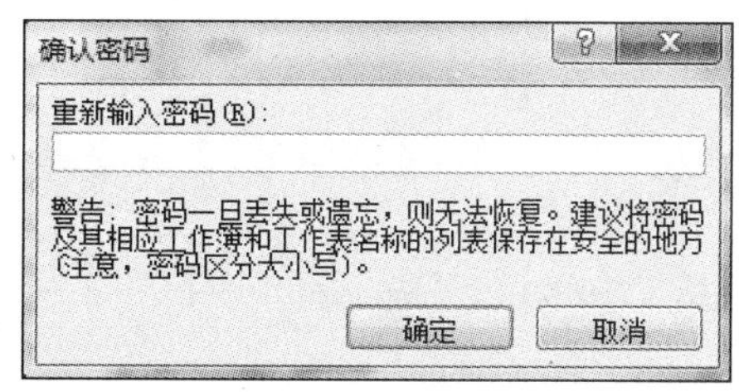

图 4-30　“确认密码”对话框

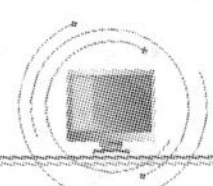

实训小结

本次实训主要考查了同学们在 Excel 软件中输入数据，以及对单元格的格式进行设置的能力，让同学们熟悉了 Excel 2010 的基本概念，掌握了建立 Excel 工作簿和工作表的一般方法、工作表中各类数据的输入和编辑方法，以及基本的单元格格式设置方法。

4.3　工作表与工作簿管理

4.3.1　工作表格式设置

输入工作表数据之后，有时需要对工作表或单元格进行格式设置，使其更为美观。常见的格式设置包括数据类型格式、对齐方式、字体、单元格的边框、填充等设置，用户需要先选中要设置格式的单元格或单元格区域，然后根据需要使用相应的格式设置命令进行设置。

Excel 将最常用的格式设置命令集成在了“开始”选项卡的“字体”“对齐方式”“数字”“样式”和“单元格”5 个选项组中，如图 4-31 所示。

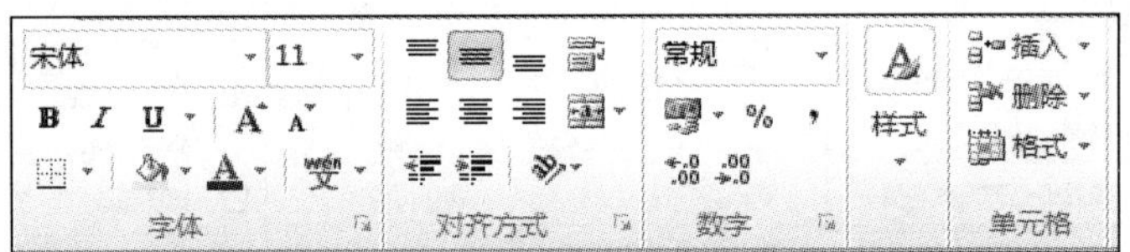

图 4-31　格式化设置工具

另外也可以通过“设置单元格格式”对话框来设置，如图 4-32 所示。

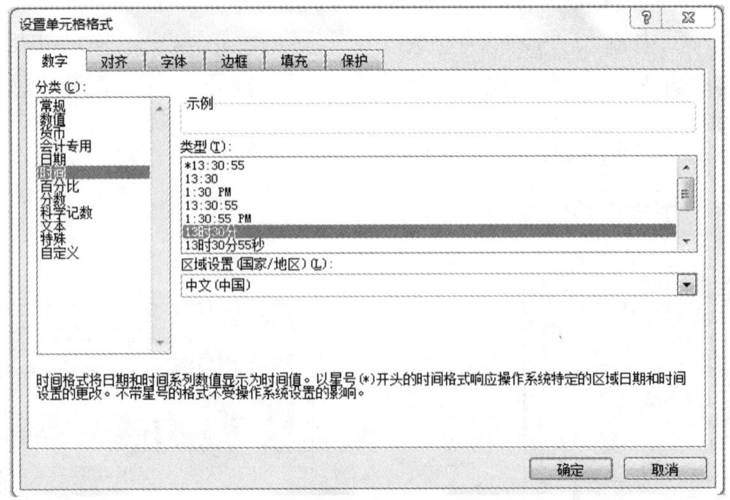

图 4-32　“设置单元格格式”对话框

打开“设置单元格格式”对话框的常用方法有两种。

1）单击“字体”“对齐方式”或“数字”选项组右下角的对话框启动器。

2）选中单元格，右击，在弹出的快捷菜单中选择“设置单元格格式”命令。

1. 设置字体

为了使工作表中的某些数据醒目和突出，也为了使整个版面更为丰富，通常需要对不同的单元格设置不同的字体，包括字体、字形、字号、颜色等。

2. 设置对齐方式

对齐方式是指单元格中的内容在显示时相对单元格上下左右的位置。在默认情况下，单元格中的文本靠左对齐，数字靠右对齐，逻辑值和错误值居中对齐。此外，Excel 还允许用户为单元格中的内容设置其他对齐方式，如合并后居中、旋转单元格中的内容等。

3. 设置数字格式

在默认情况下，数字以常规格式显示。当用户在工作表中输入数字时，数字以整数、小数方式显示。此外，Excel 还提供了多种数字显示格式，如数值、货币、会计专用、日期及科学记数等。在“开始”选项卡的“数字”选项组中，可以设置这些数字格式。若要详细设置数字格式，则需要在“设置单元格格式”对话框的“数字”选项卡中设置。

以上 3 种设置如图 4-33 所示。

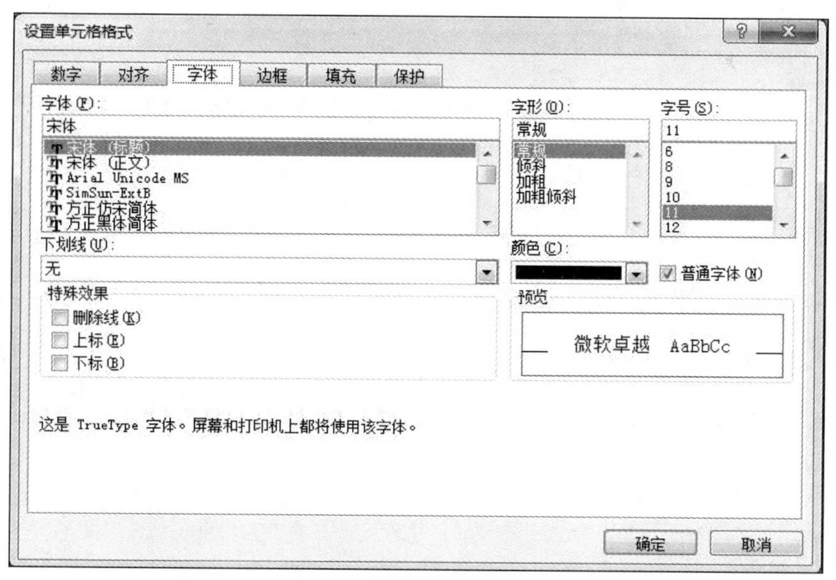

（a）设置字体

图 4-33　单元格格式设置示例

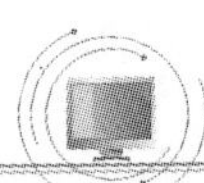

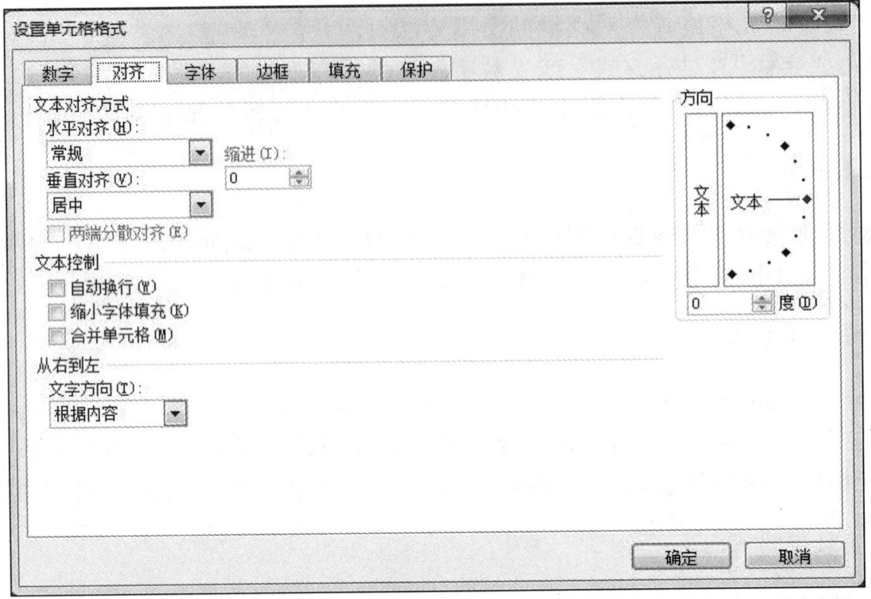

（b）设置对齐方式

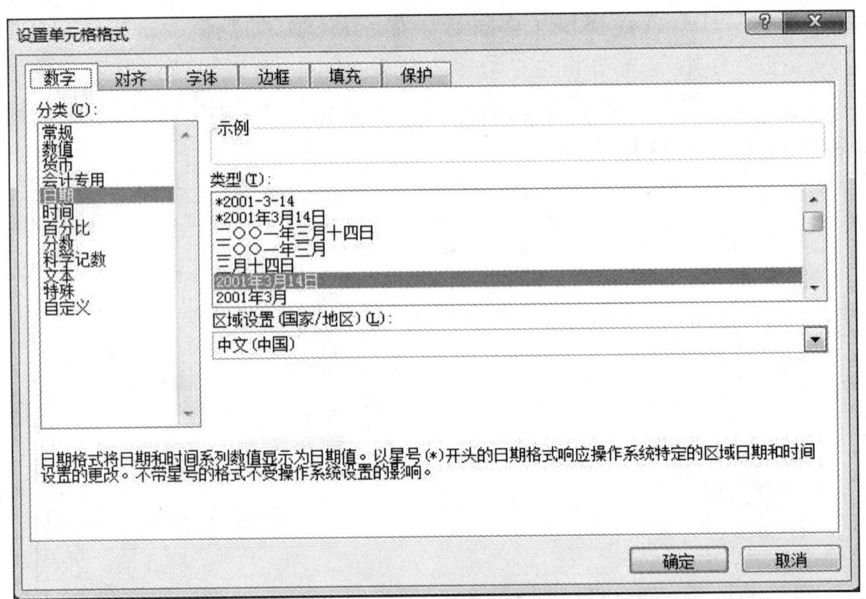

（c）设置数字格式

图 4-33　单元格格式设置示例（续）

4. 设置边框

在默认情况下，Excel 并不为单元格设置边框，工作表中的边框在打印时并不显示出来。但在一般情况下，用户在打印工作表或突出显示某些单元格时，都需要添加一些边框以使工作表更美观和容易阅读。

设置边框常用方法有以下两种。

1）通过“字体”选项组中的边框下拉菜单的相关选项设置和绘制各种样式的边框，如图 4-34 所示。

2）通过“设置单元格格式”对话框中的“边框”选项卡进行设置，方法：首先选择线条样式与颜色，再选择所需预置效果，单击“确定”按钮即可。如果需要局部边框，可以在“预置”选项组中对单元格进行自定义设置，如图 4-35 所示。

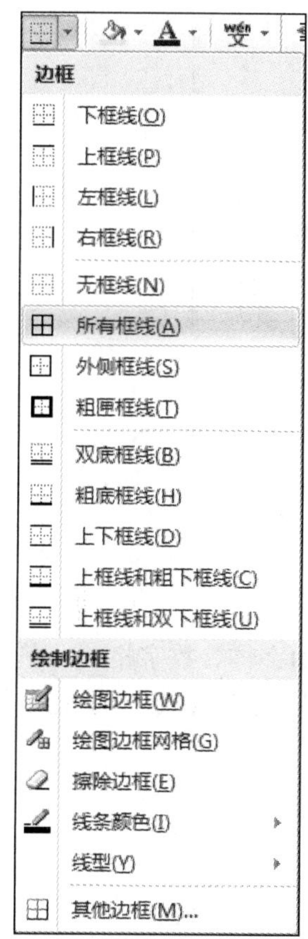

图 4-34　边框下拉菜单

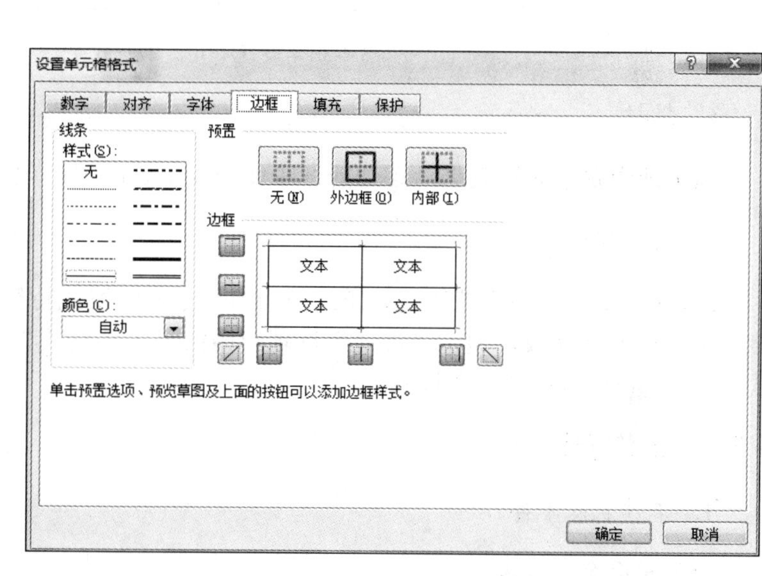

图 4-35　设置单元格边框

5. 设置填充

设置填充和设置边框一样，都是为了对工作表进行形象设计。使用相关填充命令为特定的单元格加上色彩和图案，不仅可以突出显示重点内容，还可以美化工作表的外观，常用方法有以下两种。

1）通过“字体”选项组中的“填充颜色”下拉列表框的相关选项设置。

2）通过“设置单元格格式”对话框中的“填充”选项卡进行设置，如图 4-36 所示。

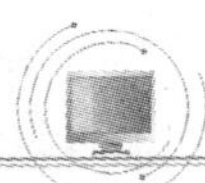

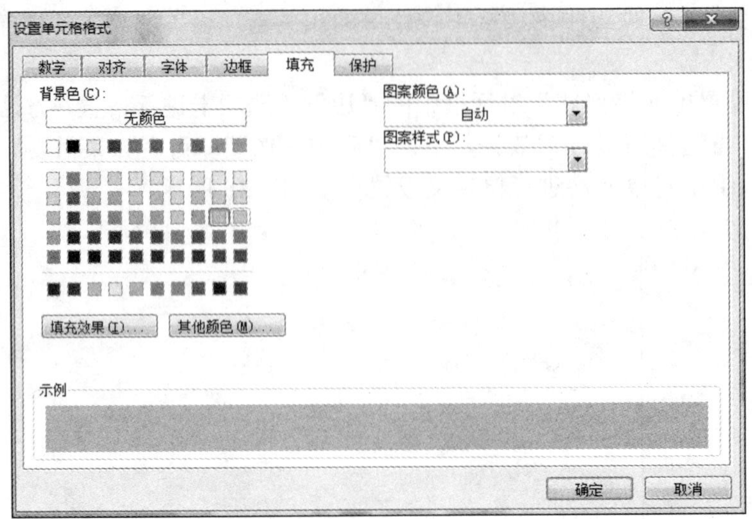

图 4-36　设置单元格填充效果

6. 保护

锁定或隐藏单元格数据，该功能在工作表受保护时才有效。

7. 应用样式

Excel 提供了多种内置样式。样式是一组已定义的格式特征，如字体、数字格式、单元格边框和单元格底纹。通过“样式”选项组中的“条件格式”“套用表格格式”“单元格样式”3 组选项可以设置相关样式。

4.3.2　工作表管理

1. 工作表基本操作

（1）重命名工作表

Excel 中的工作表默认名称为 Sheet1，Sheet2，……，为了便于使用工作表，可以重命名工作表。

方法：选中需要重命名的工作表，右击，在弹出的快捷菜单中选择“重命名”命令，即可输入新的工作表名称。

（2）插入工作表

当默认的 3 个工作表不够用时，需要插入更多的工作表。

1）当要在最后面插入一个新的工作表时，单击末尾工作表标签后的“插入工作表”标签按钮即可快速插入。

2）当要在指定位置插入工作表时，选中某工作表（插入的工作表将出现在选中的工作表之前），在“开始”选项卡的“单元格”选项组中，单击“插入”下拉按钮，在弹出的下拉菜单中选择“插入工作表”命令。

也可以通过快捷菜单实现工作表的插入操作。选中某工作表（插入的工作表将出现在选中的工作表之前），在该工作表标签上右击，在弹出的快捷菜单中选择“插入”命令，在打开的“插入”对话框（类似于“模板”对话框）中选择一种表格样式后单击“确定”按钮。

（3）删除工作表

删除工作表的方法与插入工作表的方法类似。

（4）移动或复制工作表

选中需要移动的工作表，右击，在弹出的快捷菜单中选择“移动或复制”命令，打开“移动或复制工作表”对话框（图 4-37），在该对话框中选择目标工作簿和目标工作表位置，单击“确定”按钮即可完成工作表的移动。当勾选“建立副本”复选框时，即可复制工作表。

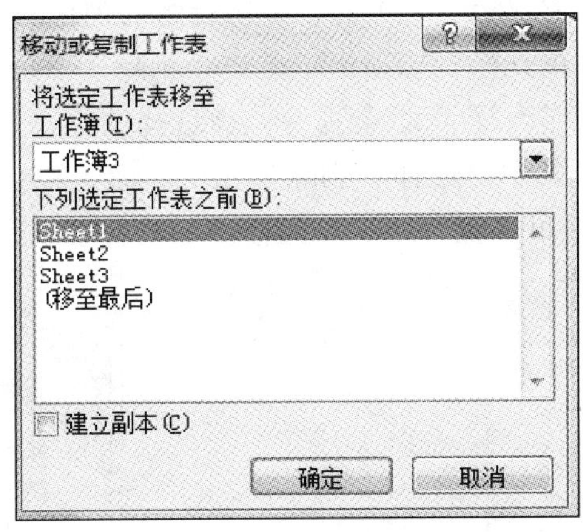

图 4-37　“移动或复制工作表”对话框

移动工作表还有一种比较快捷的方式：如要将 Sheet2 移动到 Sheet3 后时，选中需要移动的工作表 Sheet2，按住鼠标左键不放，拖动鼠标指针到 Sheet3 后，释放鼠标左键即可完成工作表的移动。

（5）改变工作表标签颜色

为了区别不同工作表，可以对工作表标签设置不同的颜色。方法：在需要改变颜色的工作表标签上右击，在弹出的快捷菜单中选择“工作表标签颜色”命令，在打开的颜色面板中选择想要的颜色即可。

2. 行、列操作

（1）插入行、列和单元格

在工作表中选择要插入行、列或单元格的位置，在“开始”选项卡的“单元格”选项组中单击“插入”下拉按钮，弹出如图 4-38 所示的“插入”下拉菜单。在下拉菜单中选择相应命令即可插入行、列和单元格。其中，选择“插入单元格”命令，会打开“插入”对话框，如图 4-39 所示，在该对话框中可以设置插入单元格后如何移动原有的单元格。

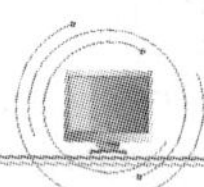

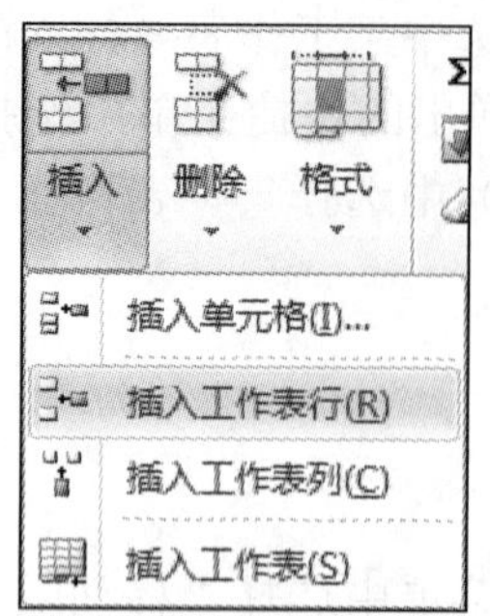

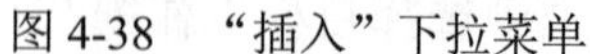

图 4-38 “插入”下拉菜单

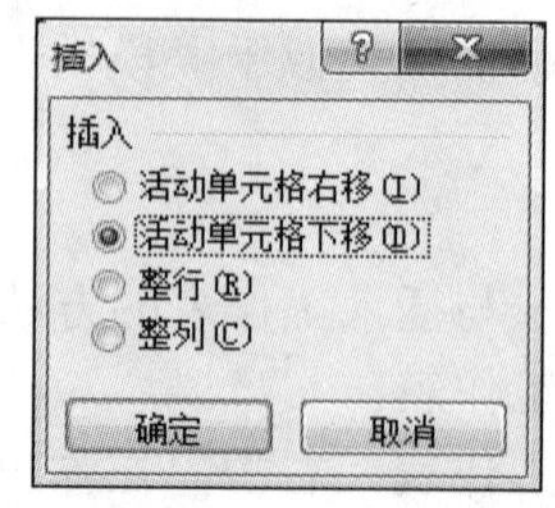

图 4-39 “插入”对话框

（2）删除行、列和单元格

需要在当前工作表中删除某行（列）时，单击行号（列标），选择要删除的整行（列），然后在“开始”选项卡的“单元格”选项组中单击“删除”下拉按钮，弹出如图 4-40 所示的下拉菜单，选择“删除工作表行（列）”命令，被选择的行（列）将从工作表中消失，各行（列）自动上（左）移。其中，选择“删除单元格”命令，会打开“删除”对话框，如图 4-41 所示，在该对话框中可以设置删除单元格后如何移动原有的单元格。

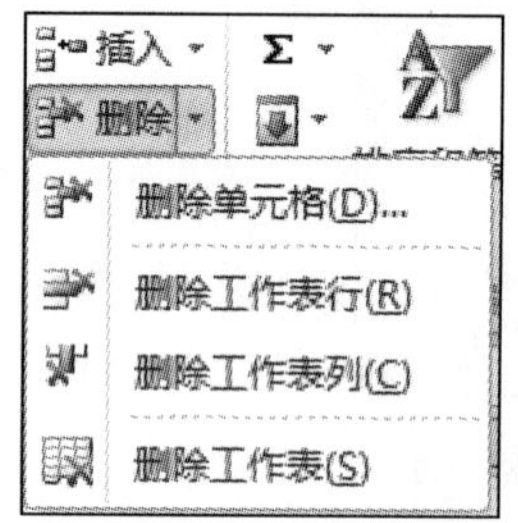

图 4-40 “删除”下拉菜单

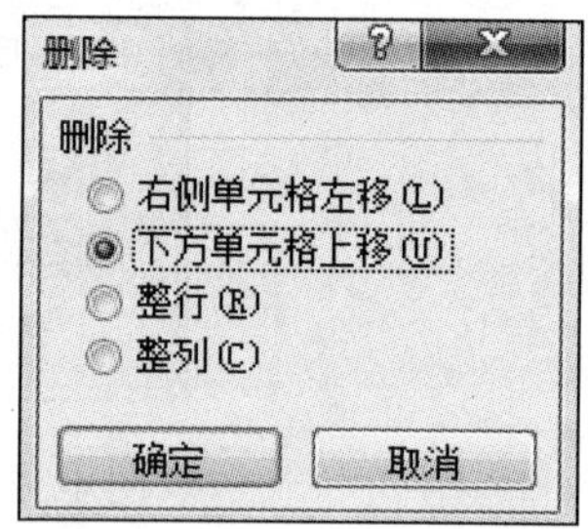

图 4-41 “删除”对话框

以上行、列和单元格的插入和删除操作通过快捷菜单也可以实现。

（3）调整行高和列宽

在向单元格输入文字或数据时，经常会出现这样的现象：有的单元格中的文字只显示了一半；有的单元格中显示的是一串“#”符号，而在编辑栏中却能看见对应单元格的数据。出现这些现象的原因在于单元格的宽度或高度不够，不能正确显示其中的文字。因此，需要对工作表中的单元格高度和宽度进行适当的调整。

方法：选择需要调整的行或列，在“开始”选项卡的“单元格”选项组中单击“格式”下拉按钮，在弹出的下拉菜单中选择行高和列宽的相应设置命令，如图 4-42 所示。当直接双击行或列之间的间隔线时，也可以自动调整行高和列宽。

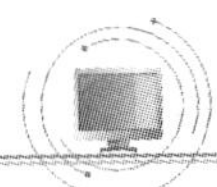

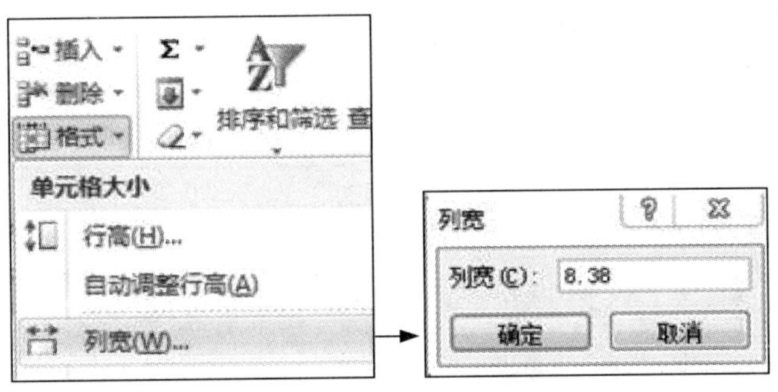

图 4-42 行列格式设置

4.3.3 工作簿窗口管理

Excel 2010 是一个支持多文档界面的标准应用软件，在其中可以打开多个工作簿。一般情况下，一个 Excel 工作簿对应一个窗口，但有时需要同时打开多个窗口，编辑操作同一个工作簿的多个工作表，或者同一个工作表的不同部分，以方便工作簿和工作表之间的相互操作。Excel 提供了工作表窗口管理功能完成以上操作，包括新建窗口、重排窗口、拆分窗口和冻结窗口等。使用“视图”选项卡的“窗口”选项组中的各项命令能够完成相关操作。

1. 新建窗口

有时用户需要查看一个工作表的不同部分，如查看同一个工作表较远单元格的引用，或者同时检查工作簿中的多个工作表。在这种情况下，通过使用同一个工作簿的多个窗口，在其中打开工作簿的新视图，即可轻松解决该问题。

在“视图”选项卡的“窗口”选项组中，单击“新建窗口”按钮，在当前工作簿中显示一个新的窗口，为识别原窗口与新建窗口，Excel 在每个窗口后附加一个冒号和一个数字，如当前打开窗口是“学生成绩表.xlsx”，当新建窗口后原有文件名变为“学生成绩表.xlsx：1”，新建窗口变为“学生成绩表.xlsx：2”，新建窗口依次编号命名。

2. 重排窗口

可以将打开的各工作簿窗口按指定方式排列。在“视图”选项卡的“窗口”选项组中，单击“全部重排”按钮，打开“重排窗口”对话框，如图 4-43 所示。

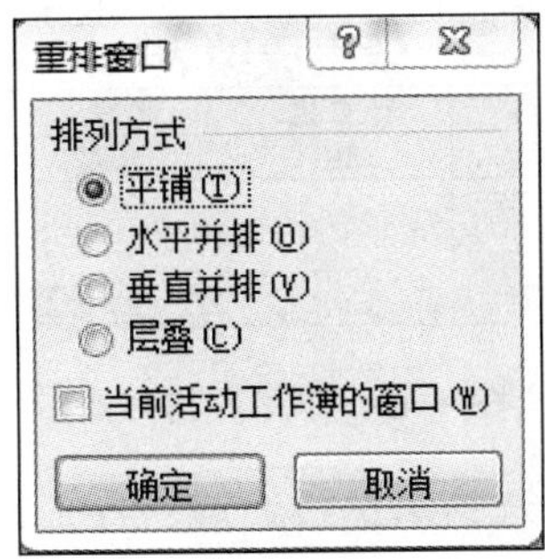

图 4-43 “重排窗口”对话框

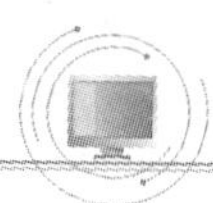

在“排列方式”选项组中选择需要的方式。

1）“平铺”单选按钮。点选该单选按钮后，各工作簿窗口均匀摆放在 Excel 主窗口中，如图 4-44 所示。

学生信息表.xlsx

学生信息表

序号	姓名	性别	年龄	专业
1	邓远彬	男	16	计算机
2	邓云华	男	17	计算机
3	黄仕玲	女	16	计算机
4	李迅宇	男	18	计算机
5	梁海平	男	16	计算机
6	刘富彪	男	15	计算机
7	刘金华	男	16	计算机
8	刘章辉	男	16	计算机
9	欧海军	男	17	计算机
10	叶建琴	男	16	计算机
11	张晓丽	女	18	计算机
12	邹文晴	女	16	计算机
13	杜蔚	男	15	计算机
14	高雅芬	女	16	计算机
15	谷汉方	男	18	计算机

学生表 Sheet2

学生成绩表.xlsx:2

学生成绩表

序号	姓名	计算机	数学	英语
1	邓远彬	59	95	72
2	邓云华	46	82	73
3	黄仕玲	61	83	81
4	李迅宇	48	90	79
5	梁海平	50	84	85

成绩表 Sheet2 Sheet3

学生成绩表.xlsx:1

学生成绩表

序号	姓名	计算机	数学	英语
1	邓远彬	59	95	72
2	邓云华	46	82	73
3	黄仕玲	61	83	81
4	李迅宇	48	90	79
5	梁海平	50	84	85

成绩表 Sheet2 Sheet3

就绪 100%

图 4-44　平铺效果

2）“水平并排”单选按钮。点选该单选按钮后，各工作簿窗口上下并列地摆放在 Excel 主窗口中，如图 4-45 所示。

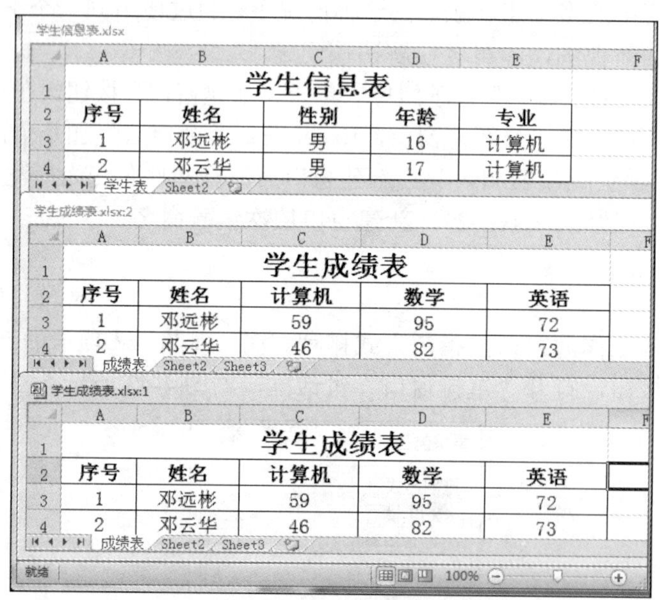
学生信息表.xlsx

学生信息表

序号	姓名	性别	年龄	专业
1	邓远彬	男	16	计算机
2	邓云华	男	17	计算机

学生表 Sheet2

学生成绩表.xlsx:2

学生成绩表

序号	姓名	计算机	数学	英语
1	邓远彬	59	95	72
2	邓云华	46	82	73

成绩表 Sheet2 Sheet3

学生成绩表.xlsx:1

学生成绩表

序号	姓名	计算机	数学	英语
1	邓远彬	59	95	72
2	邓云华	46	82	73

成绩表 Sheet2 Sheet3

就绪 100%

图 4-45　水平并排效果

3）“垂直并排”单选按钮。点选该单选按钮后，各工作簿窗口左右并列地摆放在 Excel 主窗口中，如图 4-46 所示。

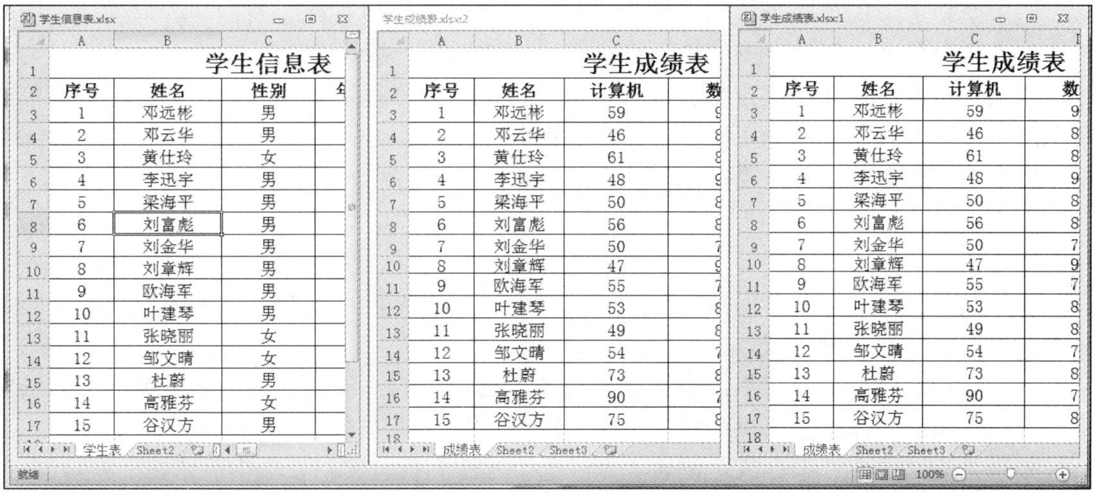

学生信息表.xlsx

	A	B	C
1	学生信息表		
2	序号	姓名	性别
3	1	邓远彬	男
4	2	邓云华	男
5	3	黄仕玲	女
6	4	李迅宇	男
7	5	梁海平	男
8	6	刘富彪	男
9	7	刘金华	男
10	8	刘章辉	男
11	9	欧海军	男
12	10	叶建琴	男
13	11	张晓丽	女
14	12	邹文晴	女
15	13	杜蔚	男
16	14	高雅芬	女
17	15	谷汉方	男

学生成绩表.xlsx:2　学生成绩表.xlsx:1

	A	B	C
1	学生成绩表		
2	序号	姓名	计算机
3	1	邓远彬	59
4	2	邓云华	46
5	3	黄仕玲	61
6	4	李迅宇	48
7	5	梁海平	50
8	6	刘富彪	56
9	7	刘金华	50
10	8	刘章辉	47
11	9	欧海军	55
12	10	叶建琴	53
13	11	张晓丽	49
14	12	邹文晴	54
15	13	杜蔚	73
16	14	高雅芬	90
17	15	谷汉方	75

图 4-46　垂直并排效果

4）"层叠"单选按钮。点选该单选按钮后，各工作簿窗口层叠排列，最前面的窗口完全显示，其余各窗口依次显示标题栏。

在默认情况下，Excel 会对当前所有已经打开的窗口进行重排，如果只对当前活动工作簿（Excel 默认只有一个是当前活动工作簿窗口）的各个窗口进行重排，则勾选"重排窗口"对话框中的"当前活动工作簿的窗口"复选框。

3. 拆分窗口

如果要独立地显示并滚动工作表中的不同部分，可以使用拆分窗口功能。

拆分窗口时，选中要拆分的某一单元格位置，然后在"视图"选项卡的"窗口"选项组中单击"拆分"按钮，这时 Excel 自动在选中的单元格处将工作表拆分为 4 个独立的窗格，如图 4-47 所示。可以通过鼠标移动工作表上出现的拆分框，以调整各窗格的大小。

	A	B	C	D	E
1			学生成绩表		
2	序号	姓名	计算机	数学	英语
3	1	邓远彬	59	95	72
4	2	邓云华	46	82	73
5	3	黄仕玲	61	83	81
6	4	李迅宇	48	90	79
7	5	梁海平	50	84	85
8	6	刘富彪	56	82	75
9	7	刘金华	50	76	73
10	8	刘章辉	47	95	69
11	9	欧海军	55	75	79
12	10	叶建琴	53	81	75
13	11	张晓丽	49	84	89
14	12	邹文晴	54	78	90
15	13	杜蔚	73	85	85
16	14	高雅芬	90	75	98
17	15	谷汉方	75	85	68

图 4-47　拆分窗口

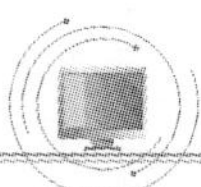

如果要将窗口仅在水平方向上拆分，可单击需要拆分列右侧的列标，选中该列，或单击选中需要拆分列右侧最上方的单元格，再单击“拆分”按钮。

如果要将窗口仅在垂直方向上拆分，可选中需要拆分行下方行号，选中该行，或单击选中拆分行下方最左侧的单元格，再单击“拆分”按钮。

要取消拆分，再次单击“拆分”按钮即可。

4. 冻结窗口

如果要在工作表滚动时保持行列标志或其他数据可见，可以通过冻结窗口功能来固定显示窗口的顶部和左侧区域。

如果只是冻结首行或首列，直接在“视图”选项卡的“窗口”选项组中单击“冻结窗格”下拉按钮，在弹出的下拉菜单中选择“冻结首行”或“冻结首列”命令。

如果要冻结上方若干行或左侧若干列，选中方法同拆分窗口，选中后单击“冻结窗格”下拉按钮，在弹出的下拉菜单中选择“冻结拆分窗格”命令，如图 4-48 所示。

要取消冻结，再次单击“冻结窗格”下拉按钮，从弹出的下拉菜单中选择“取消冻结窗格”命令即可。

5. 工作簿视图

在 Excel 2010 中，用户可以调整工作簿的显示方式。在“视图”选项卡的“工作簿视图”选项组中可选择视图模式，如图 4-49 所示。

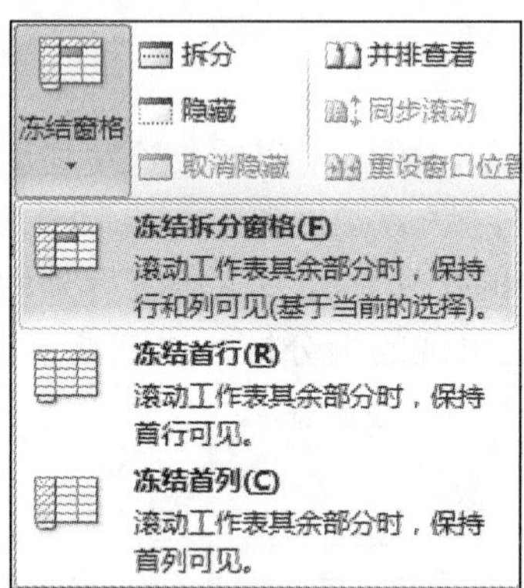

图 4-48 “冻结窗格”下拉菜单

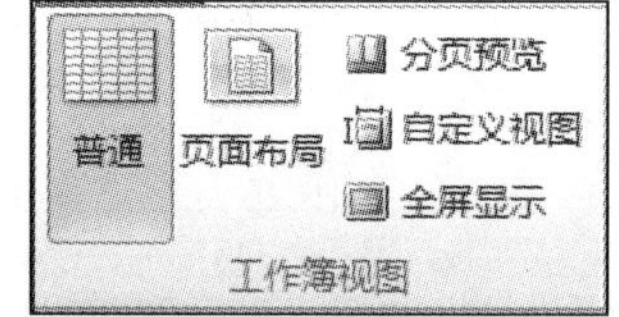

图 4-49 “工作簿视图”选项组

6. 设置工作表显示的比例

如果工作表的数据量很大，使用正常的显示比例不便于对数据进行浏览和修改，则可以重新设置显示比例。

在“视图”选项卡的“显示比例”选项组中，单击“显示比例”按钮，打开“显示比例”对话框。在对话框的“缩放”选项组中选择要调整的工作表显示比例。

4.3.4　保护工作表和工作簿数据

设置保护工作簿和工作表可限制对工作簿和工作表进行访问。Excel 2010 提供了多种方式，用来对用户如何查看或改变工作簿和工作表中的数据进行限制。利用这些限制，可以防止其他人更改工作表中的部分或全部内容，查看隐藏的数据行或列，查阅公式等；还可以防止其他人添加或删除工作簿中的工作表，或者查看其中的隐藏工作表。

1．保护工作表

选择要保护的工作表，在“审阅”选项卡中的“更改”选项组中，单击“保护工作表”按钮，打开“保护工作表”对话框，如图 4-50 所示。设置保护密码，在“允许此工作表的所有用户进行”列表框中选择保护项目，如勾选 “选定锁定单元格”“选定未锁定的单元格”复选框，单击“确定”按钮，则该工作表只允许选定查看工作表中数据，而其他操作选项变成灰色为不可用状态，无法实现修改等。

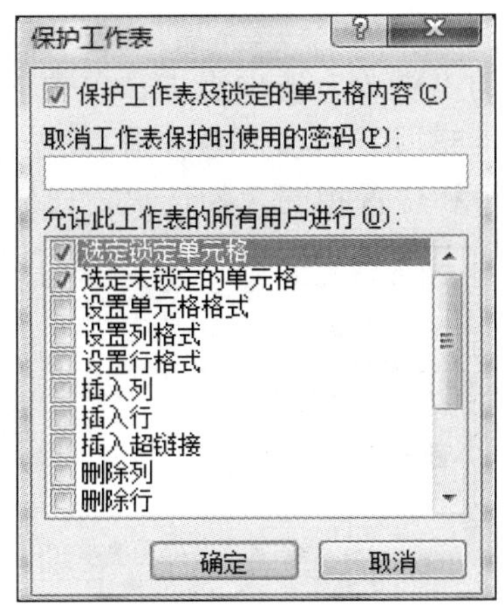

图 4-50　“保护工作表”对话框

要取消保护工作表操作，当工作表被保护后，在“审阅”选项卡的“更改”选项组中，“保护工作表”按钮变成了“撤销工作表保护”按钮，单击该按钮，即可取消保护，恢复到原来状态。

2．设置允许用户编辑区域

工作表被保护后，其中的所有单元格都将无法编辑。对于大多数工作表来说，往往需要用户编辑工作表中的一些区域，此时就需要在被保护工作表中设置允许用户编辑的区域。

方法：在执行工作表保护操作之前，在“审阅”选项卡的“更改”选项组中，单击“允许用户编辑区域”按钮，打开如图 4-51 所示的“允许用户编辑区域”对话框，单击“新建”按钮，打开“新区域”对话框，如图 4-52 所示，设置引用单元格区域及密码，单击“确定”按钮。待允许编辑区域设置完后，再设置工作表保护，则在对选定区域编辑时输入编辑密码即可实现修改操作。

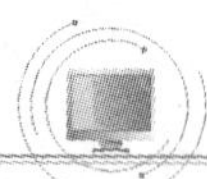

图 4-51 “允许用户编辑区域”对话框

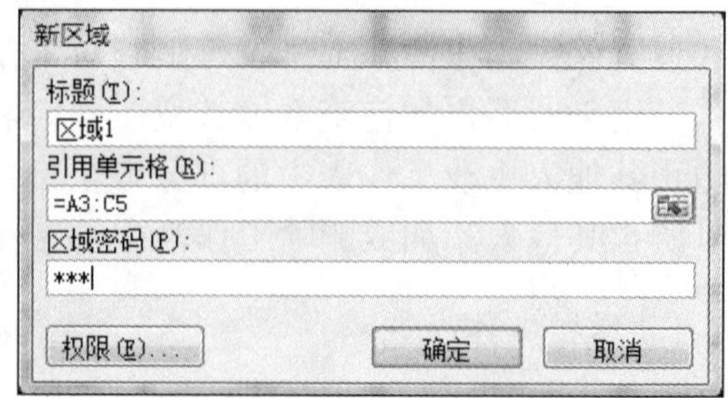

图 4-52 “新区域”对话框

3. 保护工作簿

保护工作簿是指通过组织创建新工作表或者仅授权特定用户访问来限定对工作簿的访问。

方法：在“审阅”选项卡的“更改”选项组中，单击“保护工作簿”按钮，弹出“保护结构和窗口”对话框，如图 4-53 所示。要保护工作簿的结构，勾选“结构”复选框；要使工作簿窗口在每次打开时大小和位置相同，勾选“窗口”复选框。

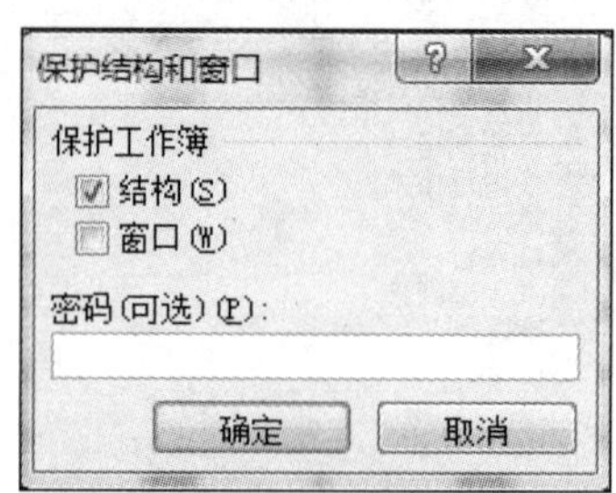

图 4-53 “保护结构和窗口”对话框

实训 4.2 工作表基本操作

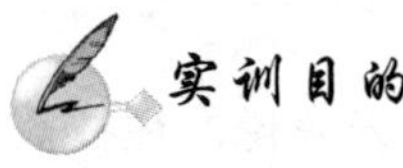

实训目的

1）掌握工作表格式设置方法。
2）掌握工作表的基本操作。
3）掌握工作表页面设置和打印功能。

实训内容

1）新建一个工作簿 test2.xlsx，重命名 Sheet1 工作表名称为“图书表”，重命名 Sheet2 工作表名称为“图书统计”。

2）设置“图书表”工作表标签颜色为深红色，设置“图书统计”工作表标签颜色为黄色。

3）在“图书表”工作表中，除“类别”列，其他列按图 4-54 所示效果录入数据，部分列详细要求见后续操作。

	A	B	C	D	E	F	G	H	I
1	图书信息表								
2	书号	书名	类别	作者	出版社	出版时间	单价	总数量	库存量
6	104	计算机信息检索	计算机	李莹等编著	清华大学出版社	1997-11	￥12	3	3
7	105	信息检索导论	计算机	付兴奎主编	高等教育出版社	2004-5	￥15	5	3
8	106	信息检索实用教程	计算机	葛敬明主编	高等教育出版社	2005-9	￥26	5	1
9	107	科技文献检索	计算机	陈馨武编	高等教育出版社	1987-4	￥8	5	2
10	108	本体理论在文献检索系统中的应用研究	计算机	李景著	浙江大学出版社	2005-8	￥26	3	0
11	109	计算机网络基础	计算机	张基温编著	中国人民大学出版社	2003-8	￥35	3	3
12	110	运筹学基础教程	金融	魏权龄，胡显佑编著	中国人民大学出版社	2005-9	￥19	3	2
13	111	魔戒前传：霍比特人	文学	（美）J.R.R.Tolkien著	上海译文出版社	1998-3	￥10	3	2
14	112	古希腊众神的生活	文学	（法）裘利亚·西萨	上海译文出版社	1997-2	￥30	3	1
15	113	长路漫漫	文学	（塞拉利昂）伊斯梅尔·比亚著	上海译文出版社	2000-8	￥22	3	2
16	114	专业硕士研究生英语自学手册	外语	主编王爱华，李淑静	北京大学出版社	2006-5	￥29	4	2
17	115	通信网理论概要	通信	纪阳编著	北京邮电大学出版社	2002-7	￥22	3	3
18	116	通信软件设计基础	通信	主编宋茂强	北京邮电大学出版社	2003-4	￥29	3	2
19	117	恰到好处的生活	文学	（美）劳拉·纳什（Laura Nash）	高等教育出版社	2006-7	￥28	4	1
20	118	英语口译教程	外语	梅德明主编	高等教育出版社	2003-9	￥45	4	1
21	119	纯正英语口语	外语	张艳莲，（英）Simon Jacobson编著	北京大学出版社	2007-8	￥26	4	0
22	120	英语学位论文写作教程	外语	黄国文，（英）M. Ghadessy编著	高等教育出版社	2001-5	￥25	5	0

图 4-54　“图书表”工作表内容

4）合并后居中单元格 A1:I1，填写标题“图书信息表”，隶书、26 号字。

5）第 2 行标题行：黑体、12 号字。

6）书号：自动填充文本序列 101～120。

7）类别：先设置该列数据有效性为序列数据，来自“计算机”“金融”“文学”“外语”“通信”，然后通过选择序列中数据完成该列数据输入。

8）数据表列宽：调整表格列宽为自动调整列宽。

9）库存量：设置条件格式，将库存量为 0 的单元格设置为“浅红填充色深红色文本”。

10）边框：为 A2:I22 单元格区域设置“所有框线”和“粗匣框线”。

11）填充颜色：为 A2:I2 标题行区域设置填充颜色为水绿色、淡色 40%；为 A3:I22 单元格区域设置填充颜色为水绿色、淡色 80%。

12）冻结数据表前两行。

13）纸张方向与页边距设置：设置工作表纸张方向为横向，左、右页边距均为 1，水平居中。

14）页眉、页脚：自定义页眉为“Excel 实验”、居中，页脚为“第 X 页，共 X 页”。

15）打印区域：设置 A1:I22 单元格区域为打印区域。

16）打印预览该工作表。

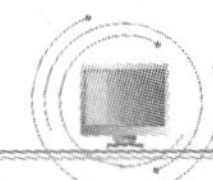

实训步骤

01 创建工作簿的方法同本章实训 4.1。

02 右击“图书表”工作表标签，在弹出的快捷菜单中选择“工作表标签颜色”命令，在打开的颜色面板中选择深红。依此方法设置“图书统计”工作表标签颜色为黄色。

03 选中 A1:I1 单元格区域，在“开始”选项卡的“对齐方式”选项组中，单击“合并后居中”按钮，在合并后的单元格中输入标题，设置字体和字号。

04 在第 2 行输入标题行文字，选中 A2:I2 单元格区域，统一设置字体、字号。

05 在 A3 单元格输入起始文本编号“’101”，将鼠标指针放在单元格右下角，当鼠标指针变为加号形状的填充柄✚时，拖动鼠标指针到 A22 单元格，即可完成后面所有编号的填充。

06 在数据表以外的其他区域，如 C25:C29，输入“计算机”“金融”“文学”“外语”“通信”数据序列，选中 C3:C22 单元格区域，在“数据”选项卡的“数据工具”选项组中，单击“数据有效性”下拉按钮，在弹出的下拉菜单中选择“数据有效性”命令，打开“数据有效性”对话框，如图 4-55 所示。在“允许”下拉列表中选择“序列”选项，出现“还原”选项，然后设置来源为之前输入的数据序列区域 C25:C29。

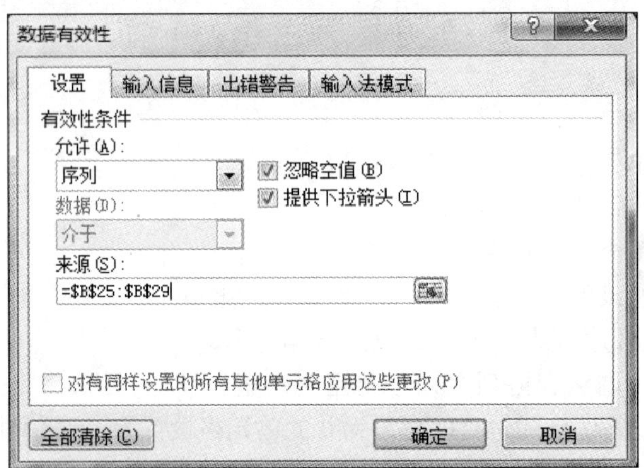

图 4-55　“数据有效性”对话框

07 选中整个工作表，在“开始”选项卡的“单元格”选项组中，单击“格式”下拉按钮，在弹出的下拉菜单中选择“自动调整列宽”命令。

08 选中 I3:I22 单元格区域，在“开始”选项卡的“样式”选项组中，单击“条件格式”下拉按钮，在弹出的下拉菜单中选择“突出显示单元格规则”→“等于”命令，如图 4-56 所示，打开“等于”对话框，在输入框中输入“0”，在“设置为”下拉列表框中选择“浅红填充色深红色文本”，单击“确定”按钮完成设置。

09 选中 A2:I22 单元格区域，在“开始”选项卡的“字体”选项组中，单击“下框线”按钮右侧的下拉按钮，在弹出的下拉菜单中先选择“所有框线”命令，再选择“粗匣框线”命令，如图 4-57 所示。

图 4-56　“条件格式”下拉菜单

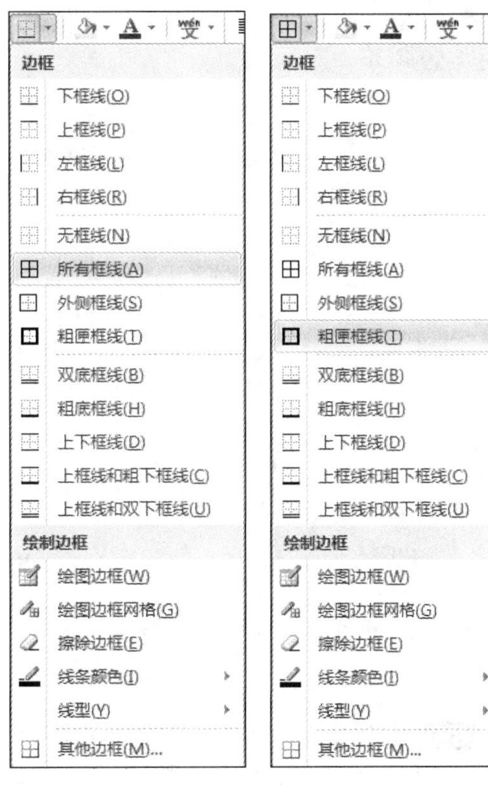

图 4-57　边框设置

10 选中 A2:I2 标题行区域，在“开始”选项卡的 “字体”选项组中，单击“填充颜色”按钮右侧的下拉按钮，在弹出的下拉菜单中选择颜色为水绿色、淡色 40%；按同样方法为 A3:I22 单元格区域设置填充颜色为水绿色、淡色 80%。

11 选中 A3:I3 单元格区域，在“视图”选项卡的“窗口”选项组中，单击“冻结窗格”下拉按钮，在弹出的下拉菜单中选择“冻结拆分窗格”命令，如图 4-58 所示。

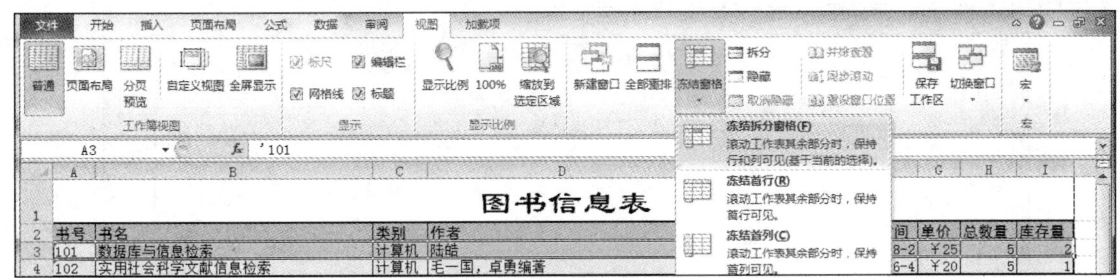

图 4-58　选择“冻结拆分窗格”命令

12 纸张方向与页边距：选中工作表任意位置，在“页面布局”选项卡的“页面设置”选项组中，单击“纸张方向”下拉按钮，在弹出的下拉菜单中选择“横向”命令，单击“纸

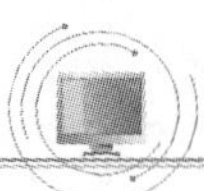

张大小”下拉按钮，在弹出的下拉菜单中选择“其他纸张大小”命令，打开“页面设置”对话框，选择“页边距”选项卡，设置左、右页边距均为“1”，并勾选“水平”复选框，如图 4-59 所示。

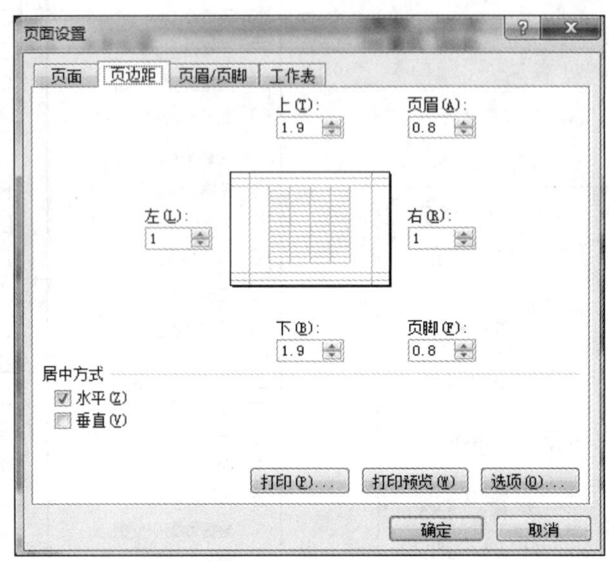

图 4-59　“页边距”选项卡

13 在“页面设置”对话框中选择“页眉/页脚”选项卡，单击“自定义页眉”按钮，打开“页眉”对话框，在“中”输入框中输入“Excel 实验”，如图 4-60 所示，单击“确定”按钮关闭“页眉”对话框；在“页脚”下拉列表框中选择“第 1 页，共？页”选项，如图 4-61 所示。

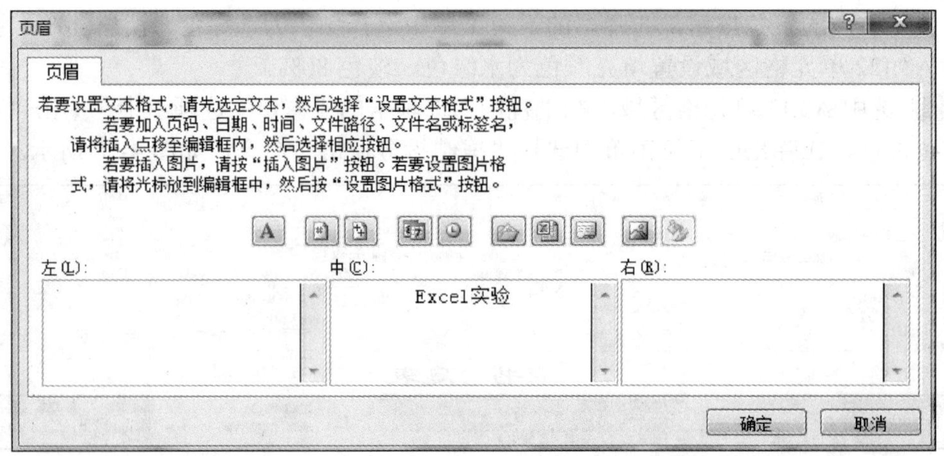

图 4-60　“页眉”对话框

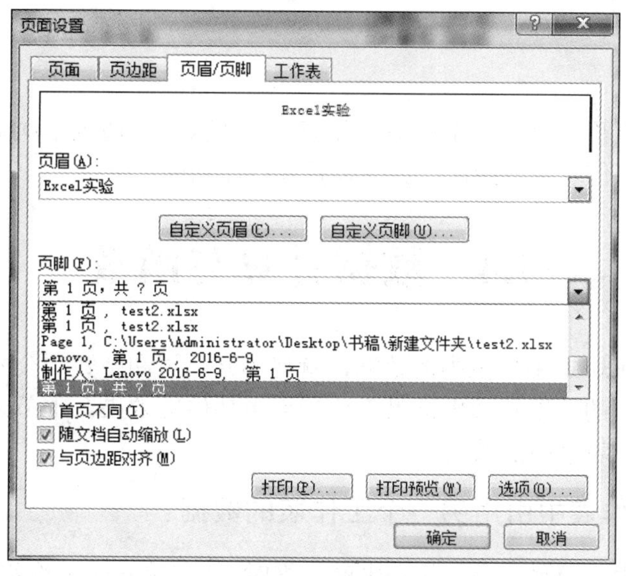

图 4-61　“页眉/页脚”选项卡

14 选中 A1:I22 单元格区域，在“页面布局”选项卡的“页面设置”选项组中，单击“打印区域”下拉按钮，在弹出的下拉菜单中选择“设置打印区域”命令。

15 选中工作表任意位置，单击“自定义快速访问工具栏”下拉按钮，在弹出的下拉菜单中选择“打印预览和打印”命令，即可将打印预览和打印命令添加到快速访问区，单击“打印预览和打印”按钮，即可打印预览，如图 4-62 所示。

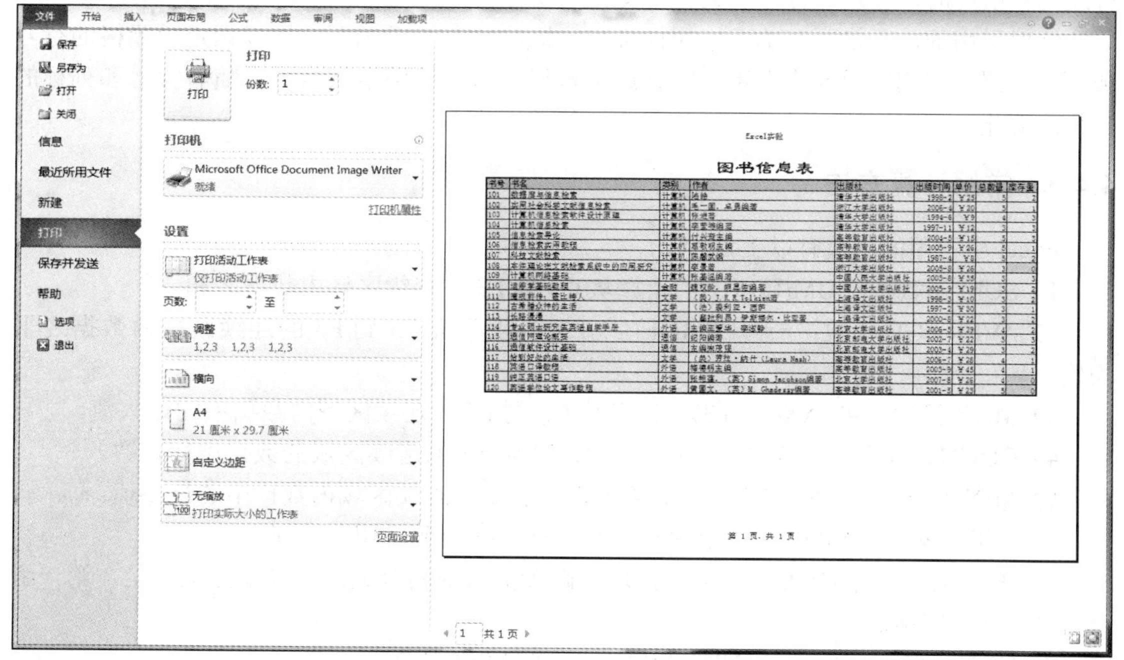

图 4-62　打印预览窗口

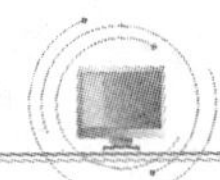

实训小结

本次实训主要检验同学们对 Excel 工作表的基本操作。通过本次实训，同学们掌握了工作表格式设置、工作表基本操作、页面设置和打印功能。

4.4 数据计算与函数

要分析和处理 Excel 工作表中的数据，就离不开公式和函数。公式和函数可以帮助用户快速地计算表格中的数据并输出结果，达到事半功倍的效果。本节来详细介绍如何使用公式与函数计算电子表格中的数据。

4.4.1 在当前工作表中引用另一个工作表的数据

在当前工作表中引用另一个工作表中的数据时，要在单元格名称前加上工作表名称（如“SheetN!”，N 为工作表的序号），如=COUNTIF(Sheet1!$C$2:$C$11,B3)。

如果被引用的工作表经过了重命名，则应加上新工作表名。例如，若 Sheet1 已被重命名为“职工工资表”，则公式应该改为=COUNTIF(职工工资表!$C$2:$C$11,B3)。

4.4.2 绝对引用和相对引用

相对引用的单元格，直接在公式中输入单元格名称即可，相对引用的单元格在不同的行或列被引用时，会随着行号和列标的变化而变化。

绝对引用的单元格要在单元格的行号或列标前加上“$”符号，用以锁定单元格的行号或列标，绝对引用的单元格在不同的行或列被引用时，被锁定部分不会随着行号和列标的变化而变化。

4.4.3 常用计算方法

Excel 中常用的函数有以下几种。

1）SUM 函数：=SUM(C3:F3)，计算从 C3 到 F3 的连续区域内数据之和。

2）AVERAGE 函数：=AVERAGE(C3:F3)，计算从 C3 到 F3 的连续区域内数据之平均值。

3）MAX 函数：=MAX(C3:F3)，计算从 C3 到 F3 的连续区域内数据中的最大值。

4）COUNT 函数：=COUNT(C3:F3)，对 C3 到 F3 的连续区域的数据进行计数。

5）MIN 函数：=MIN(C3:F3)，计算从 C3 到 F3 的连续区域内数据中的最小值。

6）NOW 函数：=NOW( )，返回日期时间格式的当前日期和时间。

7）IF 函数：=IF(H3=0,"","缺勤")，用于缺勤的情况的登记，特别要注意的是，第一组双引号之间无空格。

8）COUNTIF 函数：=COUNTIF(Sheet1!$C$2:$C$11,B3)。

1. 自动求和计算

求和计算是一种最常用的公式计算，Excel 2010 提供了快捷的自动求和方法。在“开始”选项卡的“编辑”选项组中，单击“自动求和”按钮，Excel 2010 将自动对活动单元格上方或左侧的数据进行求和计算。Excel 2010 把“自动求和”的实用功能扩充为包含了大部分常用函数的下拉菜单。操作步骤如下：

01 选中存放计算求和结果的单元格，如图 4-63 所示。

	C	D	E	F
3	语文	数学	英语	总分
4	59	95	72	
5	46	82	73	
6	61	83	81	
7	48	90	79	

图 4-63　选中存放计算求和结果的单元格

02 在“开始”选项卡的“编辑”选项组中，单击“自动求和”按钮，Excel 将自动给出求和函数以及求和数据区域，如图 4-64 所示。

	C	D	E	F	G
3	语文	数学	英语	总分	
4	59	95	72	=SUM(C4:E4)	
5	46	82	73	SUM(number1, [number2], ...)	
6	61	83	81		
7	48	90	79		

图 4-64　自动设置求和区域

03 按 Enter 键，计算结果如图 4-65 所示。

	C	D	E	F
3	语文	数学	英语	总分
4	59	95	72	226
5	46	82	73	
6	61	83	81	
7	48	90	79	

图 4-65　计算结果

2. 使用公式计算

公式是在工作表中对数据进行分析的等式，它可以对工作表数值进行加、减、乘和除等运算。公式中的运算符有算术运算符（表 4-3）、比较运算符、文本运算符和引用运算符。

表 4-3　算术运算符

算术运算符	含义
+	加号
–	减号
*	乘号

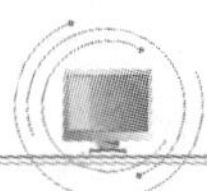

续表

算术运算符	含义
/	除号
%	百分比
^	乘方

输入公式的具体操作步骤如下：

01 选定要输入公式的单元格 C3，并在单元格中输入一个“=”符号，如图 4-66 所示。

02 输入“A1*B2”，如图 4-67 所示。

03 按 Enter 键，在单元格中显示计算结果，如图 4-68 所示。

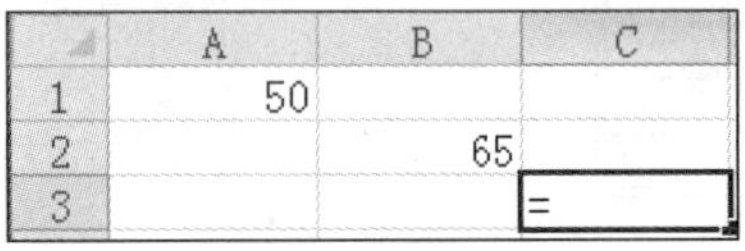

图 4-66　输入“=”

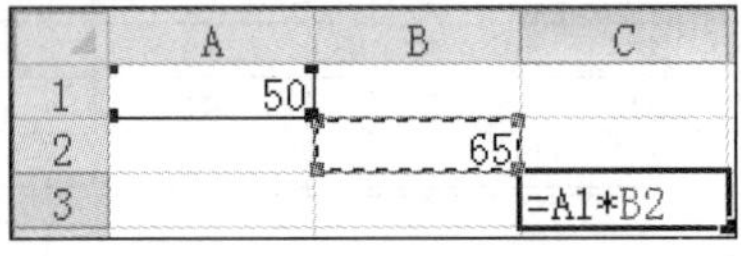

图 4-67　输入“A1*B2”

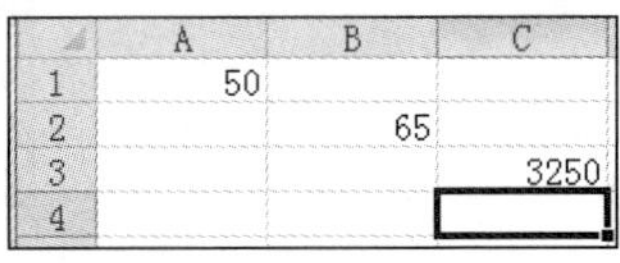

图 4-68　计算结果

Excel 2010 的公式以“=”开头，后面跟有运算符、单元格地址、数值、函数等元素组成的表达式。算术运算符的优先运算顺序：百分号、乘方、乘法和除法、加法和减法。同级运算按从左到右的顺序进行。如果有圆括号，则先算括号内的，后算括号外的。

3. 使用函数计算

Excel 2010 中包含了各种各样的函数，如常用函数、财务函数、日期与时间函数、数学与三角函数、统计函数、查找与引用函数、数据库函数、文本函数、逻辑函数和信息函数等。用户可用这些函数对单元格区域进行计算。

使用函数的具体操作步骤如下：

01 选定需要插入函数的单元格。

02 单击编辑栏中的“插入函数”按钮，打开“插入函数”对话框，如图 4-69 所示。在“或选择类别”下拉列表框中选择要插入的函数类型，在“选择函数”列表框中选择要使用的函数。

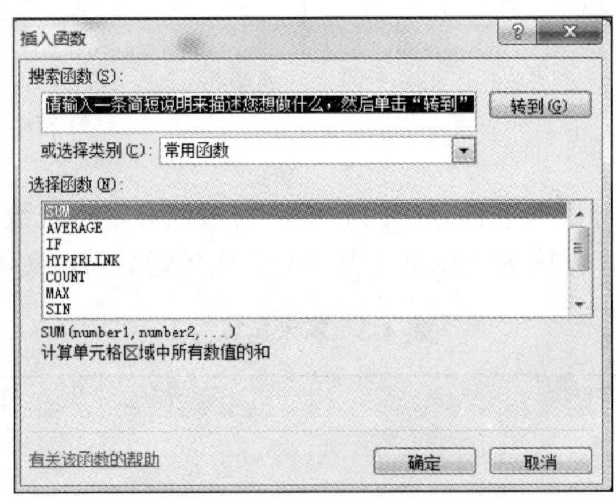

图 4-69　“插入函数”对话框

03 单击“确定”按钮，打开“函数参数”对话框，如图 4-70 所示。其中显示了函数的名称、函数功能、参数、参数的描述、函数的当前结果等。

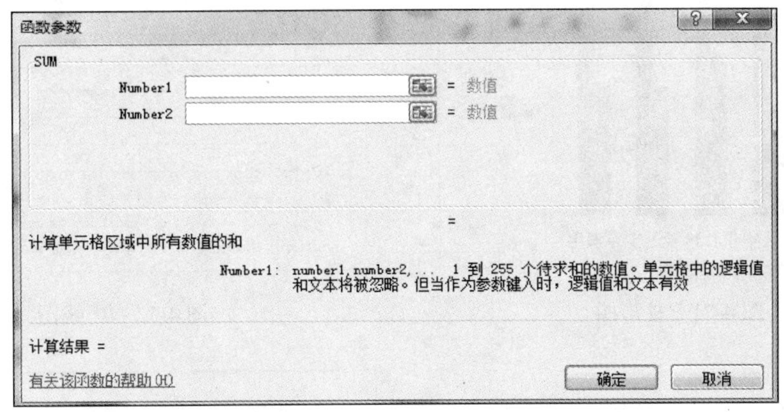

图 4-70　“函数参数”对话框

04 在参数文本框中输入数值、单元格引用区域，或者用鼠标在工作表中选定数据区域，单击“确定”按钮，在选定单元格中将会显示出函数计算的结果。

4.5　图 表 操 作

Excel 的强大功能之一是图表功能，该功能可以使图表直观地显示数据，从而便于用户观察及分析数据。Excel 自带了 11 种图表类型，用户可根据不同的数据类型选择不同的图表类型。

4.5.1　图表类型

Excel 提供了 11 种图表类型，分别为柱形图、折线图、饼图、条形图、面积图、散点图、股价图、曲面图、圆环图、气泡图以及雷达图。各种图表各有优点，适用于不同的场合，部分图表类型的具体说明如下：

1）柱形图主要适用于排列在工作表的列或行中的数据，主要用来比较数值大小、变化与比例，如图 4-71 所示。

2）折线图主要适用于排列在工作表的列或行中的数据，用来反映数值与整体、数值自身的变化趋势，如图 4-72 所示。

3）饼图主要适用于排列在工作表的一列或一行中的数据，主要用来显示数值具体部分及局部变化情况，如图 4-73 所示。

4）条形图主要适用于排列在工作表的列或行中的数据，主要用来显示数值的大小、变化与比例，如图 4-74 所示。

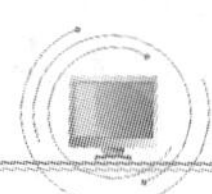

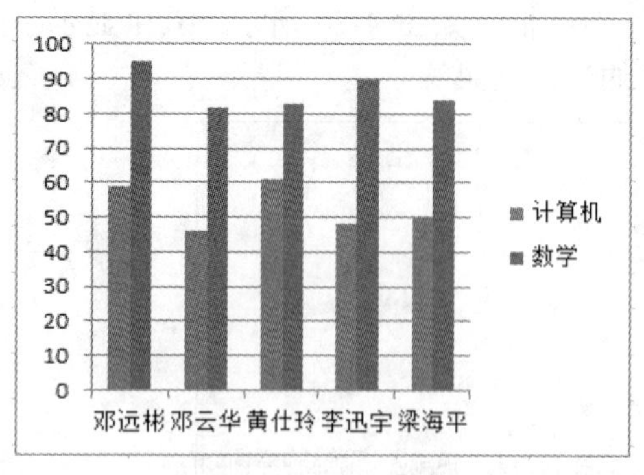

图 4-71　柱形图

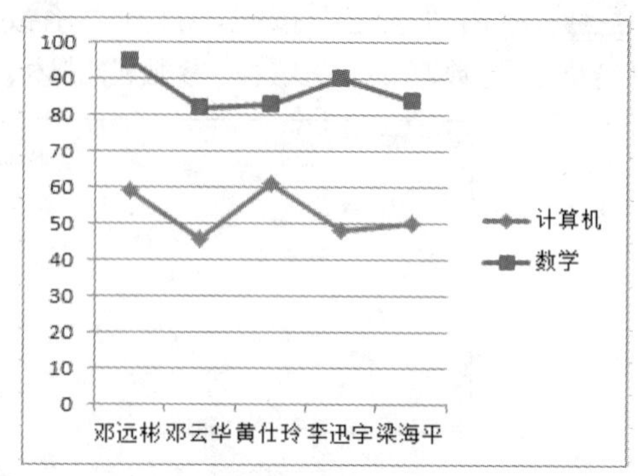

图 4-72　折线图

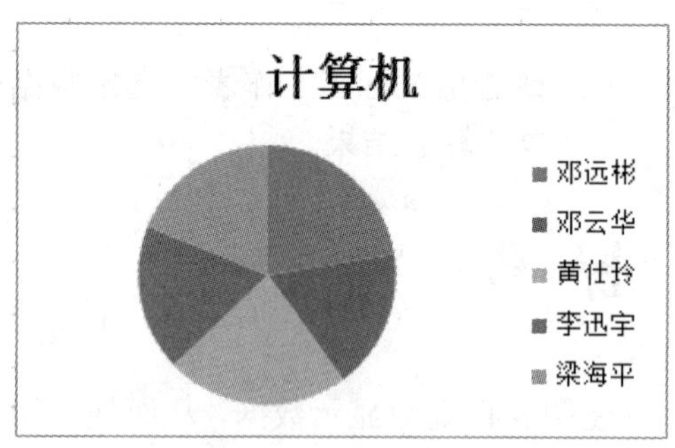

图 4-73　饼图

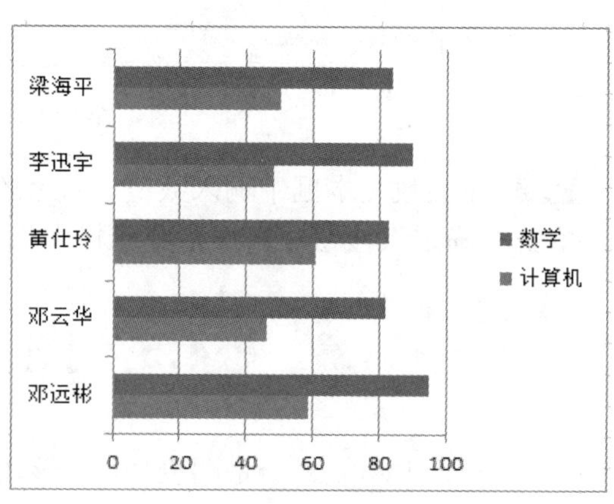

图 4-74　条形图

5）面积图主要适用于排列在工作表的列或行中的数据，主要用来显示单个数值及单个数值所占百分比的变化情况，如图 4-75 所示。

6）散点图主要适用于排列在工作表的列或行中的数据，主要用来显示成对数值之间的规律、关系及波动趋势，如图 4-76 所示。

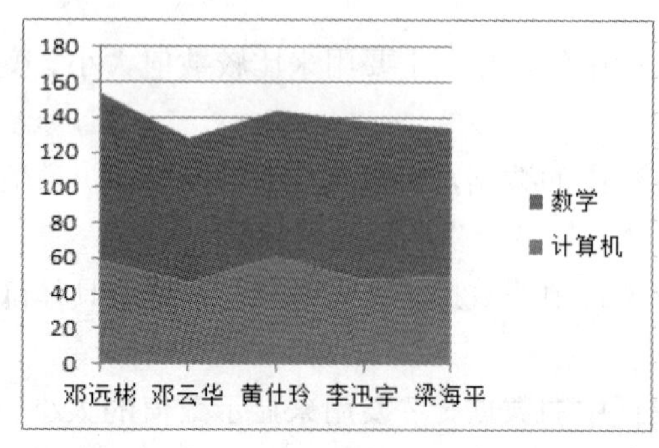

图 4-75　面积图

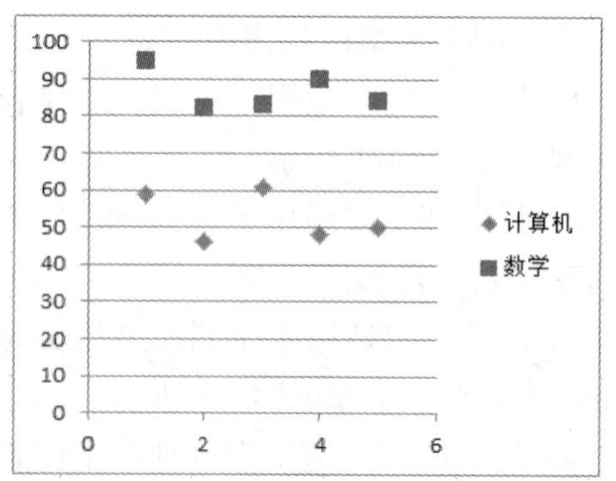

图 4-76　散点图

7）曲面图主要适用于排列在工作表的列或行中的数据，主要用来显示数据的变化范围与变化趋势，如图 4-77 所示。

8）圆环图主要适用于排列在工作表的列或行中的数据，主要用来显示单个数值的变化以及与总数值的比例情况，如图 4-78 所示。

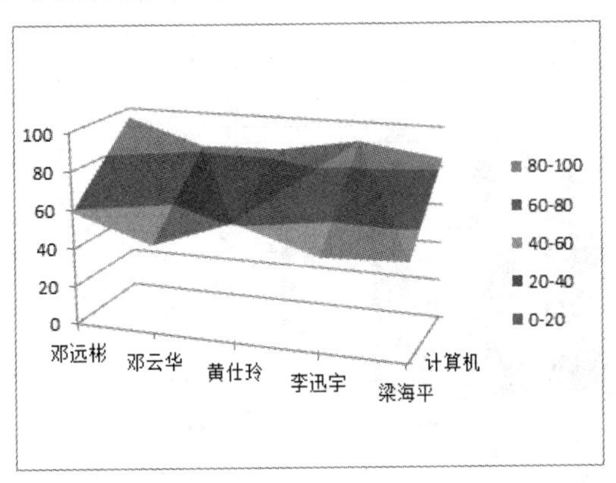

图 4-77　曲面图

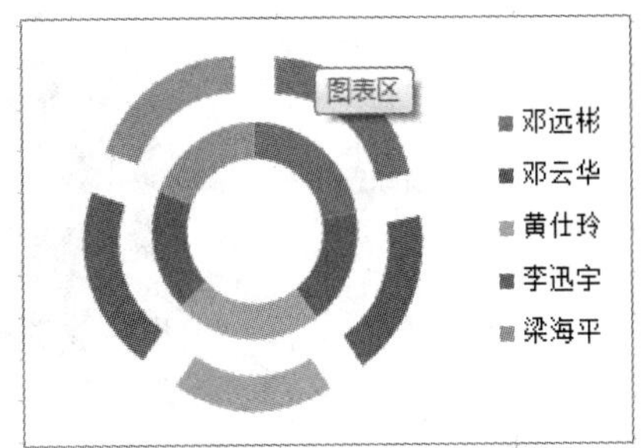

图 4-78　圆环图

9）气泡图主要适用于排列在工作表的列中的数据，主要用来显示数值之间的变化趋势，如图 4-79 所示。

10）雷达图主要适用于排列在工作表的列或行中的数据，主要用来显示数据系列的差别与比较情况，如图 4-80 所示。

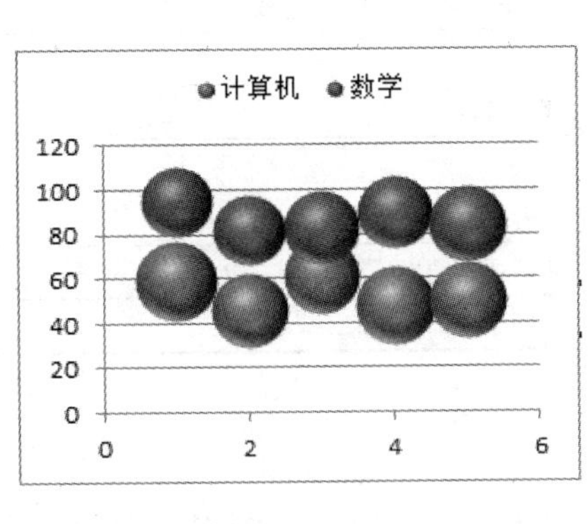

图 4-79　气泡图

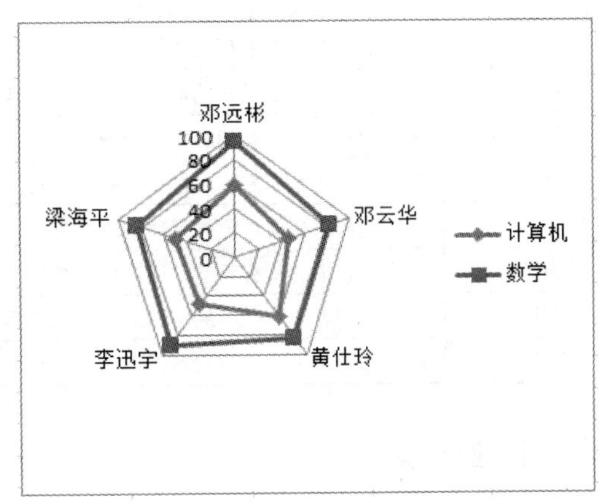

图 4-80　雷达图

4.5.2　图表术语

在 Excel 2010 中，不论哪一种类型的图表，生成时的两种样式，一种是嵌入式图表，另一种是图表工作表。嵌入式图表就是将图表看成一个图形对象，并作为工作表的一部分进行保存；图表工作表是工作簿中具有特定工作表名称的独立工作表。在需要查看独立于

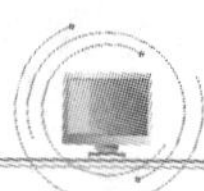

工作表数据或编辑大而复杂的图表或节省工作表上的屏幕空间时，就可以使用图表工作表。每一个图表包含多种图表元素，在开始创建图表之前，应熟悉以下图表元素术语，如图 4-81 所示，其说明见表 4-4。

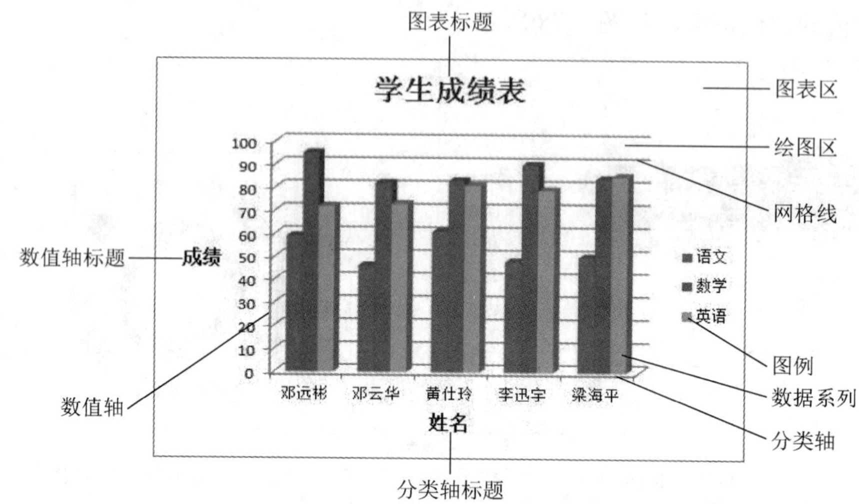

图 4-81　图表元素术语示例

表 4-4　图表元素术语说明

术语	说明
数据系列	图表中表示绘图值的条形、饼状、直线或其他元素。例如，图 4-81 中有 3 种颜色的柱形反映，左侧蓝色柱形显示语文系列的成绩，中间红色柱形显示数学系列的成绩，右侧绿色柱形显示英语系列的成绩
分类	反映一个系列中元素的数目。例如，图 4-81 中每门课程按学生姓名分类比较成绩
坐标轴	图表的一边。二维图表有一个分类轴和一个数值轴
图例	定义图表的不同系列。例如，图 4-81 右侧中的语文、数学和英语
网格线	强调数据系列的数值轴或数值轴刻度
图表区	包含图表中的所有元素，用户可以把它看作图表的主要背景
绘图区	在二维图表中，绘图区指通过坐标轴来界定的区域，包括所有数据系列
标题	图表标题是说明性的文本，可以自动与坐标轴对齐或在图表顶部居中

4.5.3　创建图表

创建图表就是将 Excel 工作表中的数据通过形象的图表显示出来。图表具有数据不能替代的直观性和形象性。通过图表可以发现很多仅通过数据不能发现的规律。下面用一个典型的例子介绍创建图表的过程，具体操作步骤如下：

01 打开学生成绩表，选中 B2:D7 单元格区域，在“插入”选项卡中的“图表”选项组中，单击“柱形图”下拉按钮，弹出的下拉菜单如图 4-82 所示。

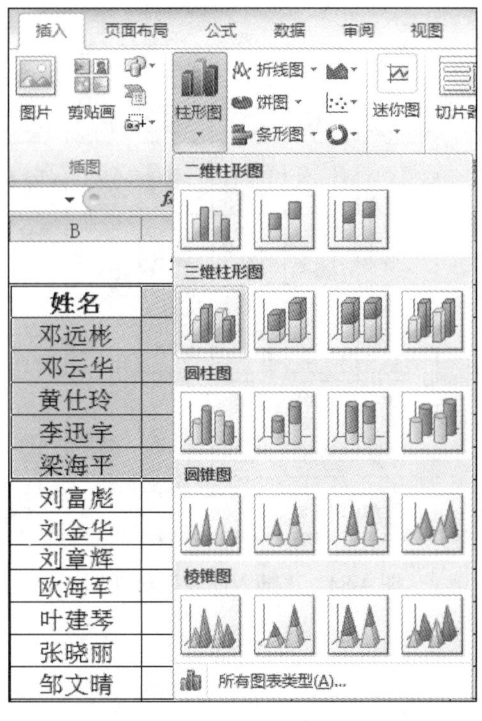

图 4-82　“柱形图”下拉菜单

02 在“柱形图”下拉菜单中选择“三维簇状柱形图”命令，即完成创建图表的操作。在工作表中将显示所创建的“三维簇状柱形图”图表，如图 4-83 所示。

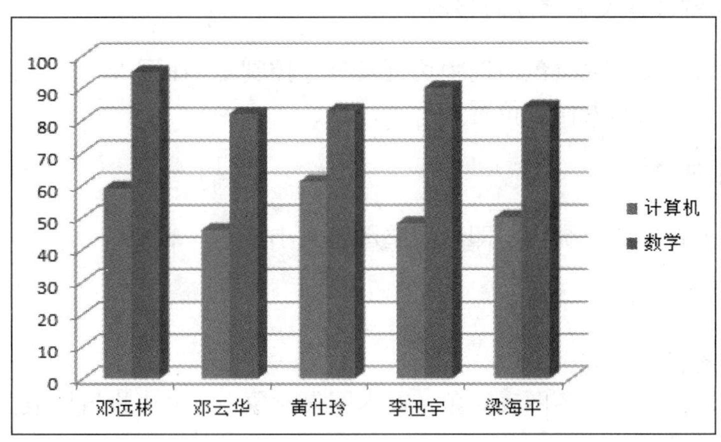

图 4-83　创建图表

若要选择更多的图表类型，只需在“插入”选项卡的“图表”选项卡中，单击对话框启动器，打开“插入图表”对话框，并进行选择，如图 4-84 所示。

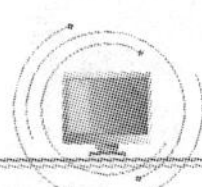

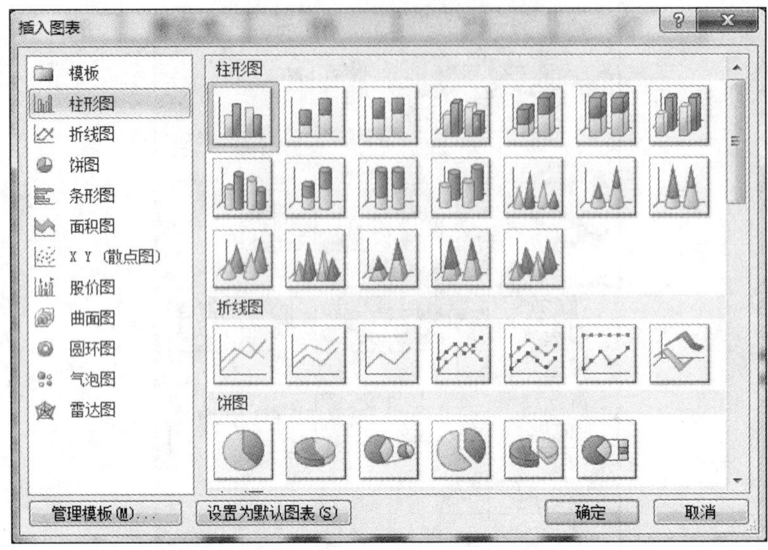

图 4-84　“插入图表”对话框

4.5.4　图表编辑

1. 图表选择

对于嵌入式图表，在图表上单击即可。对于独立式图表，在图表上右击，在弹出的快捷菜单中选择“移动图表”命令，即可选择放置图表的位置。

2. 图表在当前工作表中位置的移动

选中的图表四周会出现黑色的选中边框及尺寸控制点，在图表上按住鼠标左键并拖动，可以移动图表至当前工作表任意位置。

3. 图表大小调整

用鼠标拖动图表尺寸控制点，即可调整图表大小。

4. 图表对象格式设置

方法：双击图表对象。

用鼠标指针选择图表中各图表对象，双击图表对象，打开“设置图表区格式”对话框，进行图表对象格式设置。

5. 更改图表类型

选中要更改类型的图表，然后单击“图表工具丨设计”→“类型”→“更改图表类型”按钮，这样即可更改图表类型。

实训 4.3　图 表 应 用

实训目的

1）掌握 Excel 图表的创建步骤。
2）熟悉 Excel 图表的基本组成。
3）掌握图表各要素的编辑和修改方法。

实训内容

在“图书统计”工作表中利用“图书统计情况”中的数据创建一个饼图和一个柱形图，分别如图 4-85 和图 4-86 所示，具体要求如下：

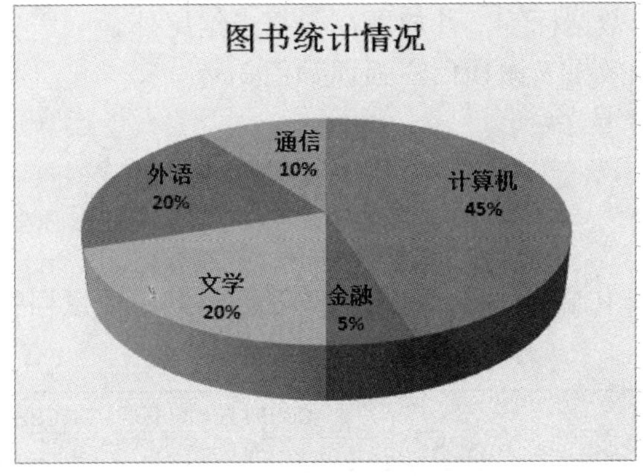

图 4-85　图书统计饼图

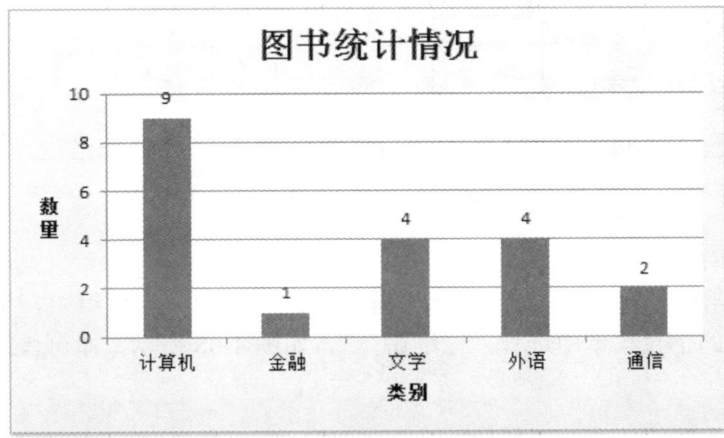

图 4-86　图书统计柱形图

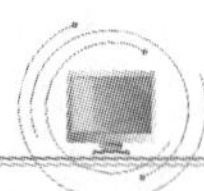

1. 饼图

1）图表类型：三维饼图。
2）图表标题：图书统计情况。
3）图表布局：布局 1。
4）图表样式：样式 2。
5）图表大小：高度 9、宽度 12。
6）图例标签文字：12 号字、加粗。
7）图表区填充色：水绿色、淡色 80%。

2. 柱形图

1）图表类型：簇状柱形图。
2）图表标题：图书统计情况。
3）坐标轴标题：横坐标轴下方显示标题“类别”，竖排显示坐标轴标题“数量”。
4）图例：不显示。
5）数据标签：显示数据标签，并放置在数据点结尾外。
6）形状样式：细微效果—橄榄色，强调颜色 3。
7）图表中文字：14 号字。

01 在数量统计表中输入数据，如图 4-87 所示。其中数量列中的数据使用 COUNTIF 函数生成。

C4 =COUNTIF(图书表!C3:C22,"计算机")

	A	B	C	D	E	F	G
1							
2		图书统计情况					
3		类别	数量				
4		计算机	9				
5		金融	1				
6		文学	4				
7		外语	4				
8		通信	2				

图 4-87　图书统计表

02 创建饼图。

① 选中数据区域 B2:C8，在“插入”选项卡的“图表”选项组中，单击“饼图”下拉按钮，在弹出的下拉菜单中选择“三维饼图”，如图 4-88 所示，即可快速生成图表，如图 4-89 所示。

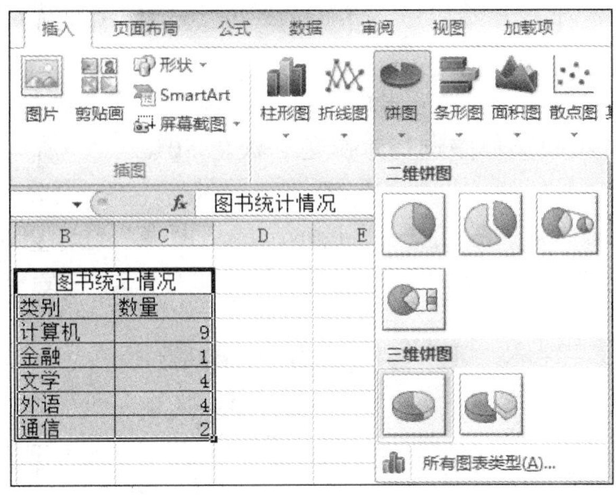

图 4-88　插入图表

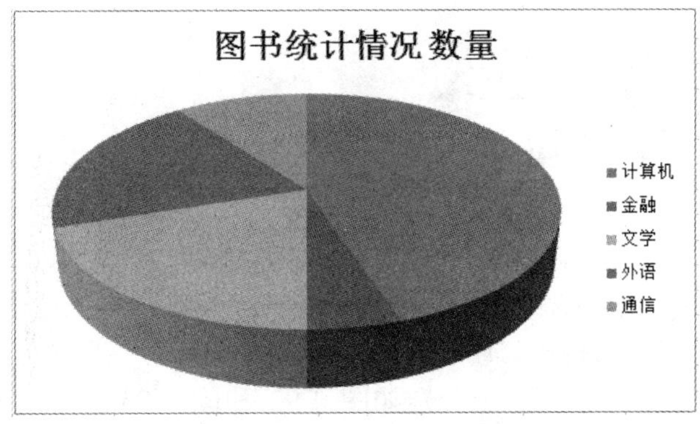

图 4-89　饼图最初效果图

② 单击图表标题，进入编辑状态，修改标题文字为“图书统计情况”。

③ 选中图表区，在“图表工具/设计”选项卡的“图表布局”选项组中，单击“布局 1”按钮，如图 4-90 所示。

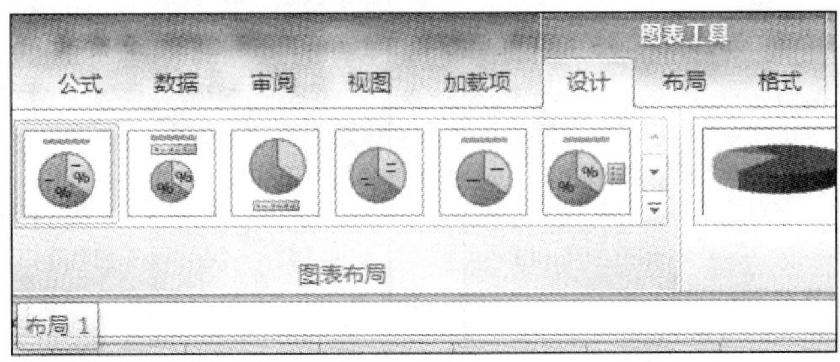

图 4-90　选择图表布局 1

④ 选中图表区，单击“图表样式”选项组中的“样式 2”按钮。

⑤ 选中图表区，在“图表工具/格式”选项卡的“大小”选项组中设置其高度和宽度。

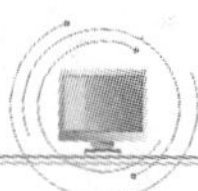

⑥ 选中图例标签，在“开始”选项卡的“字体”选项组中设置字号并单击“加粗”按钮。

⑦ 选中图表区，在“开始”选项卡的“字体”选项组中，单击“填充颜色”按钮右侧的下拉按钮，在弹出的下拉菜单中选择水绿色、淡色 80%。

03 创建柱形图。

① 选中数据区域 B2:C8，在“插入”选项卡的“图表”选项组中，单击“柱形图”下拉按钮，在弹出的下拉菜单中选择“簇状柱形图”，即可快速生成图表，如图 4-91 所示。

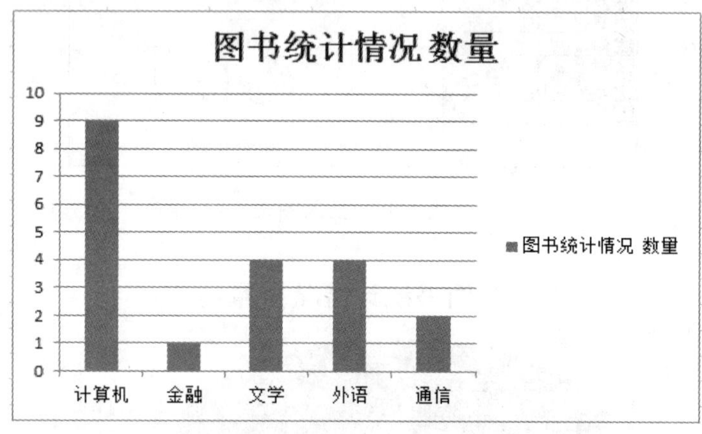

图 4-91　柱形图最初效果图

② 单击图表标题，进入编辑状态，修改标题文字为“图书统计情况”。

③ 选中图表区，在“图表工具/布局”选项卡的“标签”选项组中，单击“坐标轴标题”下拉按钮，在弹出的下拉菜单中分别如图 4-92 和图 4-93 所示设置横纵坐标轴标题，然后再在图 4-94 所示横纵坐标轴标题位置修改坐标轴标题内容。

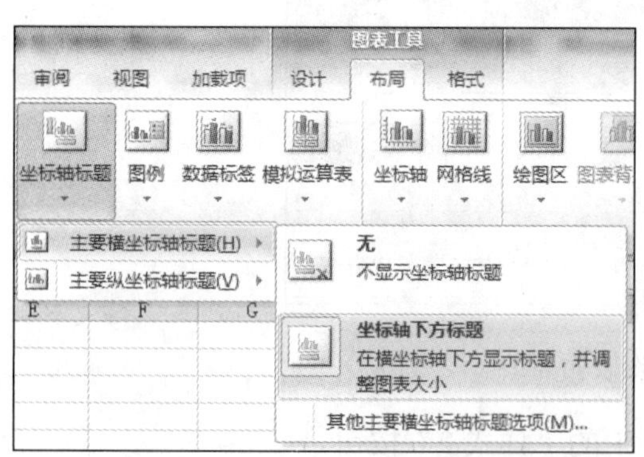

图 4-92　横坐标轴设置

图 4-93　纵坐标轴设置

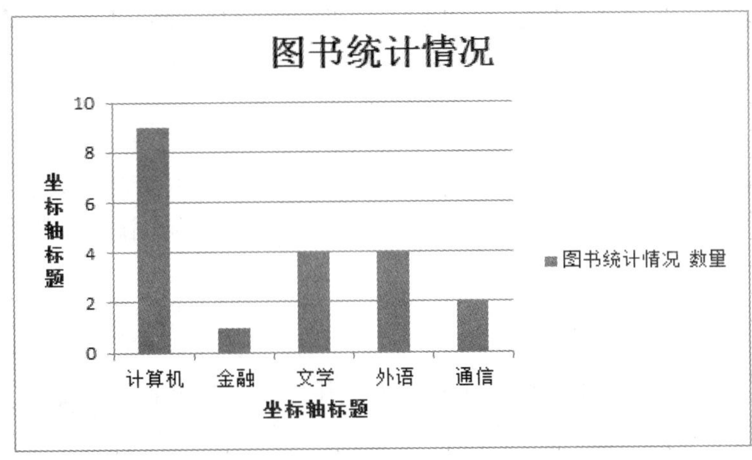

图 4-94　待修改坐标轴标题内容的图表

④ 选中图表区，在“图表工具/布局”选项卡的“标签”选项组中，单击“图例”下拉按钮，在弹出的下拉菜单中选择“无”命令。

⑤ 选中图表区，在“图表工具/布局”选项卡的“标签”选项组中，单击“数据标签”下拉按钮，在弹出的下拉菜单中选择“数据标签外”命令。

⑥ 选中图表区，在“图表工具/格式”选项卡的“形状样式”选项组样式列表中选择第 4 行第 4 列的“细微效果—橄榄色，强调颜色 3”。

⑦ 选中图表区，在“开始”选项卡的“字体”选项组中设置字号为“14”。

实训小结

本次实训主要考察同学们在 Excel 中对图表应用的掌握程度。通过本次实训，同学们掌握了 Excel 图表的创建步骤，熟悉了 Excel 图表的基本组成，掌握了图表各要素的编辑和修改方法。

4.6　数 据 管 理

Excel 除了具有简单数据计算处理功能外，还具有一些数据管理的功能，可对数据进行排序、筛选、分类汇总等操作，在日常办公中经常使用这些操作，能够明显提高工作效率。

4.6.1　排序

电子表格可以根据一列或多列的数据按升序或降序对数据表进行排序。英文字母按字母次序（默认不区分大小写）排序，汉字可按笔画或拼音排序。默认的排序次序如下：

升序：按字母从前到后、数字由小到大、日期从早到晚的顺序对插入点所在列中的选定项目排序。

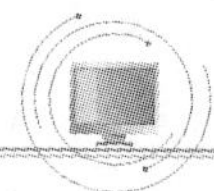

降序：按字母从后到前、数字由大到小、日期从晚到早的顺序对插入点所在列中的选定项目排序。

1. 单列排序

单列排序是指对单一字段按升序或降序排列，一般选中工作表中所需排列的任意单元格，直接在“数据”选项卡中的“排序和筛选”选项组中，单击排序按钮 A↓Z 或 Z↓A 就可以快速地实现排序操作。

2. 多列排序

当单列排序后仍有相同数据时，可使用多列排序，这时可利用“排序”对话框进行排序，具体操作步骤如下：

01 在要排序的数据表中，单击任意一个单元格。

02 在“数据”选项卡的“排序和筛选”选项组中，单击“排序”按钮，或在“开始”选项卡的“编辑”选项组中，单击“排序和筛选”下拉按钮，从弹出的下拉菜单中选择“自定义排序”命令，打开“排序”对话框，在其中设置主要关键字的相关排序列、排序依据和次序方式。

03 单击“添加条件”按钮，设置次要关键字的相关排序列、排序依据和次序方式，如图 4-95 所示。

04 单击“确定”按钮，完成排序操作。

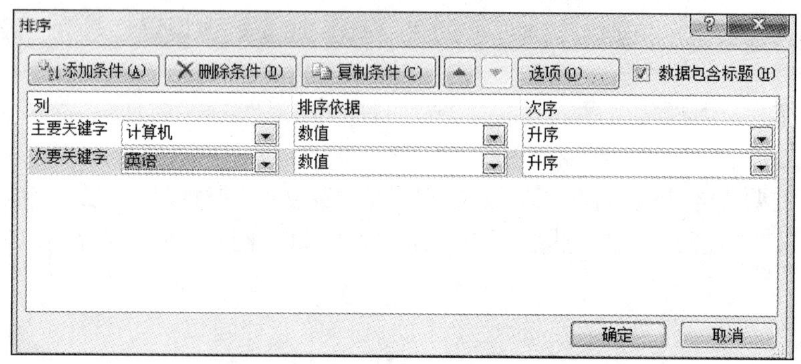

图 4-95 “排序”对话框

4.6.2 筛选

数据筛选可显示数据表中满足条件的数据，而将不满足条件的数据暂时隐藏起来。筛选有两种方式，即自动筛选和高级筛选。自动筛选对单个字段建立筛选，多字段之间的筛选是逻辑与的关系，能满足大部分要求；高级筛选对复杂条件建立筛选，要建立筛选条件区域。

1. 自动筛选

选中工作表数据区域内任意单元格，在“数据”选项卡的“排序和筛选”选项组中，单击“筛选”按钮，或在“开始”选项卡的“编辑”选项组中，单击“排序和筛选”下拉按钮，在弹出的下拉菜单中选择“筛选”命令，进入筛选状态。在所需筛选的字段名上出现筛选下拉按钮，单击筛选下拉按钮，在打开的下拉列表框中选择所要筛选的确切值，即可完成筛选。

例如，如图 4-96 所示的成绩表中，筛选出所有一班同学的成绩，结果如图 4-97 所示。

	A	B	C	D	E	F
1	学生成绩表					
2	序号	姓名	班级	计算机	数学	英语
3	1	邓远彬	一班	59	95	72
4	2	邓云华	一班	46	82	73
5	3	黄仕玲	一班	61	83	81
6	4	李迅宇	一班	48	90	79
7	5	梁海平	一班	50	84	85
8	6	刘富彪	二班	56	82	75
9	7	刘金华	二班	50	76	73
10	8	刘章辉	二班	47	95	69
11	9	欧海军	二班	55	75	79
12	10	叶建琴	二班	53	81	75
13	11	张晓丽	三班	49	84	89
14	12	邹文晴	三班	54	78	90
15	13	杜蔚	三班	73	85	85
16	14	高雅芬	三班	90	75	98
17	15	谷汉方	三班	75	85	68

图 4-96　筛选成绩单

	A	B	C	D	E	F
1	学生成绩表					
2	序号	姓名	班级	计算机	数学	英语
3	1	邓远彬	一班	59	95	72
4	2	邓云华	一班	46	82	73
5	3	黄仕玲	一班	61	83	81
6	4	李迅宇	一班	48	90	79
7	5	梁海平	一班	50	84	85

图 4-97　自动筛选结果

在自动筛选时，可以同时对多列中的值进行筛选。

2. 自定义筛选

在自动筛选菜单中，会针对不同数据列的数据格式显示不同的菜单项。例如，若数据列为文本，则显示“文本筛选”选项；若数据列为数字，则显示“数字筛选”选项。如图 4-98 所示为“数字筛选”级联菜单。

在级联菜单中列出各种筛选条件，选择某一种需要的筛选条件，就会打开“自定义自动筛选方式”对话框，进一步设置筛选条件，如图 4-99 所示。

图 4-98　“数字筛选”级联菜单

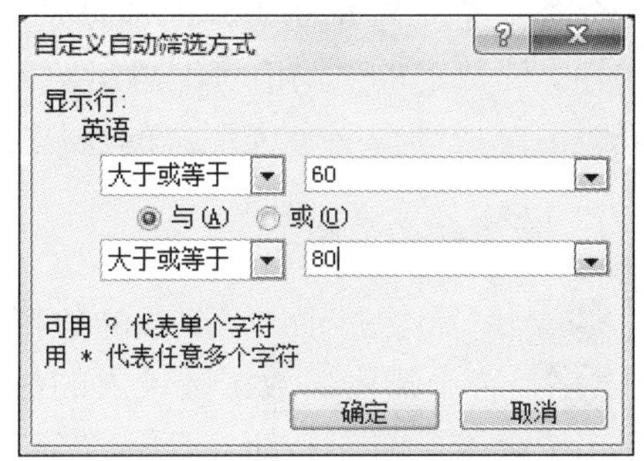

图 4-99　“自定义自动筛选方式”对话框

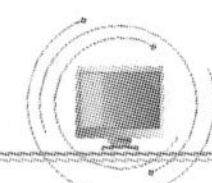

3. 清除和取消自动筛选

对筛选后的数据表，在“数据”选项卡的“排序与筛选”选项组中，再次单击“清除”按钮，即可清除筛选，单击“筛选”按钮，可取消筛选，恢复数据原有显示状态。

4. 高级筛选

利用自动筛选功能，各字段的筛选值只能是一种情况，当要筛选出满足多个约束条件的记录时，就要用到高级筛选。选中工作表数据区域内任意单元格，在“数据”选项卡的“排序和筛选”选项组中，单击“高级”按钮，可以打开“高级筛选”对话框。例如，需要筛选出计算机和英语成绩大于等于 60 的记录，首先建立筛选条件区域，如在 E20:F21 输入筛选条件，然后打开“高级筛选”对话框，在列表区域选择待筛选的区域，在条件区域选择筛选条件区域，最后单击“确定”按钮，如图 4-100 所示。筛选条件结果如图 4-101 所示。

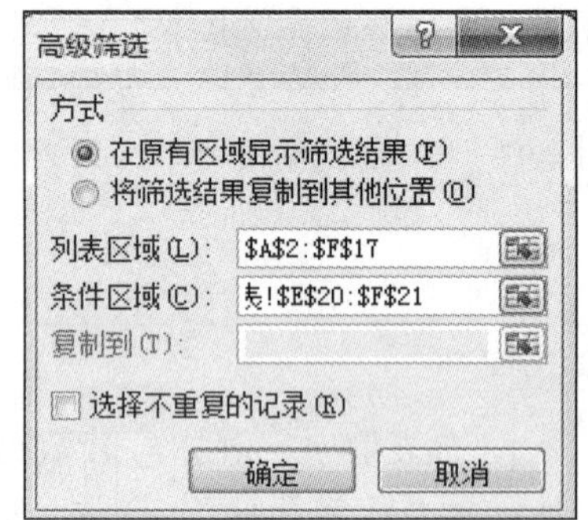

图 4-100 “高级筛选”对话框

	A	B	C	D	E	F
1	学生成绩表					
2	序号	姓名	班级	计算机	数学	英语
5	3	黄仕玲	一班	61	83	81
15	13	杜蔚	三班	73	85	85
16	14	高雅芬	三班	90	75	98
17	15	谷汉方	三班	75	85	68
18						
19						
20				筛选条件：	计算机	英语
21					>=60	>=60

图 4-101 高级筛选结果

使用高级筛选除了有数据表区域外，还可以在数据表以外的任何位置建立条件区域，条件区域至少两行，且首行为与数据表相应字段精确匹配的字段。同一行上的条件关系为逻辑与关系，不同行之间为逻辑或关系。筛选的结果可以在原数据表位置显示，也可以在数据表以外的位置显示。

4.6.3 分类汇总

分类汇总是对相同类别的数据进行统计汇总，即将相同类别的数据放在一起，然后进行求和、计数、求平均值等汇总运算，是数据分析显示的重要手段。下面仍以成绩单为例，按班级汇总成绩说明分类汇总的操作方法。

1. 创建分类汇总

01 对需要进行分类汇总的数据按照分类列（如班级）先进行排序。

02 选中排序后数据区域内的任意单元格，在“数据”选项卡的“分级显示”选项组中单击“分类汇总”按钮，打开“分类汇总”对话框，如图 4-102 所示。

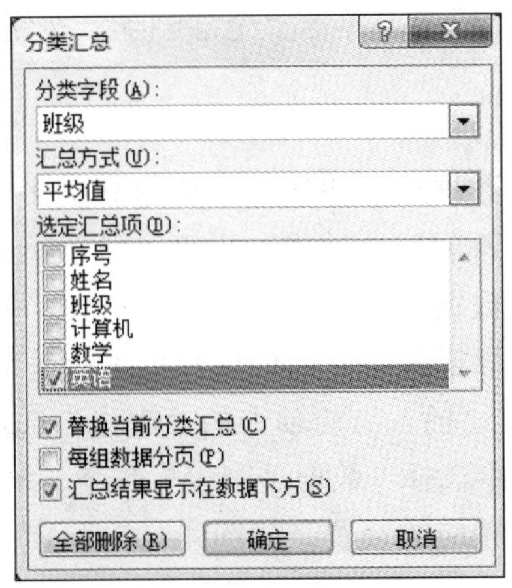

图 4-102　“分类汇总”对话框

03 在“分类字段”下拉列表框中选择分类字段，这里选择“班级”选项；在“汇总方式”下拉列表框中选择汇总函数，这里选择“平均值”选项；在“选定汇总项”列表框中选择一个或多个需汇总的项目，这里勾选 “英语”复选框。

04 单击“确定”按钮，完成分类汇总操作，结果如图 4-103 所示。

	A	B	C	D	E	F
1			学生成绩表			
2	序号	姓名	班级	计算机	数学	英语
3	1	邓远彬	一班	59	95	72
4	2	邓云华	一班	46	82	73
5	3	黄仕玲	一班	61	83	81
6	4	李迅宇	一班	48	90	79
7	5	梁海平	一班	50	84	85
8			一班 平均值			78
9	6	刘富彪	二班	56	82	75
10	7	刘金华	二班	50	76	73
11	8	刘章辉	二班	47	95	69
12	9	欧海军	二班	55	75	79
13	10	叶建琴	二班	53	81	75
14			二班 平均值			74.2
15	11	张晓丽	三班	49	84	89
16	12	邹文晴	三班	54	78	90
17	13	杜蔚	三班	73	85	85
18	14	高雅芬	三班	90	75	98
19	15	谷汉方	三班	75	85	68
20			三班 平均值			86
21			总计平均值			79.4

图 4-103　分类汇总结果

2. 清除分类汇总

01 单击分类汇总区域中的任意单元格。

02 在“数据”选项卡的“分级显示”选项组中，单击“分类汇总”按钮，打开“分类汇总”对话框。

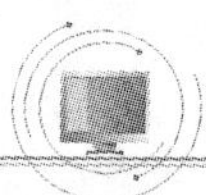

03 在“分类汇总”对话框中，单击“全部删除”按钮。

4.6.4 创建数据透视表

数据透视表是一种对大量数据进行快速汇总和建立交叉列表的交互式表格，它不仅可以转换行和列以显示源数据的不同汇总结果，也可以显示不同页面以筛选数据，还可根据用户的需要显示区域中的细节数据。

在备份的工作表中进行下面操作，开始创建数据透视表。

01 单击 H2 单元格，在“插入”选项卡的“表格”选项组中，单击“数据透视表”下拉按钮，在弹出的下拉菜单中选择“数据透视表”命令，如图 4-104 所示，在打开的“创建数据透视表”对话框中进行相应的设置，如图 4-105 所示，单击“确定”按钮。

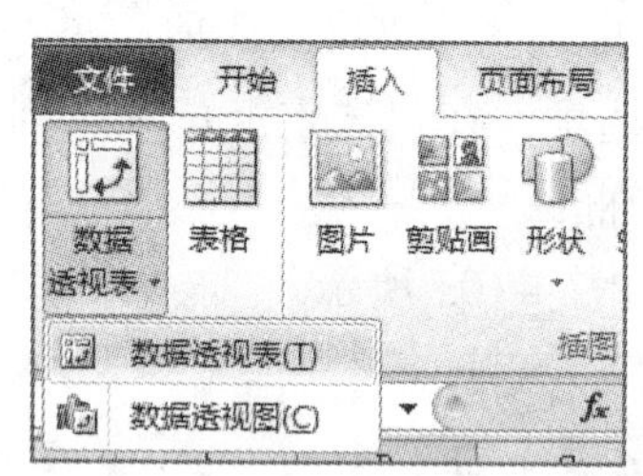

图 4-104 “数据透视表”下拉菜单

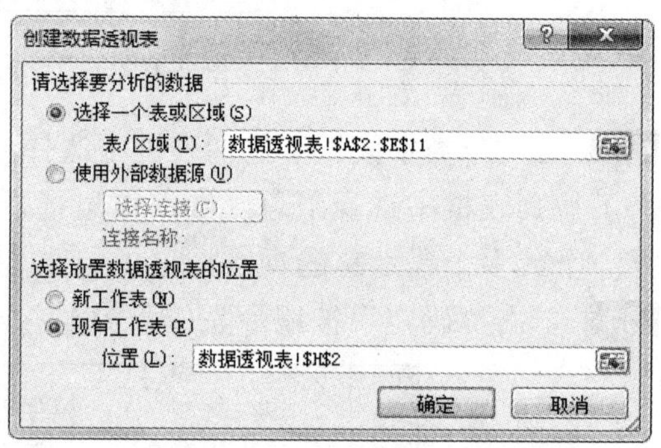

图 4-105 “创建数据透视表”对话框

02 在窗口右边的“数据透视表字段列表”任务窗格中，将“文化程度”字段拖至“行标签”，将“性别”字段拖至“列标签”，将“姓名”和“年龄”字段拖至“数值”区，设置结果如图 4-106 所示。

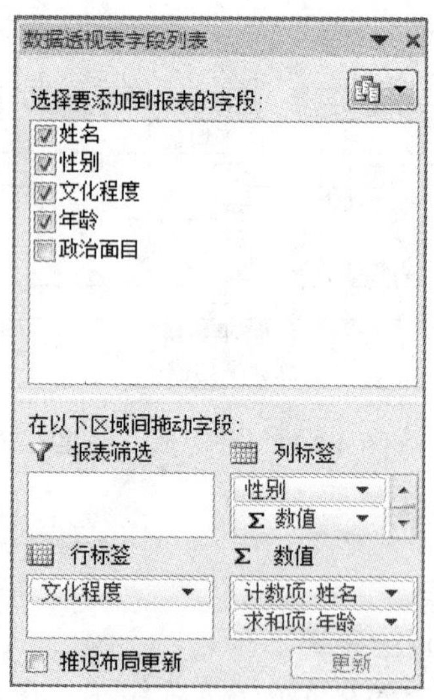

图 4-106 “数据透视表字段列表”任务窗格

注意：

列标签：汇总表显示在不同列上的标签，通俗地说，就是表上部的汇总字段。

行标签：汇总表显示在不同行上的字段，通俗地说，就是表左边的汇总字段。

数值：待汇总的字段。

数据透视表的所有操作仅仅是把字段拖进去，然后 Excel 会自动分析并整合数据，并显示为正确的汇总表样式以及准确的汇总结果。

03 单击“数值”区的“年龄”字段，在弹出的下拉菜单中选择“值字段设置”命令，如图 4-107 所示，在打开的“值字段设置”对话框中，选择“值汇总方式”选项卡，在“计算类型”列表框中选择“平均值”选项，单击“确定”按钮，即完成设置，如图 4-108 所示。

图 4-107　选择“值字段设置”命令

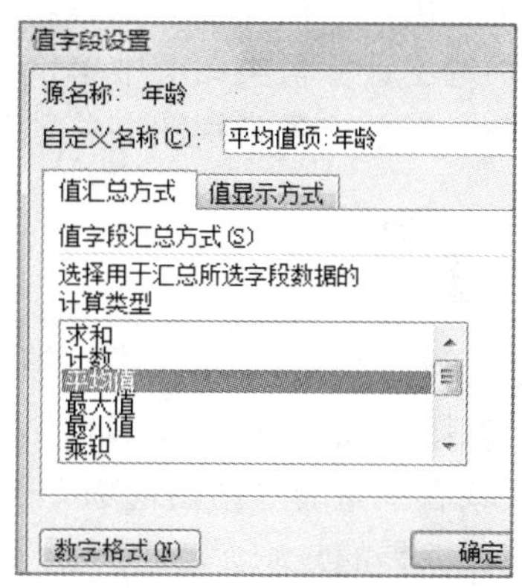

图 4-108　设置值字段

04 单击列标，选择 I 列，按住 Ctrl 键不放，再单击 K 列和 M 列的列标，选中不连续的 3 列，右击，在弹出的快捷菜单中选择“设置单元格格式”命令，在打开的“设置单元格格式”对话框中将这 3 列的数据设置为“数值”“2”位小数，单击“确定”按钮，再将所有数据设置为水平居中，即完成所有设置。最终创建的数据透视表如图 4-109 所示。

	列标签 ▾					
	男		女		计数项:姓名汇总	平均值项:年龄汇总
行标签 ▾	计数项:姓名	平均值项:年龄	计数项:姓名	平均值项:年龄		
本科	4	35.75	2	32.50	6	34.67
大专	1	24.00	1	35.00	2	29.50
硕士	1	28.00			1	28.00
总计	**6**	**32.50**	**3**	**33.33**	**9**	**32.78**

图 4-109　数据透视表效果

实训 4.4　数 据 管 理

实训目的

1）掌握 Excel 数据排序方法。

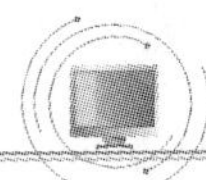

2）掌握 Excel 数据筛选方法。

3）掌握 Excel 数据分类汇总的统计方法。

实训内容

在“test2”工作簿最后面插入新工作表“图书数据管理”，将“图书表”工作表中 A2:I22 单元格区域数据复制到该工作表，并保留源列宽，完成如下数据管理操作。

1）对数据表区域按类别升序排序。

2）在类别升序排序的基础上，再按照总数量降序排序。

3）筛选出计算机类图书信息。

4）筛选出计算机类图书中单价在 20 及以上的图书信息。

5）分类汇总出各类别图书总数量和库存量总和，汇总结果显示在数据下方。

实训步骤

01 单击最后一个工作表标签后的“插入工作表”按钮，即可插入新工作表，重命名为“图书数据管理”，将“图书表”工作表中 A2:I22 单元格区域数据复制到该工作表，单击数据区域右下角的“粘贴选项”下拉按钮，在弹出的下拉列表中单击“保留源列宽”按钮，完成数据表的复制。

02 在“图书数据管理”工作表中，选中类别列任意单元格，在“数据”选项卡的“排序和筛选”选项组中，单击“升序”按钮。

03 选中数据表任意单元格，在“数据”选项卡的“排序和筛选”选项组中，单击“排序”按钮，打开“排序”对话框，如图 4-110 所示进行设置，单击“确定”按钮完成设置。

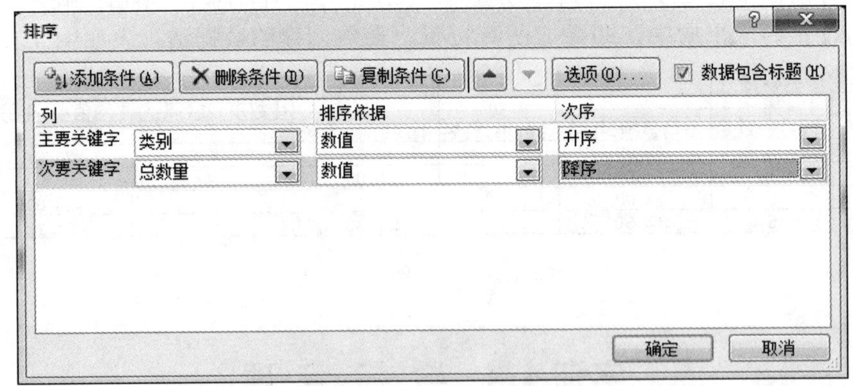

图 4-110　“排序”对话框

04 选中“类别”单元格，在“数据”选项卡的“排序和筛选”选项组中，单击“筛选”按钮，在“类别”单元格中出现“筛选”下拉按钮，单击此按钮，在弹出的下拉列表框中勾选“计算机”复选框，如图 4-111 所示，单击“确定”按钮进行筛选。

05 如图4-112所示，选中“单价”单元格，重复步骤4的操作，在弹出的下拉菜单中选择“数字筛选”→“大于或等于”命令，打开“自定义自动筛选方式”对话框，如图4-113所示，在输入框中输入“20”，单击“确定”按钮进行筛选，筛选结果如图4-114所示。

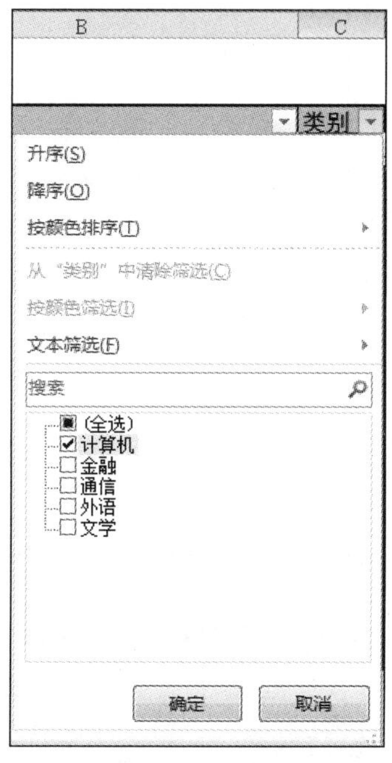

图4-111　筛选“计算机”类别

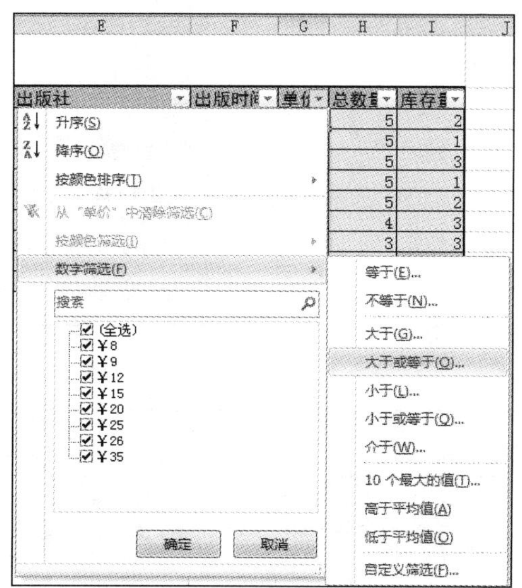

图4-112　“数字筛选”级联菜单

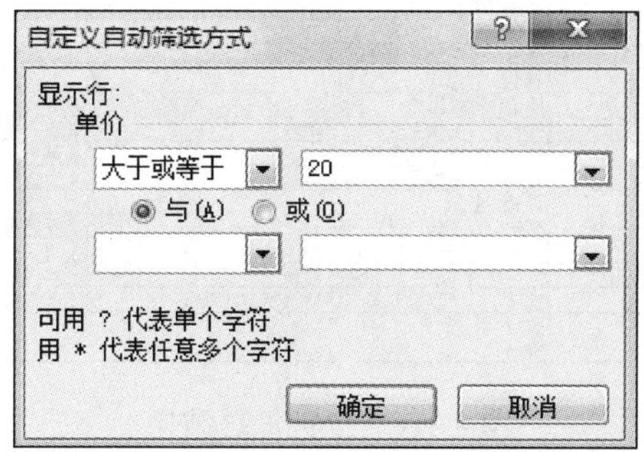

图4-113　“自定义自动筛选方式”对话框

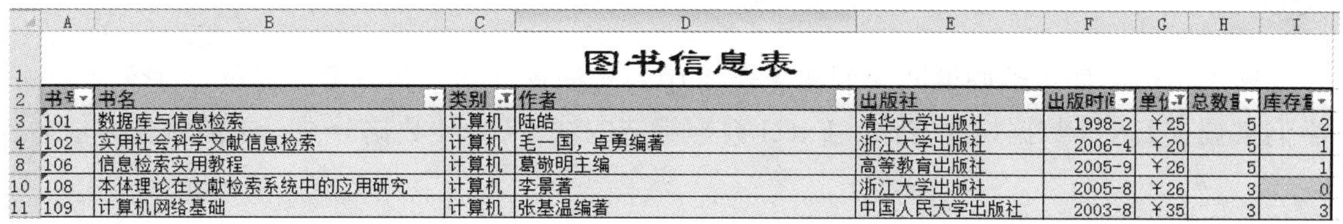

图书信息表

	书号	书名	类别	作者	出版社	出版时间	单价	总数量	库存量
3	101	数据库与信息检索	计算机	陆皓	清华大学出版社	1998-2	¥25	5	2
4	102	实用社会科学文献信息检索	计算机	毛一国，卓勇编著	浙江大学出版社	2006-4	¥20	5	1
8	106	信息检索实用教程	计算机	葛敬明主编	高等教育出版社	2005-9	¥26	5	1
10	108	本体理论在文献检索系统中的应用研究	计算机	李景著	浙江大学出版社	2005-8	¥26	3	0
11	109	计算机网络基础	计算机	张基温编著	中国人民大学出版社	2003-8	¥35	3	3

图4-114　筛选结果

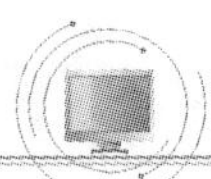

06 选中数据表任意单元格，在“数据”选项卡的“分级显示”选项组中，单击“分类汇总”按钮，打开“分类汇总”对话框，如图 4-115 所示，勾选“总数量”“库存量”复选框，单击“确定”按钮进行汇总，汇总结果如图 4-116 所示。

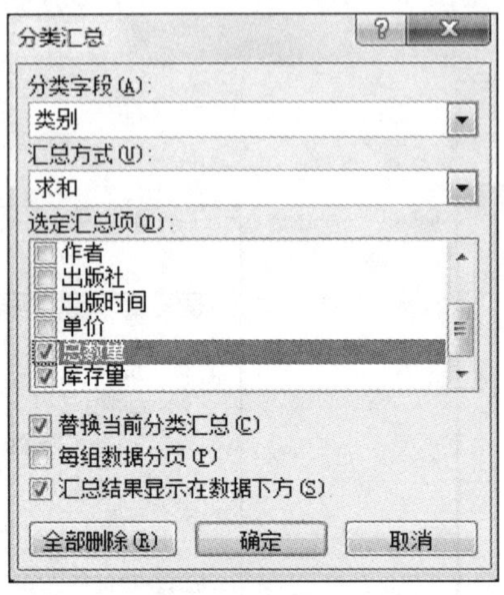

图 4-115 “分类汇总”对话框

	A	B	C	D	E	F	G	H	I
1				图书信息表					
2	书号	书名	类别	作者	出版社	出版时间	单价	总数量	库存量
3	101	数据库与信息检索	计算机	陆皓	清华大学出版社	1998-2	￥25	5	2
4	102	实用社会科学文献信息检索	计算机	毛一国，卓勇编著	浙江大学出版社	2006-4	￥20	5	1
5	105	信息检索导论	计算机	付兴奎主编	高等教育出版社	2004-5	￥15	5	3
6	106	信息检索实用教程	计算机	葛敬明主编	高等教育出版社	2005-9	￥26	5	1
7	107	科技文献检索	计算机	陈馨武编	高等教育出版社	1987-4	￥8	5	2
8	103	计算机信息检索软件设计原理	计算机	张进著	清华大学出版社	1994-6	￥9	4	3
9	104	计算机信息检索	计算机	李莹等编著	清华大学出版社	1997-11	￥12	3	3
10	108	本体理论在文献检索系统中的应用研究	计算机	李景著	浙江大学出版社	2005-8	￥26	3	0
11	109	计算机网络基础	计算机	张基温编著	中国人民大学出版社	2003-8	￥35	3	3
12			**计算机 汇总**					38	18
13	110	运筹学基础教程	金融	魏权龄，胡显佑编著	中国人民大学出版社	2005-9	￥19	3	2
14			**金融 汇总**					3	2
15	115	通信网理论概要	通信	纪阳编著	北京邮电大学出版社	2002-7	￥22	3	3
16	116	通信软件设计基础	通信	主编宋茂强	北京邮电大学出版社	2003-4	￥29	3	2
17			**通信 汇总**					6	5
18	120	英语学位论文写作教程	外语	黄国文，（英）M. Ghadessy编著	高等教育出版社	2001-5	￥25	5	0
19	114	专业硕士研究生英语自学手册	外语	主编王爱华，李淑静	北京大学出版社	2006-5	￥29	4	2
20	118	英语口译教程	外语	梅德明主编	高等教育出版社	2003-9	￥45	4	1
21	119	纯正英语口语	外语	张艳莲，（英）Simon Jacobson编著	北京大学出版社	2007-8	￥26	4	0
22			**外语 汇总**					17	3
23	117	恰到好处的生活	文学	（美）劳拉·纳什（Laura Nash）	高等教育出版社	2006-7	￥28	4	1
24	111	魔戒前传：霍比特人	文学	（美）J.R.R.Tolkien著	上海译文出版社	1998-3	￥10	3	2
25	112	古希腊众神的生活	文学	（法）裘利亚·西萨	上海译文出版社	1997-2	￥30	3	1
26	113	长路漫漫	文学	（塞拉利昂）伊斯梅尔·比亚著	上海译文出版社	2000-8	￥22	3	2
27			**文学 汇总**					13	6
28			**总计**					77	34

图 4-116 分类汇总结果

实训小结

本次实训主要总结归纳同学们在 Excel 中对数据管理的掌握程度。通过本次实训，同学们掌握了 Excel 数据排序方法、Excel 数据筛选方法、Excel 数据分类汇总的统计方法。

第 5 章

演示文稿处理软件 PowerPoint 2010

学习目标

- 了解 PowerPoint 2010 的主要功能和界面组成。
- 了解自定义配色方案的设计，以及标准配色方案的编辑。
- 理解音视频的编辑。
- 掌握 PowerPoint 2010 文档的建立、保存等基本操作。

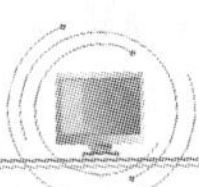

5.1　PowerPoint 2010 简介与基本操作

5.1.1　PowerPoint 2010 简介

1. PowerPoint 2010 基本功能

PowerPoint 2010 是微软公司出品的 Office 2010 办公软件系列组件之一，专门用于制作演讲、报告、会议、产品演示、商业演示等所需的演示文稿。它能实现将文字、表格、图片、动画、多媒体文件等结合在一起以放映的方式展示各种信息，用以辅助演讲者进行更生动、形象、翔实的演讲。PowerPoint 2010 提供了许多制作图形的工具和背景的设计模板，提供了快速制作流程图的工具，提供了便捷的图表制作工具，使演示文稿的制作更快捷方便。

2. PowerPoint 2010 窗口

启动 PowerPoint 2010 后，可以看到如图 5-1 所示的窗口。

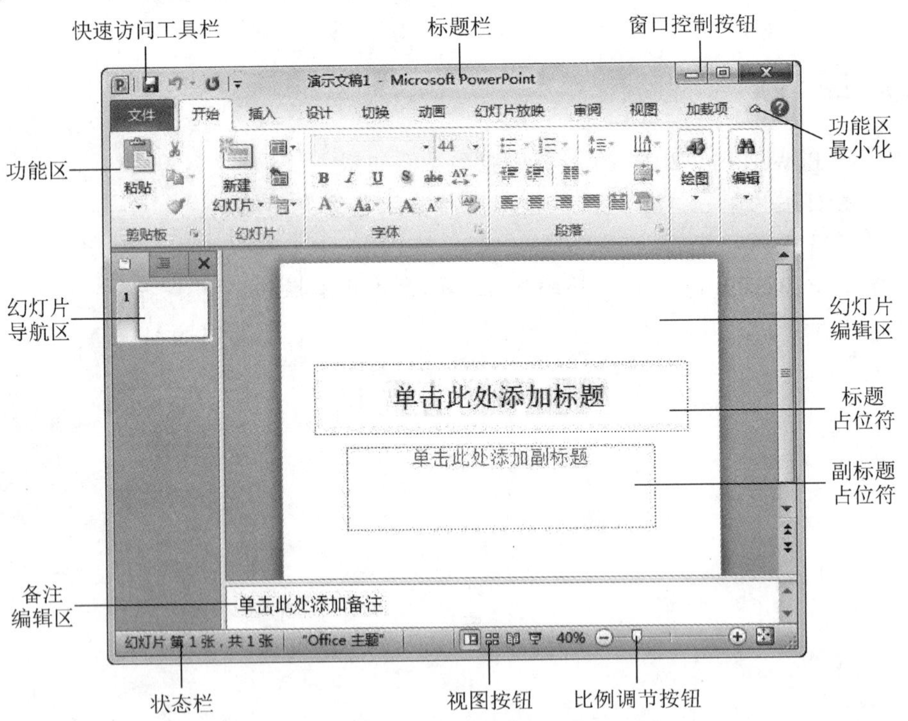

图 5-1　PowerPoint 2010 窗口

（1）“文件”按钮

单击“文件”按钮，打开下拉菜单，用户可以利用其中的命令实现保存、打开、新建、打印演示文稿等功能，如图 5-2 所示。选择“文件”→“选项”命令，打开“PowerPoint

选项”对话框，如图 5-3 所示。在“PowerPoint 选项”对话框中可以实现对用户界面的设置，自定义演示文稿的保存方法，自定义功能区等功能。

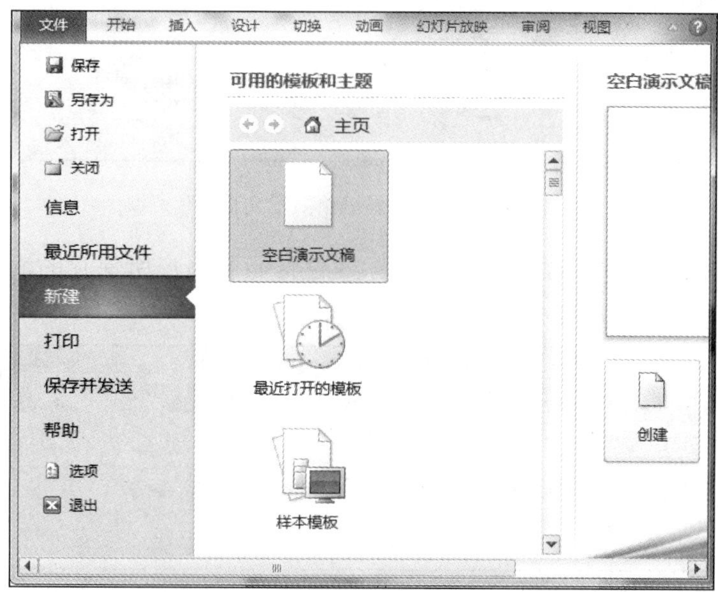

图 5-2　“文件”下拉菜单

图 5-3　“PowerPoint 选项”对话框

（2）标题栏

标题栏的主要作用是显示软件的名称和当前 PowerPoint 工作文档的名称，系统默认的演示文稿的名称为“演示文稿 1”，如图 5-4 所示。

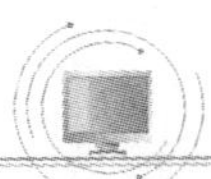

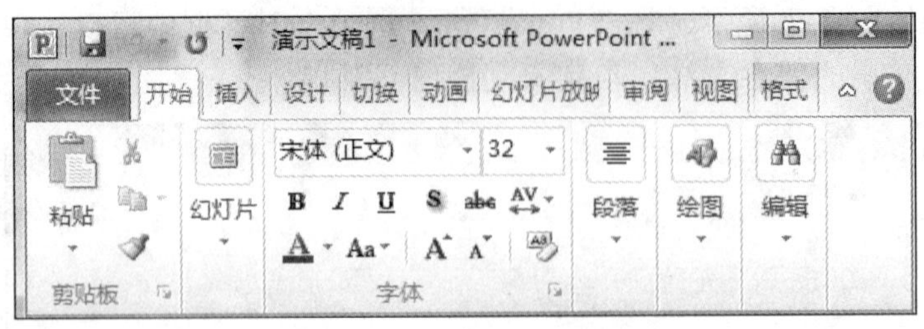

图 5-4　标题栏显示“演示文稿 1”

当用户另存该文档并修改其名称后，标题栏将显示用户所保存的演示文稿的名称，如图 5-5 所示。

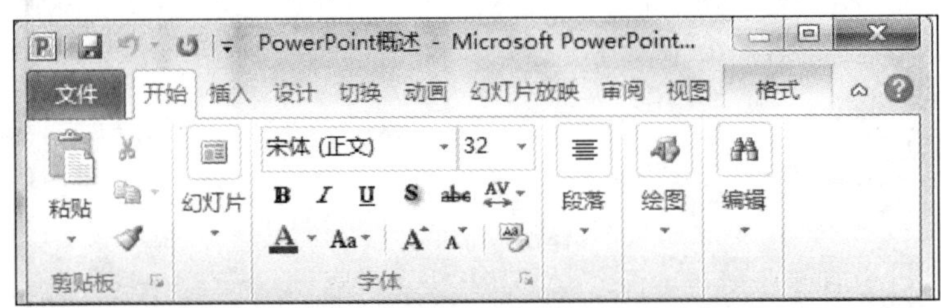

图 5-5　标题栏显示“PowerPoint 概述”

（3）工具栏

工具栏分为快速访问工具栏和自定义工具栏。在快速访问工具栏中默认有 3 个常用工具按钮，分别为“保存”按钮、“撤销”按钮、“恢复”按钮，但该工具栏是可以根据用户的需要进行自定义的，也就是根据需要自行向里面添加其他的操作按钮，下面给出 3 种添加方法。

1）利用下拉菜单添加。此方法可以将一些常用功能操作按钮添加到快速访问工具栏中。单击快速访问工具栏右端的“自定义快速访问工具栏”下拉按钮，在弹出的下拉菜单中选择相应的命令即可，如图 5-6 所示，在快速访问工具栏中已经添加了“新建”和“打印预览和打印”按钮。

2）选项设置法。首先右击“文件”按钮，在弹出的快捷菜单中选择“自定义快速访问工具栏”命令，如图 5-7 所示。然后在打开的“PowerPoint 选项”对话框中的左侧列表框中选择需要添加的功能命令按钮，并单击“添加”按钮，这时所要添加的功能按钮已出现在该对话框右侧的自定义快速访问工具栏中，如图 5-8 所示，单击“确定”按钮，快速访问工具栏会随之改变，如图 5-9 所示。

3）快捷菜单法。该方法可以将当前功能区中任意功能按钮添加到快速访问工具栏中。在功能区的任意功能按钮上右击，在弹出的快捷菜单中选择“添加到快速访问工具栏”命令即可，如图 5-10 所示。

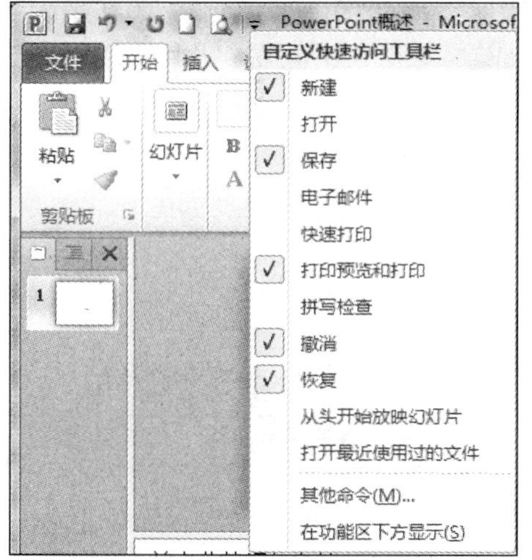

图 5-6 向快速访问工具栏中添加功能按钮

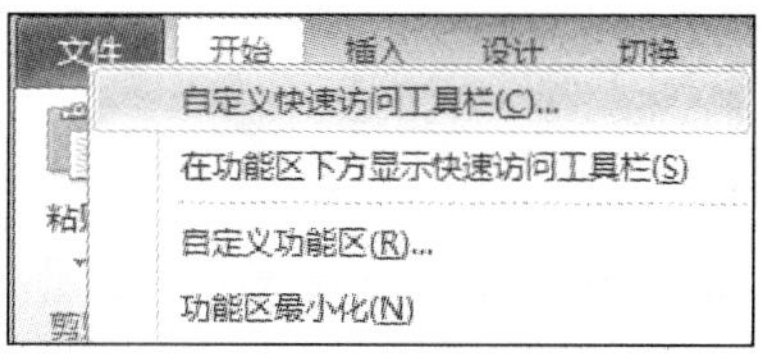

图 5-7 “文件”快捷菜单

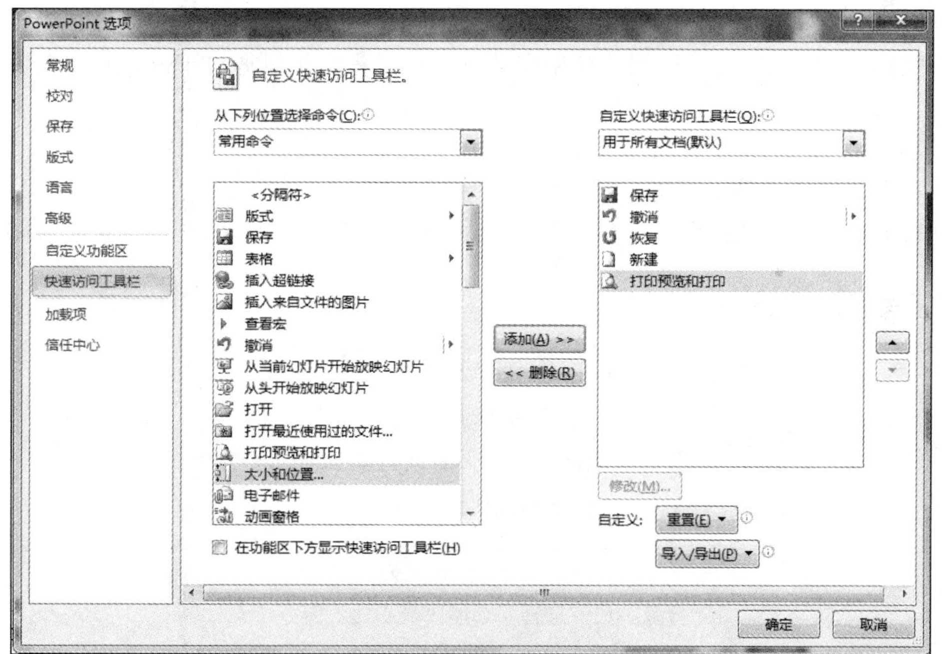

图 5-8 “PowerPoint 选项”对话框

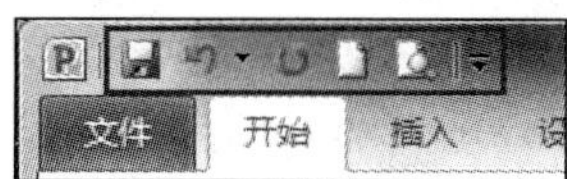

图 5-9 添加了“新建”和“打印预览和打印”按钮的快速访问工具栏

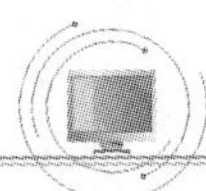

例如，在“插入”选项卡的“图像”选项组中，右击“图片”按钮，在弹出的快捷菜单中选择“添加到快速访问工具栏”命令，此时成功添加“图片”按钮到快速访问工具栏中，如图 5-11 所示。

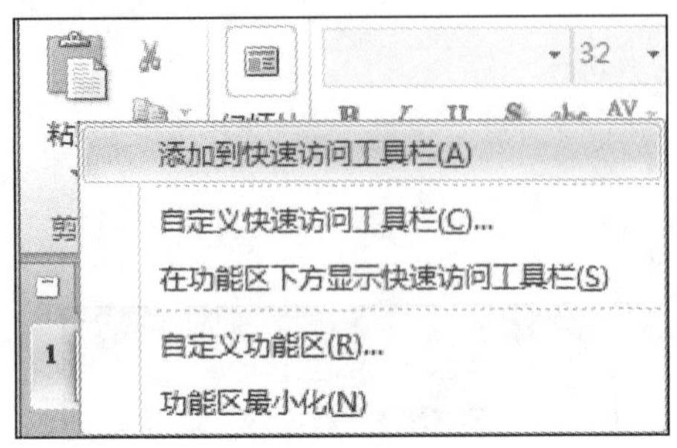

图 5-10　右击添加快速访问按钮

图 5-11　添加了“图片”按钮的快速访问工具栏

（4）功能区

功能区主要用于放置各种常用的菜单选项卡，每个选项卡中根据功能不同又分组放置了相应的操作命令按钮。例如，“开始”选项卡中放置了常用的“剪贴板”“幻灯片”“字体”“段落”“绘图”“编辑”等选项组。在使用功能区的过程中可以通过下面几种方法将功能区隐藏起来。

1）单击“功能区最小化”按钮。

2）在任意一个选项卡名称上双击。

3）右击功能区任意位置，在弹出的快捷菜单中选择“功能区最小化”命令，如图 5-12 所示。

4）按 Ctrl+F1 组合键。

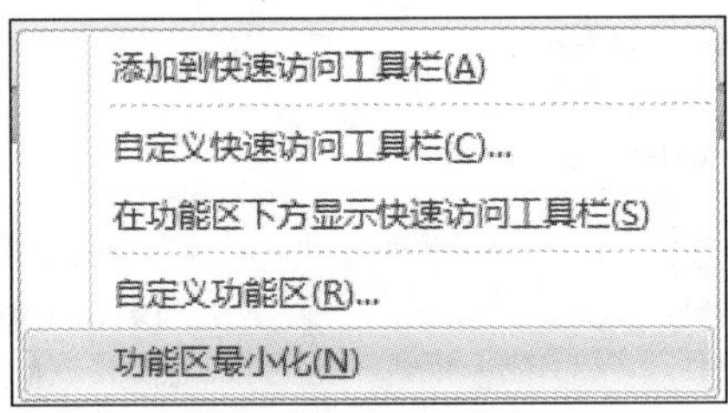

图 5-12　选择“功能区最小化”命令

（5）幻灯片导航区

在窗口左侧有一个幻灯片导航工具条，该工具条中有两个选项卡，即“幻灯片”选项卡和“大纲”选项卡。在“幻灯片”选项卡中，幻灯片以缩略图的形式显示在导航区中，方便用户快速查找和定位。在“大纲”选项卡中，幻灯片按照版式的设置以大纲形式显示在导航区中。如图 5-13 所示是“幻灯片”选项卡，如图 5-14 所示是“大纲”选项卡。如果幻灯片导航区工具条被关闭，可以通过以下两种方法将其重新显示出来。

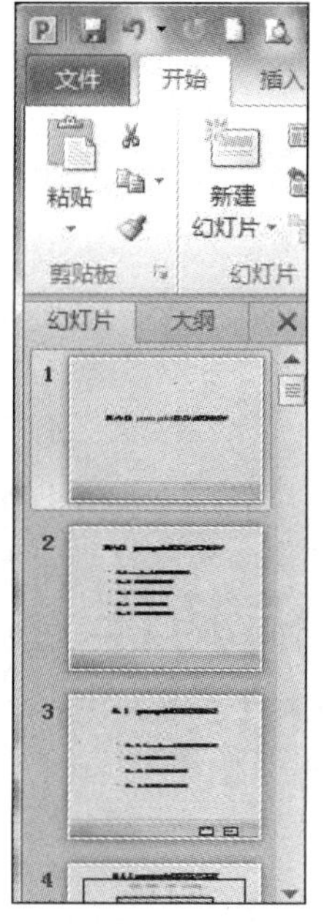

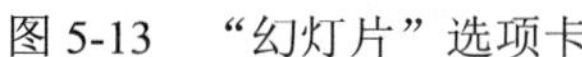

图 5-13　“幻灯片”选项卡

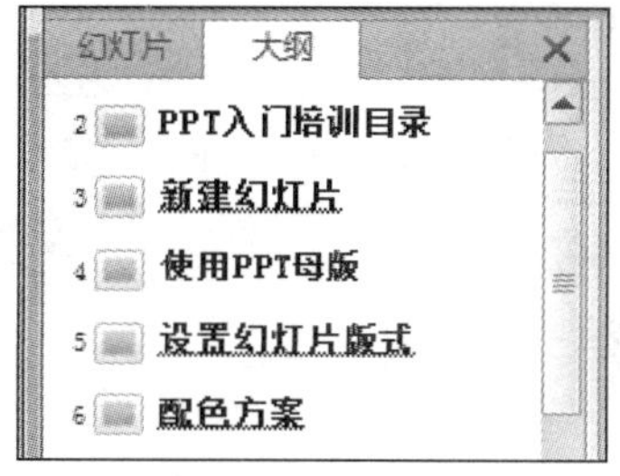

图 5-14　“大纲”选项卡

1）在“视图”项选项卡的“演示文稿视图”选项组中，单击“普通视图”按钮。

2）直接单击状态栏右侧的“普通视图”按钮。

（6）幻灯片编辑区

幻灯片编辑区是制作、编辑演示文稿的主要区域，它就像一个舞台，只有放在该舞台上的东西才能被放映出来。

（7）备注编辑区

用户可以将相应幻灯片的说明、注意事项等内容输入备注编辑区中，供用户在放映幻灯片时使用。

（8）状态栏

在 PowerPoint 2010 的状态栏中还增加了一些功能，如位于状态栏的右侧的视图工具，单击其中的按钮可以快速切换到相应的视图下。显示比例调节工具位于状态栏最右侧，拖动其中的滑块至相应位置，即可快速调节当前幻灯片编辑区中的显示比例。

3. PowerPoint 2010 的视图方式

视图是在屏幕上显示演示文稿的一种方式，PowerPoint 2010 提供了 4 种视图方式，在创建过程中的不同阶段，可以以不同的方式查看演示文稿。

（1）普通视图

普通视图是 PowerPoint 2010 的默认视图，可用于撰写和设计演示文稿。普通视图中有大纲、幻灯片和备注 3 个窗格，如图 5-15 所示。这些窗格使得用户能在同一位置上使用演示文稿的各种特征，拖动窗格的公共边框可调整窗格相互之间的大小。

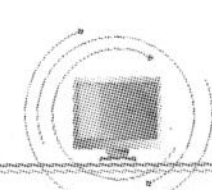

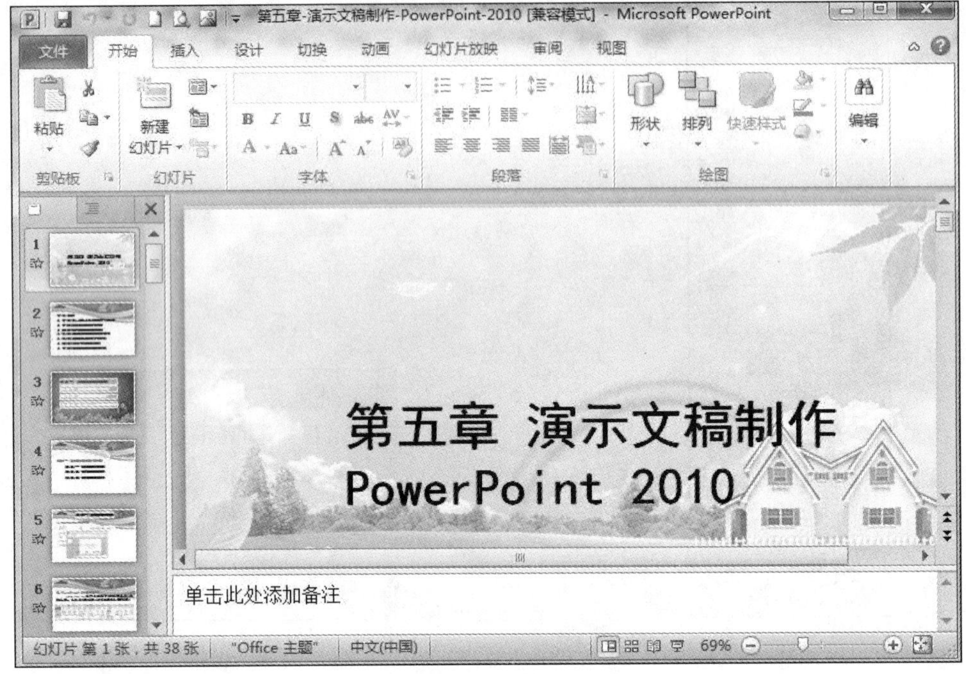

图 5-15　普通视图

1）大纲窗格。大纲窗格包含“幻灯片”选项卡和“大纲”选项卡。“幻灯片”选项卡可显示幻灯片的缩略图，如图 5-13 所示。“大纲”选项卡可显示幻灯片中的文本大纲，如图 5-14 所示。

2）幻灯片窗格。幻灯片窗格是编辑幻灯片的主窗格，在此窗格中，可以查看每一张幻灯片的外观，并可对幻灯片进行添加图形、动画、影片和声音，以及创建超链接等操作。

3）备注窗格。备注窗格是一个文本框，可输入供用户和观众共享的备注和信息，也可将这些备注打印出来在演讲过程中使用。

（2）幻灯片浏览视图

在幻灯片浏览视图中，可同时在窗口画面上看到演示文稿中的全部幻灯片，这些幻灯片是以缩略图形式显示的，如图 5-16 所示。各幻灯片排列成行，这种视图方式便于查看幻灯片的全局，可以来回拖动幻灯片，从而改变幻灯片的排列顺序。

（3）阅读视图

在阅读视图下，会进入放映视图，只是其放映方式不同。阅读视图可以将演示文稿作为适应窗口大小的幻灯片放映查看，在页面上单击，即可翻到下一页。

（4）幻灯片放映视图

使用幻灯片放映视图在屏幕上显示幻灯片，当前显示的幻灯片会填满整个屏幕。按 PageUp 键或者 PageDown 键翻页，当然，也可以使用其他切换的方法。在幻灯片放映视图中右击时，将弹出如图 5-17 所示的快捷菜单，通过该菜单可以实现在不退出放映的前提下控制放映的功能。如果要退出幻灯片放映，在菜单中选择“结束放映”命令或直接按 Esc 键。

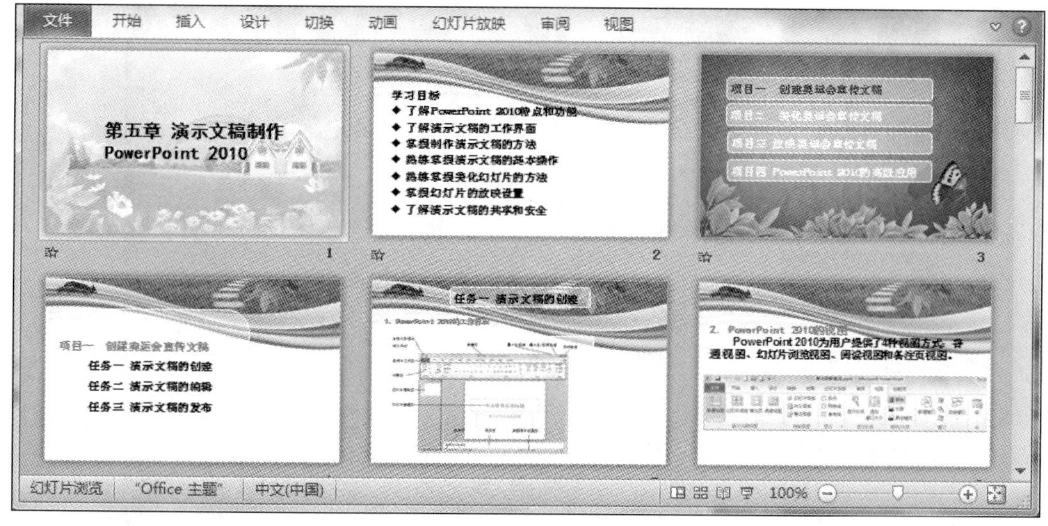

图 5-16　幻灯片浏览视图

图 5-17　幻灯片放映控制菜单

在这 4 种视图间进行切换的方法通常有两种：一是在“视图”选项卡的“演示文稿视图”选项组中单击相应的按钮，二是单击屏幕右下角处的 4 个视图方式切换按钮。

5.1.2　演示文稿的创建

（1）空白演示文稿的创建

新建一个空白演示文稿，有以下两种方法。

1）启动 PowerPoint 2010，自动创建空白演示文稿。

2）单击“文件”按钮，在弹出的下拉菜单中选择“新建”命令，如图 5-18 所示，选择“空白演示文稿”选项，单击“创建”按钮即可。

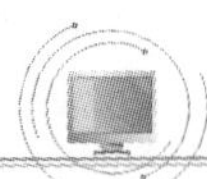

图 5-18 新建空白演示文稿

（2）通过模板创建演示文稿

1）根据现有模板创建演示文稿的具体操作步骤如下：

01 单击“文件”按钮，在弹出的下拉菜单中选择“新建”命令。

02 在“可用的模板和主题”列表中，选择“样本模板”选项，此时将出现一个样本模板的列表。

03 单击其中的模板来查看预览效果，如图 5-19 所示。

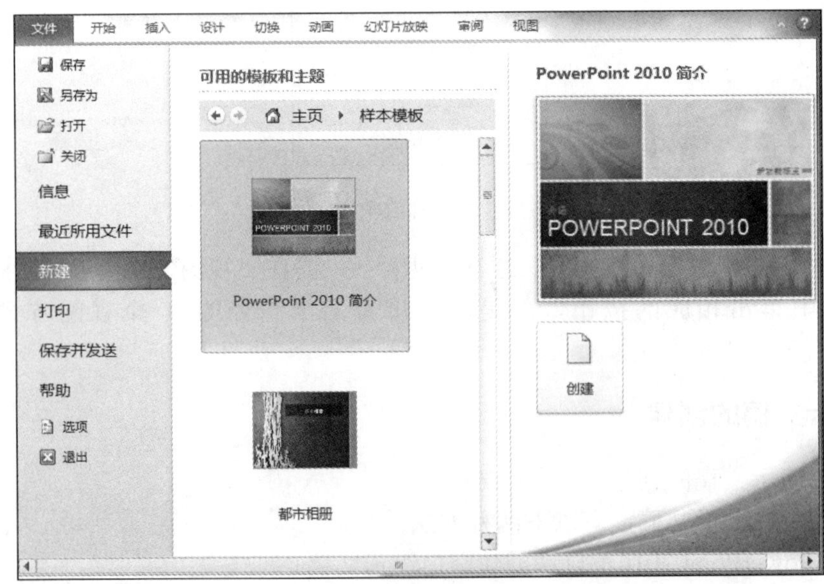

图 5-19 根据现有模板创建演示文稿

04 选择所需模板，单击“创建”按钮，一份以样本模板为基础的新演示文稿创建完成。

2）根据我的模板创建演示文稿。要访问我的模板，具体操作步骤如下：

01 单击“文件”按钮，在弹出的下拉菜单中选择“新建”命令，打开新建演示文稿对话框。

02 单击“我的模板”按钮，此时会打开一个与之前不同的新建演示文稿对话框，其中包含已下载或者创建的模板。

03 单击“确定”按钮，即可以该模板为基础创建一份新演示文稿。

3）根据现有内容新建演示文稿。如果已有的某个演示文稿与需要创建的演示文稿类似，那么可以根据现有内容新建演示文稿，将现有演示文稿作为模板使用，具体操作步骤如下：

01 单击“文件”按钮，选择“新建”命令，打开新建演示文稿对话框。

02 选择“根据现有内容新建”选项，打开“根据现有演示文稿新建”对话框。

03 在打开的“根据现有演示文稿新建”对话框中，选择已有的演示文稿，单击“新建”按钮，即可创建一个新的演示文稿。

5.2　演示文稿的基本编辑

5.2.1　编辑幻灯片

编辑幻灯片主要包括添加新幻灯片、选择幻灯片、复制幻灯片、调整幻灯片顺序以及删除幻灯片等操作。在对幻灯片的操作过程中，最为方便的视图模式是幻灯片浏览视图。对于少量的幻灯片操作，也可以在普通视图模式下进行。

1. 添加新幻灯片

不同的模板会创建带有不同数量和类型的幻灯片的演示文稿。空白的演示文稿仅有一张幻灯片。新建幻灯片的方法有多种。

（1）在“大纲”选项卡中新建幻灯片

01 切换到普通视图。

02 在“大纲”选项卡中右击，在弹出的快捷菜单中选择“新建幻灯片”命令。

03 “大纲”选项卡中出现新的一行，左侧带有幻灯片符号。

04 输入新幻灯片标题，如图 5-20 所示。

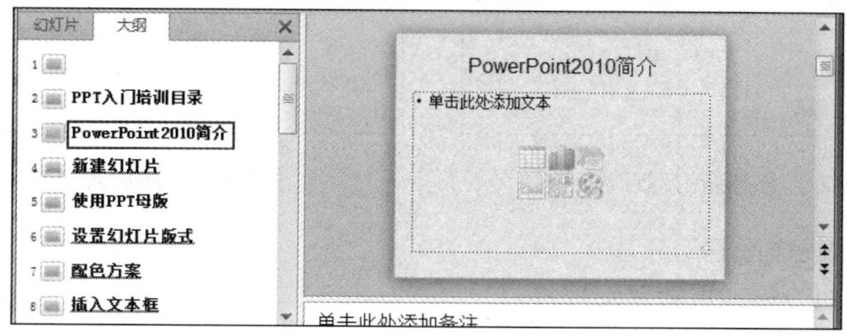

图 5-20　在“大纲”选项卡中添加新的幻灯片

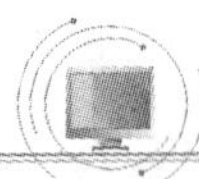

（2）在“幻灯片”选项卡中新建幻灯片

01 切换到普通视图。

02 在“幻灯片”选项卡中右击，从弹出的快捷菜单中选择“新建幻灯片”命令，或按 Enter 键，即出现使用“标题和内容”版式的新幻灯片，如图 5-21 所示。

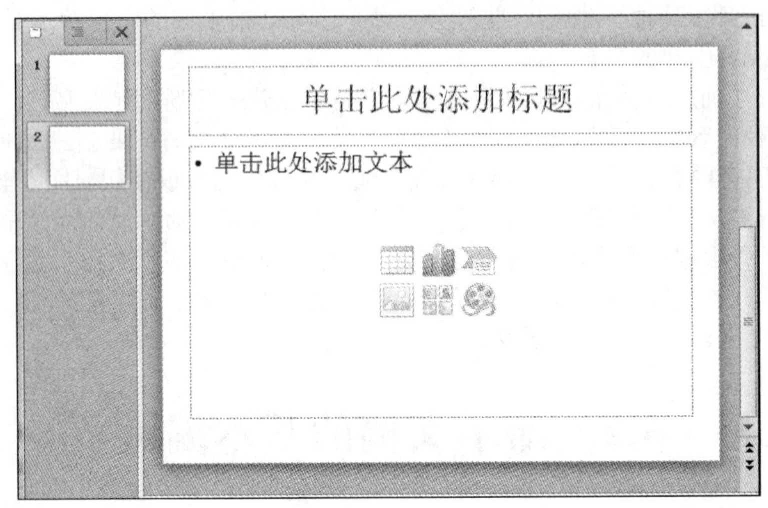

图 5-21　在“幻灯片”选项卡中添加新的幻灯片

（3）在“开始”选项卡中新建幻灯片

在“开始”选项卡的“幻灯片”选项组中，单击“新建幻灯片”按钮，即可添加一张默认版式的幻灯片。当需要应用其他版式时，单击“新建幻灯片”下拉按钮，打开如图 5-22 所示的下拉列表框，选择需要的版式即可将其应用到当前幻灯片中，如图 5-23 所示。

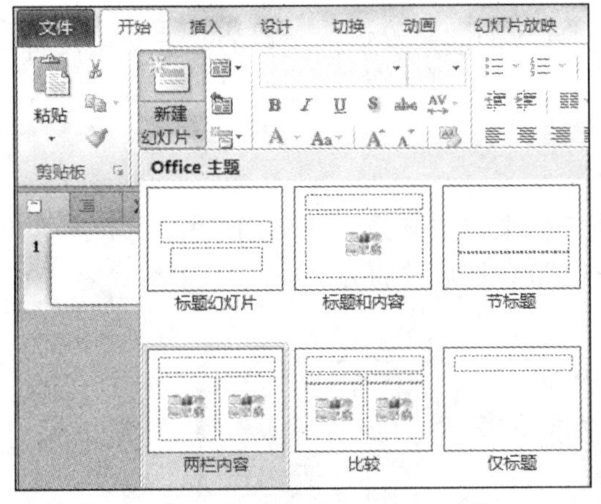

图 5-22　添加新的幻灯片

图 5-23　添加新幻灯片后

（4）使用快捷键新建幻灯片

按 Ctrl+M 组合键即可新建幻灯片。

2. 选择幻灯片

（1）选择单张幻灯片

无论是在普通视图还是在幻灯片浏览视图模式下，只需单击需要的幻灯片，即可选中该张幻灯片。

（2）选择连续的多张幻灯片

首先单击起始编号的幻灯片，然后按住 Shift 键，单击结束编号的幻灯片，此时多张连续幻灯片被同时选中。

（3）选择不连续的多张幻灯片

按住 Ctrl 键的同时，依次单击需要选择的幻灯片，此时多张不连续的幻灯片被同时选中。按住 Ctrl 键的同时再次单击已被选中的幻灯片，则该幻灯片被取消选择。

3. 复制幻灯片

选中需要复制的幻灯片，在“开始”选项卡的“剪贴板”选项组中，单击“复制”按钮。在需要插入幻灯片的位置单击，然后在“开始”选项卡的“剪贴板”选项组中，单击“粘贴”按钮。

4. 调整幻灯片顺序

移动幻灯片可以利用“剪切”按钮和“粘贴”按钮，其操作步骤与使用“复制”按钮和“粘贴”按钮相似。另外，通过拖动的方法也可以调整幻灯片的顺序，在“幻灯片”选项卡中选择要移动的幻灯片，并将其拖到合适的位置即可。

5. 删除幻灯片

要删除幻灯片，可以通过以下方法。

1）右击所选幻灯片，在弹出的快捷菜单中选择“删除幻灯片”命令。

2）按 Delete 键。

5.2.2 文本编辑

文本框是一种可移动、可调整大小的文字框，使用文本框可以在幻灯片中放置多个文字块，实现在幻灯片中任意位置添加文字信息的目的。

1. 使用文本框插入文字

在“插入”选项卡的 “文本”选项组中，单击 “文本框”下拉按钮，在弹出的下拉菜单中选择一种文本框类型，如图 5-24 所示。此时，鼠标变成十字指针状，按住鼠标左键，在幻灯片中拖动，即可添加一个文本框。将文本字符输入所添加的文本框中即可。

2. 设置文本框

文本框具有边框、填充、阴影或三维效果，而且可以改变其形状。选中文本框，右击，

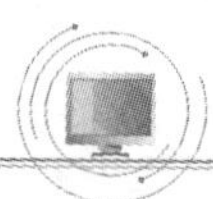

在弹出的快捷菜单中选择“设置形状格式”命令，如图 5-25 所示，即可在打开的“设置形状格式”对话框中设置文本框效果。

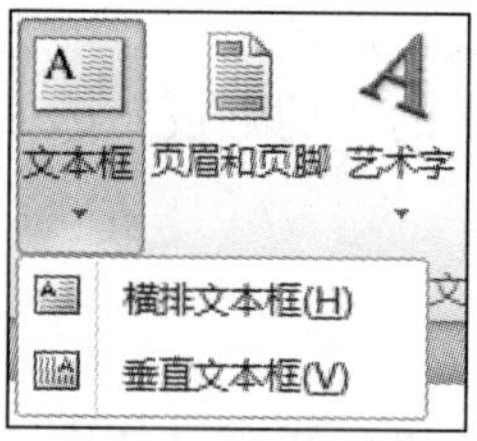

图 5-24　“文本框”下拉菜单

图 5-25　选择“设置形状格式”命令

3. 文本属性的设置

为幻灯片中的文字设置合适的字体和字号，可以使幻灯片的内容清晰明了。首先选择相应的文本，直接在工具栏中进行字体和字号的设置。若要设置字体颜色，在“开始”选项卡的“字体”选项组中，单击对话框启动器，打开“字体”对话框，选择“字体”选项卡，单击“字体颜色”下拉按钮，即可选择颜色。

5.2.3　占位符编辑

1. 占位符的基本编辑

（1）选择、移动及调整占位符

占位符常见的操作状态有两种，即文本编辑与整体选中。在文本编辑状态中，用户可以编辑占位符中的文本；在整体选中状态中，用户可以对占位符进行移动、调整大小等操作，如图 5-26 所示。

（2）复制、剪切、粘贴和删除占位符

1）在复制或剪切占位符时，会同时复制或剪切占位符中的所有内容和格式，以及占位符的大小和其他属性。

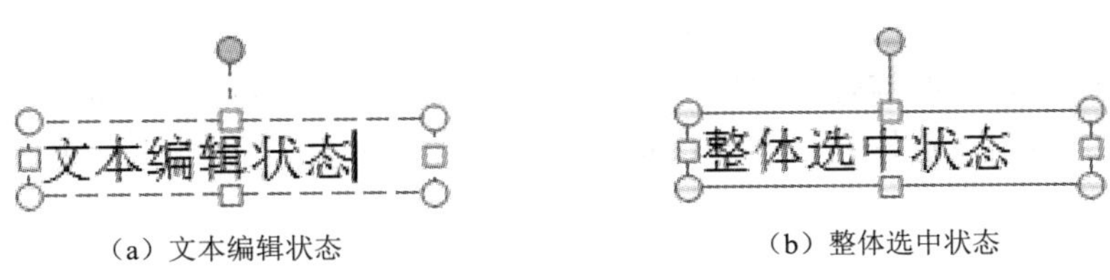

（a）文本编辑状态　　（b）整体选中状态

图 5-26　占位符的两种状态

2）当把复制的占位符粘贴到当前幻灯片时，被粘贴的占位符将位于原占位符的附近。

3）占位符的剪切操作常用来在不同的幻灯片间移动内容。

4）选中占位符后按 Delete 键，则占位符及其内容将被删除。

2. 在占位符中添加文本

在幻灯片中添加文本的方法有很多种，常用的方法有使用占位符、使用文本框和从外部导入文本。可添加到幻灯片中的文本有 4 种类型，即占位符文本、自选图形中的文本、文本框中的文本和艺术字文本。添加文本前后的占位符分别如图 5-27 和图 5-28 所示。

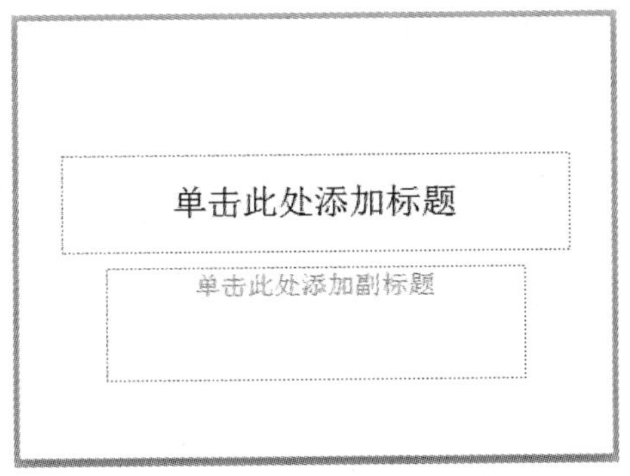

图 5-27　待添加文本的占位符

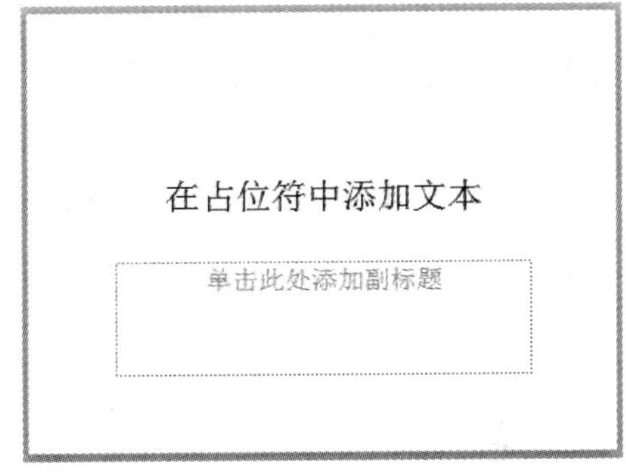

图 5-28　已添加文本的占位符

3. 占位符的属性设置

在 PowerPoint 2010 中，占位符、文本框及自选图形等对象具有相似的属性，如颜色、线型等，设置它们的属性的操作是相似的。在幻灯片中选中占位符时，功能区将出现“绘图工具/格式”选项卡，如图 5-29 所示。通过该选项卡中的各个按钮和命令即可设置占位符的属性。

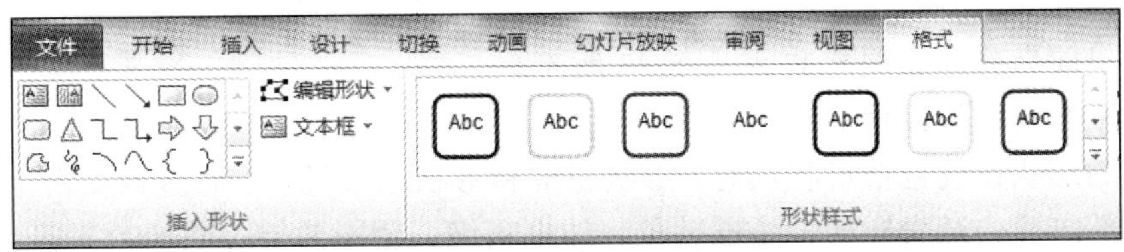

图 5-29　占位符的属性设置按钮和命令

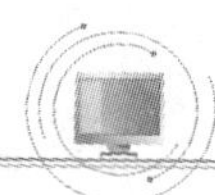

（1）占位符旋转

占位符可以任意角度旋转，选中占位符，在“绘图工具/格式”选项卡的“排列”选项组中，单击“旋转”下拉按钮，在弹出的下拉菜单中选择相应命令即可实现指定角度的旋转，如图 5-30 所示。

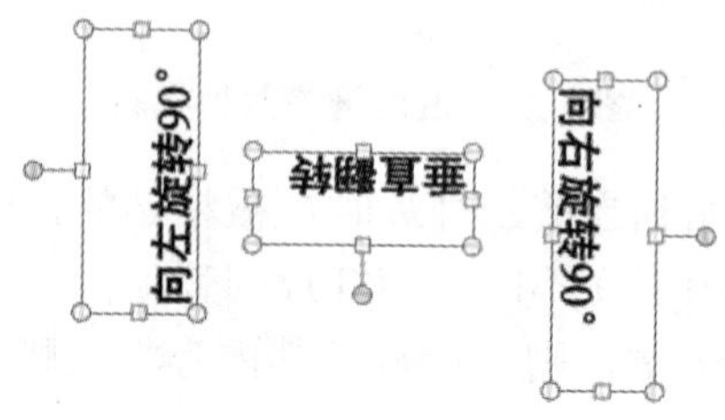

图 5-30　占位符的旋转

（2）占位符对齐

如果一张幻灯片中包含两个或两个以上的占位符，可以通过选择相应命令来左对齐、右对齐、左右居中或横向分布占位符等。在幻灯片中选中多个占位符，在“绘图工具/格式”选项卡的“排列”选项组中，单击“对齐”下拉按钮，在弹出的下拉菜单中选择相应命令，即可设置占位符的对齐方式，如图 5-31 所示。

图 5-31　占位符的对齐命令

设置效果前后分别如图 5-32 和图 5-33 所示。

（3）占位符形状的设置

占位符的形状设置包括形状填充、形状轮廓和形状效果设置。通过设置占位符的形状，可自定义内部纹理、渐变样式、边框颜色、边框粗细、阴影效果、映像效果等。

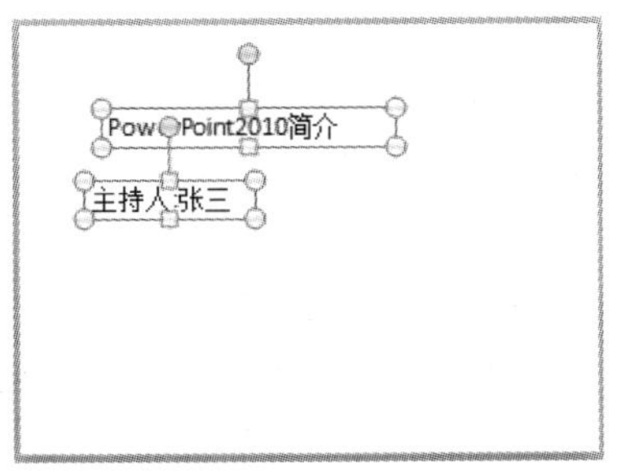

图 5-32　占位符对齐前

图 5-33　占位符对齐后

5.2.4　段落设置

为了使幻灯片中的文本层次分明、条理清晰，可以为幻灯片中的段落设置格式和级别，使用不同的项目符号和编号来标示段落层次等。

1. 段落格式

段落格式包括段落对齐、段落缩进及段落间距设置等。

（1）设置段落的对齐方式

段落对齐是指段落边缘的对齐方式，包括左对齐、右对齐、居中、两端对齐和分散对齐。

（2）设置段落的缩进方式

使用“段落”对话框可以准确地设置缩进尺寸，在“开始”选项卡的“段落”选项组中，单击对话框启动器，打开“段落”对话框，如图 5-34 所示。

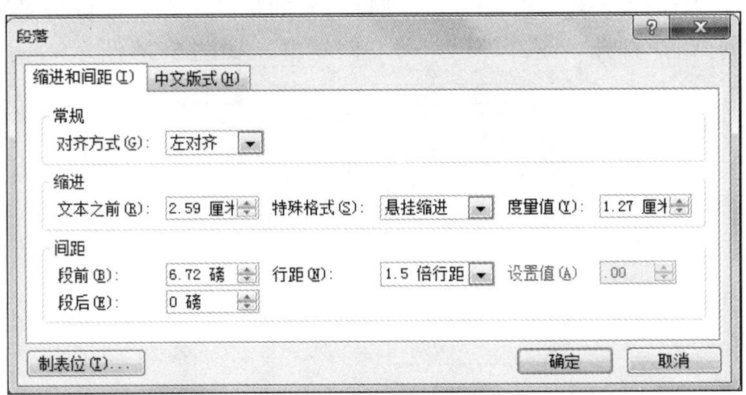

图 5-34　“段落”对话框

（3）设置行距和段间

在 PowerPoint 2010 中，用户可以设置行距及段落换行的方式。设置行距可以改变 PowerPoint 2010 默认的行距，使演示文稿中的内容条理更为清晰。设置换行格式可以使文本以用户规定的格式分行，如图 5-34 所示。

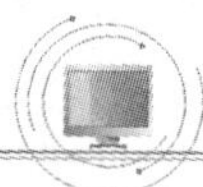

2. 使用项目符号

项目符号用于强调一些特别重要的观点或条目，从而使主题更加突出。

（1）常用项目符号

将光标定位在需要添加项目符号的段落中，在“开始”选项卡的“段落”选项组中，单击“项目符号”下拉按钮，在弹出的下拉菜单中选择“项目符号和编号”命令，打开“项目符号和编号”对话框，如图 5-35 所示。

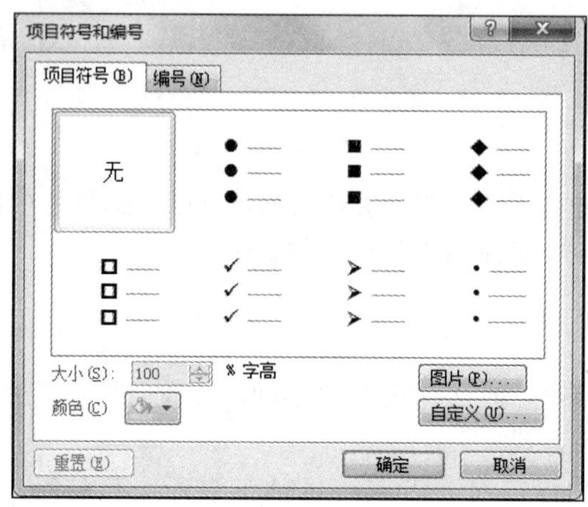

图 5-35 “项目符号和编号”对话框

（2）图片项目符号

在“项目符号和编号”对话框中，可供选择的项目符号类型共有 7 种。此外 PowerPoint 2010 还可以将图片设置为项目符号，这样丰富了项目符号的形式，在“项目符号和编号”对话框中单击“图片”按钮，打开“图片项目符号”对话框，如图 5-36 所示。

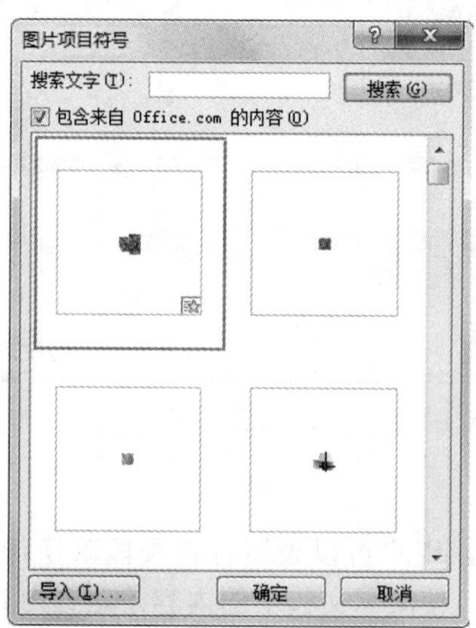

图 5-36 “图片项目符号”对话框

（3）自定义项目符号

在 PowerPoint 2010 中，除了系统提供的项目符号和图片项目符号外，还可以将系统符号库中的各种字符设置为项目符号。在“项目符号和编号”对话框中单击“自定义”按钮，打开“符号”对话框，如图 5-37 所示。

图 5-37　“符号”对话框

3. 使用项目编号

在 PowerPoint 2010 中，可以为不同级别的段落设置项目编号，使主题层次更加分明、有条理。在默认状态下，项目编号由阿拉伯数字构成。此外，PowerPoint 2010 还允许用户使用自定义项目编号样式。

若要为段落设置项目编号，可将光标定位在段落中，然后在“项目符号和编号”对话框中，选择“编号”选项卡，如图 5-38 所示，可以根据需要选择编号样式。

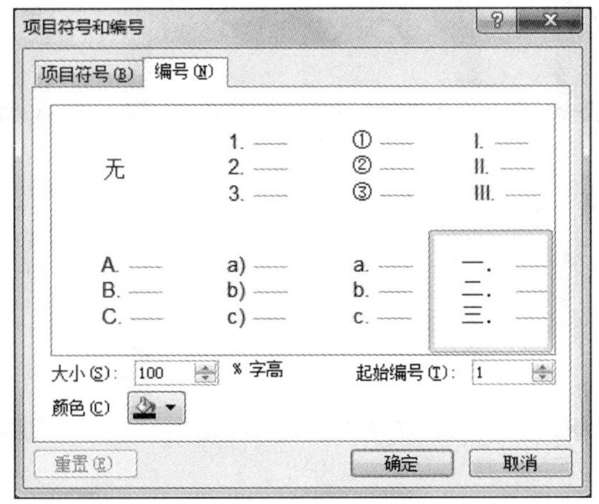

图 5-38　“编号”选项卡

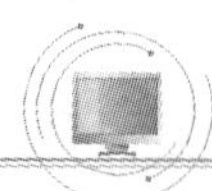

实训 5.1 PowerPoint 的基本操作

实训目的

1）掌握演示文稿的创建、保存和退出方法。

2）掌握字体和段落的设置方法。

3）掌握文本框的添加和编辑方法。

实训内容

1）根据已有的文本大纲创建一个名为“奥运会演讲”的演示文稿，效果图如图 5-39 所示。

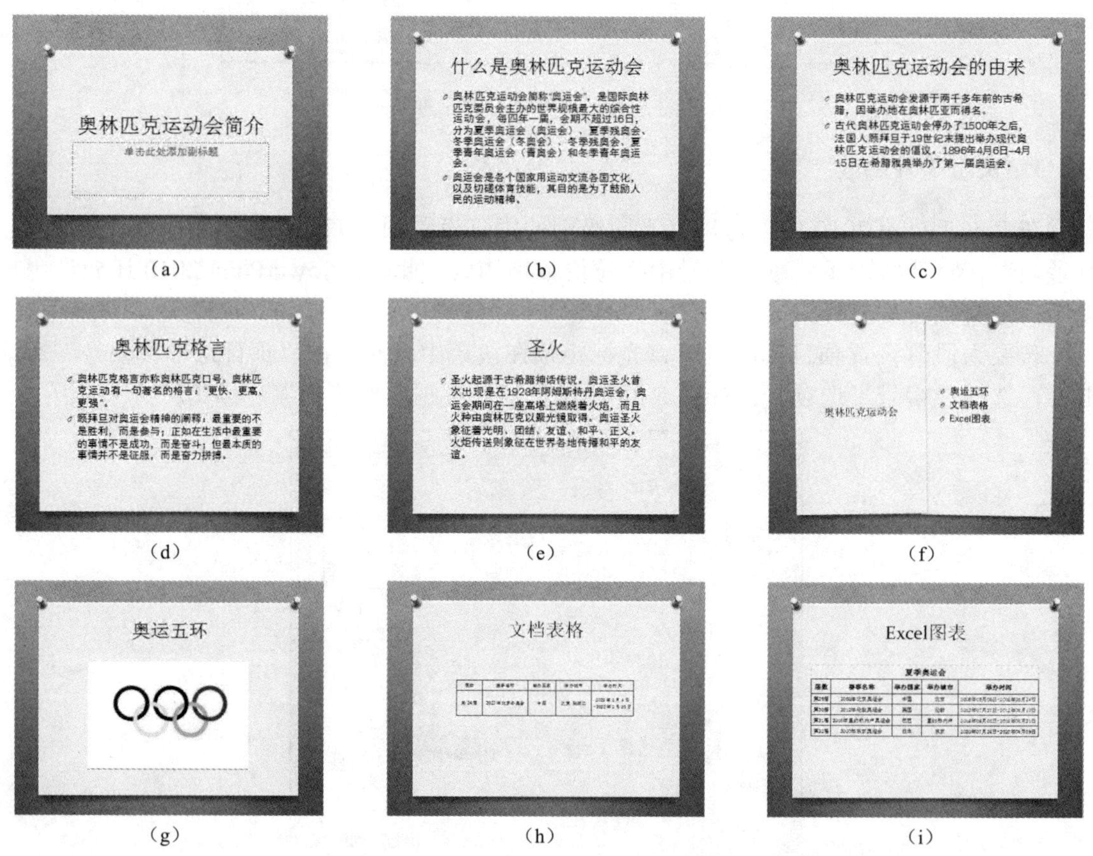

图 5-39 利用 Word 大纲文本创建的演示文稿

2）利用模板和空演示文稿制作演示文稿，效果如图 5-40 和图 5-41 所示。

3）对象的插入及模板与版式的使用。

4）页面设置、页眉和页脚设置、批注和备注文本的添加。

图 5-40　利用样本模板创建演示文稿

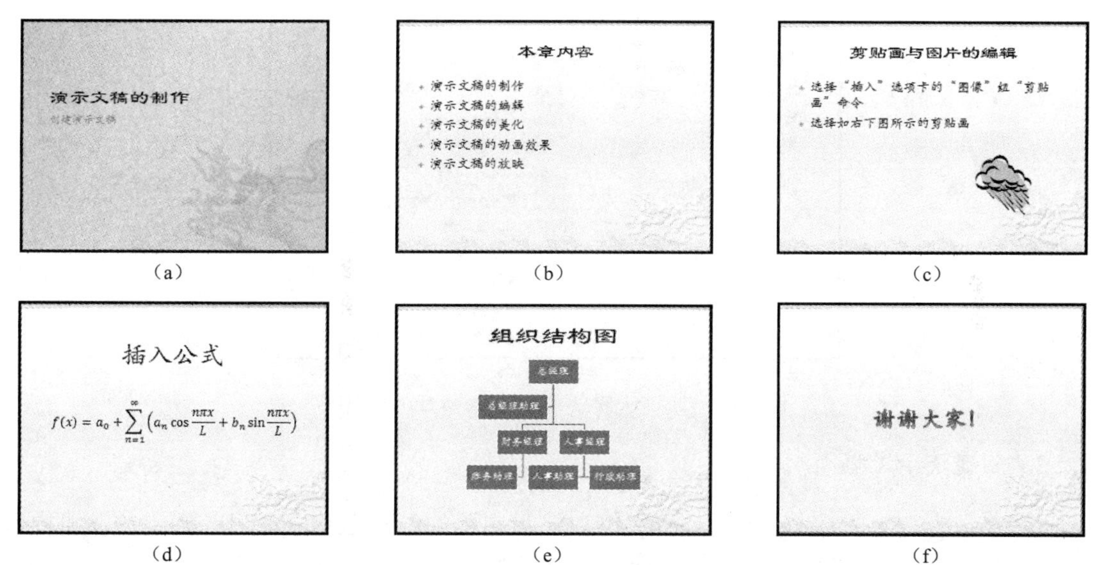

图 5-41　利用空演示文稿、模板和版式创建演示文稿

实训步骤

1. 启动 PowerPoint 程序

方法一：单击"开始"按钮，选择"所有程序"→"Microsoft Office"→"Microsoft PowerPoint 2010"命令，如图 5-42 所示。

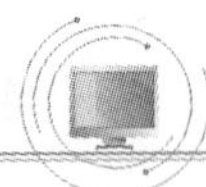

图 5-42　通过“开始”菜单启动 PowerPoint 程序

方法二：在桌面空白处右击，或者打开指定磁盘，在空白处右击，在弹出的快捷菜单中选择“新建”→“Microsoft PowerPoint 演示文稿”命令，如图 5-43 所示，即可新建 PowerPoint 演示文稿，再双击打开该文件，即可启动 PowerPoint 2010 程序。

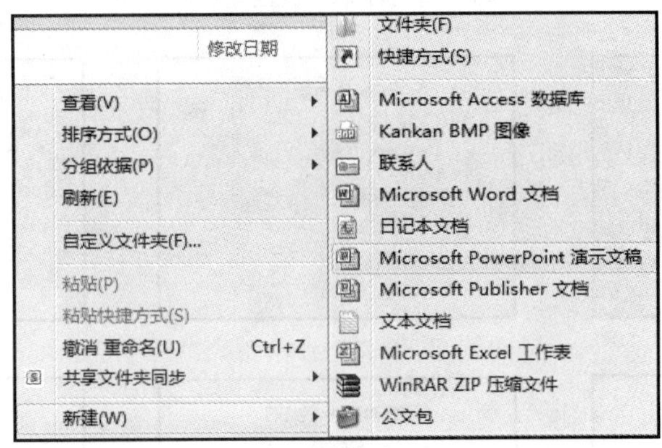

图 5-43　通过快捷菜单启动 PowerPoint 程序

2. 创建演示文稿大纲

在 Word 文档中，创建演示文稿大纲。演示文稿的创建是建立在已经确定的演讲内容基础上的。在实际工作中，演讲前都会事先计划好演讲时间、确定演讲的主题、搜集相关资料，写出演讲大纲，根据大纲写出演讲稿，经过修订后确定演讲大纲，根据确定后的大纲进行演示文稿（即 PPT）的制作，最后对演示文稿进行反复的增删修改，以达到效果最佳的辅助演讲的目的。

操作方法：打开准备好的演讲文字，具体如下：

标题：“奥林匹克运动会简介”

正文：

什么是奥林匹克运动会

- 奥林匹克运动会简称“奥运会”，是国际奥林匹克委员会主办的世界规模最大的综合性运动会，每四年一届，会期不超过 16 日，分为夏季奥运会（奥运会）、夏季残奥会、冬季奥运会（冬奥会）、冬季残奥会、夏季青年奥运会（青奥会）和冬季青年奥运会。

● 奥运会是各个国家用运动交流各国文化，以及切磋体育技能的盛会，其目的是鼓励人民的运动精神。

奥林匹克运动会的由来

● 奥林匹克运动会发源于两千多年前的古希腊，因举办地在奥林匹亚而得名。

● 古代奥林匹克运动会停办了 1500 年之后，法国人顾拜旦于 19 世纪末提出举办现代奥林匹克运动会的倡议。1896 年 4 月 6 日—4 月 15 日在希腊雅典举办了第一届奥运会。

奥林匹克格言

● 奥林匹克格言亦称奥林匹克口号。奥林匹克运动有一句著名的格言："更快、更高、更强"。顾拜旦对奥运会精神的阐释：最重要的不是胜利，而是参与；正如在生活中最重要的事情不是成功，而是奋斗；但最本质的事情并不是征服，而是奋力拼搏。

圣火

● 圣火起源于古希腊神话传说。奥运圣火首次出现是在 1928 年阿姆斯特丹奥运会，奥运会期间在一座高塔上燃烧着火焰，而且火种由奥林匹克以聚光镜取得。奥运圣火象征着光明、团结、友谊、和平、正义。火炬传送则象征在世界各地传播和平的友谊。

输入完以上文字后，保存 Word 文档。

3. 利用大纲文档创建演示文稿

利用上面所建立的 Word 文档，创建演示文稿。

启动 PowerPoint 2010，将自动新建一张标题版式的空白演示文稿，将"演讲大纲.docx"中的大标题复制到如图 5-44 所示的标题区，保存文件，并命名为"奥运会演讲.pptx"。

01 新建幻灯片。具体方法如下：

方法一：在"开始"选项卡的"幻灯片"选项组中单击"新建幻灯片"按钮。

方法二：按 Ctrl+M 组合键。

方法三：右击幻灯片，在弹出的快捷菜单中选择"新建幻灯片"命令，如图 5-45 所示。

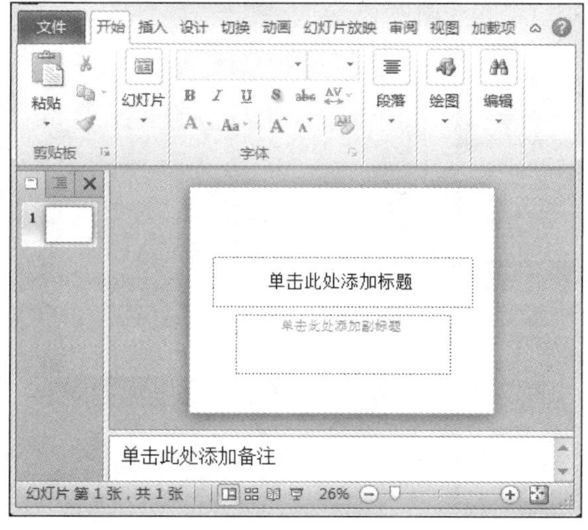

图 5-44　空白演示文稿

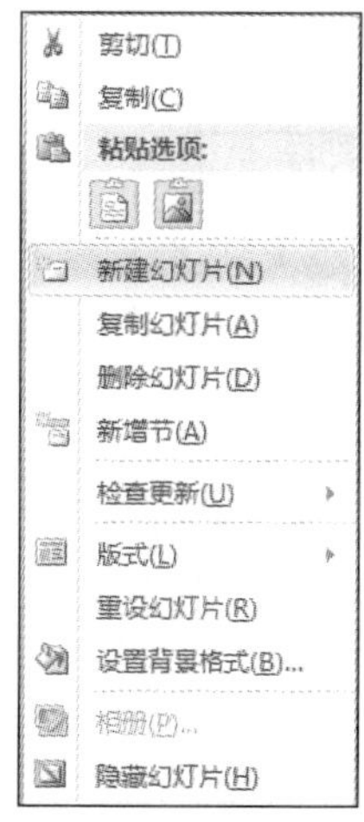

图 5-45　选择"新建幻灯片"命令

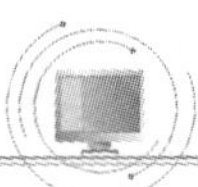

方法四：设置自定义快速访问工具栏，将“新建幻灯片”按钮添加到快速访问工具栏。选择“文件”→“选项”命令，在打开的“PowerPoint 选项”对话框中选择“快速访问工具栏”选项卡，如图 5-46 所示，在常用命令列表框中选择“新建幻灯片”选项，并单击“添加”按钮，再单击“确定”按钮，最终效果如图 5-47 所示。

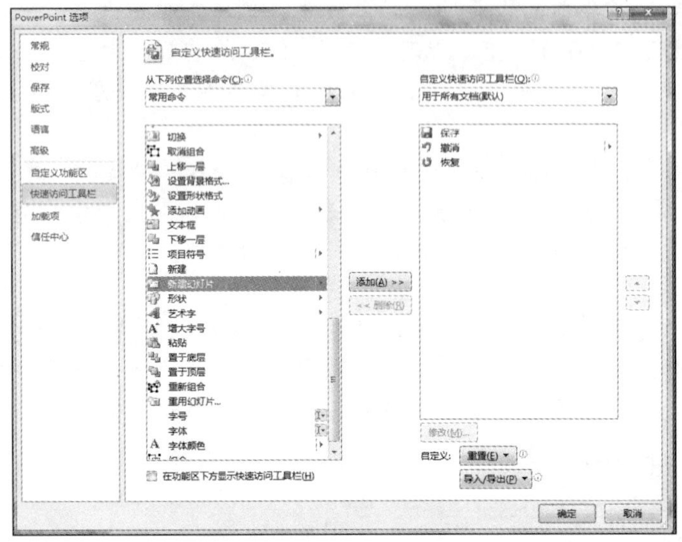

图 5-46　快速访问工具栏设置

图 5-47　快速访问工具栏按钮

02 在“开始”选项卡的“幻灯片”选项组中，单击“新建幻灯片”下拉按钮，在弹出的下拉菜单中，选择“标题和内容”版式，如图 5-48 所示，用同样方法再添加 4 张“标题和内容”版式的幻灯片。

03 将“演讲大纲.docx”中所有小标题的内容分别复制到 4 张新幻灯片的标题区。将“演讲大纲.docx”中的所有正文内容分别复制到各新幻灯片的文本区。完成后，效果如图 5-49 所示。

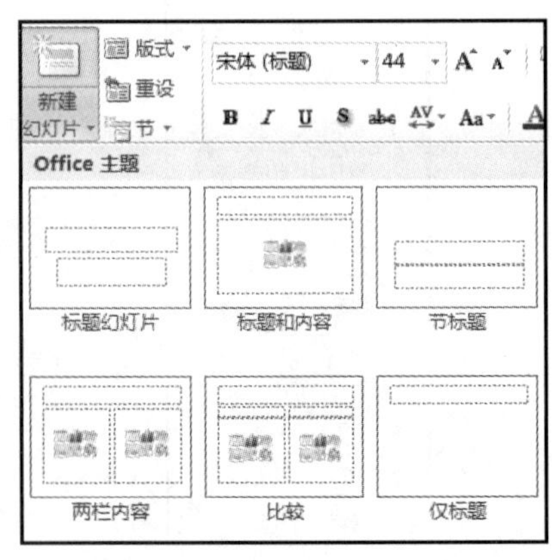

图 5-48　选择幻灯片版式

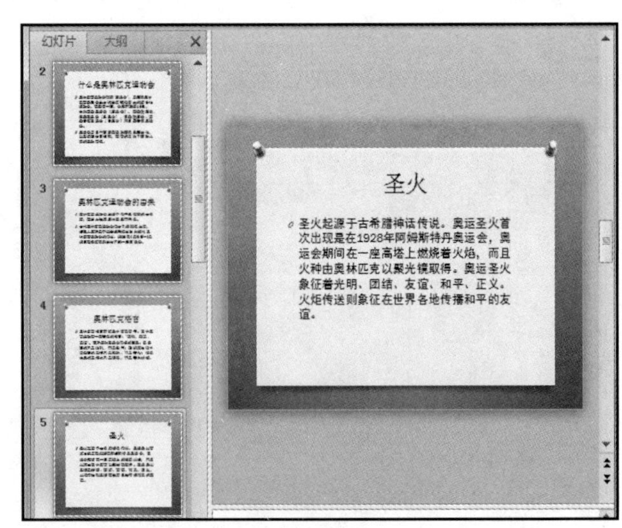

图 5-49　根据 Word 大纲创建演示文稿

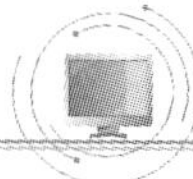

4. 模板设置

在“设计”选项卡的“主题”选项组中，选择一个主题，效果如图 5-39 中的前 6 张幻灯片所示，并应用设计模板，如图 5-50 所示。

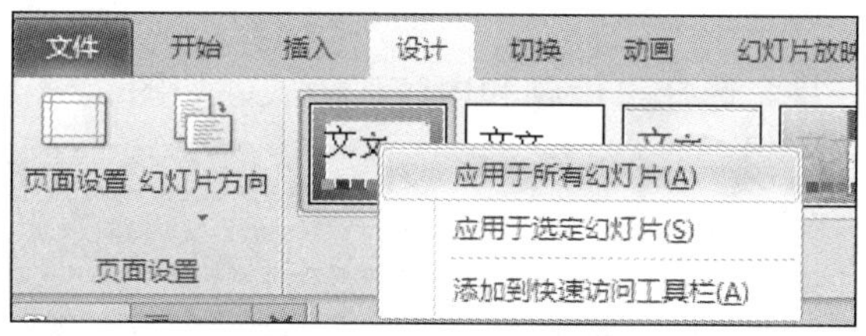

图 5-50　应用设计模板

注意：直接单击“设计模板”按钮，会应用到所有的幻灯片。右击“设计模板”按钮，在弹出的快捷菜单中选择“应用于选定幻灯片”命令，则只应用到选定的幻灯片。

5. 版式设置

PowerPoint 2010 中包含 11 种内置幻灯片版式，我们也可以创建满足我们特定需求的自定义版式，并与使用 PowerPoint 2010 创建演示文稿的其他人共享。图 5-51 显示了 PowerPoint 2010 中内置的幻灯片版式，每种版式均显示了各种占位符的位置。

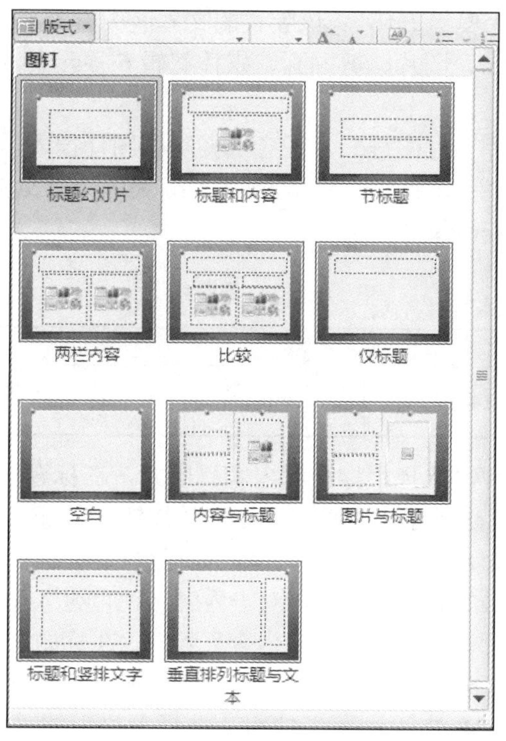

图 5-51　幻灯片版式

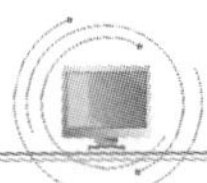

单击第 6 张幻灯片后，在“开始”选项卡的“幻灯片”选项组中，单击“版式”下拉按钮，在弹出的下拉菜单中选择“内容与标题”版式，在标题区输入“奥林匹克运动会”，在文本区输入“奥运五环”“文档表格”“Excel 图表”，如图 5-39 的第 6 张幻灯片所示。

6. 插入对象

01 新建一张幻灯片，选择“标题和内容”版式，如图 5-52 所示。

图 5-52 “标题和内容”版式幻灯片

02 在标题中输入“奥运五环”。该版式的文本区中有 6 个占位符，表示幻灯片中可插入表格、图表、SmartArt、图片、剪贴画、媒体剪辑 6 种元素，用以丰富幻灯片的内容、加强演讲说明的效果。

03 单击“插入图片”占位符，任意选择一张图片插入当前幻灯片。

04 在自己的文件夹下，新建一个 Word 文档，命名为“文档表格.docx”，输入表 5-1 所示内容，保存并关闭 Word 文档。

表 5-1 冬奥会

届数	赛事名称	举办国家	举办城市	举办时间
第 24 届	2022 年北京冬奥会	中国	北京 张家口	2022 年 02 月 04 日 —2022 年 02 月 20 日

05 新建一张幻灯片，选择“标题和内容”版式，在标题区中输入“文档表格”。在“插入”选项卡的“文本”选项组中，单击“对象”按钮，打开“插入对象”对话框，点选“由文件创建”单选按钮，单击“浏览”按钮，选择自己的文件夹下“文档表格.docx”文件，单击“确定”按钮，如图 5-53 所示。双击内容区，可进入 Word 状态进行编辑。

06 新建一张幻灯片，选择“标题和内容”版式，在标题区中输入“Excel 图表”。在“插入”选项卡的“文本”选项组中，单击“对象”按钮，打开“插入对象”对话框，点选“由文件创建”单选按钮，单击“浏览”按钮，选择素材中的“夏季奥运会.xlsx”文件，单击“确定”按钮，如图 5-54 所示。双击内容区，可进入 Excel 状态进行图表的编辑，如

图 5-55 所示。选择“图表”工作表，并适当调整图表的大小。

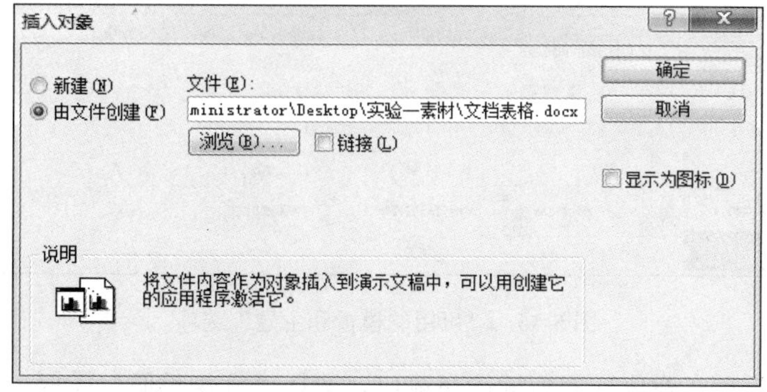

图 5-53　插入对象——Word 文档

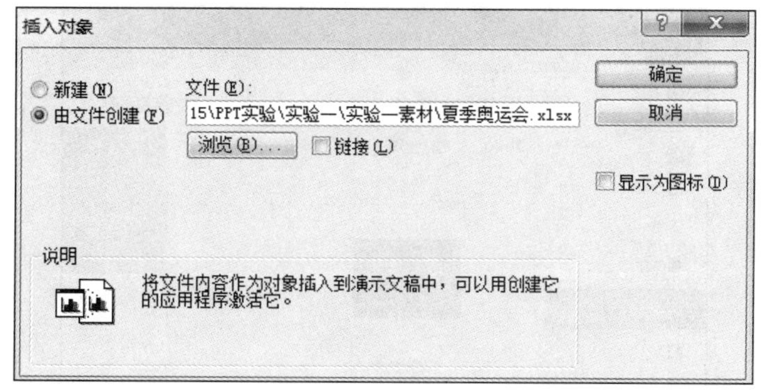

图 5-54　插入对象——Excel 图表

夏季奥运会				
届数	赛事名称	举办国家	举办城市	举办时间
第29届	2008年北京奥运会	中国	北京	2008年08月08日-2008年08月24日
第30届	2012年伦敦奥运会	英国	伦敦	2012年07月27日-2012年08月12日
第31届	2016年里约热内卢奥运会	巴西	里约热内卢	2016年08月05日-2016年08月21日
第32届	2020年东京奥运会	日本	东京	2020年07月24日-2020年08月09日

Sheet1　Sheet2　Sheet3

图 5-55　编辑图表

07 单击“保存”按钮或选择“文件”→“保存”或“另存为”命令，将该演示文稿保存为“奥运会演讲.pptx”。

7. 用样本模板创建演示文稿

利用系统已经存在的样本模板来创建演示文稿。

选择“文件”→“新建”命令，在 PowerPoint 2010 应用程序的窗口出现“可用的模板和主题”的选项，如图 5-56 所示。

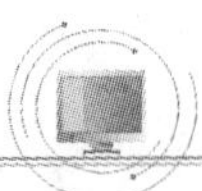

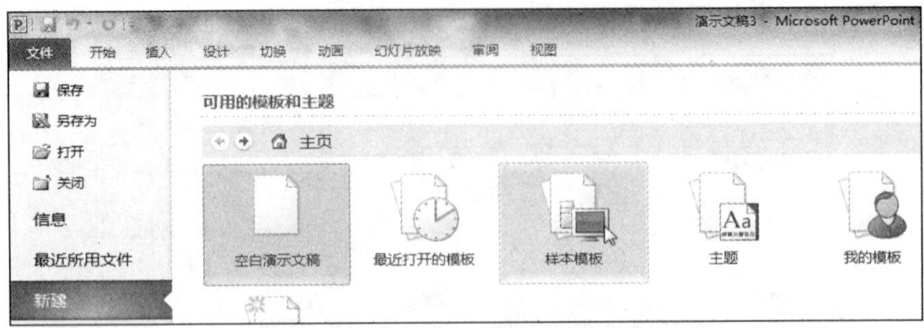

图 5-56 “可用的模板和主题”选项

单击样本模板后，弹出样本模板选择窗口，选择“宣传手册”模板，如图 5-57 所示，再单击“创建”按钮，或者直接双击“宣传手册”图标，即可创建宣传手册。

图 5-57 样本模板

8. 创建空白演示文稿

创建空白演示文稿后，再自行编辑模板和版式，以适应不同的演示文稿需求。

01 选择“文件”→“新建”命令，在窗口右边的“可用的模板和主题”窗格中选择“空白演示文稿”选项，如图 5-58 所示，单击“创建”按钮，或者直接双击“空白演示文稿”图标，则会自动创建一张标题版式的空白演示文稿。

02 单击第 1 张幻灯片，按 Ctrl+M 组合键新建空白演示文稿。操作方法：按住 Ctrl 键不放，再连续按 5 次 M 键，再松开 Ctrl 键，即可在第 1 张幻灯片后快速创建 5 张新幻灯片，且系统自动将 5 张新幻灯片均设置为“标题和内容”版式。对照图 5-41 中的（a）～（f），进行幻灯片的设计。

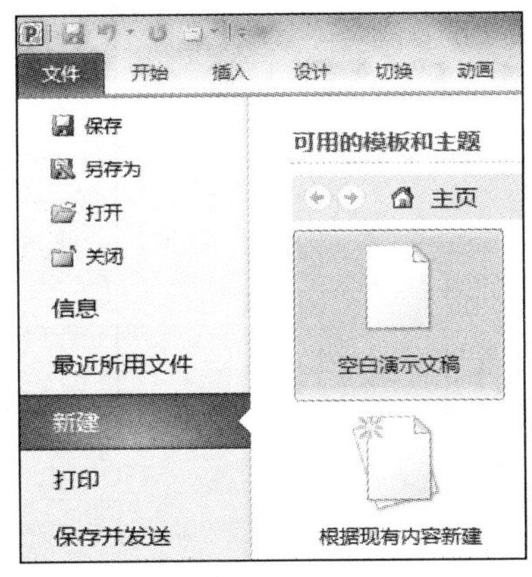

图 5-58　新建“空白演示文稿”

03 单击第 1 张幻灯片，在“设计”选项卡的“主题”选项组中，选择“龙腾四海”主题模板，如图 5-59 所示。单击幻灯片标题，在标题处输入“演示文稿的制作”，在副标题处输入“创建演示文稿”，完成效果如前面的图 5-41（a）所示。

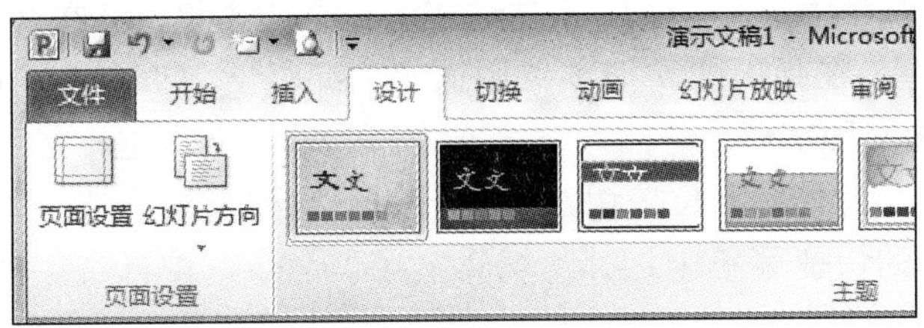

图 5-59　选择主题模板

04 单击第 2 张幻灯片，在标题区输入“本章内容”，在文本区输入以下 5 行文字，调整文本框到合适的位置，效果如图 5-41（b）所示。

- 演示文稿的制作
- 演示文稿的编辑
- 演示文稿的美化
- 演示文稿的动画效果
- 演示文稿的放映

05 单击第 3 张幻灯片，在标题区输入“剪贴画与图片的编辑”，在文本区输入以下两行文字。

第 1 行输入：“在‘插入’选项卡的‘图像’选项组中，单击‘剪贴画’按钮”。

第 2 行输入：“选择如右下图所示的剪贴画”。

06 在“插入”选项卡的“图像”选项组中，单击“剪贴画”按钮，如图 5-60 所示，打开“剪贴画”任务窗格，在“搜索文字”文本框中输入“云彩”，单击“搜索”按钮，如图 5-61 所示，单击选中一张云彩的剪贴画插入幻灯片，并调整剪贴画到右下角的位置，完成效果如图 5-41（c）所示。

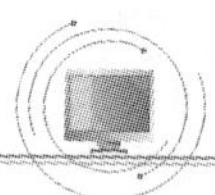

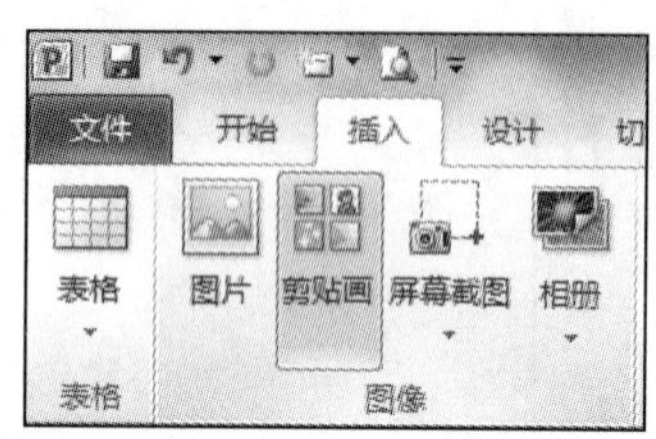

图 5-60　插入剪贴画

图 5-61　“剪贴画”任务窗格

07 单击第 4 张幻灯片，在“开始”选项卡的“幻灯片”选项组中，单击“版式”下拉按钮，在弹出的下拉列表框中选择“空白”版式。

在“插入”选项卡的“文本”选项组中，单击“文本框”下拉按钮，在弹出的下拉菜单中选择“横排文本框”命令，按住鼠标左键拖出一个文本框，并在文本框中输入汉字“插入公式”，右击文本框，在弹出的快捷菜单中选择“编辑文字”命令，选择文字，并设置文字字号为“60”，任选一种字体。再插入一个文本框，单击文本框，在“插入”选项卡的“符号”选项组中，单击“公式”下拉按钮，在弹出的下拉列表框中选择“傅立叶级数”选项，右击文本框，在弹出的快捷菜单中选择“编辑文字”命令，设置文字字号为“32”，效果如图 5-41（d）所示。

08 单击第 5 张幻灯片，在标题区输入“插入组织结构图”，再单击文本区，在“插入”选项卡的“插图”选项组中单击“SmartArt”按钮，在打开的对话框中选择“层次结构”选项卡中的“组织结构图”，在组织结构图中输入以下文字内容，最终效果如图 5-41（e）所示。

- 一级：总经理
- 一级助手：总经理助理
- 二级：人事经理、财务经理
- 三级：人事经理下级为人事助理、行政助理；财务经理下级为财务助理

09 单击第 6 张幻灯片，选择“空白”版式，在标题区中插入艺术字“谢谢大家”，调整艺术字到合适位置，完成效果如前面的图 5-41（f）所示。

9. 根据现有演示文稿新建

根据现有演示文稿，快速创建与原演示文稿模板和版式相似的演示文稿。

选择“文件”→“新建”命令，在窗口右边的“可用的模板和主题”窗格中选择“根据现有内容新建”选项，则会打开“根据现有演示文稿新建”对话框，如图 5-62 所示，在该对话框中选择所需的演示文稿，将打开所选演示文稿，可在此基础上进行修改，则可快速创建与原演示文稿模板和版式相似的演示文稿。

图 5-62　“根据现有演示文稿新建”对话框

10. 页眉和页脚设置

01 打开“奥运会演讲.pptx”，另存为“5-1c.pptx”，完成下列操作后保存。单击第 1 张幻灯片，在“审阅”选项卡的“批注”选项组中，单击“新建批注”按钮，如图 5-63 所示，在批注中输入“创建日期 2016-06-18”。

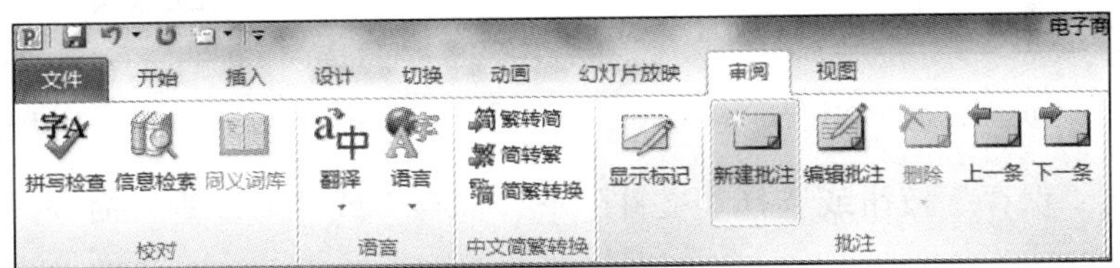

图 5-63　新建批注

02 选中第 2 张幻灯片，在“插入”选项卡的“文本”选项组中，单击“页眉和页脚”按钮，如图 5-64 所示，在打开的“页眉和页脚”对话框中设置日期，要求日期和时间自动更新，参考格式为“2016 年 6 月 16 日”；设置幻灯片编号；设置页脚，内容为“江西省电子信息技师学院”，勾选“标题幻灯片中不显示”复选框，单击“全部应用”按钮，将页眉和页脚应用到所有幻灯片，如图 5-65 所示。

03 选中第 2 张幻灯片，在“视图”选项卡的“演示文稿视图”选项组中，单击“备注页”按钮，如图 5-66 所示，在备注页中输入“备注：此处可展示奥运会实际的网站页面。”

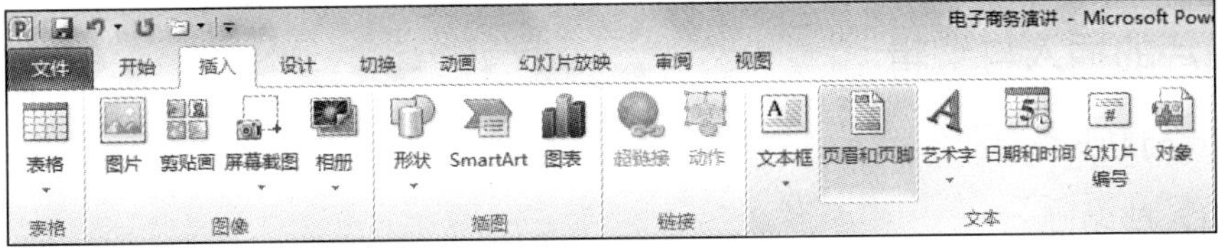

图 5-64　插入页眉和页脚

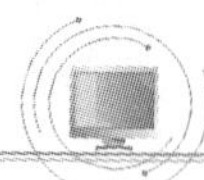

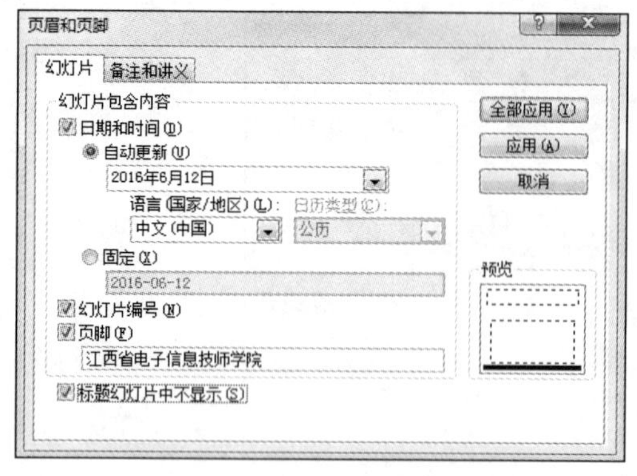

图 5-65　设置页眉和页脚

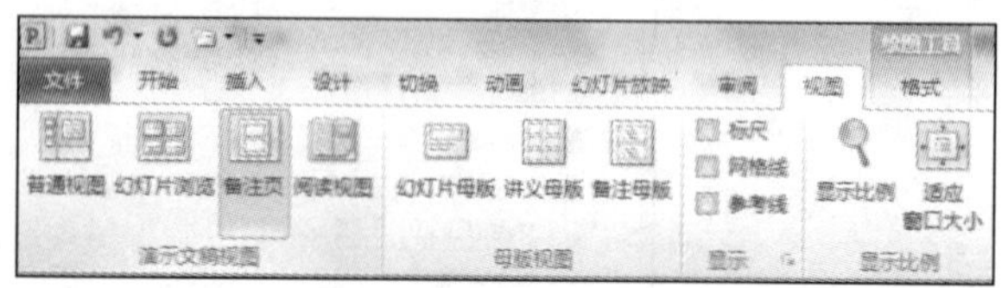

图 5-66　选择备注页视图

04 页面设置：在“设计”选项卡的“页面设置”选项组中，单击“页面设置”按钮，如图 5-67 所示。打开“页面设置”对话框，如图 5-68 所示，按要求设置“幻灯片大小”为“全屏显示”，单击“确定”按钮即可完成页面设置。

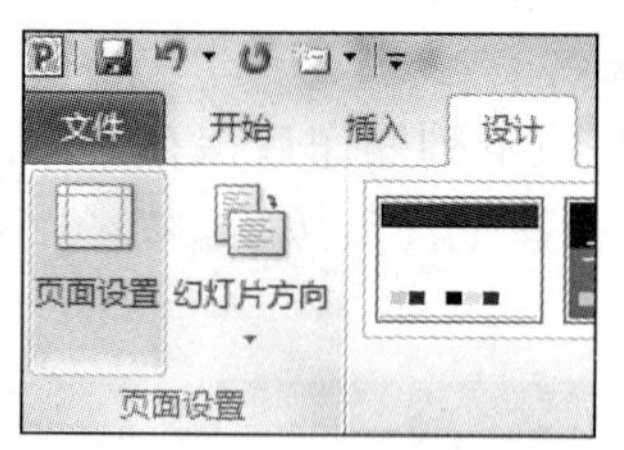

图 5-67　单击“页面设置”按钮

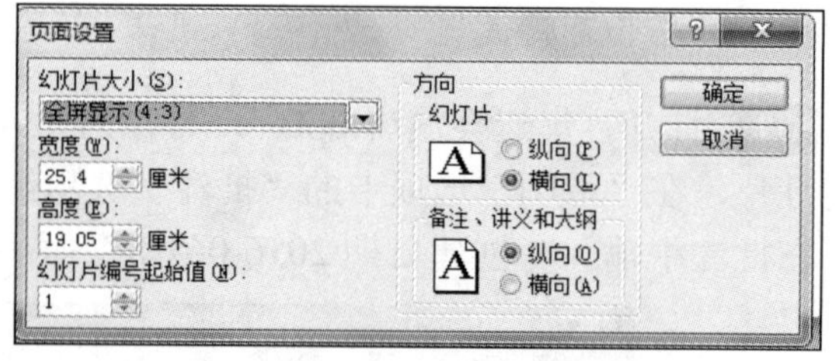

图 5-68　“页面设置”对话框

05 单击“保存”按钮或选择“文件”→“保存”或“另存为”命令，将该演示文稿保存为“5-1c.pptx”。

实训小结

通过本次实训，同学们掌握了 4 种主要的创建演示文稿的方法，即先在 Word 中创建演讲大纲，根据大纲再创建演示文稿，利用模板和空演示文稿制作演示文稿，根据现有文件创建演示文稿；并掌握了演示文稿中字体和段落格式等的设置、文本框的设置等。

5.3　图片、图表的处理

5.3.1　图片的插入与编辑

1. 图片的插入

(1) 插入剪贴画

要插入剪贴画，可以在“插入”选项卡的“插图”选项组中，单击“剪贴画”按钮，打开“剪贴画”任务窗格，如图 5-69 所示。

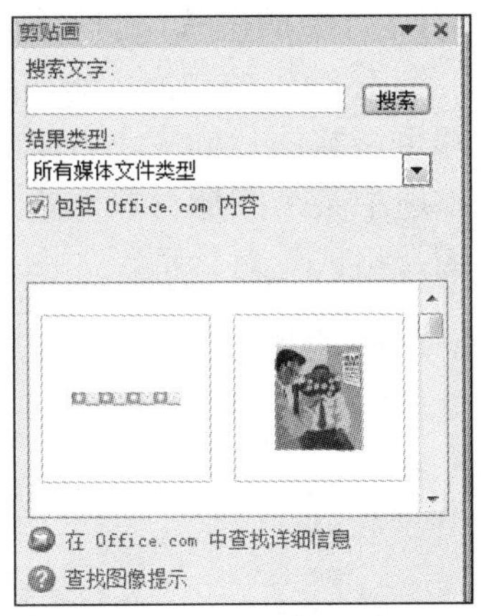

图 5-69　“剪贴画”任务窗格

（2）插入来自文件的图片

除了插入 PowerPoint 2010 附带的剪贴画之外，还可以插入磁盘中的图片。在“插入”选项卡的“插图”选项组中，单击“图片”按钮，打开“插入图片”对话框，选择一张图片，单击“插入”按钮，如图 5-70 所示。

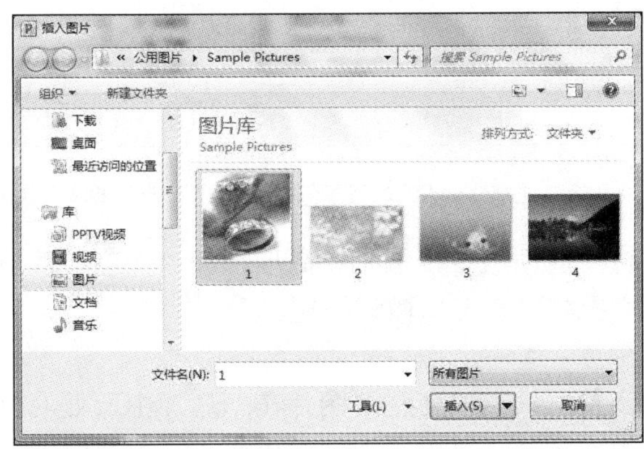

图 5-70　插入来自文件的图片

2. 图片编辑

（1）调整图片位置

要调整图片位置，可以在幻灯片中选中该图片，然后按方向键上、下、左、右移动图片。也可以按住鼠标左键拖动图片，等拖动到合适的位置后释放鼠标左键即可，如图 5-71 所示。

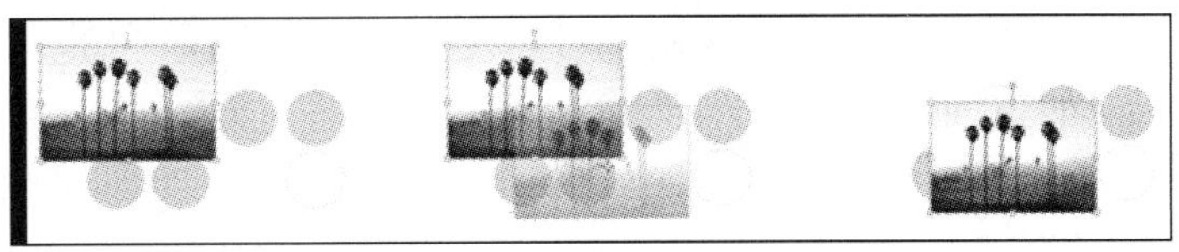

图 5-71　调整图片位置

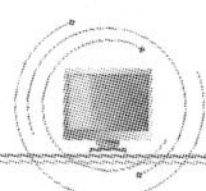

（2）调整图片大小

1）利用鼠标调整。单击插入幻灯片中的图片，图片周围将出现 8 个白色控制点（即控制柄），如图 5-72 所示，当鼠标指针移动到控制点上方时，鼠标指针变为双向箭头形状，此时按下鼠标左键拖动控制点，即可调整图片的大小。

2）利用对话框设置图形大小。选中某个图形对象，右击，在弹出的快捷菜单中选择“大小和位置”命令，即打开“设置图片格式”对话框，如图 5-73 所示。

图 5-72　图片的控制点

图 5-73　“设置图片格式”对话框

在“大小”选项卡的“尺寸和旋转”选项组中，输入“高度”和“宽度”数值或者直接调整“缩放比例”选项组中的“高度”和“宽度”微调按钮。

（3）裁剪图片

对图片的位置、大小和角度进行调整，只能改变整个图片在幻灯片中所处的位置和所占的比例，而当插入的图片中有多余的部分时，可以利用裁剪操作，将图片中多余的部分删除。在“图片工具/格式”选项卡的“大小”选项组中，单击“裁剪”按钮，如图 5-74 所示。

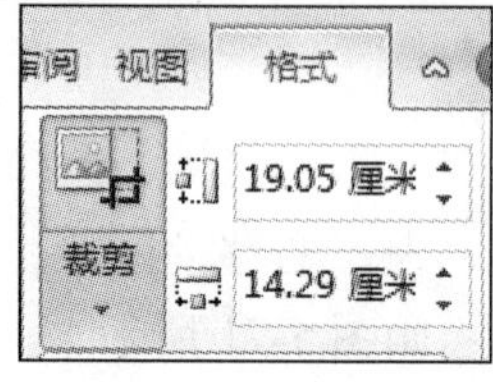

图 5-74　裁剪工具

（4）旋转图片

在幻灯片中选中图片时，周围除了出现 8 个白色控制点外，还有一个绿色的旋转控制点。拖动该控制点，可自由旋转图片，如图 5-75 所示。另外，在“图片工具/格式”选项卡的“排列”选项组中，单击“旋转”下拉按钮，可以通过其下拉菜单中的命令控制图片旋转的方向。

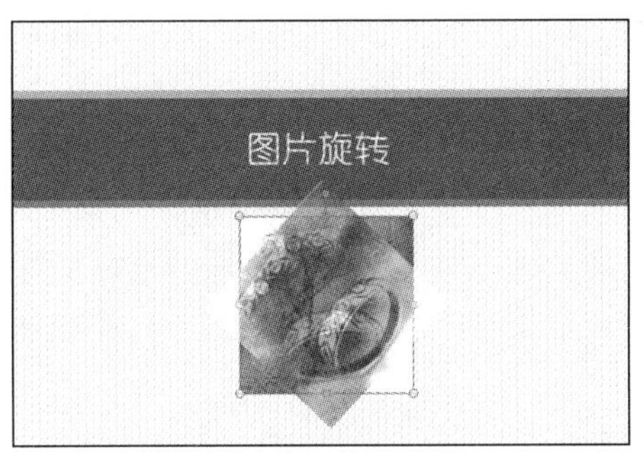

图 5-75　旋转图片

3. 图片的亮度和对比度调整

图片的亮度是指图片整体的明暗程度，对比度是指图片中最亮部分和最暗部分的差别。在调整图片亮度和对比度时，首先应选中图片，然后在“图片工具/格式”选项卡中的“调整”选项组中，单击“更正”下拉按钮，如图 5-76 所示，在弹出的下拉菜单中对图片的亮度和对比度进行设置。

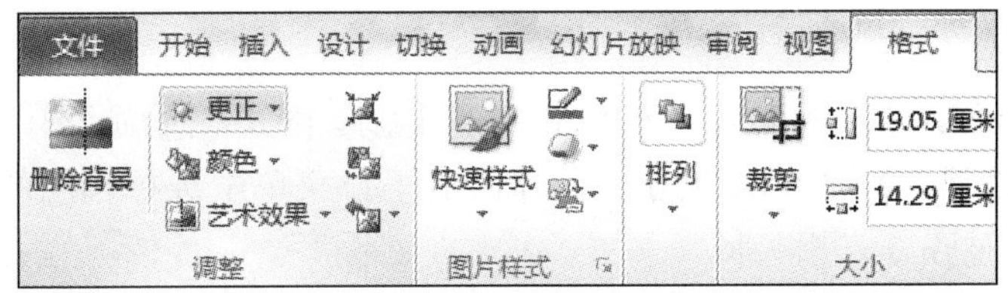

图 5-76　调整图片格式

5.3.2　图形的绘制和编辑

1. 图形的绘制

PowerPoint 2010 提供了功能强大的绘图工具，利用绘图工具可以绘制各种线条、连接符、几何图形、星形及箭头等复杂的图形。在“插入”选项卡的“插图”选项组中，单击“形状”下拉按钮，在弹出的下拉列表框中选择需要的形状绘制图形即可，如图 5-77 所示。利用这些绘图工具，可以绘制出所需的各类图形，如图 5-78 所示。

2. 图形的编辑

（1）图形旋转

旋转图形与旋转文本框、文本占位符一样，只要拖动其上方的绿色旋转控制点任意旋转图形即可。也可以在“绘图工具/格式”选项卡的“排列”选项组中，单击“旋转”下拉按钮，如图 5-79 所示，在弹出的下拉菜单中选择“向右旋转 90°”“向左旋转 90°”“垂直翻转”和“水平翻转”等命令。

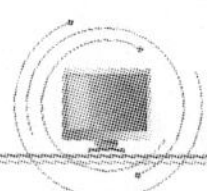

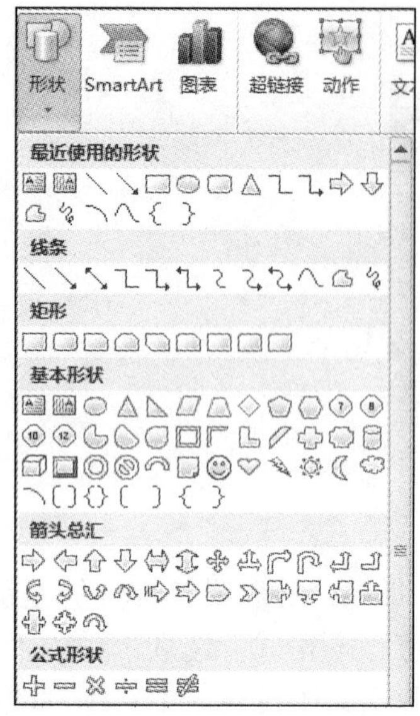

图 5-77　内置自选图形列表

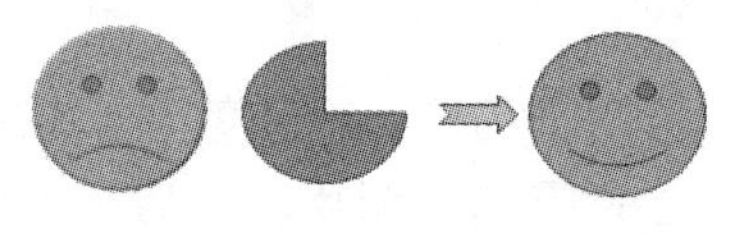

图 5-78　图形绘制

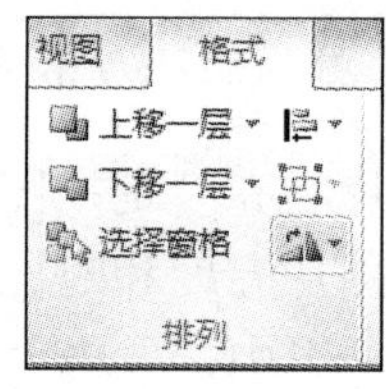

图 5-79　图形旋转工具

（2）图形对齐

当在幻灯片中绘制多个图形后，可以在“绘图工具/格式”选项卡的“排列”选项组中，单击“对齐”下拉按钮，如图 5-80 所示，在弹出的下拉菜单中选择相应的命令来对齐图形，其对齐方式与文本对齐方式相类似。

（3）图形层叠

要调整图形的层叠顺序，可以在“绘图工具/格式”选项卡的“排列”选项组中，单击“上移一层”下拉按钮或“下移一层”下拉按钮，如图 5-81 所示，在弹出的下拉菜单中选择相应命令即可。

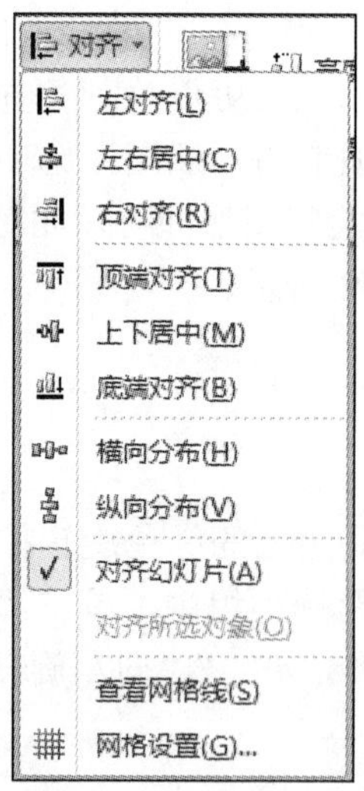

图 5-80　“对齐”下拉菜单

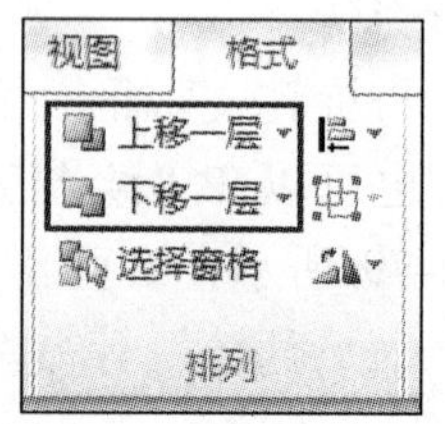

图 5-81　图形层叠工具

（4）图形组合

在绘制多个图形后，如果希望这些图形保持相对位置不变，可以在“绘图工具/格式”选项卡的“排列”选项组中单击“组合”下拉按钮，使用弹出的下拉菜单中的命令将其进行组合，如图 5-82（a）所示；也可以同时选中多个图形，右击，在弹出的快捷菜单中选择“组合”→“组合”命令，如图 5-82（b）所示。当图形被组合后，可以像一个图形一样被选中、复制或移动。

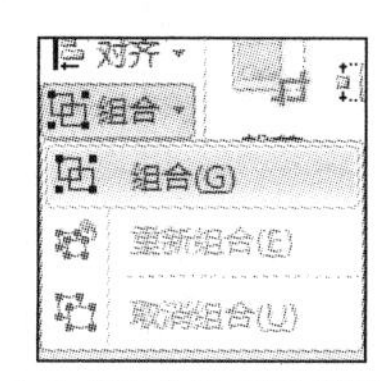

（a）“组合”下拉菜单

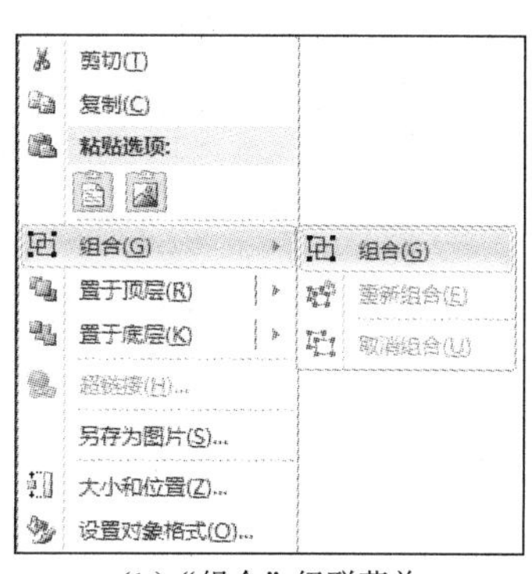

（b）“组合”级联菜单

图 5-82　图形的组合

5.3.3　图表的创建和使用

表格可以将凌乱的数字和文本格式化，而图可以直观地展示各项内容之间的相互关系，从而增强演示内容的逻辑性和条理性。

1. 表格在幻灯片中的使用

在幻灯片中添加表格可以采用两种途径：一种是直接在 PowerPoint 2010 中为幻灯片添加表格，另一种是将 Excel 和 Word 中的表格添加到幻灯片中。

（1）直接添加表格

在演示文稿的幻灯片中，直接添加表格的方法主要有以下 3 种。

1）拖动法。将光标定位到需要添加表格的幻灯片中，在“插入”选项卡的“表格”选项组中，单击“表格”下拉按钮，在弹出的下拉菜单中，根据表格的行列数目拖动鼠标至合适位置后释放即可，如图 5-83 所示。

2）占位符法。内置的幻灯片版式大多带有“插入表格”占位符，利用这个占位符可以向幻灯片中添加表格。单击幻灯片中的“插入表格”占位符，打开“插入表格”对话框。根据表格的实际需要设置“列数”和“行数”的数值，单击“确定”按钮返回即可，如图 5-84 所示。

3）绘制法。除了用上面两种方法来添加表格外，还可以手动绘制表格。在如图 5-83 所示的下拉菜单中选择“绘制表格”命令，然后在幻灯片中拖出一个表格边框。此时，鼠标变成笔状，根据表格的样式，按住鼠标左键在上述表格边框中绘制，即可绘制出表格来，如图 5-85 所示。

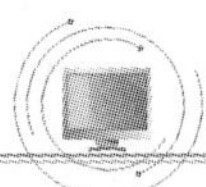

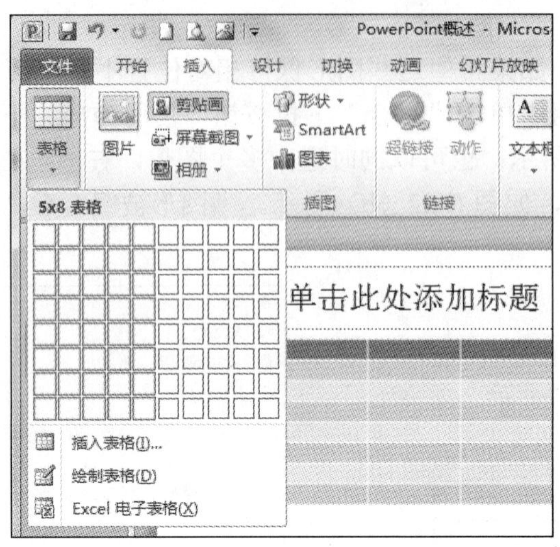

图 5-83　“拖动法”添加表格

（a）单击“插入表格”占位符

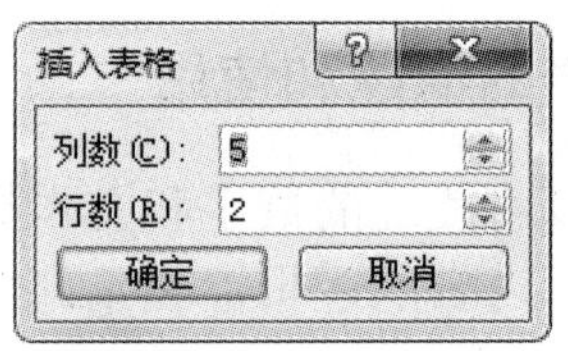

（b）“插入表格”对话框

图 5-84　“占位符法”添加表格

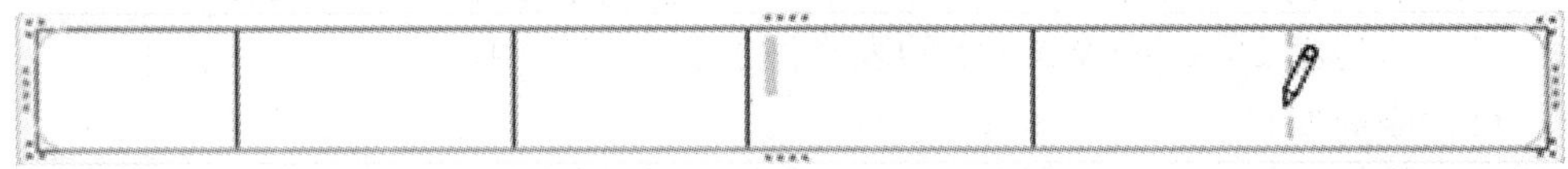

图 5-85　“绘制法”添加表格

（2）借用外部表格

PowerPoint 2010 可以借用 Excel 和 Word 制作好的表格，添加到幻灯片中。通常有下面两种方法。

1）复制粘贴法。在 Excel 2010 或 Word 2010 中，打开需要转换的 Excel 工作簿或 Word 文档，选中相应表格中的数据区域，右击，在弹出的快捷菜单中选择“复制”命令。切换到 PowerPoint 2010 中，打开相应的演示文稿文档，选中其中一张幻灯片，利用同样的方法执行粘贴操作即可，如图 5-86 所示。

PowerPoint 2010									合计总分	
母版行距	第一张幻灯片	页脚	编号	超链接	切换方式	5、6页标准分	总分标准	评定	得分	评定
0	0	0	0	0	0	1	14	不合格	42	不合格
1	1	1	1	1	1	1	100	优秀	100	优秀
1	1	1	0	1	1	1	86	优秀	87	优秀
1	1	1	1	1	1	1	100	优秀	91	优秀
1	1	1	1	1	1	0	86	优秀	43	不合格
1	1	1	1	0	0	1	71	合格	83	优秀
0	1	1	1	0	1	0	57	不合格	73	合格
1	1	1	1	0	0	1	71	合格	80	优秀
1	1	0	1	1	1	0	71	合格	83	优秀

图 5-86 “复制粘贴法”添加表格

2）插入对象法。在 PowerPoint 2010 中，选中一张幻灯片，在“插入”选项卡的“文本”选项组中，单击“对象”按钮，打开“插入对象”对话框，如图 5-87 所示。点选“由文件创建”单选按钮，单击“浏览”按钮，在打开的“浏览”对话框中选择相应的 Excel 工作簿文档，然后单击“确定”按钮，返回“插入对象”对话框，单击“确定”按钮，即可将 Excel 工作簿文档的当前工作表嵌入 PowerPoint 幻灯片中。

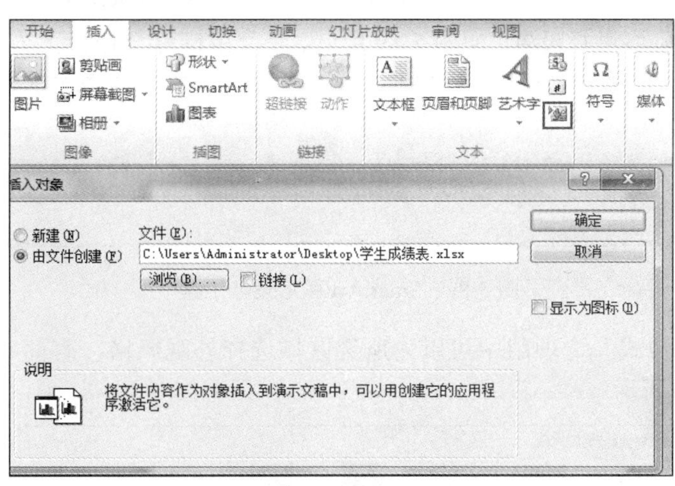

图 5-87 “插入对象法”添加表格

2. SmartArt 图形在幻灯片中的使用

在制作幻灯片文稿时，经常会在幻灯片中插入类似组织结构或者流程图式的框架图。PowerPoint 2010 新增了 SmartArt 的功能，用户利用该功能可以制作出演示文稿流程、层次结构、循环关系等精美的结构框架图，使文稿更加形象生动。在“插入”选项卡的“插图”

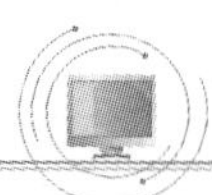

选项组中，单击“SmartArt”按钮，打开“选择 SmartArt 图形”对话框，可看到内置的 SmartArt 图形库提供的不同类型的模板，如列表、流程、循环、层次结构、关系、矩阵、棱锥图等，如图 5-88 所示。

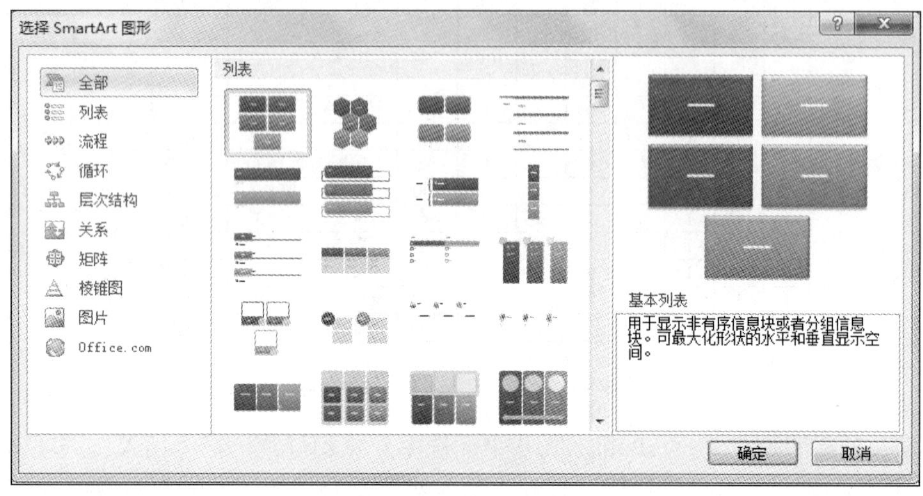

图 5-88　SmartArt 图形库

在选中 SmartArt 图形时，工具栏上就会出现“SmartArt 工具”，下面还有“设计”与“格式”两个功能区选项卡，可以对图形进行美化操作。在“SmartArt 工具/设计”选项卡中，可以对图表的色彩风格进行设置，如图 5-89 所示，只要鼠标移至模板上方就可以看到效果。

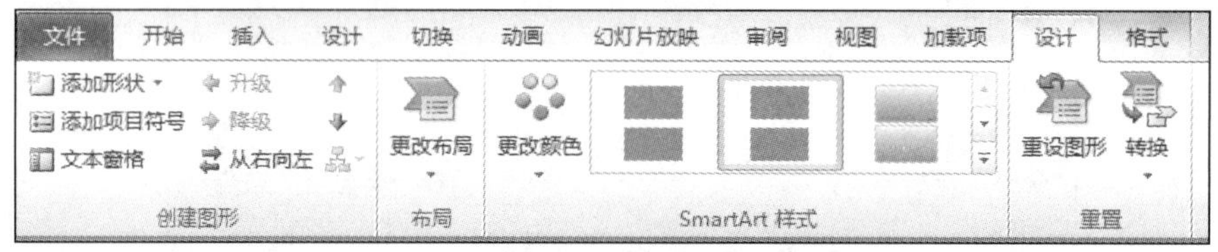

图 5-89　SmartArt 图形设计工具

在“SmartArt 样式”选项组中可以为所选区域选择外观风格，有简单和三维两种样式供选择，如图 5-90 所示。

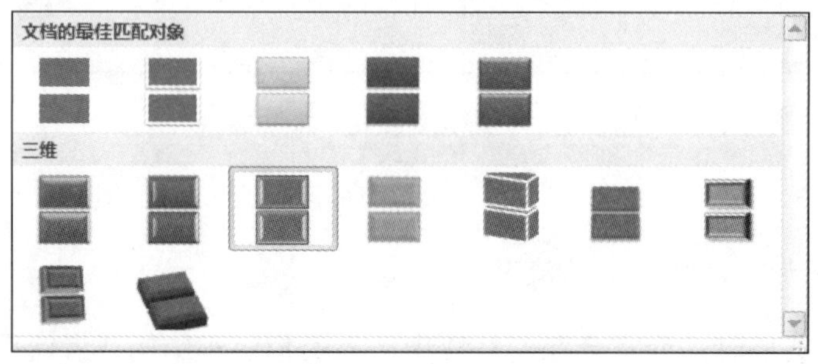

图 5-90　SmartArt 图形样式

实训 5.2　版面元素的添加

实训目的

1）掌握向幻灯片中添加图片、艺术字、表格等素材的方法。
2）掌握设置幻灯片背景及填充颜色的方法。
3）掌握幻灯片版式的应用。

实训内容

1）插入艺术字及设置艺术字。
2）插入对象及对象的编辑与删除、对象的格式设置。
3）批注的插入及隐藏。
4）插入超链接及设置超链接。
5）移动和删除幻灯片。

实训步骤

1. 对演示文稿进行编辑设置

打开 PowerPoint 2010，单击“文件”→“新建”命令，在“可用的模板和主题”窗格中选择“根据现有内容新建”选项，在打开的“根据现有演示文稿新建”对话框中找到前面建立的“奥运会演讲.pptx”文件，如图 5-91 所示，单击“新建”按钮，或者直接双击选定的文件名，即可将所有文件内容全部导入新建文件中，可借用其版式结构等，对其进行修改可减少演示文稿制作的工作量。将该文件另存为“5-2.pptx”文件，完成下列操作后以原文件名存盘，具体操作步骤如下：

图 5-91　根据现有内容新建

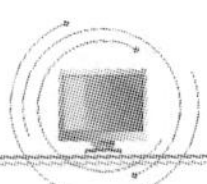

01 单击第 1 张幻灯片，按 Delete 键删除标题文本框和副标题文本框，再插入艺术字“PPT 实验二”；设置艺术字，在“绘图工具/格式”选项卡的“艺术字样式”选项组中，单击“文本效果”下拉按钮，在弹出的下拉菜单中选择“映像”命令，设置为“紧密映像，4pt 偏移量”，如图 5-92 所示，完成效果如图 5-93 所示。

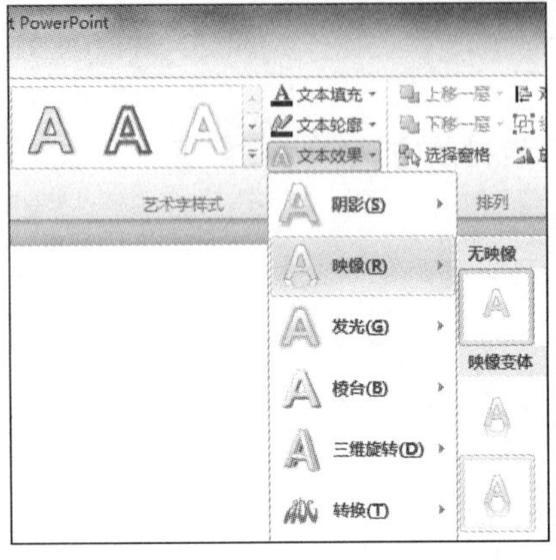

图 5-92　设置艺术字效果

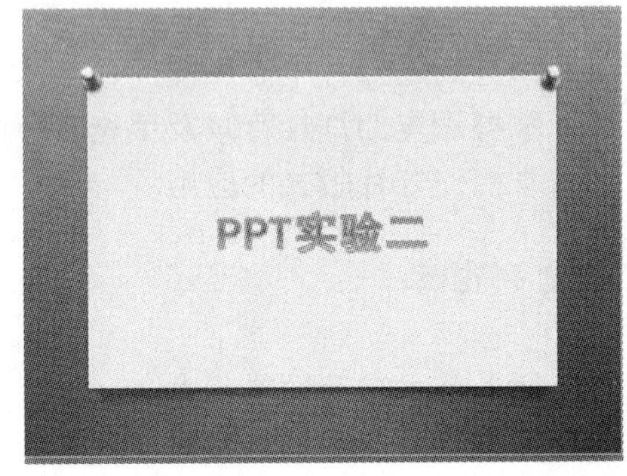

图 5-93　艺术字效果

02 选择第 1 张幻灯片，在“审阅”选项卡的“批注”选项组中，单击“新建批注”按钮，输入批注内容“PPT 实验二”，如图 5-94 所示。

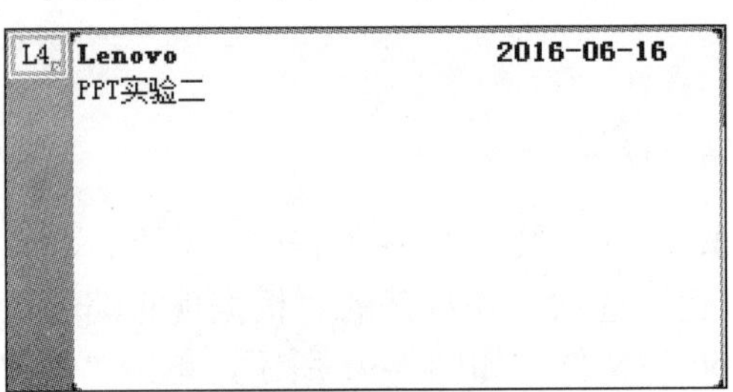

图 5-94　插入批注

03 在“审阅”选项卡的“批注”选项组中，单击“显示标记”按钮，如图 5-95 所示，可隐藏所有批注，再次执行该操作，又可以显示所有批注。

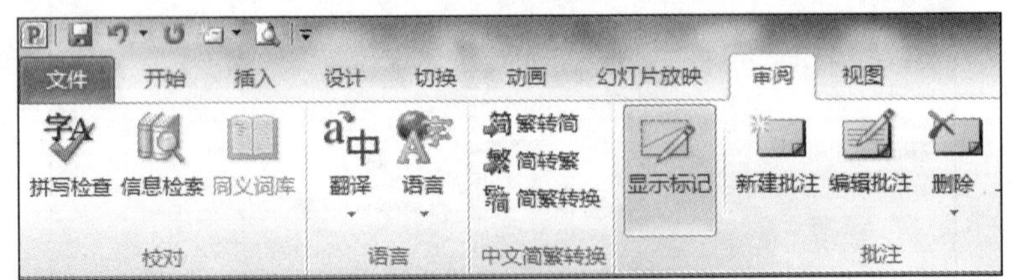

图 5-95　显示/隐藏批注

04 单击第 2 张幻灯片，选中文本框中所有段落，在“开始”选项卡的“段落”选项组中，单击“项目符号”下拉按钮，在弹出的下拉列表框中选择“项目符号和编号”命令，如图 5-96 所示；或者在选中的段落上右击，在弹出的快捷菜单中选择“项目符号”命令，如图 5-97 所示。

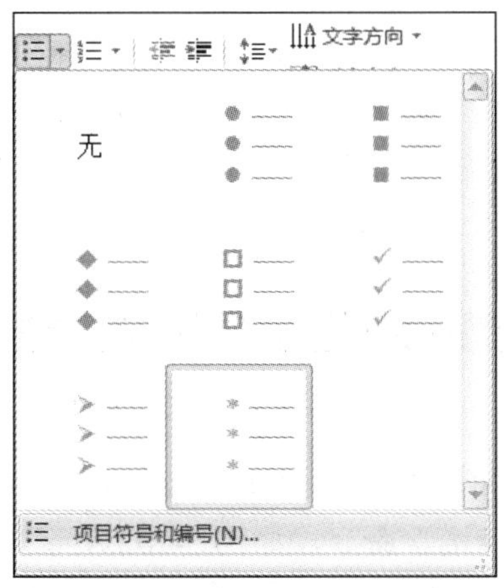

图 5-96　“项目符号”下拉列表框

图 5-97　设置项目符号和编号

05 打开“项目符号和编号”对话框，如图 5-98 所示，单击“自定义”按钮，在打开的“符号”对话框中的“字体”下拉列表中选择“Wingdings”选项，再选择其中的符号✈，如图 5-99 所示。

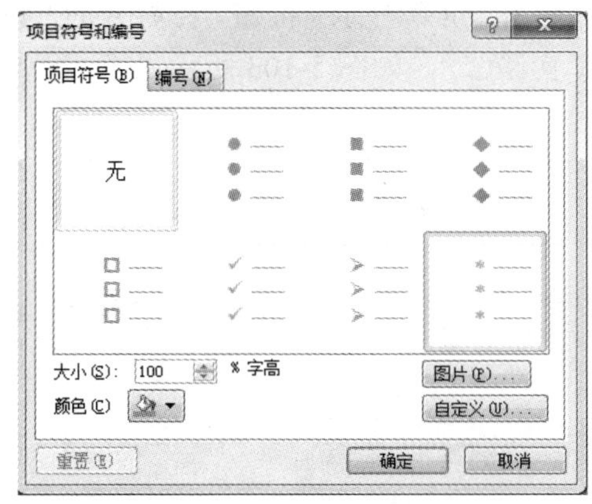

图 5-98　“项目符号和编号”对话框

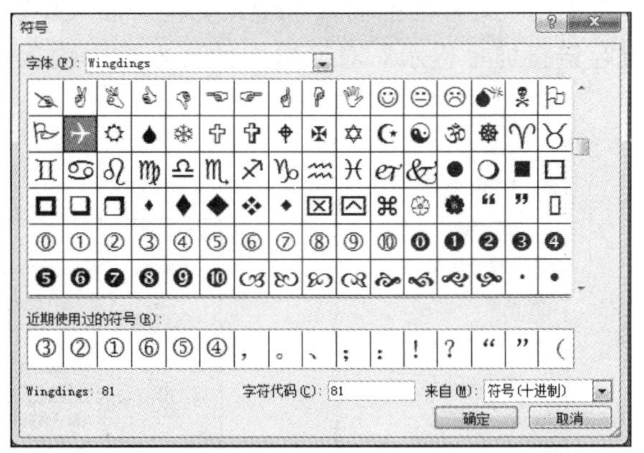

图 5-99　“符号”对话框

06 单击“确定”按钮，或者双击符号选定，即可返回 “项目符号”选项卡，在下方的“大小”微调框中输入 100%，单击“颜色”下拉按钮，在弹出的下拉菜单中选择“其他颜色”命令，打开“颜色”对话框，选择“自定义”选项卡，设置为“R:0，G:50，B:255”，如图 5-100 所示，单击“确定”按钮即完成项目符号的颜色设置。

07 选择第 7 张幻灯片，删除原来的文字，在文本框中输入“五环代表参加奥运会的

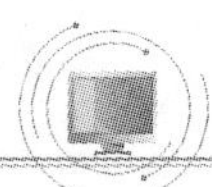

五大洲。”选择文本框，设置文字为 48 号方正舒体，重新调整文字到幻灯片左边，并删除文字中的标点，对文字和图片的位置进行调整，最终效果如图 5-101 所示。

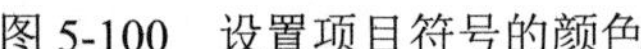
图 5-100　设置项目符号的颜色

图 5-101　幻灯片设置效果

08 选择第 6 张幻灯片，重设其版式为“标题和内容”，选中标题文本框（单击文本框的边框处），右击，在弹出的快捷菜单中选择“超链接”命令，如图 5-102 所示。

在 PowerPoint 2010 中，超链接可以是从一张幻灯片到同一演示文稿中另一张幻灯片的链接，也可以是从一张幻灯片到不同演示文稿中另一张幻灯片，或者到电子邮件地址、网页或文件的链接，可以从文本或者对象来创建超链接。

09 打开“插入超链接”对话框，在该对话框中可设置链接位置，如链接到某些幻灯片，也可链接到电子邮箱。选择“电子邮件地址”选项，输入电子邮件地址“eszyabcx@sina.com”，在“主题”文本框中输入“PPT 实验二插入超链接”，单击“屏幕提示”按钮，在打开的“设置超链接屏幕提示”对话框中的文本框中输入“PPT 实验二”，如图 5-103 所示。

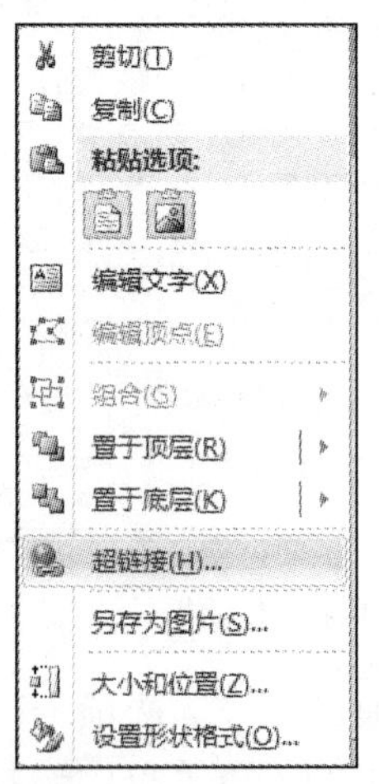

图 5-102　选择“超链接”命令

图 5-103　插入超链接

操作技巧：可将“插入超链接”按钮放置到快速访问工具栏，方法：单击“自定义快速访问工具栏”下拉按钮，在弹出的下拉菜单中选择“其他命令”命令，如图 5-104 所示，在打开的“PowerPoint 选项”对话框中选择“快速访问工具栏”选项卡，在常用命令列表框中选择“插入超链接”选项，单击“添加”按钮，如图 5-105 所示，即可将“插入超链接”按钮放置到快速访问工具栏中，完成效果如图 5-106 所示。

图 5-104　“自定义快速访问工具栏”下拉菜单

图 5-105　在快速访问工具栏添加新的命令按钮

图 5-106　添加了“插入超链接”按钮的快速访问工具栏

10 选择第 8 张幻灯片，单击原有的表格，按 Delete 键，即可删除表格。再单击文本框中的“插入表格”占位符，在打开的“插入表格”对话框中输入“5”行“5”列，如图 5-107 所示，即可创建表格，在表格中第 1 行分别输入数字 1～5，在第 1 列输入字母 A～D。

11 选择第 8 张幻灯片，选择表格的第 1 列，在“表格工具/布局”选项卡的“单元格大小”选项组中设置单元格宽度为 4cm，在“表格尺寸”选项组中设置表格宽度为 20cm，如图 5-108 所示。

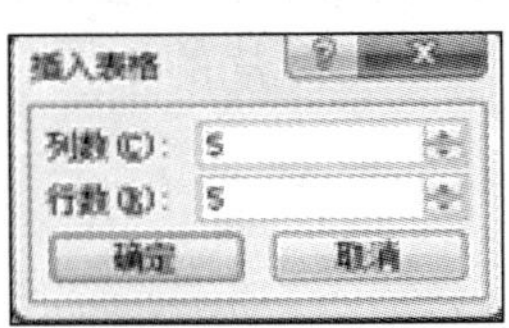

图 5-107　插入表格

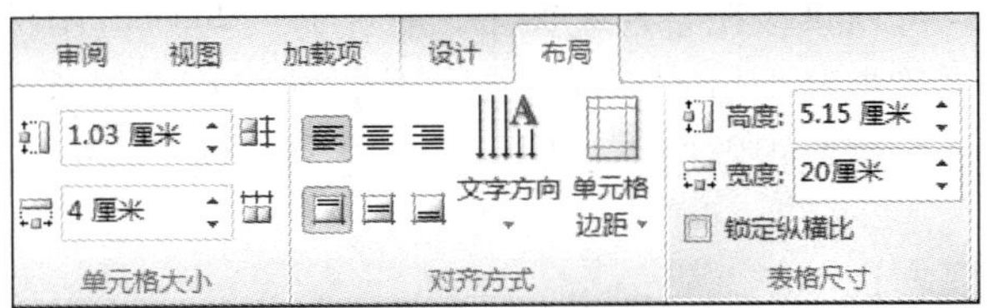

图 5-108　表格设置

12 选择第 2 张幻灯片，在“开始”选项卡的“幻灯片”选项组中，单击“版式”下拉按钮，在弹出的下拉列表框中选择“标题和竖排文字”版式，操作更改幻灯片版式。

13 选择第 3 张幻灯片，在该幻灯片上插入声音文件，在“插入”选项卡的“媒体”选项组中，单击“音频”下拉按钮，如图 5-109 所示，练习插入音频文件。在弹出的下拉

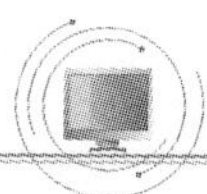

菜单中选择“剪贴画音频”命令，如图 5-110 所示，即可插入音频文件。在幻灯片中选中喇叭图标，再按 Delete 键练习删除声音图标，再撤消删除。

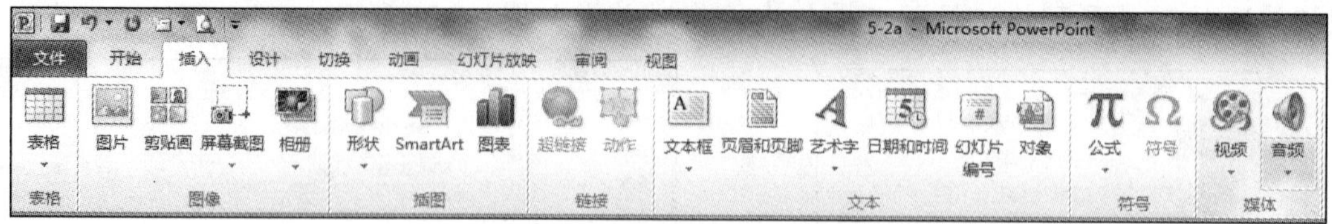

图 5-109　插入音频

图 5-110　插入剪贴画音频

2. 移动幻灯片的位置、删除幻灯片

在“视图”选项卡的“演示文稿视图”选项组中，单击“幻灯片浏览”按钮，如图 5-111 所示，按住 Ctrl 键将第 4 张幻灯片拖至第 3 张前（也可采用“复制”“粘贴”的办法），注意看光标的移动位置，一定要在第 3 张前的空白处。

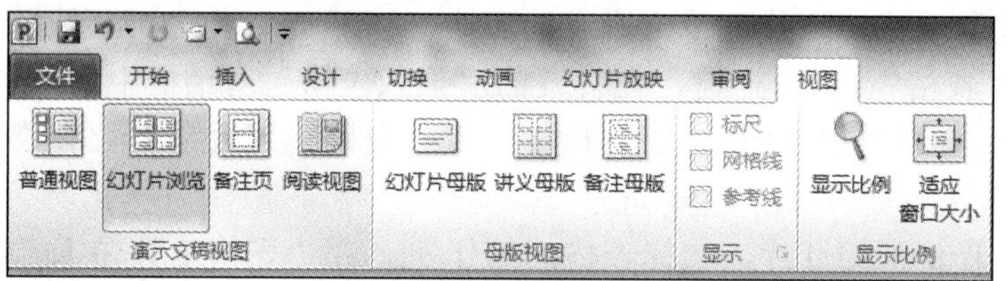

图 5-111　选择幻灯片浏览视图

也可以直接在普通视图下，在幻灯片导航区中按住 Ctrl 键将第 4 张幻灯片拖至第 3 张前。再选中复制后的第 3 张幻灯片，按鼠标左键拖至最后，练习更改幻灯片的位置。然后在幻灯片浏览视图选中最后一张幻灯片，按 Delete 键删除。

实训小结

本次实训主要对演示文稿的内容及对象进行编辑修改。通过本次实训，同学们掌握了在 PowerPoint 2010 软件中添加版面元素的能力，掌握了向幻灯片中添加图片、艺术字、表格等素材的方法，设置幻灯片背景及填充颜色的方法，以及幻灯片版式的应用。

5.4　幻灯片设计

5.4.1　自定义动画

1. PowerPoint 2010 的动画效果

PowerPoint 2010 中有以下4种不同类型的动画效果。

1）“进入”效果。例如，可以使对象逐渐淡入焦点、从边缘飞入幻灯片或者跳入视图中。

2）“退出”效果。这些效果包括使对象飞出幻灯片、从视图中消失或者从幻灯片旋出。

3）“强调”效果。这些效果的示例包括使对象缩小或放大、更改颜色或沿着其中心旋转。

4）“动作路径”。动作路径是指定对象或文本沿行的路径，它是幻灯片动画序列的一部分。使用这些效果可以使对象上下移动、左右移动或者沿着星形或圆形图案移动（与其他效果一起）。

2. PowerPoint 2010 的音频及视频

（1）音频

PowerPoint 2010 能够完全嵌入音频格式，在 PowerPoint 2003 里只支持 WAV 格式文件的嵌入，其他格式的音频文件均是链接，必须一起打包音频文件。

对于 PowerPoint 2010 来说，可直接内嵌 MP3 音频文件，不会再担心音频文件丢失问题。

随意地剪裁音频文件，可以设置为淡入淡出，音频不会感到突兀。

（2）视频

PowerPoint 2010 完全可以内嵌视频文件，支持嵌入网络视频文件，其与音频文件有诸多的相同点，可剪裁。

PowerPoint 2010 不支持 64 位版本的 QuickTime 或 Flash。插入网络视频文件的时候只能在有 32 位的 Office 2010 中才能正常观看和使用。

PowerPoint 2010 不能直接插入 FLV 文件，如果安装了 QuickTime 和 Adobe Flash 播放器，则 PowerPoint 2010 才支持 QuickTime（.mov、.mp4）和 Adobe Flash（.swf）文件。

3. 设置动画选项

当为对象添加动画效果后，该对象就应用了默认的动画格式，动画格式主要包括动画开始运行的方式、变化方向、运行速度、延时方案、重复次数等。

（1）添加动画效果

选中需要添加动画的对象，在“动画”选项卡的“高级动画”选项组中，单击“添加动画”下拉按钮，在弹出的下拉列表框中选择一种动画效果，或者直接在“动画”选项组中选择一种动画效果，如图 5-112 所示。

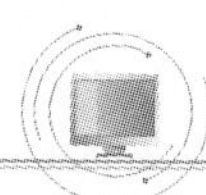

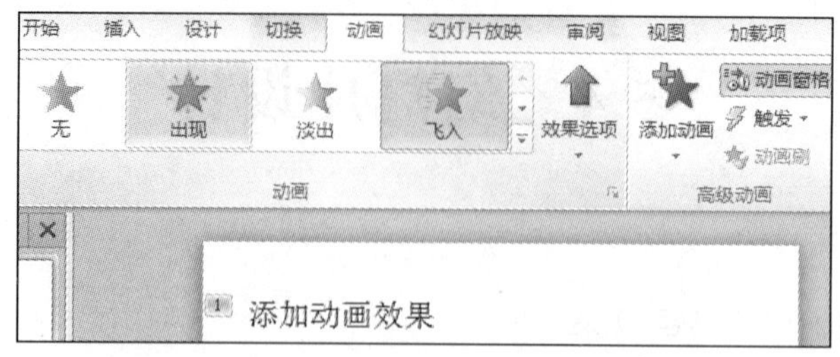

图 5-112　添加动画效果

（2）更改动画格式

在“动画窗格”任务窗格中，单击动画效果列表框中的动画效果，在该效果周围将出现一个边框，表示该动画效果被选中，此时可以重新选择动画效果或者对动画的效果进行修改。

（3）调整动画播放序列

在添加效果时，当幻灯片中的对象较多时，动画次序难免产生错误，这时可以在动画效果添加完成后，再对其进行重新调整。在“动画窗格”任务窗格的动画效果列表框中选中需要调整播放次序的动画效果并拖动到合适的位置，即可调整该动画的播放次序。

5.4.2　创建交互式演示文稿

放映幻灯片时，演示文稿可以不采用从头到尾播放的播放模式，而是具有一定的交互性。PowerPoint 2010 提供了为幻灯片中的文本、图形、图片等对象添加超链接这一功能，使得幻灯片能够按照预先设定的方式，在适当的时候放映需要的内容。

1. 添加超链接

超链接是指向特定位置或文件的一种链接方式，可以利用它指定跳转的位置，超链接只有在幻灯片放映时才有效。在 PowerPoint 2010 中，超链接可以跳转到当前演示文稿中的特定幻灯片、其他演示文稿中特定的幻灯片、自定义放映、电子邮件地址、文件或 Web 页上，如图 5-113 所示。

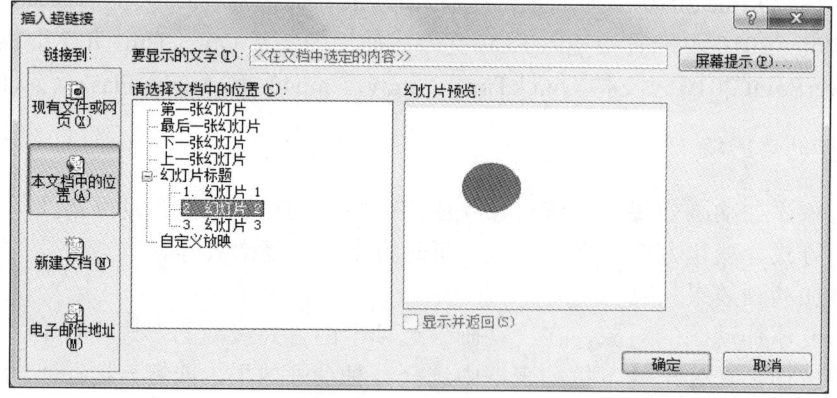

图 5-113　超链接

2. 添加动作按钮

在 PowerPoint 2010 中预先设置好的一组带有特定动作的图形按钮称为动作按钮，这些按钮被预先设置为指向前一张、后一张、第一张、最后一张幻灯片等链接，应用这些预置好的按钮，可以实现在放映幻灯片时跳转的目的，如图 5-114 所示。

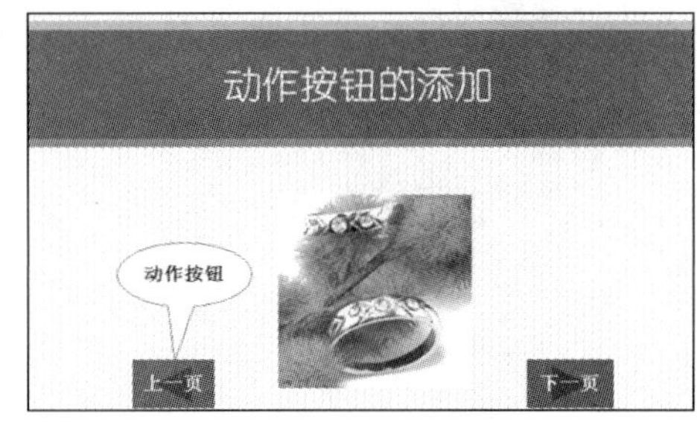

图 5-114　动作按钮

3. 隐藏幻灯片

在普通视图模式下，右击幻灯片导航区中的幻灯片缩略图，在弹出的快捷菜单中选择“隐藏幻灯片”命令，或者在 “幻灯片放映”选项卡的“设置”选项组中，单击“隐藏幻灯片”按钮即可隐藏幻灯片。被隐藏的幻灯片编号上将显示一个带有斜线的灰色小方框，该张幻灯片在正常放映时不会被显示。

5.4.3　母版使用

幻灯片母版是幻灯片层次结构中的顶层幻灯片，用于存储有关演示文稿的主题和幻灯片的信息，包括背景、颜色、字体、效果、占位符大小和位置。每个演示文稿至少包含一个幻灯片母版。修改和使用幻灯片母版的主要优点是可以对演示文稿中的每张幻灯片（包括以后添加到演示文稿中的幻灯片）进行统一的样式更改。因为它决定了演示文稿的一致风格和统一内容。使用幻灯片母版，无须在多张幻灯片上输入相同的信息，因此可以节省大量时间。

1. 添加幻灯片母版

01 在“视图”选项卡的 “母版视图”选项组中，单击“幻灯片母版”按钮。

02 单击“幻灯片母版”按钮后，系统自动切换到幻灯片母版编辑视图中，并在功能区最前方显示“幻灯片母版”。

03 选择幻灯片母版，在“幻灯片母版”选项卡的“编辑母版”选项组中，单击“插入幻灯片母版”按钮，实现插入幻灯片母版的操作，即可添加一张新的幻灯片母版。在 PowerPoint 2010 中允许用户插入多个幻灯片母版。

2. 更改母版版式

在 PowerPoint 2010 中创建的演示文稿都带有默认的版式，这些版式一方面决定占位

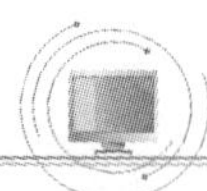

符、文本框、图片、图表等内容在幻灯片中的位置，另一方面决定幻灯片中文本的样式。在幻灯片母版视图中，用户可以按照需求设置母版版式，如图 5-115 所示。

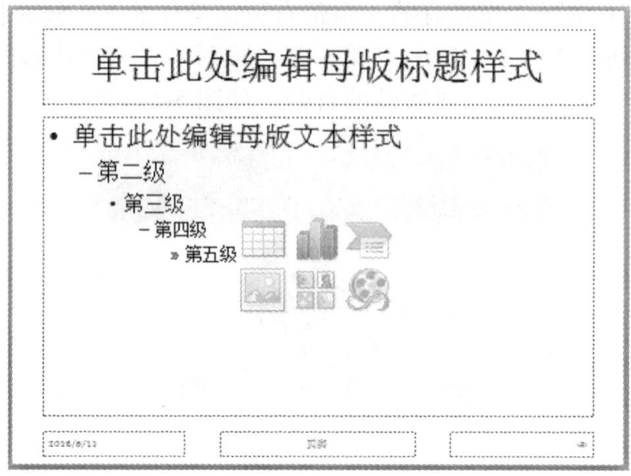

图 5-115　母版版式

3. 编辑背景图片

一个精美的设计模板少不了背景图片的修饰，用户可以根据实际需要在幻灯片母版视图中添加、删除或移动背景图片。若要在每张幻灯片中添加某一个图形，只需将该图形置于幻灯片母版上，此时该对象将出现在每张幻灯片的相同位置上，而不必在每张幻灯片中重复添加，如图 5-116 所示。

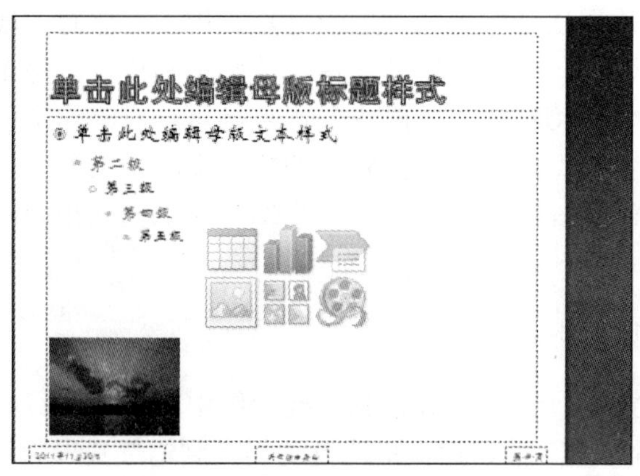

图 5-116　编辑背景图片

5.4.4　应用设计模板

PowerPoint 2010 为每种设计模板提供了几十种内置的主题颜色，可以根据用户需求选择不同的主题颜色来设计演示文稿。PowerPoint 2010 的背景样式功能可以控制母版中的背景图片是否显示，以及控制幻灯片背景颜色的显示样式。

1. 模板的应用

很多幻灯片模板都是利用母版设计出来的，模板的功能就是提供统一幻灯片背景的设置方法。利用模板可以根据用户需求设计制作个性化的演示文稿。

2. 设计模板

（1）用配色方案

在“设计”选项卡的“主题”选项组中，选中要使用的主题，如图 5-117 所示，右击，在弹出的快捷菜单中可以选择将其应用于选定的幻灯片或者全部幻灯片。

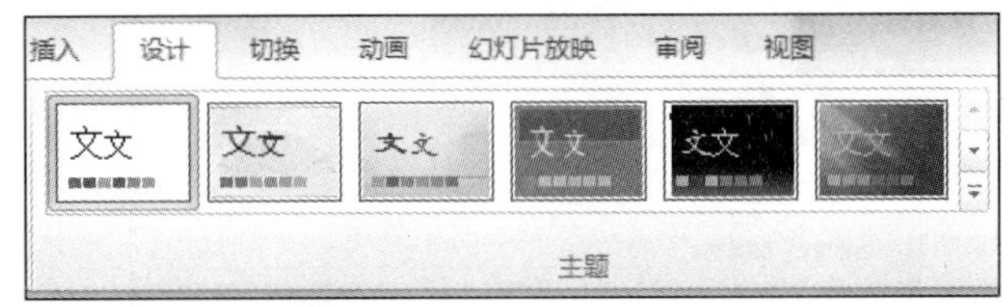

图 5-117　“主题”选项组

（2）编辑配色方案

1）改变幻灯片的主题颜色。应用设计模板后，在功能区即显示“设计”选项卡，单击“主题”选项组中的“颜色”下拉按钮，将弹出主题颜色下拉列表框，如图 5-118 所示。

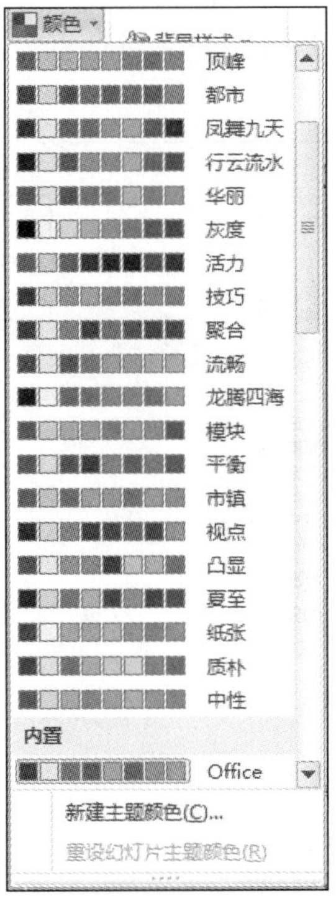

图 5-118　“颜色”下拉列表框

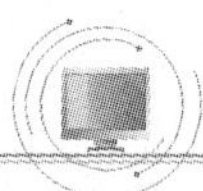

另外也可以自定义主题，在下拉列表框中选择“新建主题颜色”命令，打开“新建主题颜色”对话框，根据需求自定义即可，如图 5-119 所示。

图 5-119　“新建主题颜色”对话框

2）改变幻灯片的背景样式。在设计演示文稿时，用户除了在应用模板或改变主题颜色时更改幻灯片的背景外，还可以根据需要任意更改幻灯片的背景颜色和背景设计，在“设计”选项卡的 “背景”选项组中，单击“背景样式”下拉按钮，在弹出的下拉菜单中选择“设置背景格式”命令，打开“设置背景格式”对话框，进行幻灯片中的设计，如底纹、图案、纹理等，如图 5-120 所示。

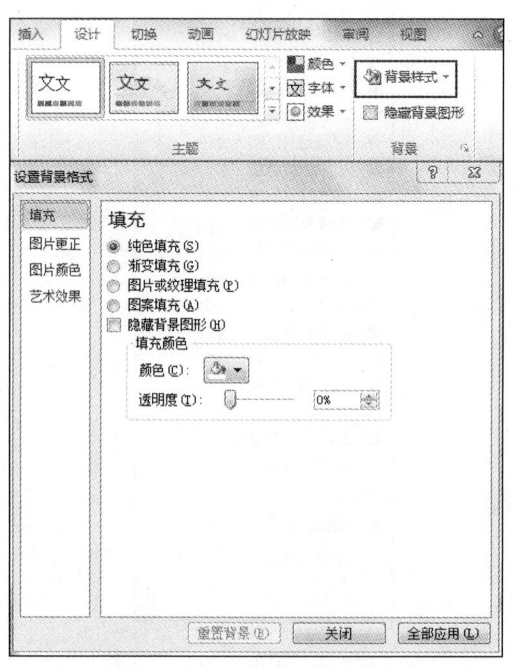

图 5-120　背景样式设置

实训 5.3　幻灯片风格设计

实训目的

1）掌握幻灯片主题的应用和设计方法。
2）掌握幻灯片母版的应用和设计方法。
3）掌握幻灯片版面元素的设置方法，包括日期、时间、页码的插入及设置页码格式等。

实训内容

根据实训 5.2 中的“奥运会演讲”，最终效果如图 5-121 所示。
1）幻灯片风格的统一：模板、版式与母版。
2）幻灯片的主题颜色与背景格式设置。
3）动作按钮风格的统一。

（a）（b）（c）（d）（e）（f）（g）（h）（i）

图 5-121　幻灯片美化效果

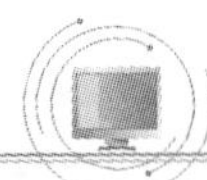

1. 幻灯片母版

打开实训 5.2 建立的“5-2.pptx”文件，选择“文件”→“另存为”命令，保存为“5-3.pptx”，完成下列操作后存盘。

01 单击第 1 张幻灯片，将标题中的“PPT 实验二”修改为“PPT 实验三”，选择第 2 张幻灯片，在“视图”选项卡的“母版视图”选项组中，单击“幻灯片母版”按钮，切换到幻灯片母版视图中。

在幻灯片母版视图状态下，从幻灯片导航区中可以看出 PowerPoint 2010 提供了 12 张默认幻灯片母版页面。

其中第 1 张为基础页，对它进行的设置会自动在其余的页面上显示。第 1 张幻灯片基础页是“母版中的母版”，一变全变。

第 2 张一般用于封面，所以想要使封面不同于其他页面，只有在第 2 张母版页单独插入一张图片覆盖原来的，仅第 2 张发生变化，其余的还是保持原来的状态。当在第 2 张幻灯片母版中插入了图片后，关闭母版视图，回到普通视图，发现 PPT 已经默认添加了封面，而这个封面在此无法被修改。

增加内页幻灯片有两种方式：一是单击幻灯片导航区的任意位置，按 Enter 键；二是在缩略图的任意位置右击，在弹出的快捷菜单中选择“新建幻灯片”命令即可。新增的幻灯片都是有背景图片的，背景图片就是在第 1 张母版中插入的图片。

02 选中第 1 张幻灯片母版，在标题区文本框右击，在弹出的快捷菜单中选择“字体”命令，在打开的“字体”对话框中设置字体颜色为橙色（R:255，G:133，B:0），在“绘图工具/格式”选项卡的“艺术字样式”选项组中，单击“文本效果”下拉按钮，在弹出的下拉菜单中选择“阴影”→“右下斜偏移”命令，设置字号为 44 磅。单击格式工具栏上的“居中”按钮，设置如图 5-122～图 5-125 所示。

操作技巧：也可以单击标题区文本框，全选文本框中的文字，再右击，在弹出的快捷菜单中选择“字体”命令，进行相关设置，如图 5-126 和图 5-127 所示。

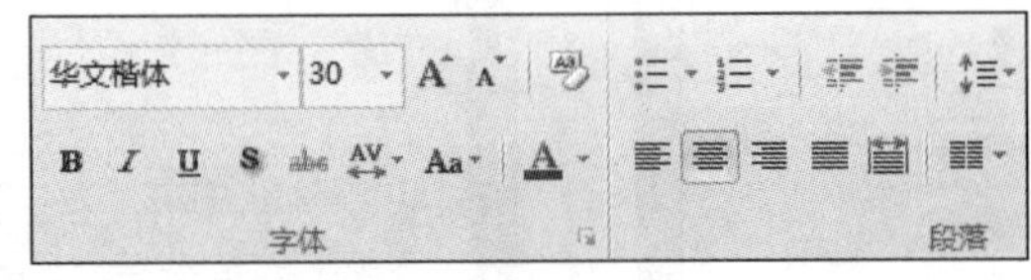

图 5-122　字体字号设置

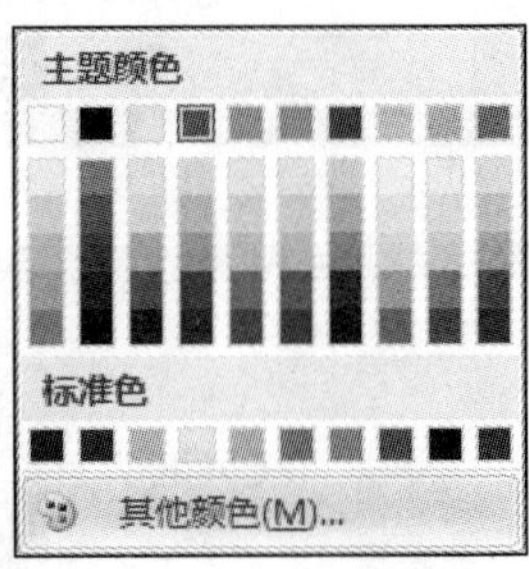

图 5-123　字体颜色设置

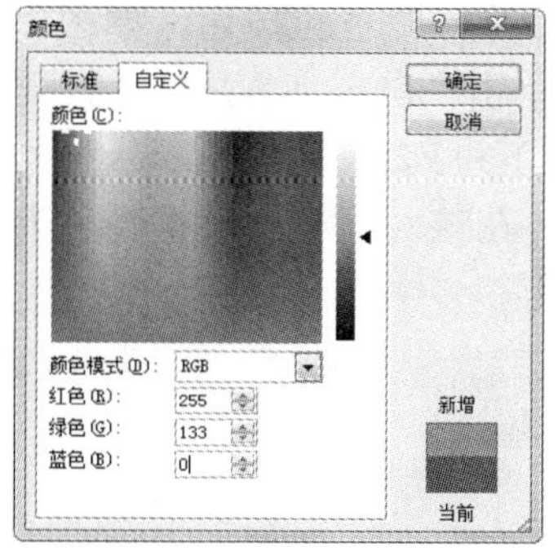

图 5-124　自定义颜色

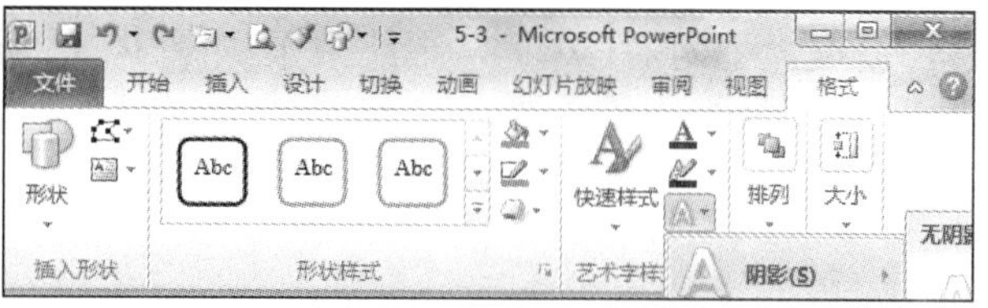

图 5-125　“阴影”设置

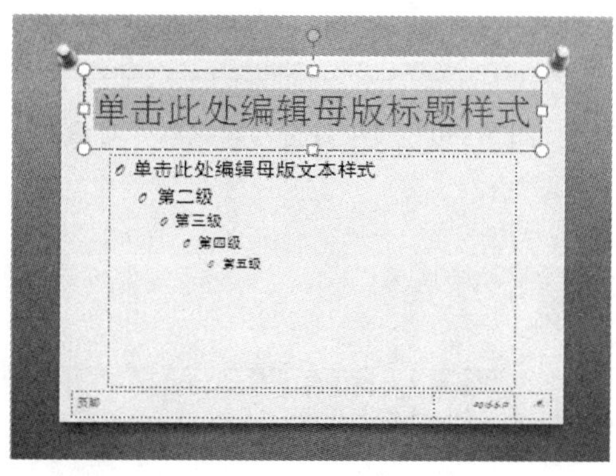

图 5-126　全选标题区文本框中的文字

图 5-127　选择“字体”命令

03 选中下面文本框中的第一级文本“单击此处编辑母版文本样式”，右击，在弹出的快捷菜单中选择“项目符号”→“项目符号和编号”命令，如图 5-128 所示。

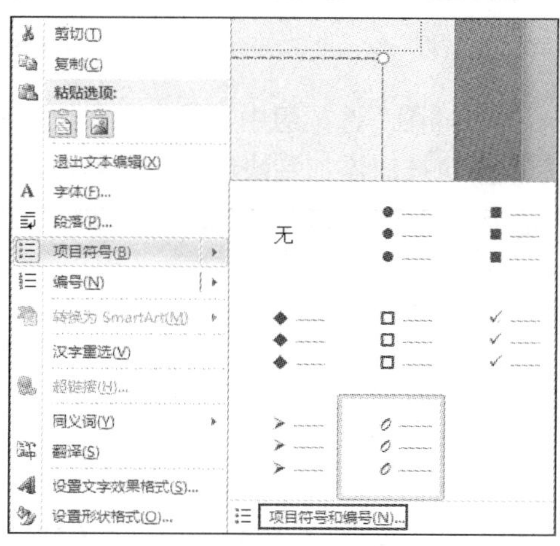

图 5-128　“项目符号”子菜单

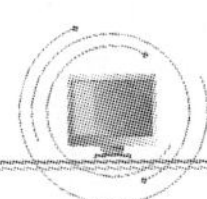

或在“开始”选项卡的“段落”选项组中，单击“项目符号”下拉按钮，如图 5-129 所示，打开“项目符号和编号”对话框，如图 5-130 所示，单击“自定义”按钮，打开“符号”对话框，如图 5-131 所示，在该对话框中选择“字体”下拉列表“Wingdings”中的☺符号，单击“确定”按钮，返回“项目符号和编号”对话框，在该对话框中设置颜色为“蓝色”，设置大小为“150%”，最终效果如图 5-132 所示。

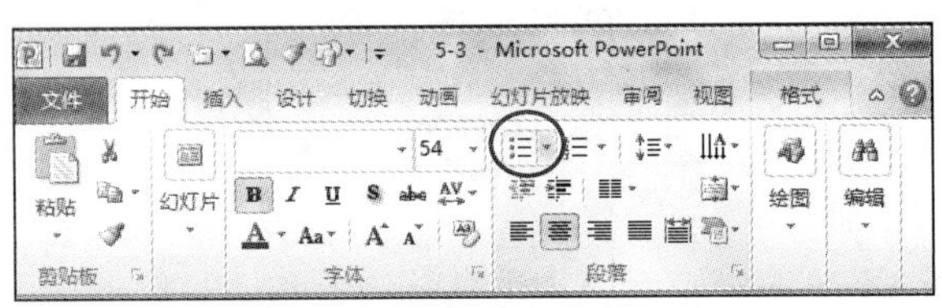

图 5-129　项目符号设置

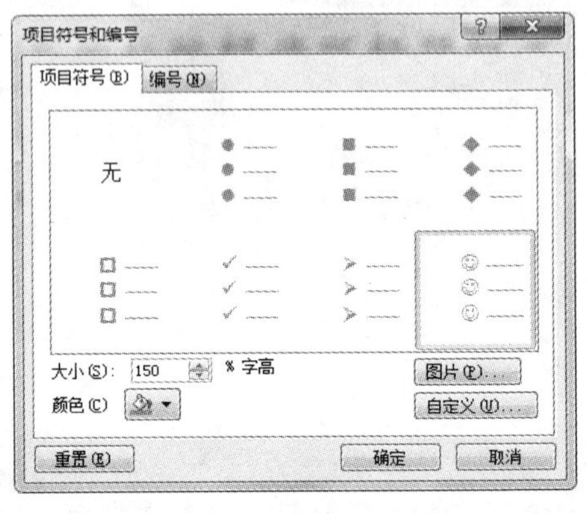

图 5-130　“项目符号和编号”对话框

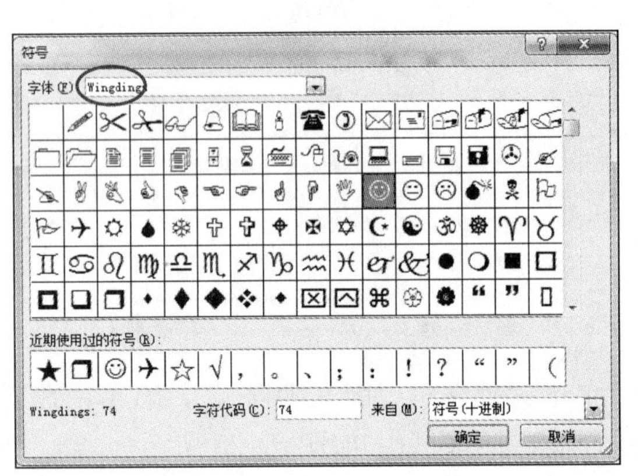

图 5-131　“符号”对话框

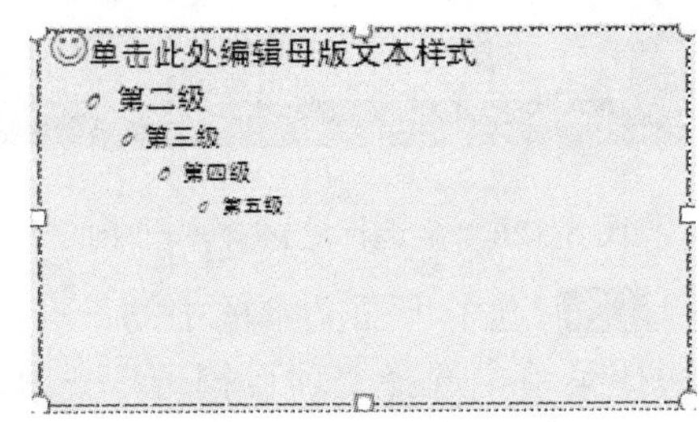

图 5-132　应用项目符号

04 在“插入”选项卡的“插图”选项组中，单击“形状”下拉按钮，如图 5-133 所示，弹出下拉列表框。或将“形状”下拉按钮添加到快速启动工具栏，添加后效果如图 5-134 所示。

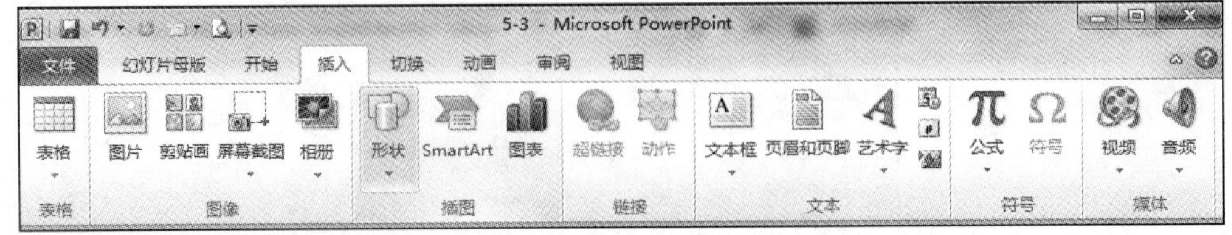

图 5-133　插入形状

选择最后一个自定义动作按钮，如图 5-135 所示。在幻灯片适当位置绘制大小合适的自定义动作按钮，在打开的“动作设置”对话框中点选“超链接到”单选按钮，在其下拉列表框中选择“上一张幻灯片”选项；如图 5-136 所示，单击“确定”按钮即可添加一个自定义的按钮到幻灯片中。右击该按钮，在弹出的快捷菜单中选择“编辑文字”命令，如图 5-137 所示，输入“上一张”，自行调整合适的字体和字号；用同样的方法制作“下一张”动作按钮，且将该按钮超链接到“下一张幻灯片”。

图 5-134 添加了“形状”下拉按钮的快速启动栏

图 5-135 选择动作按钮

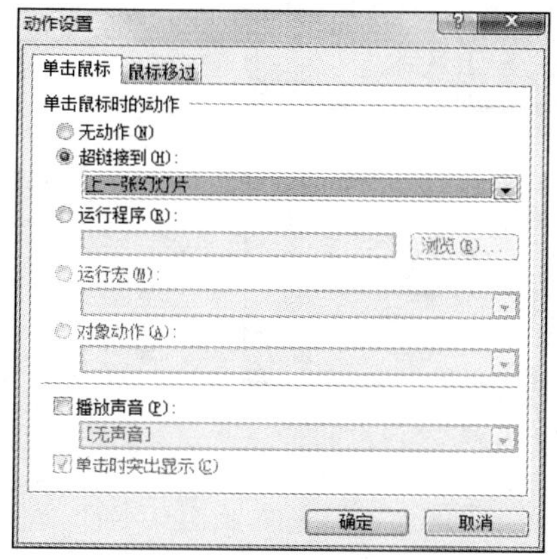

图 5-136 “动作设置”对话框

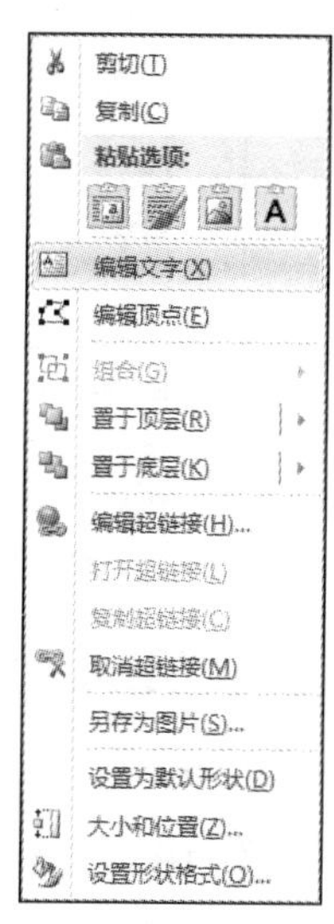

图 5-137 选择“命令”编辑文字

选中动作按钮，右击，在弹出的快捷菜单中选择“设置形状格式”命令，如图 5-138 所示，在打开的“设置形状格式”对话框中设置边框线条为无线条色，如图 5-139 所示。最终设置效果如图 5-140 所示。关闭幻灯片母版，完成母版设置。除标题页外，其他幻灯片均添加了动作按钮。

图 5-138 选择“设置形状格式”命令

图 5-139 设置线条颜色

图 5-140 “动作按钮”效果图

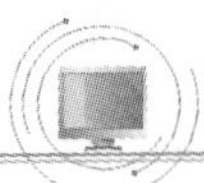

2. 幻灯片版式

在幻灯片普通视图中，选中第 6 张幻灯片，右击幻灯片的空白处在弹出的快捷菜单中选择“版式”→“空白”命令（或在“开始”选项卡的“幻灯片”选项组中，单击“版式”下拉按钮，在弹出的下拉列表框中选择“空白”版式），如图 5-141 所示，练习改变幻灯片版式。

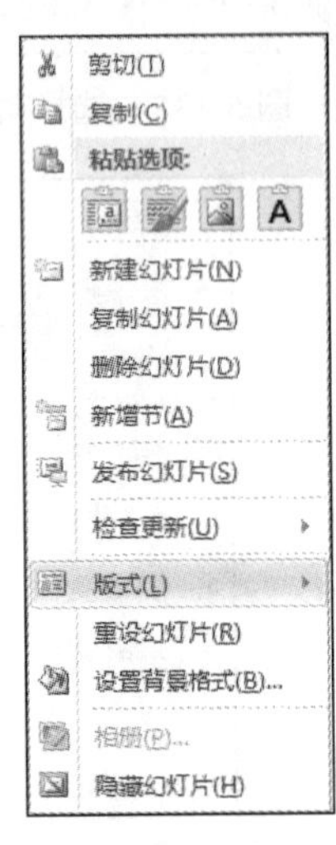

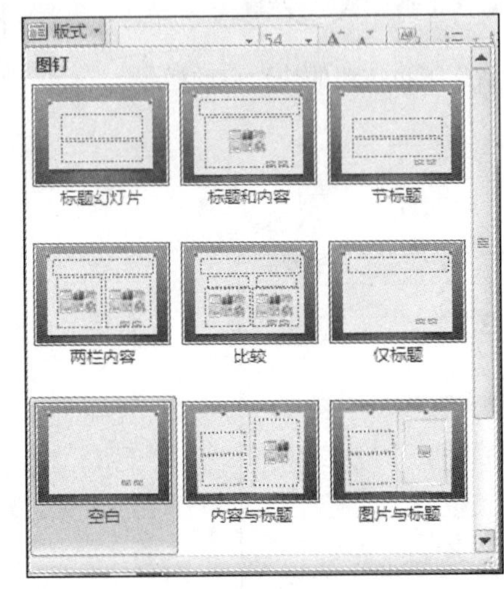

图 5-141　版式设置

3. 幻灯片主题模板

在普通幻灯片视图中，在“设计”选项卡的“主题”选项组中，单击“颜色”下拉按钮，在弹出的下拉列表框中选择“新建主题颜色”命令，如图 5-142 所示，在打开的“新建主题颜色”对话框进行相应的设置，并单击“保存”按钮，如图 5-143 所示。

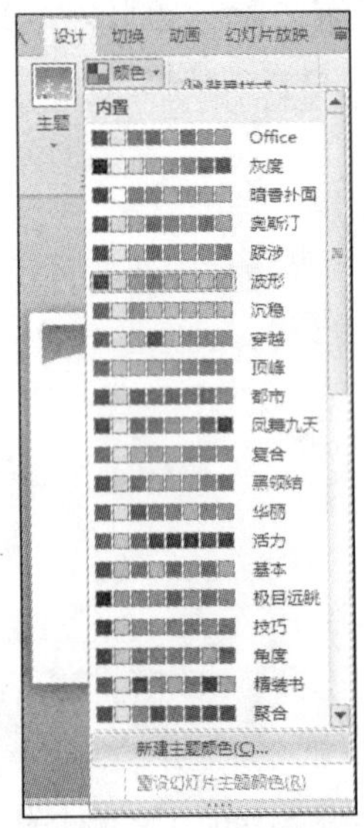

图 5-142　选择“新建主题颜色”命令

图 5-143　“新建主题颜色”对话框

4. 幻灯片母版背景设置

01 选择第 2 张幻灯片，在幻灯片空白处右击，在弹出的快捷菜单中选择“设置背景格式”命令，如图 5-144 所示。打开“设置背景格式”对话框，如图 5-145 所示。

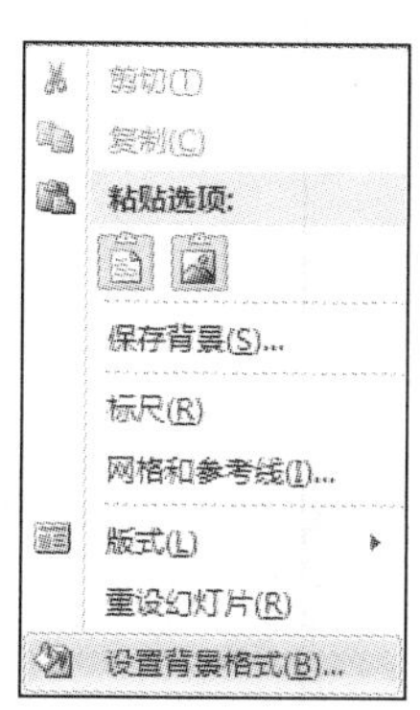

图 5-144　选择“设置背景格式”命令

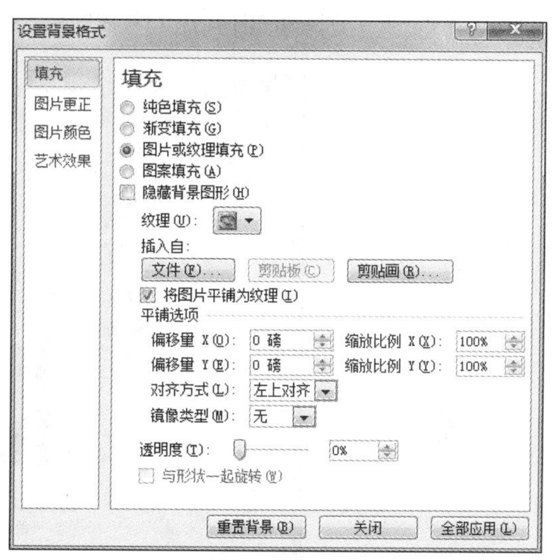

图 5-145　“设置背景格式”对话框

02 选择“填充”选项卡，点选“图片或纹理填充”单选按钮，单击“纹理”下拉按钮，在打开的对话框中选择“羊皮纸”纹理，如图 5-146 所示，完成背景设置，最后单击“关闭”按钮可应用背景设置，观察效果，除第 2 张幻灯片以外，其他幻灯片不会应用所设置的背景。

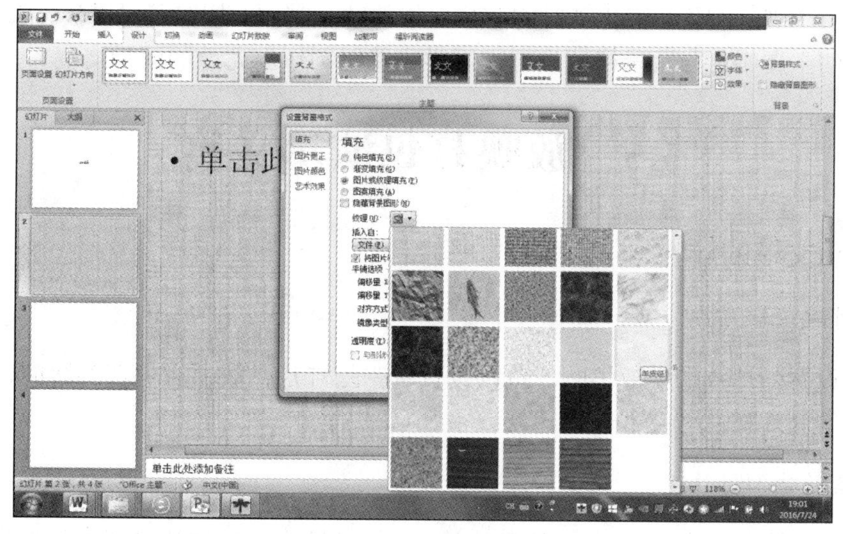

图 5-146　选择纹理

注意：如果单击“全部应用”按钮，则会应用到除标题幻灯片的所有幻灯片。

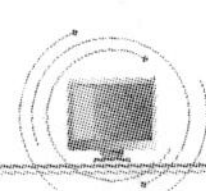

03 选择第 1 张幻灯片，右击标题幻灯片的空白处，在弹出的快捷菜单中选择“设置背景格式”命令，在打开的“设置背景格式”对话框中，选择“填充”选项卡，如图 5-147 所示，点选“纯色填充”单选按钮，单击“颜色”下拉按钮，在弹出的下拉列表框中，选择颜色为“橙色，强调文字颜色 1”，单击“关闭”按钮，即应用到当前幻灯片，如果单击“全部应用”按钮，则会应用到所有幻灯片。

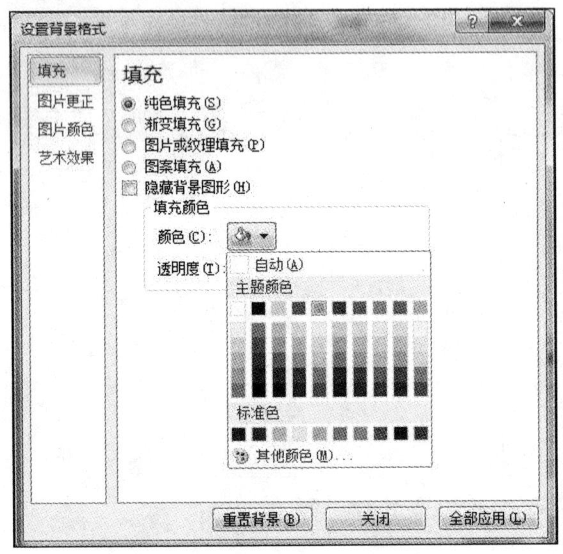

图 5-147 “设置背景格式”对话框

实训小结

通过本节实训的制作，深化了对幻灯片风格的统一制作，加深了对模板、版式与母版，以及幻灯片的主题颜色与背景格式设置，同学们能够制作出完整的演示文稿。

5.5 放映打包演示文稿

5.5.1 演示文稿的放映

1. 定时放映幻灯片

用户在设置幻灯片切换效果时，可以设置每张幻灯片在放映时停留的时间，当达到设定的时间，幻灯片将自动向下放映。

2. 连续放映幻灯片

在如图 5-148 所示的“切换”选项卡中，为当前选中的幻灯片设置自动切换时间后，再单击“全部应用”按钮，即可为演示文稿中的每张幻灯片设定相同的切换时间，这样就实现了幻灯片的连续自动放映。需要注意的是，由于每张幻灯片的内容不同，放映的时间可能不同，所以设置连续放映的最常见方法是通过“排练计时”功能完成。也可以根据每张幻灯片的内容，在“切换”任务窗格中的“持续时间”微调框为每张幻灯片设定放映时间。

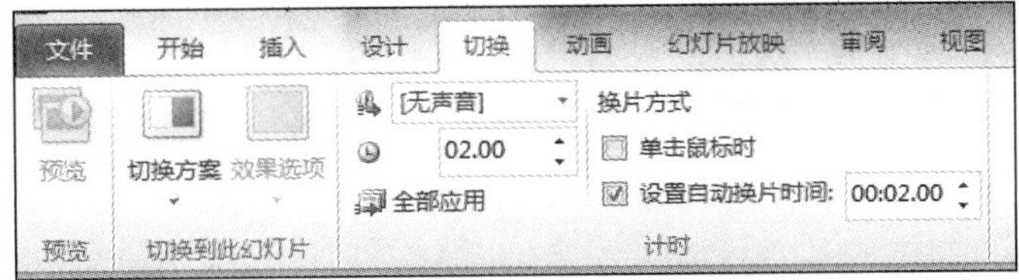

图 5-148 幻灯片连续放映

3. 循环放映幻灯片

在“幻灯片放映”选项卡，单击“设置幻灯片放映”按钮，打开“设置放映方式”对话框，在“放映选项”选项组中，勾选“循环放映，按 Esc 键终止”复选框即可实现循环放映，如图 5-149 所示。

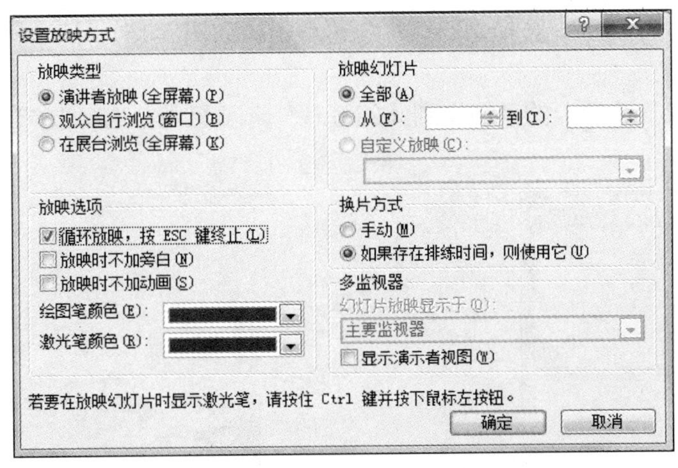

图 5-149 “设置放映方式”对话框

4. 自定义放映幻灯片

自定义放映是指用户可以根据需求自定义演示文稿放映，即可以将一个演示文稿中的多张幻灯片进行分组，以便为特定的观众群体放映演示文稿中的特定部分。用户可以用超链接分别指向演示文稿中的各个自定义放映，也可以在放映整个演示文稿时只放映其中的某个自定义放映。在“幻灯片放映”选项卡的“开始放映幻灯片”选项组中，单击“自定义幻灯片放映”下拉按钮，在弹出的下拉菜单中选择“自定义放映”命令，在打开的“自定义放映”对话框中单击“新建”按钮，可打开“定义自定义放映”对话框，在对话框中将演示文稿中的幻灯片添加到自定义放映中，如图 5-150 所示。

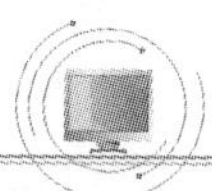

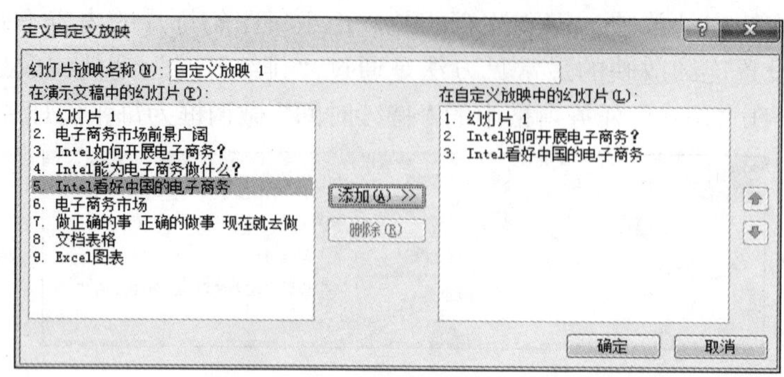

图 5-150 “定义自定义放映”对话框

5.5.2 演示文稿的切换效果

幻灯片切换效果是在演示期间从一张幻灯片移到下一张幻灯片时在幻灯片放映视图中出现的动画效果。可以控制切换效果的速度，添加声音，还可以对切换效果的属性进行自定义。

01 在幻灯片导航区，选择“幻灯片”选项卡，如图 5-151 所示，选择要应用切换效果的幻灯片。

02 在“切换”选项卡的“切换到此幻灯片”选项组中，选择要应用的切换效果，如图 5-152 所示。

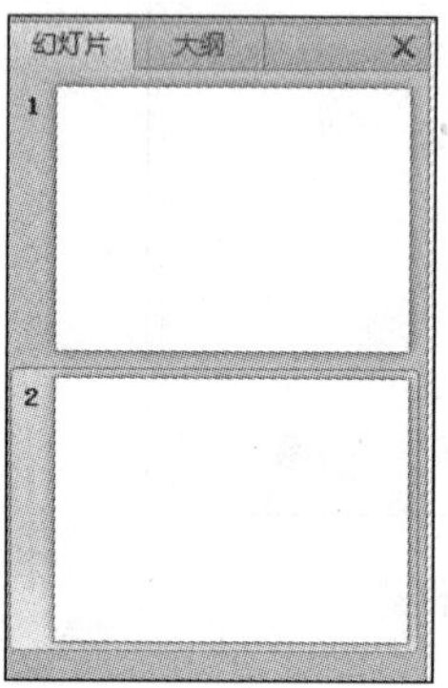

图 5-151 幻灯片切换

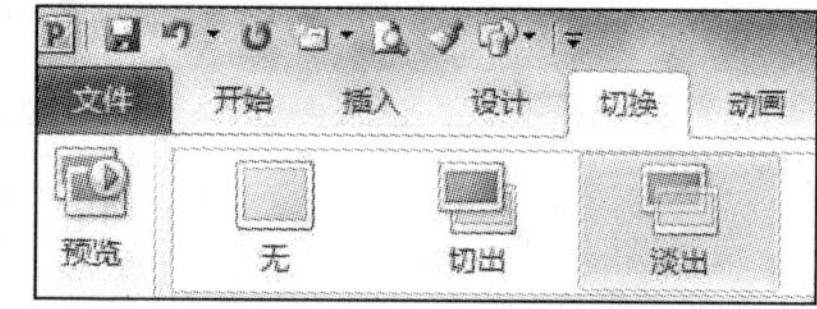

图 5-152 设置切换效果

03 若要设置切换效果的持续时间，在“切换”选项卡的“计时”选项组中的“持续时间”微调框中，输入或选择所需的时间，如图 5-153 所示。

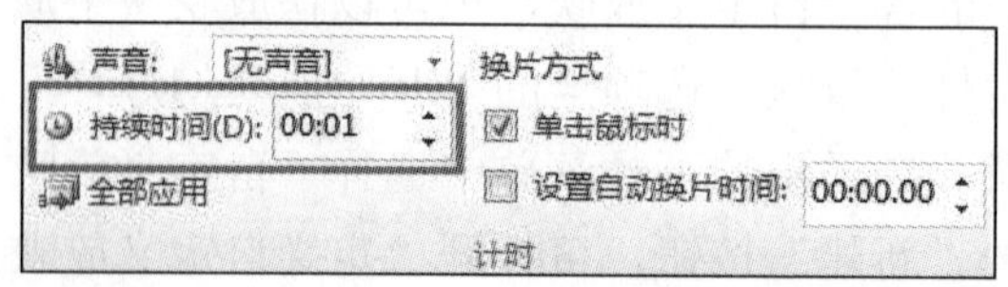

图 5-153 设置切换计时

04 若要在单击鼠标时切换幻灯片，可在“切换”选项卡的“计时”选项组中，勾选

"单击鼠标时"复选框。

05 若要在经过指定时间后再切换幻灯片，则可在"切换"选项卡的"计时"选项组中，勾选"设置自动换片时间"复选框，并在之后的微调框中输入所需的秒数。

5.5.3 演示文稿中音、视频对象的插入

1. 给幻灯片切换效果添加声音

01 在幻灯片导航区，选择"幻灯片"选项卡，选择要向其添加声音的幻灯片。

02 在"切换"选项卡的"计时"选项组中，单击"声音"下拉按钮，如图 5-154 所示，弹出下拉列表框，然后执行下列操作之一。

① 若要添加列表框中的声音，选择所需的声音。

② 若要添加列表框中没有的声音，选择"其他声音"命令，在打开的"添加音频"对话框中找到要添加的声音文件，然后单击"打开"按钮。

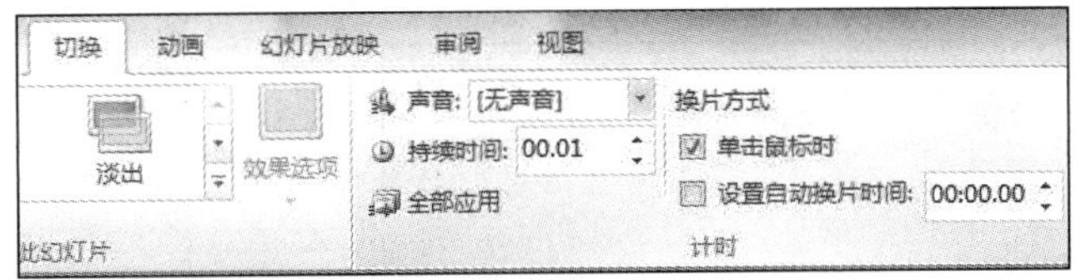

图 5-154　添加声音

2. 为幻灯片配音

01 在计算机上安装并设置好传声器。

02 启动 PowerPoint 2010，打开相应的演示文稿。

03 在"幻灯片放映"选项卡的"设置"选项组中，单击"录制幻灯片演示"按钮，打开"录制幻灯片演示"对话框，勾选"旁白和激光笔"复选框后，单击"开始录制"按钮。完成之后，单击"保存"按钮即可。

3. 在幻灯片中插入音频

PowerPoint 2010 提供了音频插入功能。在演示文稿中插入音频，如背景音乐和演示解说等，可以使单调、乏味的演示文稿变得生动。音频的插入方式主要有从文件中插入、来自剪贴画的音频和录制音频 3 种。

（1）从文件中插入音频

在幻灯片导航区，单击要插入音频的幻灯片，然后在"插入"选项卡的"媒体"选项组中，单击"音频"下拉按钮，在弹出的下拉菜单中选择"文件中的音频"命令，如图 5-155 所示，打开"插入音频"对话框，从文件中选择合适的音频文件，单击"插入"按钮，如图 5-156 所示。插入后，即在幻灯片中添加一个声音图标，该图标在幻灯片放映的时候会显示。右击该图标，可以对音频进行裁剪，设置音频格式，调整大小与位置等。单击声音图标后，会出现"播放"选项卡，对播放进行控制，单击"播放"按钮可以试听声音，

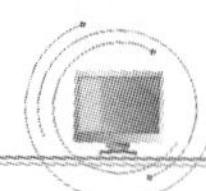

如图 5-157 所示。

（2）从剪贴画中插入音频

在“插入”选项卡的“媒体”选项组中，单击“音频”下拉按钮，在弹出的下拉菜单中选择“剪贴画音频”命令，打开“剪贴画”任务窗格，如图 5-158 所示，单击其中的剪贴画音频即可插入。

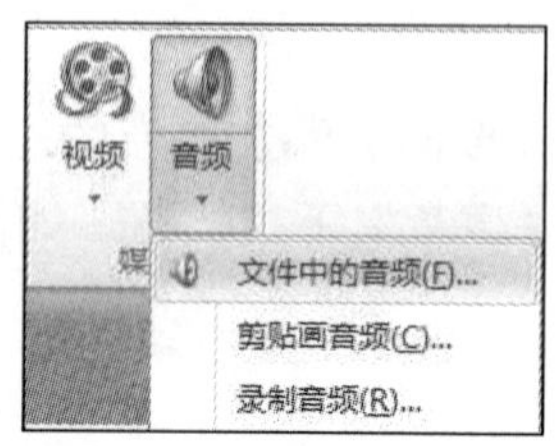

图 5-155　选择“文件中的音频”命令

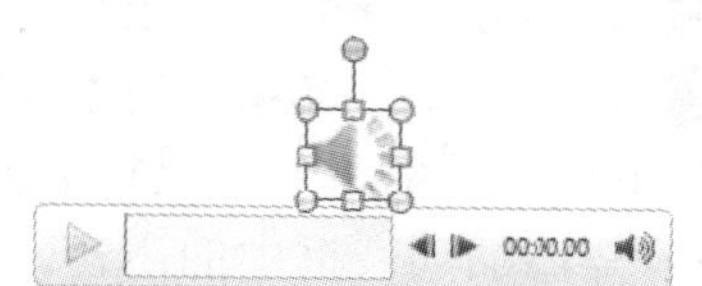

图 5-156　“播放”选项卡

图 5-157　“插入音频”对话框

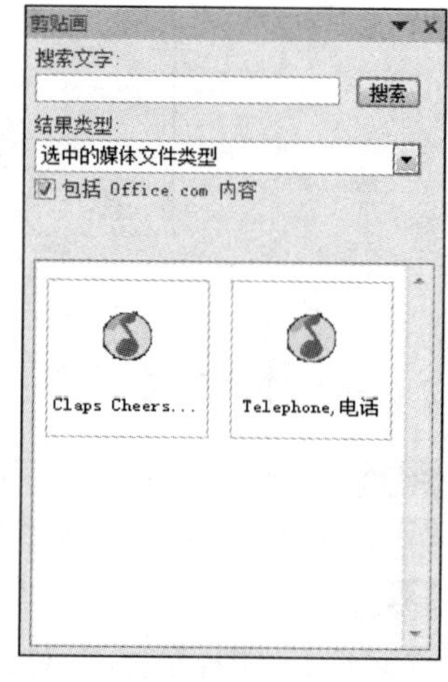

图 5-158　“剪贴画”任务窗格

（3）录制音频

在“插入”选项卡的 “媒体”选项组中，单击 “音频”下拉按钮，在弹出的下拉菜单中选择“录制音频”命令，在打开的“录音”对话框中可录制音频，录制音频后单击“确定”按钮插入录制的音频，如图 5-159 所示。

图 5-159　“录音”对话框

4. 在幻灯片中插入视频

PowerPoint 2010 提供了视频插入功能。PowerPoint 2010 支持的视频格式会随着媒体播放器的不同而有所不同。视频的插入方式主要有从文件中插入、来自网站的视频和从剪贴画中插入 3 种。

（1）插入文件中的视频

在很多情况下，PowerPoint 剪贴库中提供的视频并不能满足用户的需求，这时可以选择插入来自文件中的视频。在“插入”选项卡的“媒体”选项组中，单击“视频”下拉按钮，在弹出的下拉菜单中选择“文件中的视频”命令，如图 5-160 所示，打开“插入视频文件”对话框。

（2）来自网站的视频

在“插入”选项卡的“媒体”选项组中，单击“视频”下拉按钮，在弹出的下拉菜单中选择“来自网站的视频”命令，打开“从网站插入视频”对话框，如图 5-161 所示。

图 5-160　选择“文件中的视频”命令

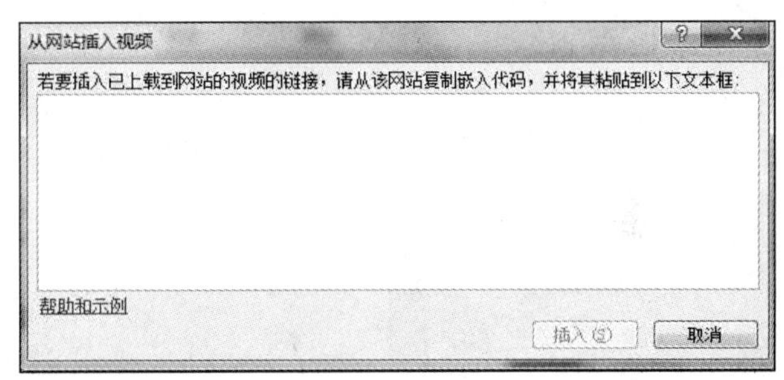

图 5-161　“从网站插入视频”对话框

（3）插入剪贴画中的视频

在“插入”选项卡的“媒体”选项组中，单击“视频”下拉按钮，在弹出的下拉菜单中选择“剪贴画视频”命令，此时 PowerPoint 2010 将自动打开“剪贴画”任务窗格，该任务窗格显示了剪贴画中所有的视频，如图 5-162 所示。

（a）选择“剪贴画视频”命令

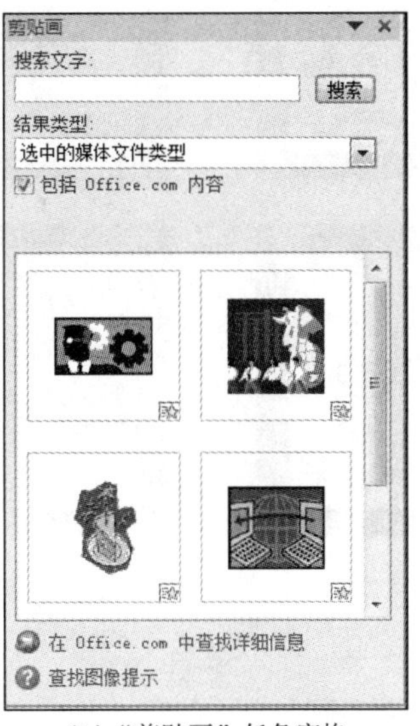

（b）“剪贴画”任务窗格

图 5-162　插入剪贴画中的视频

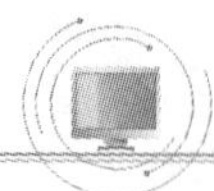

实训 5.4　幻灯片风格设计

实训目的

1）掌握演示文稿的切换效果。

2）掌握演示文稿的最终播放方式。

3）掌握多媒体技术对演示文稿的作业。

实训内容

根据演示文稿完成效果图，如图 5-163 所示。

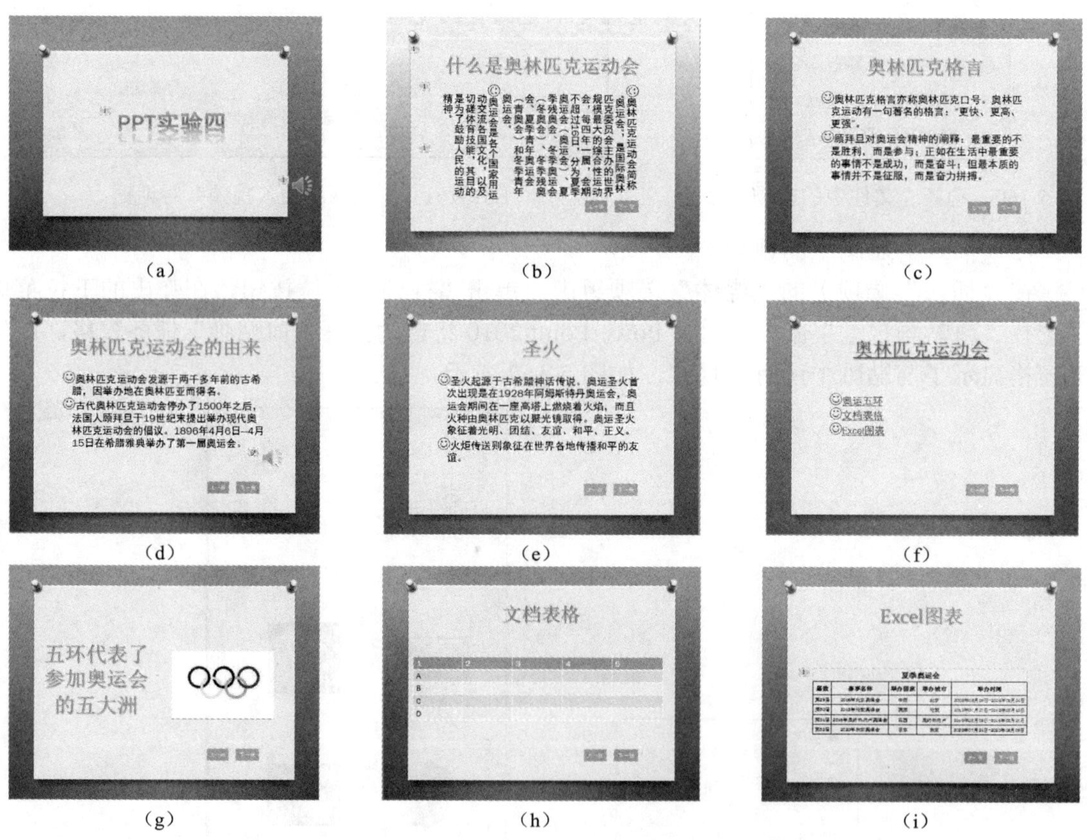

图 5-163　演示文稿效果

1）幻灯片对象动画的设置。

2）幻灯片切换效果的设置。

3）幻灯片动作的设置及超链接的插入。

4）幻灯片声音、影片及动画的插入。

5）幻灯片放映方式的设置。

6）幻灯片的打包与解包，以及将演示文稿制作成视频等各种格式。

实训步骤

1. 动画效果的设置

打开实训 5.3 中文件夹下的“5-3.pptx”文件，另存为“5-4.pptx”，完成下列操作后以原文件名存盘。

01 单击第 1 张幻灯片，将标题中的“PPT 实验三”修改为“PPT 实验四”，单击标题幻灯片的标题文本框，在“动画”选项卡的“动画”选项组中，选择“飞入”选项，如图 5-164 所示。此时在标题的旁边出现一个 1 ，表示这是第 1 个动画。

在动画窗格中，单击该动画右侧的下拉按钮，在弹出的下拉菜单中选择“效果选项”命令，如图 5-165 所示。

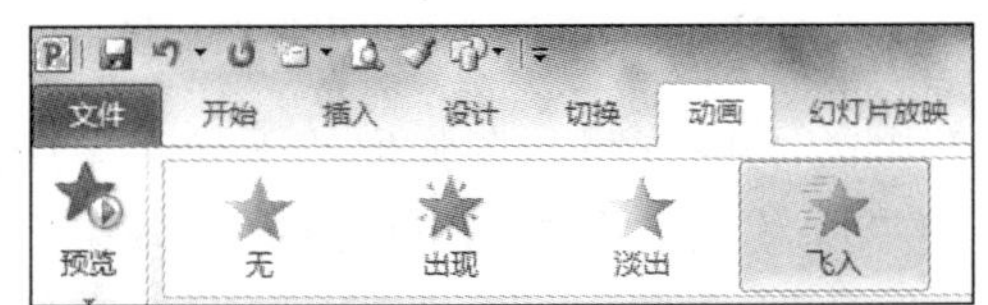

图 5-164　“动画”→“飞入”

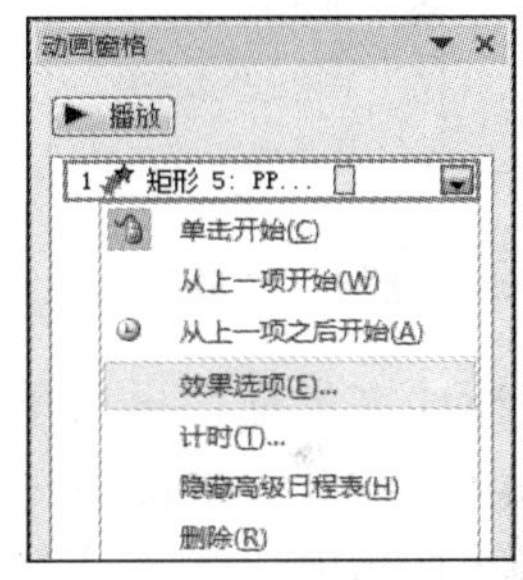

图 5-165　动画窗格

打开“飞入”对话框，在“效果”选项卡的“设置”选项组中，将“方向”设置为“自顶部”，选择“计时”选项卡，在“开始”下拉列表框中选择“单击时”选项，速度选择“中速”，设置完毕单击“确定”按钮。设置如图 5-166 和图 5-167 所示。

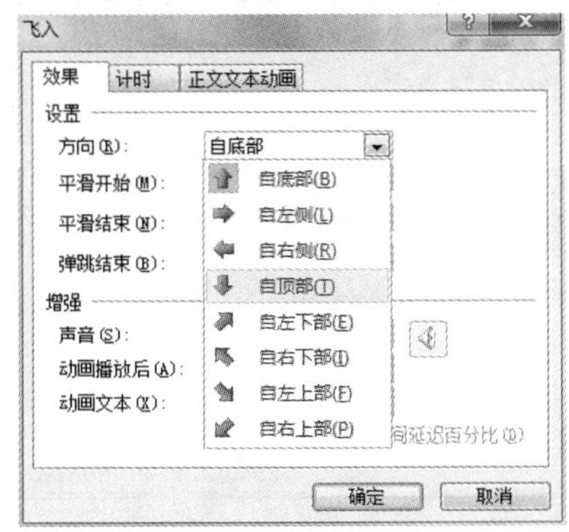

图 5-166　飞入效果方向设置

图 5-167　飞入效果计时设置

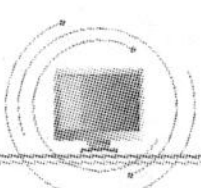

02 选中第 2 张幻灯片的标题文本框，在“动画”选项卡的“高级动画”选项组中，单击“添加动画”下拉按钮，在弹出的下拉菜单中选择“更多进入效果”命令，如图 5-168 所示，打开“添加进入效果”对话框，如图 5-169 所示，选择“华丽型”选项组中的“玩具风车”动画效果。

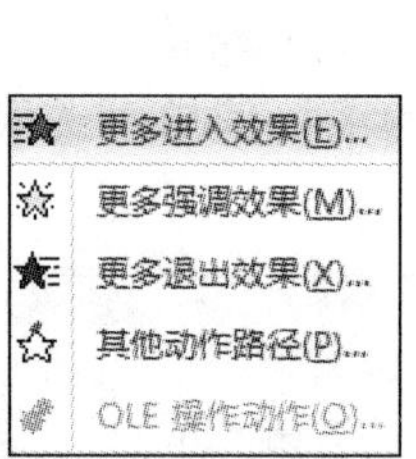

图 5-168　选择“更多进入效果”命名

图 5-169　“添加进入效果”对话框

选中该标题文本框，再次单击动画窗格效果右侧的下拉按钮，在弹出的下拉菜单中选择“效果选项”命令，如图 5-170 所示，在打开的“玩具风车”对话框中选择“效果”选项卡，在“动画播放后”下拉列表框中选择“其他颜色”选项，如图 5-171 所示。在打开的“颜色”对话框中选择“自定义”选项卡，输入数值（R:255,G:0,B:0），如图 5-172 所示。在“动画文本”下拉列表框中选择“按字母”选项，如图 5-173 所示，即可逐一出现标题文字。选择“计时”选项卡，在“期间”下拉列表框中选择“中速（2 秒）”，如图 5-174 所示。单击“确定”按钮，标题左上角出现 1 ，表示已设置好的动画，如图 5-175 所示。

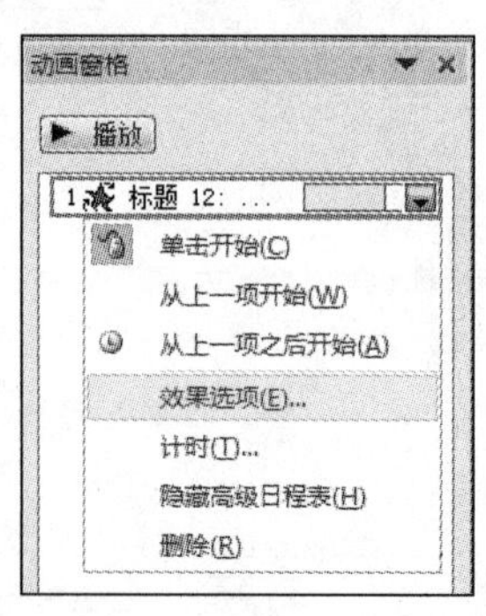

图 5-170　动画窗格

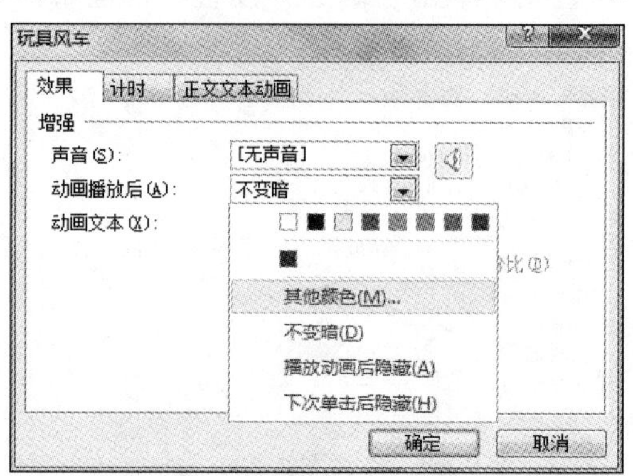

图 5-171　玩具风车效果颜色设置

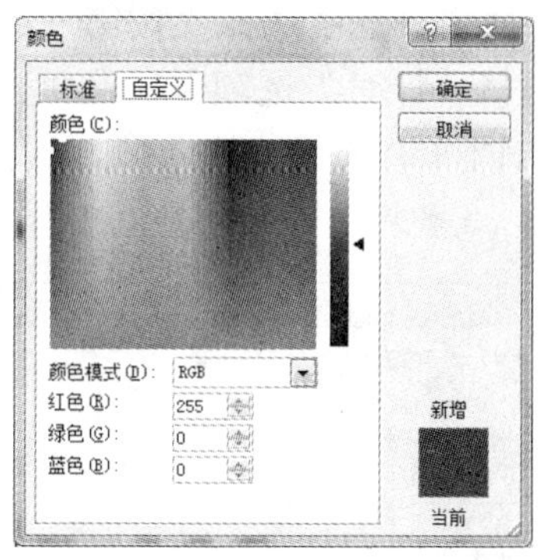

图 5-172　自定义颜色设置

图 5-173　动画文本设置

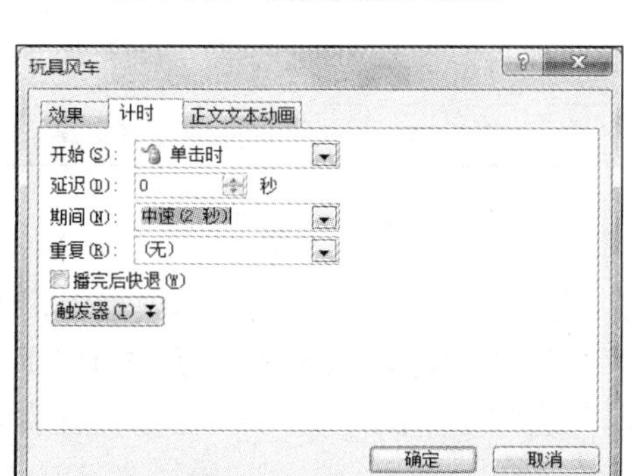

图 5-174　计时设置

图 5-175　最终效果

选择标题下面的文本框，在“动画”选项卡的“高级动画”选项组中，单击“添加动画”下拉按钮，在弹出的下拉菜单中选择“更多进入效果”命令，在打开的“添加进入效果”对话框中选择“基本型”选项组的“切入”动画效果，如图 5-176 所示。单击动画窗格中动画 2 右侧的下拉按钮，在弹出的下拉菜单中选择“效果选项”命令，如图 5-177 所示。打开“切入”对话框，在“效果”选项卡的“方向”下拉列表中选择“自左侧”选项，如图 5-178 所示。

图 5-176　添加进入效果

图 5-177　动画窗格

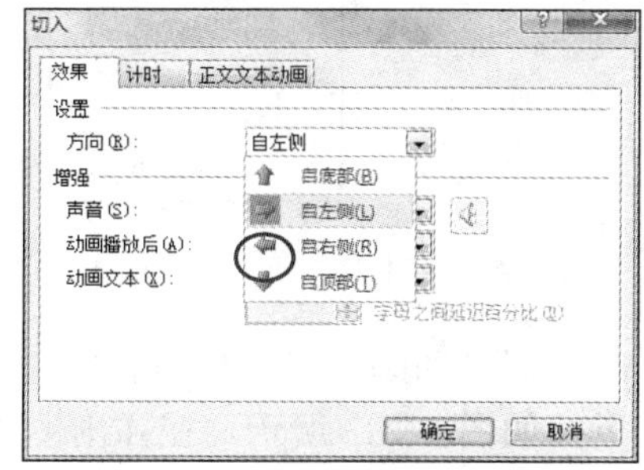

图 5-178　切入效果方向设置

选择“正文文本动画”选项卡，在“组合文本”下拉列表框中选择“按第一级段落”分组（注意每种组合的效果如何），如图 5-179 所示；选择“计时”选项卡，在“开始”下拉列表框中选择“上一动画之后”选项，在“延迟”微调框中选择或输入 1，如图 5-180 所示，单击“确定”按钮，完成设置。

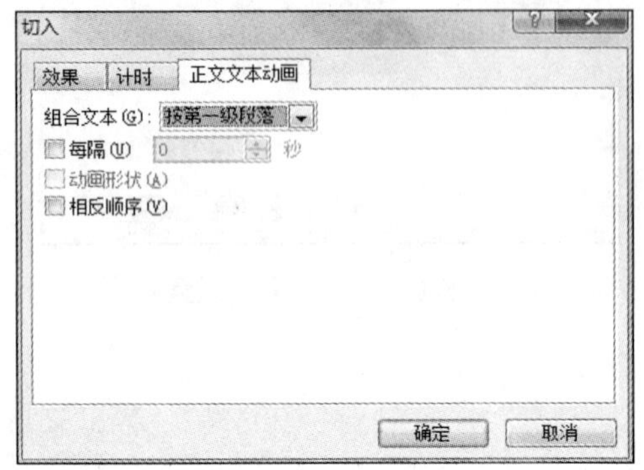

图 5-179　“正文文本动画”选项卡

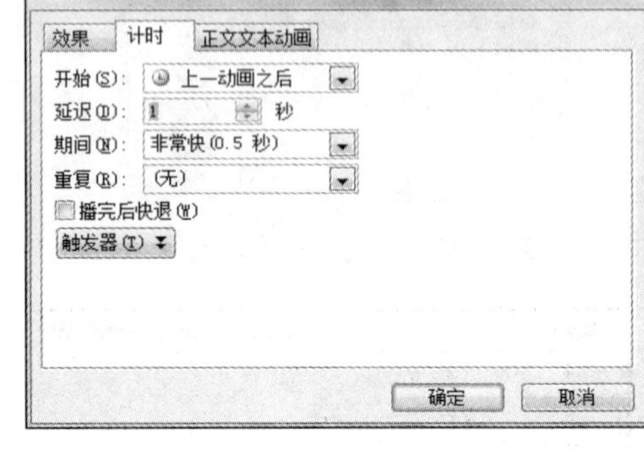

图 5-180　“计时”选项卡

03 单击最后 1 张幻灯片的图表，在“动画”选项卡的“高级动画”选项组中，单击“添加动画”下拉按钮，在弹出的下拉菜单中选择“更多退出效果”命令，如图 5-181 所示，在打开的“添加退出效果”对话框中选择“基本型”选项组中的“圆形扩展”动画效果，如图 5-182 所示。

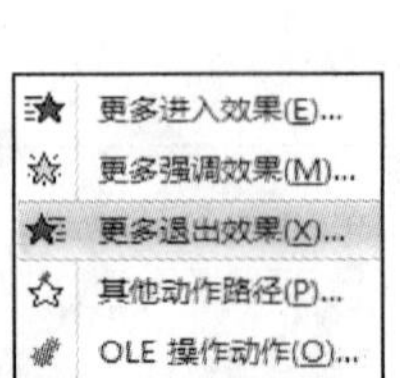

图 5-181　选择“更多退出效果”命令

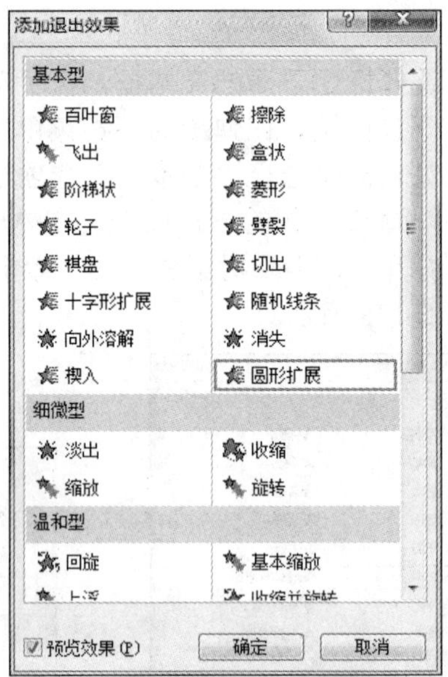

图 5-182　添加退出效果

在“动画窗格”任务窗格中单击下拉按钮，在弹出的下拉菜单中选择“效果选项”命令，如图 5-183 所示。在弹出的“圆形扩展”对话框中，选择“计时”选项卡，在“重复”下拉列表框中输入数字 2，设置完毕后单击“确定”按钮，如图 5-184 所示。

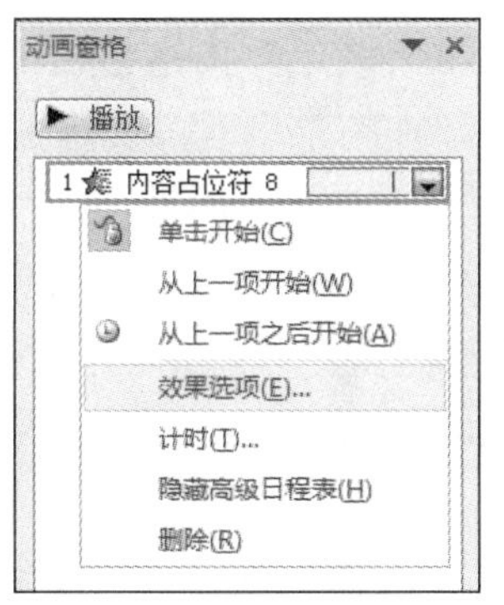

图 5-183 “动画窗格”任务窗格

图 5-184 “计时”选项卡设置

2. 幻灯片切换

幻灯片切换效果是在演示期间从一张幻灯片移到下一张幻灯片时在幻灯片放映视图中出现的动画效果。可以控制切换效果的速度，添加声音，还可以对切换效果的属性进行自定义。

在“切换”选项卡的“切换到此幻灯片”选项组中选择“擦除”选项，如图 5-185 所示；单击右边的“效果选项”下拉按钮，在弹出的下拉列表框中选择“自右侧”选项；切换选项卡的“计时”选项组中，设置“换片方式”，勾选“单击鼠标时”和“设置自动换片时间”复选框，输入“2”，如图 5-186 所示。在“声音”下拉列表框中选择“无声音”，并单击“全部应用”按钮，否则将应用到所选幻灯片。

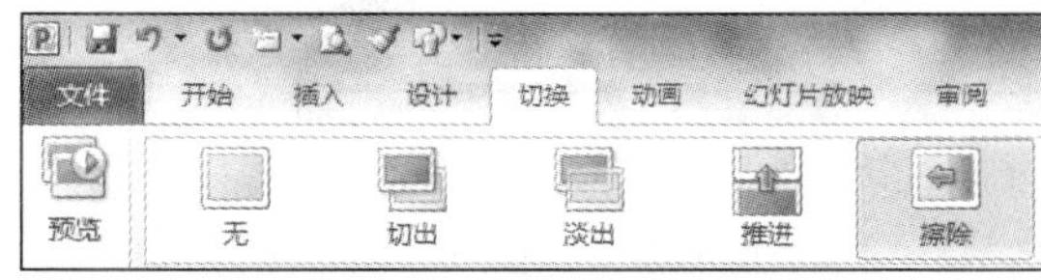

图 5-185 切换设置

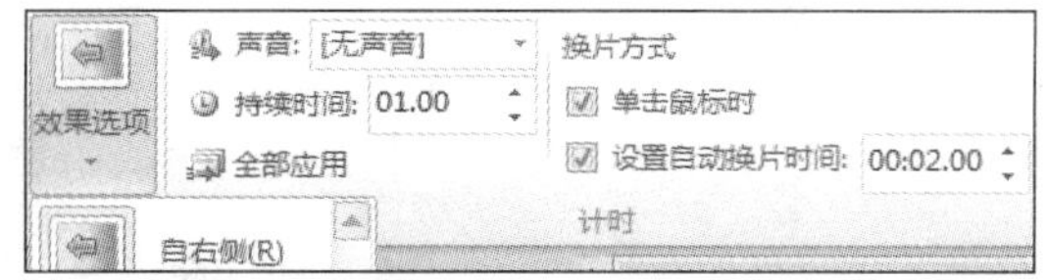

图 5-186 效果选项及切换方式设置

3. 超链接设置

01 选定第 6 张幻灯片，选择“奥运五环”4 个字，右击，在弹出的快捷菜单中选择“超链接”命令，打开“插入超链接”对话框，在“链接到”选项组中选择“本文档中的位置”选项，再选择第 7 张幻灯片，单击“确定”按钮；用同样方法设置“文档表格”链接到“文档表格”幻灯片、“Excel 图表”链接到“Excel 图表”幻灯片，如图 5-187 所示。

02 在自己的文件夹下新建一个 Word 文档，插入一段与网络应用相关的文字，保存文件，并命名为“网络应用.docx”。

03 选择第 7 张幻灯片，右击图片，在弹出的快捷菜单中选择“超链接”命令，打开“插入超链接”对话框，在“链接到”选项组中选择“现有文件或网页”选项，在“查找范围”下拉列表框中找到自己的文件夹下的“网络应用.docx”文档，如图 5-188 所示。单击

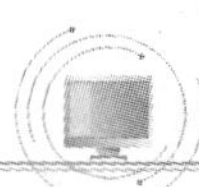

右上角的“屏幕提示”按钮，打开“设置超链接屏幕提示”对话框，“屏幕提示文字”文本框中输入文字“网络汪洋乘风破浪”，如图 5-189 所示，单击“确定”按钮完成设置。

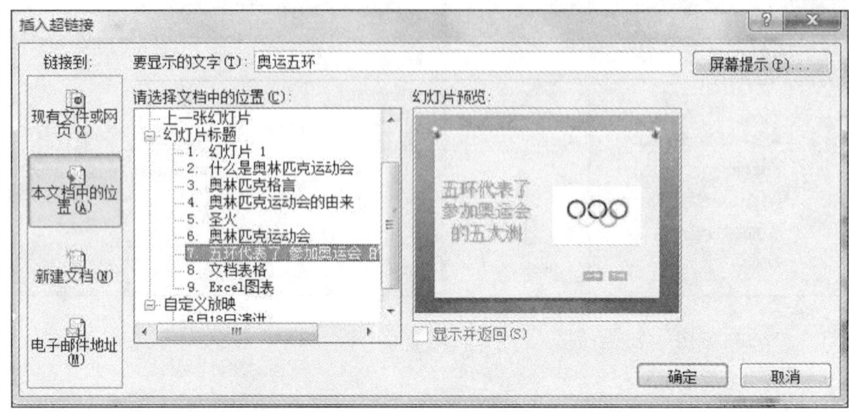

图 5-187　插入超链接

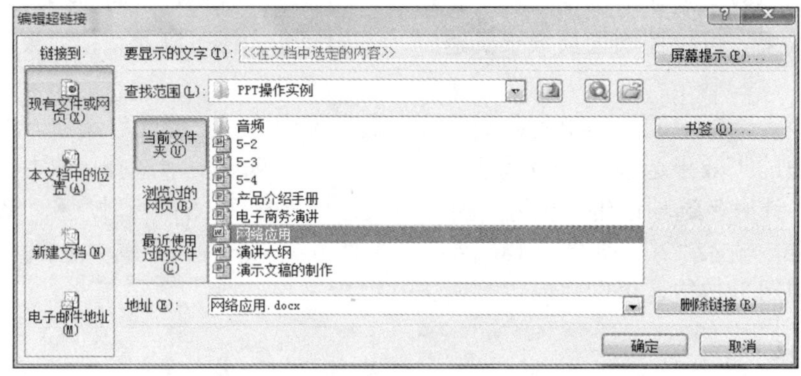

图 5-188　编辑超链接

图 5-189　设置超链接屏幕提示

4. 插入影片和声音

01 影片和声音的插入：从网上下载一段声音文件到自己的文件夹下，将这段声音文件设成背景音乐，自动循环播放，直至幻灯片播放结束。

操作方法：选中第 1 张幻灯片，在“插入”选项卡的“媒体”选项组中，单击“音频”下拉按钮，在弹出的下拉菜单中选择“文件中的音频”命令，如图 5-190 所示，将打开“插入音频”对话框，在对话框中找到自己的声音文件，单击“插入”按钮，如图 5-191 所示。

图 5-190　插入“文件中的音频”命令

图 5-191　“插入音频”对话框

02 在动画窗格，单击动画右侧的下拉按钮，在弹出的下拉菜单中选择“效果选项”命令，如图 5-192 所示。在打开的“播放音频”对话框中进行相应的设置，在“效果”选项卡中设置声音开始的时间及启动方法，如图 5-193 所示；在“计时”选项卡中设置声音的重复播放及速度等，如图 5-194 所示。

注意：幻灯片普通视图下，将音频图标拖到幻灯片外，这样在幻灯片放映时就看不到该图标了。

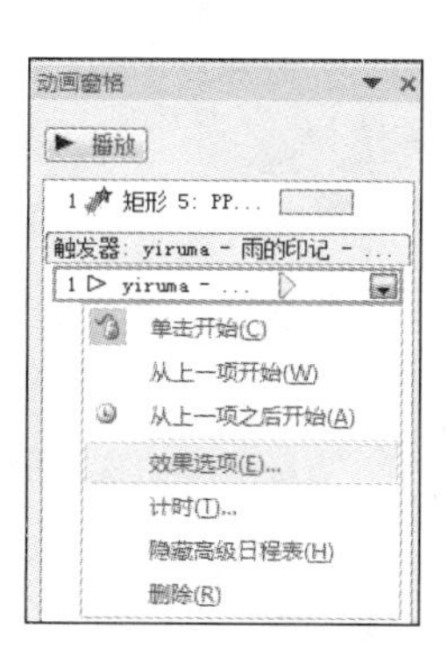

图 5-192　动画窗格

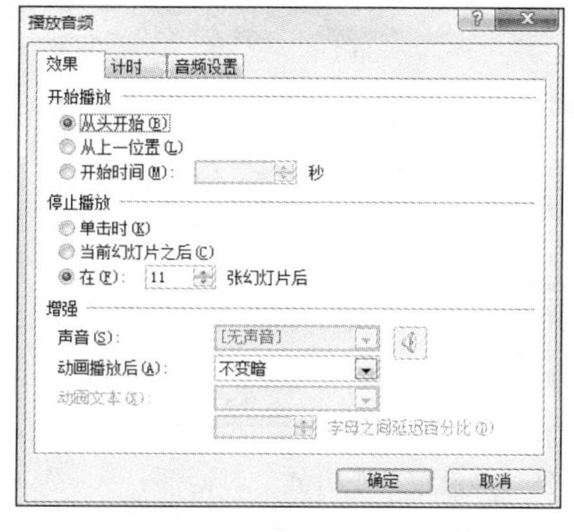

图 5-193　“效果”选项卡

图 5-194　“计时”选项卡

5. 设置放映方式

01 排练计时分两步。

① 在“幻灯片放映”选项卡的“设置”选项组中，单击“排练计时”按钮，此时幻灯片开始进行预演计时，在屏幕左上角会出现“录制”对话框，如图 5-195 所示。

每张幻灯片演讲时间一到单击“下一项”按钮，直到所有幻灯片放映完毕，屏幕会显示排练计时的时间，并询问是否使用排练计时的时间，单击“是”按钮。

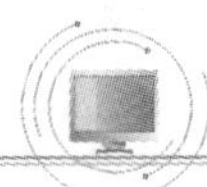

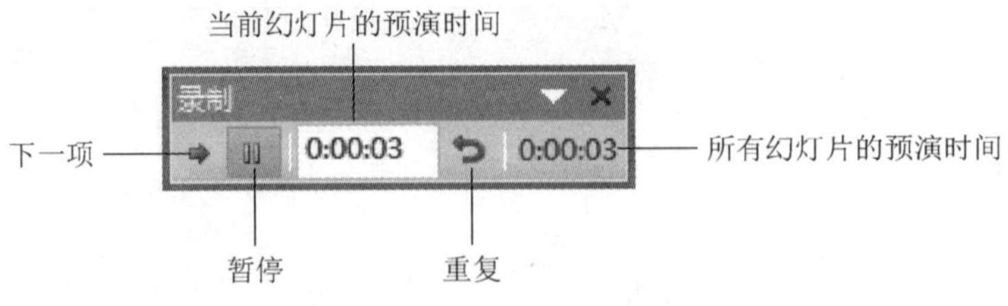

图 5-195　“录制”对话框

② 在“幻灯片放映”选项卡的“设置”选项组中，单击“设置幻灯片放映”按钮，在打开的“设置放映方式”对话框中，点选“换片方式”选项组中的“如果存在排练时间，则使用它”单选按钮。

02 在“设置放映方式”对话框中点选“在展台浏览（全屏幕）”单选按钮，如图 5-196 所示。

03 在“幻灯片放映”选项卡的“开始放映幻灯片”选项组中，单击“自定义幻灯片放映”下拉按钮，在弹出的下拉菜单中选择“自定义放映”命令，在打开的“自定义放映”对话框中单击“新建”按钮，打开“定义自定义放映”对话框，在名称框中输入“6 月 18 日演讲”，在左边的“在演示文稿中的幻灯片”列表框中按住 Ctrl 键选中第 1、3、5、7 张幻灯片，单击“添加”按钮，添加到右边的列表框中，单击“确定”按钮，如图 5-197 所示。单击“放映”按钮，即可播放选中的 4 张幻灯片。

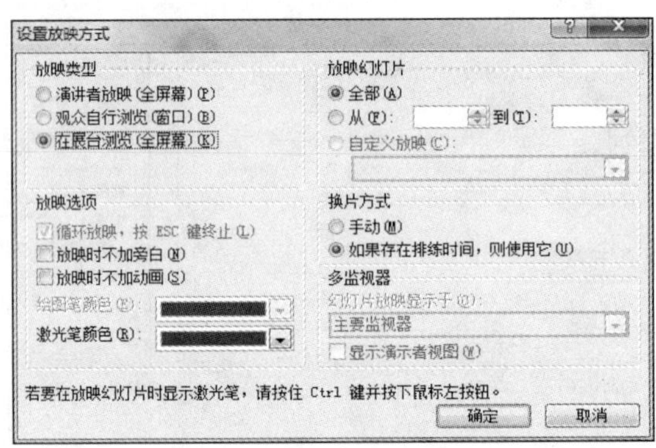

图 5-196　“设置放映方式”对话框

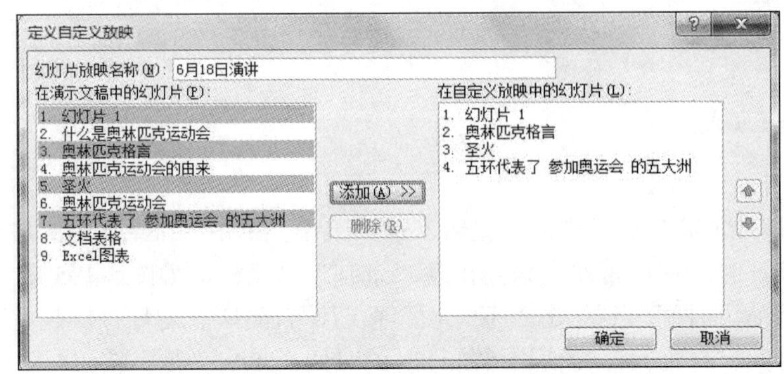

图 5-197　“定义自定义放映”对话框

6. 打包与解包演示文稿

01 打包的步骤如下：

① 首先在自己的文件夹下，新建一个空白文件夹并命名为“6 月 18 日奥运会演讲”，选择“文件”→“保存并发送”→“将演示文稿打包成 CD”命令，单击右边的“打包成 CD”按钮，将打开如图 5-198 所示的对话框。单击“添加”按钮，可将其他的 PowerPoint 文件也添加进来和当前演示文稿一起打包。单击“选项”按钮，打开如图 5-199 所示的“选项”对话框，在该对话框中可带 PowerPoint 播放器、所装字体及链接的文件一起打包。这样，即便以后所要播放的计算机上没有安装 PowerPoint 和本机上的字体，也能正常播放，还可以设置演示文稿的打开和修改密码。

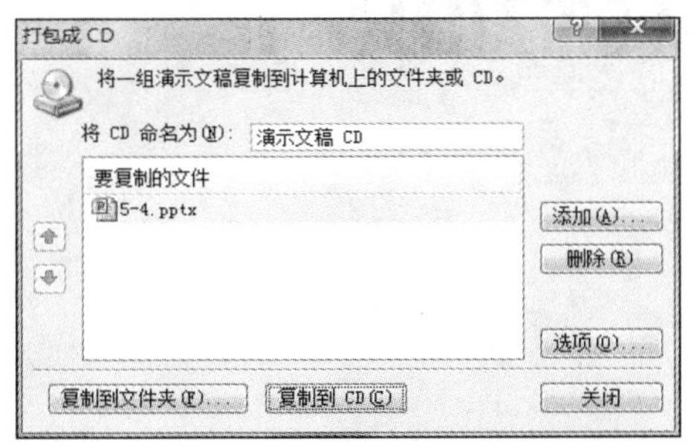

图 5-198 “打包成 CD”对话框

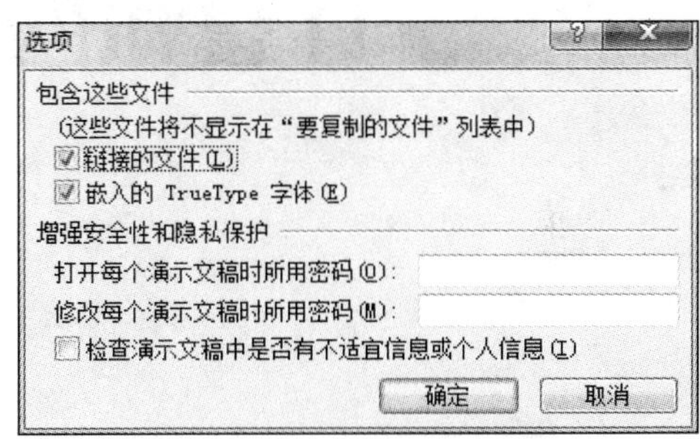

图 5-199 “选项”对话框

② 单击“复制到文件夹”按钮，打开“复制到文件夹”对话框，如图 5-200 所示，在“文件夹名称”文本框后可输入文件夹名，在此处输入“奥运会演讲”；单击“浏览”按钮，选择存放的文件夹，单击“确定”按钮，则系统自动进行打包。

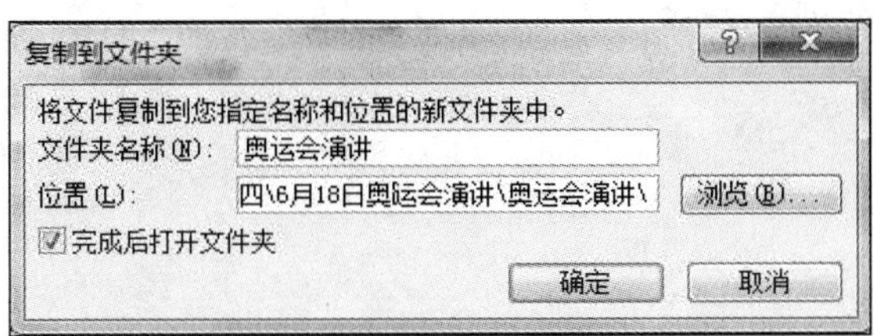

图 5-200 “复制到文件夹”对话框

02 将演示文稿打包后，可找到存放打包文件的文件夹，然后利用 U 盘或网络等方式，将其复制或传输到别的计算机中进行播放。要播放演示文稿，可双击打包文件夹中的演示文稿，然后进行播放即可。

实训小结

通过本次实训，同学们按照规定的主题，自由收集图片、文字和多媒体元素，加入动画效果和音乐等修饰效果，增添画面的动态元素，以做出自己满意而生动的幻灯片。

第6章

计算机网络基础知识

学习目标

- 了解计算机网络的发展简史、功能与分类。
- 了解 Internet 及其应用。
- 了解 IP 地址及域名系统。
- 了解一些简单的网络知识。

6.1　计算机网络简介

6.1.1　计算机网络的产生与发展

计算机网络源于计算机与通信技术的结合，它经历了从简单到复杂、从单机到多机、从终端与计算机之间通信到计算机与计算机直接通信的发展时期。事实上计算机网络是 20 世纪 60 年代起源于美国，原本用于军事通信，后逐渐进入民用，经过不断的发展和完善，现已广泛应用于各个领域，并正以高速向前迈进。20 年前，在我国很少有人接触过网络。现在，计算机通信网络以及 Internet 已成为我们社会结构的一个基本组成部分。网络被应用于工商业的各个方面，包括电子银行、电子商务、现代化的企业管理、信息服务业等都以计算机网络系统为基础。从学校远程教育到政府日常办公乃至现在的电子社区，很多方面都离不开网络技术。可以夸张地说，网络在当今世界无处不在。

6.1.2　计算机网络的定义与功能

1. 计算机网络的定义

计算机网络是利用通信设备和通信线路，将地理位置分散且功能独立的多台计算机及由计算机控制的外部设备连接起来，在网络操作系统的控制下，按照约定的通信协议进行数据通信，以实现资源共享、信息通信及协同处理的系统。典型的计算机网络结构示意图如图 6-1 所示。

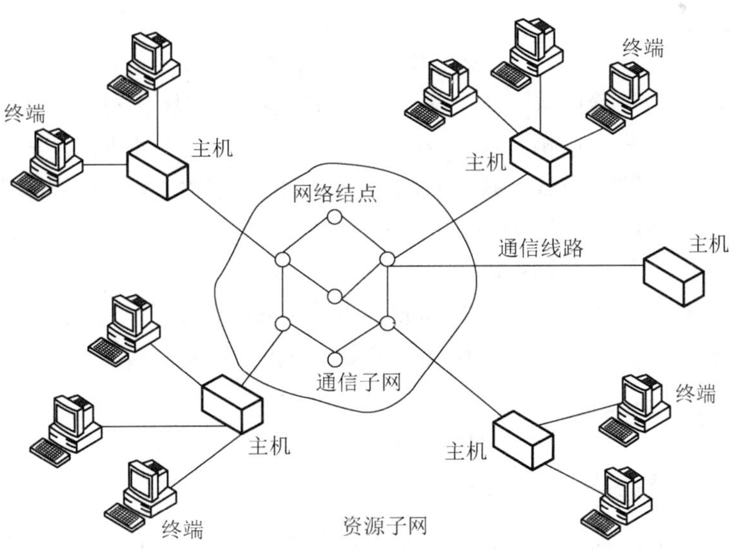

图 6-1　计算机网络结构示意图

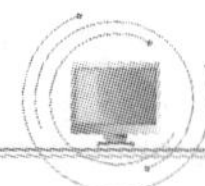

2. 计算机网络的功能

（1）数据通信

数据通信是计算机网络最基本的功能。使用计算机网络，人们可以快捷、方便地与他人进行信息交换，如收发电子邮件、发布新闻消息、发布微博、参与电话会议、网上求职等。

（2）资源共享

资源共享是计算机网络最重要的功能。资源共享是指计算机用户可以相互使用处于计算机网络中的计算机上的各种资源。共享资源包括计算机硬件资源、软件资源和数据资源。

实现资源共享的意义主要体现为以下 3 个方面。

1）通过硬件资源的共享可以提高设备的利用率，避免资源的重复投资，进而降低了系统开销。计算机网络中可以共享的硬件资源包括高速运算器、大容量磁盘、打印机、绘图仪、高性能计算机等。图 6-2 所示为局域网中共享打印机的示意图。

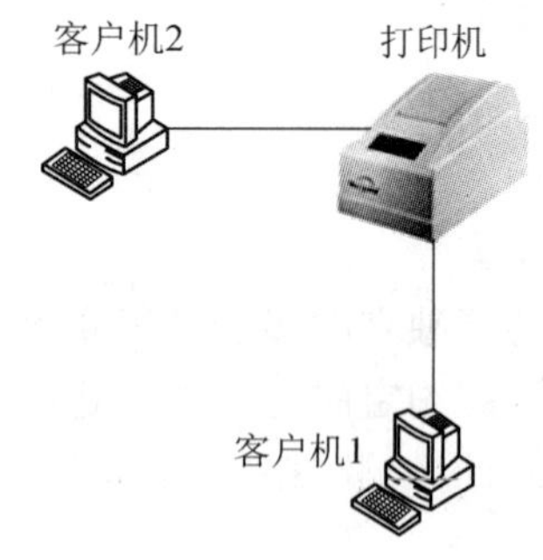

图 6-2　网络打印机共享示意图

2）软件资源的共享是指使用某些机器上的共享软件或从网络上提供某些程序的计算机上下载这些程序，然后在本地计算机上运行。通过软件资源的共享可以提高资源的利用率，减少重复性的开发工作。

3）计算机网络的主机上通常存有具有大量的信息资源和数据的文件资料，其内容可能涉及社会生活的各个方面，通过计算机网络，这些资源都可以被世界各地的人们查询并加以利用。

（3）分布式处理

在现实社会中，通常要执行任务巨大的项目、工程，很多时候这些任务靠单一的机器很难实现。为此，人们就把一项复杂的任务划分成若干部分，由网络中不同的计算机分别承担其中一部分任务，彼此之间及时协调，同时运行，共同来完成一个复杂的任务，即分布式处理。此种任务处理方式能够大大提高整个系统的运行效能，加速任务的完成进度。

（4）提高计算机的可靠性和可用性

当连接到网络上的某计算机出现故障时，可以由网络中的另一台计算机代为继续执行任务，这样可以避免整个系统瘫痪，从而提高计算机的可靠性。

6.1.3　计算机网络的分类

1. 按照网络覆盖的地理范围分类

按照网络覆盖的地理范围，计算机网络可以分为局域网、城域网和广域网。

（1）局域网

局域网（local area network，LAN）的覆盖范围一般不超过 10km。它具有较高的传输速率，误码率较低，结构简单，容易实现，很适用于公司、校园、机关、军营、工厂等覆盖范围较小、计算机数量相对较少的情况。一个简单的 LAN 如图 6-3 所示。

（2）城域网

城域网（wide area network，WAN）规模局限在一座城市的范围内，连接距离一般在10～100km。与 LAN 相比，MAN 的网络规模更大，连接的计算机数量更多。MAN 通常采用光纤或微波作为网络的主干通道。一个简单的 MAN 如图 6-4 所示。

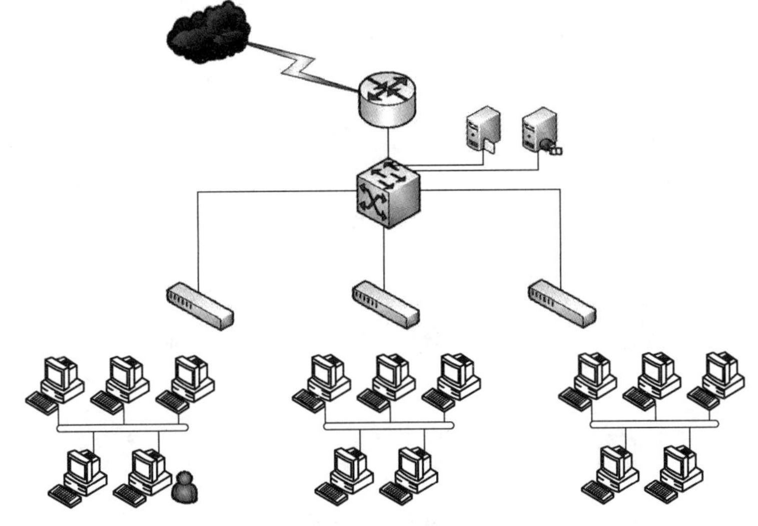

图 6-3　LAN 示意图

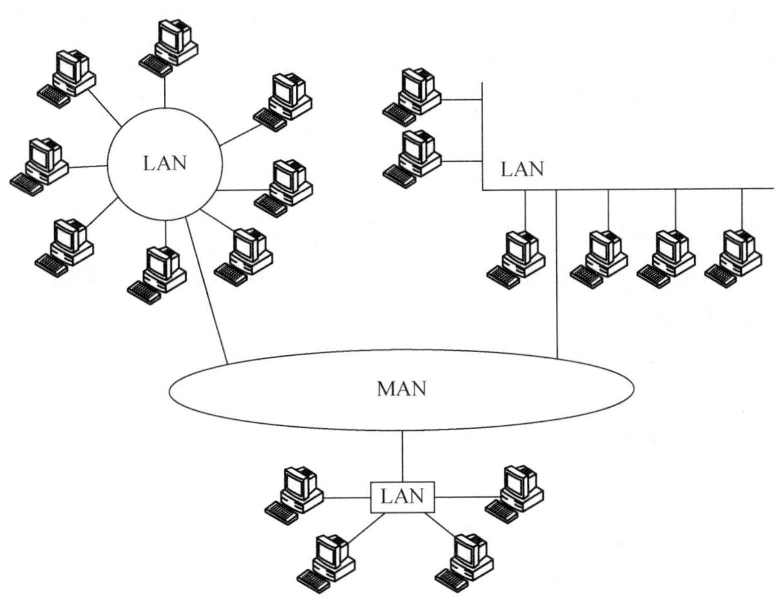

图 6-4　MAN 示意图

（3）广域网

广域网（wide area network，WAN）覆盖的地理范围非常广，又称远程网，在采用的技术、应用范围和协议标准方面有所不同，覆盖范围从几十千米到几千千米。WAN 将不同

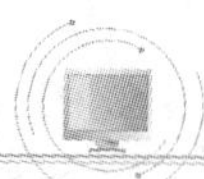

地区的 LAN 或 MAN 连接起来，覆盖一个国家、地区，甚至横跨几个洲，形成规模更大的国际性远程网络，如 Internet。以达到资源共享、即时通信的目的。

2. 按照网络的拓扑结构分类

按照网络的拓扑结构，计算机网络可以分为星形网络、总线型网络、树形网络、环形网络、网状形网络和混合型网络。

（1）星形网络

星形拓扑结构是以一台设备为中央结点，其他外围结点都单独连接到中央结点上，其结构如图 6-5 所示。各外围结点之间不能直接通信，必须通过中央结点才能进行通信。中央结点可以是服务器或其他专门的接线设备，负责接收信息和转发信息。

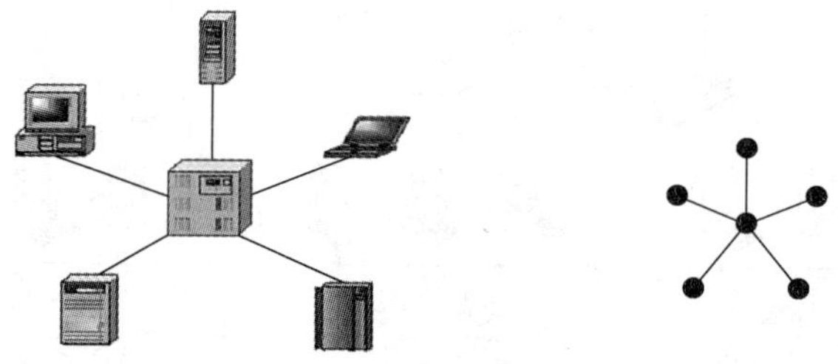

图 6-5 星形拓扑结构网络

星形拓扑结构简单，建网容易，传输速率高。每个结点独占一条传输线路，消除了数据传送的冲突现象。一台计算机及其接口发生故障不会影响到整个网络系统，扩展性好，配置灵活，网络易于管理和维护。网络可靠性依赖于中央结点，中央结点一旦发生故障则整个网络将瘫痪。在 LAN 中多采用此种结构。

（2）总线型网络

总线型拓扑结构将所有的计算机结点都连接到一条电缆上（称为总线）。在一条总线上安装多个 T 形头，每个 T 形头连接一个结点机系统，总线两端用端接器防止信号的反射。结点之间按照广播的方式进行通信，一个结点发送的信号，其他结点均可以接收。

总线型网络安装简单方便，需要铺设的电线最短，成本低。某个站点的故障一般不会影响整个网络，但介质的故障会导致网络瘫痪。总线型网络安全性低，监控比较困难，增加新站点也不如星形网络容易。总线型拓扑结构以一根电缆作为传输介质，其基本结构如图 6-6 所示。

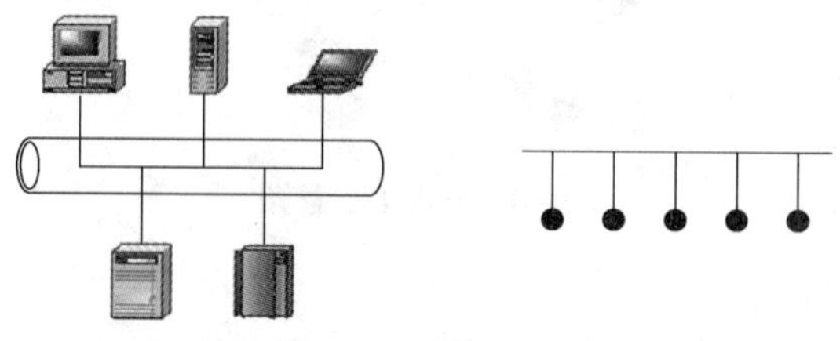

图 6-6 总线型拓扑结构示意图

（3）树形网络

树形拓扑结构是将星形拓扑结构中单独链路直接连接的结点通过多级处理进行分级连接，形成一种分层的树形结构，如图 6-7 所示。这种结构与星形拓扑结构相比，降低了通信线路的成本，但增加了网络的复杂性，网络中除最低结点及其连线外，任一结点或连线的故障均会影响其所在支路网络的正常工作。

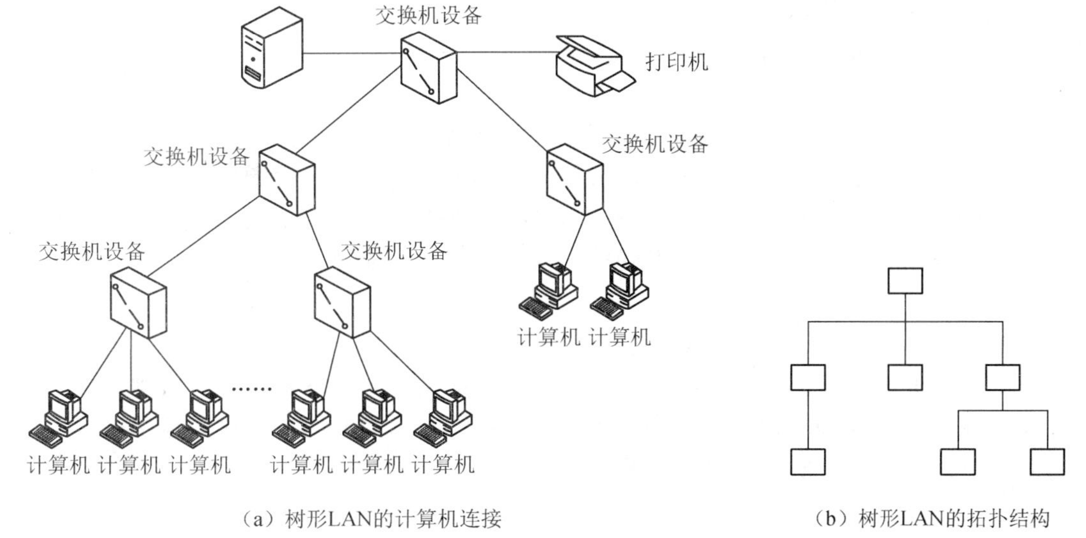

（a）树形LAN的计算机连接　　（b）树形LAN的拓扑结构

图 6-7　树形拓扑结构示意图

另外还有环形网络、网状形网络和混合型网络。环形拓扑结构传输路径固定，无路径选择问题，实现比较简单，但任何结点发生故障都会导致网络的瘫痪，可靠性差。网状拓扑结构的容错能力强，如果网络中一个结点或一段链路发生故障，信息可以通过其他结点与链路达到目的结点，故可靠性高，但这种网络关系复杂，建网不易，网络控制机制复杂。

在实际应用中，经常将以上几种拓扑结构进行组合，综合利用每种拓扑结构的优势来满足实际网络的需要。网络拓扑结构会因为网络设备、技术和成本的改变而有所改变，如在组建 LAN 时，常采用星形、环形、总线型和树形拓扑结构，而树形和网状形拓扑结构在 WAN 中比较常见。

3. 按照网络的数据传输与交换系统的所有权分类

按照网络的数据传输与交换系统的所有权，计算机网络可以分为公用网与专用网。

（1）公用网

公用网一般是由国家邮电部门建造的网络，为公众提供商业性和公益性的通信和信息服务的计算机网络。

（2）专用网

专用网是为政府、企业、行业和社会发展等部门提供具有部门特点的、具有特定应用服务功能的计算机网络。

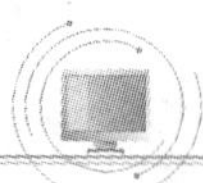

4. 按传输过程中信号的形式分类

按照网络传输的信号类型的不同，计算机网络可以分为基带网和宽带网。

（1）基带网

计算机或者终端产生的一连串的数字脉冲信号未经调制时所占用的频率范围称为基本频带，简称基带。在信道中直接传输这类基带信号是最简单的一种传输方式，这种网络称为基带网。基带网通常适用于近距离的网络。

（2）宽带网

在远距离通信时，由发送端通过调制器将数字信号调制成模拟信号在信道中传输，再在接收端通过解调器还原成数字信号，所使用的信道是普通的电话通信信道，这种传输方式称为频带传输。在频带传输中，经调制器调制而成的模拟信号比音频范围（200～3400Hz）要宽，因而通常称为宽带传输，使用这种技术的网络称为宽带网。

5. 按照传输介质分类

按照传输介质的不同，计算机网络可以分为有线网和无线网两种。有线网是指采用同轴电缆、双绞线、光纤等物理传输介质作为数据传输通道的网络。无线网是指采用卫星、微波、红外线等无线介质来传输数据的网络。

6.2 Internet 及其应用

6.2.1 Internet 概述

Internet 从字面上讲就是计算机互联网的意思。它是在早期的 ARPA 网的基础上发展起来的。它是由全球成千上万个大大小小不同拓扑结构的 LAN、MAN、WAN 通过通信线路和互联设备连接在一起组成的。Internet 经过几十年的发展，取得了巨大的成功。目前，Internet 已成为世界上规模最大、用户最多、资源最丰富的网络互联系统。

Internet 的主要功能是实现了全球信息资源的共享，包括文本、声音、图像等多媒体信息。用户通过它可以随时在网上找到想查找的各种信息资源，还能得到很多的信息服务。

人们对网上的各种资源利用，主要是通过应用软件来实现的。例如，通过 WWW 浏览器软件访问各个网站，使用电子邮件实现信件传递，使用文件传输协议（file transfer protocol，FTP）实现文件传输等。

6.2.2 Internet 的服务

随着 Internet 的不断发展，其提供的功能越来越丰富，越来越和人们的生活密切相关。这些服务可以归纳为资源共享、信息发布、信息获取等，其提供的服务主要包括网络信息服务、E-mail 服务、文件传输服务、远程登录服务、电子公告板、电子商务、WWW 的浏览和访问服务、网上电话、网络视频会议、网络游戏、新闻组等。下面详细介绍几种常见的服务。

1. WWW 服务

WWW 不是普通意义上的物理网络，而是一种信息服务器的集合标准。它就是我们经常提到的万维网技术，又称 Web。它是在 Internet 上的超文本传输协议（hypertext transfer protocol，HTTP）的支持下，支持超媒体技术的计算机系统组成的一个分布式信息系统，在这些计算机系统（Web 站点）上的信息通过超链接进行相互关联。它是以超文本标注语言（hypertext markup language，HTML）和 HTTP 为基础的，能够以十分友好的接口提供 Internet 信息查询服务的浏览系统。

从硬件的角度上看，人们把放置 Web 站点的计算机称为 Web 服务器；从软件的角度上看，它指提供 WWW 功能的服务程序。可以将 WWW 看作 Internet 的一个大型的图书馆，Web 站点就像图书馆中的一本本书，而 Web 页则是书中的某一页。

一个 Web 站点上存在一个主页（home page），主页指一个 Web 站点的首页，从该页出发可以链接到本站点的其他页面，也可以链接到其他站点。主页文件名一般为 index.htm，有时也用 default.htm 来表示（动态网页使用其他扩展名，如.asp）。

Web 页采用超文本的格式。它除了包含文本、图像、声音、视频等信息外，还含有指向其他 Web 页或页面本身某特定位置的超链接。

文本、图像、声音、视频等多媒体技术使 Web 页的画面生动活泼，超链接使文本按三维空间的模式进行组织，信息不仅可按线性方式搜索，而且可按交叉方式访问。超文本中的某些文字或图形可作为超链接源。当鼠标指针指向超链接时，鼠标指针变成手指形，用户单击这些文字和图形时，可进入另一个超文本文件。通过超链接可给用户带来更多的与此相关的文字、图片等信息。

为了使客户程序能找到位于整个 Internet 范围的某个信息资源，WWW 系统使用统一资源定位符（uniform resource locator，URL）来标示网络中的资源。URL 由 3 部分组成，即资源类型、存放资源的主机域名和资源文件名。

当 URL 省略资源文件名时，表示将定位于 Web 站点的主页。

资源类型中的 HTTP 表示检索文档的协议。它是在 C/S 模型上发展起来的信息分布方式。HTTP 通过客户机和服务器彼此互相发送消息的方式进行工作。客户通过程序向服务器发出请求，并访问服务器上的数据，服务器通过设定的公用网关接口（common gateway interface，CGI）程序返回数据。

2. 信息搜索与浏览

（1）浏览器

浏览器是一种专门用于定位和访问 Web 信息，获取自己希望得到的资源的导航工具，它是一种交互式的应用程序。目前可供用户使用的浏览器很多，如 IE 浏览器、遨游浏览器、腾讯浏览器等。

（2）搜索引擎

搜索引擎是用来搜索网上的资源，提供所需信息的工具。搜索引擎通过采用分类查询

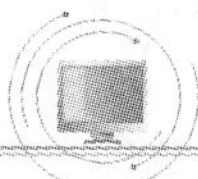

方式或主题查询方式获取特定的信息。常用的搜索引擎如谷歌、百度等。

在使用搜索引擎查找信息时，应该尽可能地缩小搜索范围。缩小搜索范围的简单方法就是添加搜索词，指定网域或设置搜索类别。例如，要查找电影“泰山”有关的网页，可先设定分类搜索为“电影”，然后按搜索词“泰山”进行查找。否则直接按搜索词“泰山”进行查找，会找到迪士尼的“泰山”卡通和我国山东省的名岳“泰山”等。

3. 电子邮件

电子邮件（E-mail）是一种应用计算机网络进行信息传递的现代化通信手段，它是Internet 提供的一项基本服务，也是使用最广泛的 Internet 工具。

Internet 上的 E-mail 系统的工作过程遵循 C/S 工作模式，它分为邮件服务器端与邮件客户端两部分。邮件服务器分为接收邮件服务器和发送邮件服务器两类。接收邮件服务器中包含了众多用户的电子信箱。用户通过邮件客户端访问邮件服务器中的电子信箱和其中的邮件，邮件服务器根据邮件客户端的请求对信箱中的邮件进行处理。

当发件方发出一份电子邮件时，邮件由发送邮件服务器发送，它依照邮件地址送到收信人的接收邮件服务器中对应收件人的电子信箱内。发送邮件服务器的工作性质如同邮局，它把收到的各种目的地信件分拣后再传送到下一个邮局，最终传送到该电子邮件的接收邮件服务器。发送邮件服务器遵循简单邮件传输协议（simple mail transfer protocol，SMTP），所以发送邮件服务又为 SMTP 服务器。

接收邮件服务器用于暂时寄存对方发来的邮件。当收件人将自己的计算机连接到接收邮件服务器并发出接收指令后，客户端通过邮局协议（post office protocol version 3，POP3）或交互式邮件存取协议（interactive mail access protocol，IMAP）读取电子信箱内的邮件。当电子邮件应用程序访问 IMAP 服务器时，用户可以决定是否在 IMAP 服务器中保留邮件副本。而访问 POP3 服务器时，电子信箱中的邮件被复制到用户的计算机中，不再保留邮件的副本。目前，多数接收邮件服务器是 POP3 服务器。

如图 6-8 所示为 E-mail 收发示意图。发送方发出的邮件经过 Internet 上的一系列发送邮件服务器的转发，最后到达接收邮件服务器的电子信箱内，当接收方的计算机连接到自己邮件所在的接收邮件服务器后，就可从电子信箱内获取邮件。

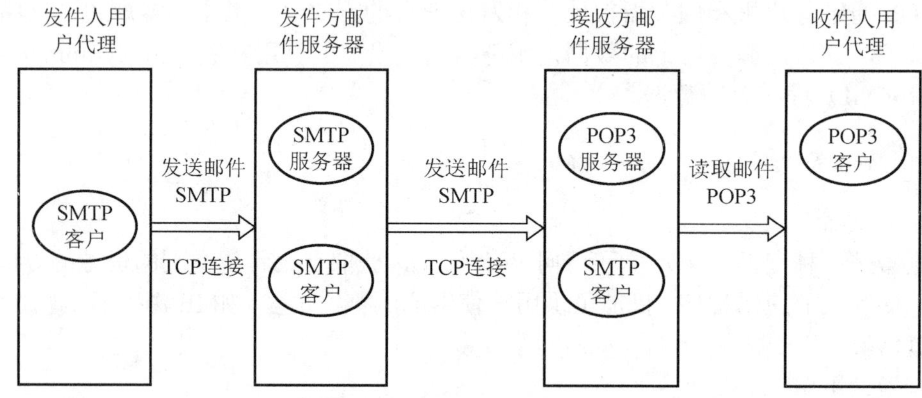

图 6-8　E-mail 收发示意图

在 Internet 上，每一个 E-mail 用户拥有的地址称为 E-mail 地址，它具有如图 6-9 所示的统一格式。

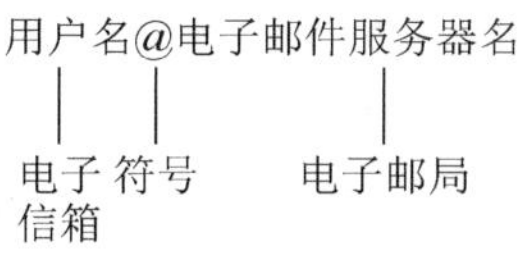

图 6-9　E-mail 地址格式

其中，用户名就是用户在向 E-mail 服务机构注册时获得的用户码。@符号后面是存放邮件用的计算机主机域名。例如，cc-light@163.com 就是一个用户的 E-mail 地址，它表示网络机构（com）163 服务器上的用户 cc-light 的 E-mail 地址。

除了 Web 邮箱之外（即通过 Web 来收发 E-mail），用户还可以通过 E-mail 客户端软件来收发 E-mail。E-mail 客户端软件又称 E-mail 应用程序。能够实现 E-mail 功能的应用程序很多，其中常用的是 Microsoft 公司的 Outlook Express 和国内开发的非商业软件 Foxmail。

实训 6.1　网页的搜索与保存

实训目的

1）掌握 IE 浏览器的基本使用方法。

2）掌握网页搜索技术。

3）掌握网页内容的保存方法。

4）掌握利用 Internet 进行网络乐趣体验的方法。

实训内容

1）使用 IE 浏览器浏览网页：中国教育和科研计算机网，网址为 http://www.edu.cn/。

2）利用超级链接功能在网上漫游：浏览“中国教育”页面和“中国大学”页面的内容。

3）网页的保存：将“中国教育和科研计算机网”的主页以“中国教育网”为文件名保存到“我的文档”文件夹中。

4）查看已下载的网页“中国教育网”的信息。

5）保存网页中的图片：将“中国教育和科研计算机网”主页上的网站图标图片以“中国教育网图标”为文件名保存到“我的文档”文件夹中。

6）保存网页网址：将“中国教育和科研计算机网”的网址以“中国教育网主页”为名保存到收藏夹中。

7）利用“收藏夹”浏览网页：从收藏夹中打开“中国教育网主页”网页进行浏览。

8）信息的查找：在“中国教育和科研计算机网”中的“中国大学”中搜索“清华大学”

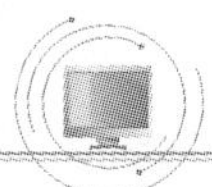

的相关信息。

9）“历史”记录的使用：利用工具栏的查看“历史”记录功能查看历史记录。

10）分别在地址栏输入如下网址，然后进行浏览。

① 中国公用计算机互联网（ChinaNET）：http://www.Chinanet.net/。

② 中国金桥信息网（ChinaGBN）：http://www.Chinagbn.com/。

③ 中国教育和科研计算机网（CERNET）：http://www.edu.cn/。

④ 微软网站：http://www.microsoft.com/。

⑤ 清华大学网站：http://www.tsinghua.edu.cn/。

实训步骤

1. 使用IE浏览器浏览网页

单击桌面上的IE图标，启动IE浏览器，在地址栏输入“中国教育和科研计算机网”的网址“http: //www.edu.cn/”，按Enter键即可浏览该网站内容，浏览页面效果如图6-10所示。

图6-10 “中国教育和科研计算机网”主页

2. 利用超级链接功能在网上漫游

在如图6-10所示的网页中将鼠标指针指向“首页”旁边的“中国教育”超级链接区域，指针变成手指形，单击进入该链接所指向的网页浏览信息。按同样的方法将鼠标指针指向“中国大学”超级链接所在的区域，指针变成手指形，单击进入该链接所指向的网页浏览信息。

3. 网页的保存

返回如图 6-10 所示的“中国教育和科研计算机网”主页，选择“文件”→“另存为”命令，在打开的“保存网页”对话框中输入文件名“中国教育网”，文件类型为“网页，全部（*.htm;*html）”，文件保存的位置为“我的文档”，单击“保存”按钮，将当前整个网页内容全部保存下来。

4. 查看已下载的网页

启动 IE 浏览器，选择“文件”→“打开”命令，在打开的“打开”对话框中选择“我的文档”中的“中国教育网”网页即可浏览该网页。

5. 保存网页中的图片

把鼠标指针指向“中国教育和科研计算机网”主页上面的“中国教育和科研计算机网”网站图标图片，右击，在弹出的快捷菜单中选择“背景另存为”命令，操作过程如图 6-11 所示，然后在“保存图片”对话框中输入文件名“中国教育网图标”，文件保存位置为“我的文档”，最后单击“确定”按钮，保存当前所选择的图片。

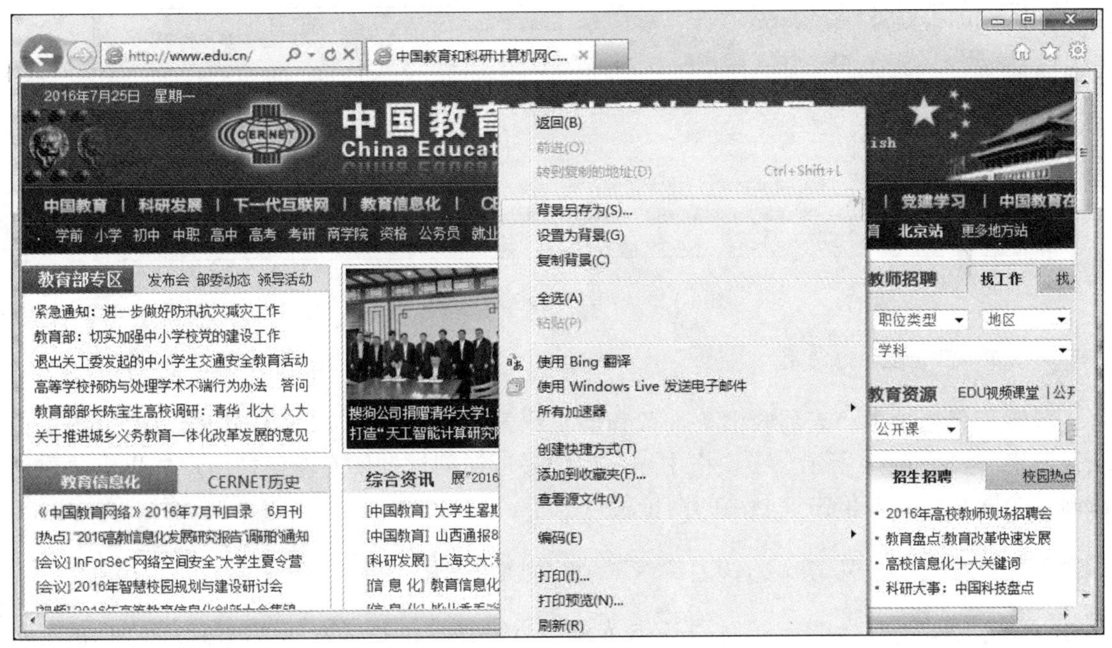

图 6-11　保存网页图片

6. 保存网页网址

返回到图 6-10 所示的“中国教育和科研计算机网”的主页，选择“收藏夹”→“添加到收藏夹”命令，在打开的“添加收藏”对话框中输入保存的网址名称“中国教育网主页”，单击“添加”按钮。

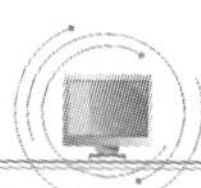

7. 利用“收藏夹”浏览网页

打开 IE 浏览器，选择“收藏夹”→“中国教育网主页”命令，即可直接访问该主页。

8. 信息的查找

在“中国教育和科研计算机网”主页中单击“教育资源”超链接进入“教育资源”页面，再单击“中国教育”超链接进入“中国教育”页面，在搜索文本框中输入“清华大学”，如图 6-12 所示，再单击“搜索”按钮就可进入“清华大学”页面浏览相关的信息。

图 6-12　搜索“清华大学”界面

9. “历史”记录的使用

单击工具栏上的“查看收藏夹、源和历史记录”按钮，在窗口的左边会打开“历史记录”窗格，如图 6-13 所示，在窗格中显示用户最近访问过的所有网站，用户如果需要重新访问某个网站，只要单击该网站的网址就可以了。

图 6-13　“历史记录”窗格

10. 输入网址，浏览网页

启动 IE 浏览器，分别在地址栏输入如下网址，按 Enter 键即可进行浏览。

中国公用计算机互联网（ChinaNET）：http://www.Chinanet.net/。

中国金桥信息网（ChinaGBN）：http://www.Chinagbn.com/。

中国教育和科研计算机网（CERNET）：http://www.edu.cn/。

微软网站：http://www.microsoft.com/。

清华大学网站：http://www.tsinghua.edu.cn/。

实训小结

通过本次实训，同学们掌握了在互联网上查找网页的方法、IE 浏览器的基本使用方法、网页搜索技术及网页内容的保存方法，从而利用 Internet 进行网络的乐趣体验。

实训 6.2　电子邮件服务的申请和使用

实训目的

1）掌握申请免费电子邮箱的方法。
2）掌握通过 Web 方式在线收发电子邮件的方法。

实训内容

1）申请一个电子邮箱。
2）使用申请到的电子邮箱进行电子邮件的发送和接收。

实训步骤

01 打开浏览器，在浏览器地址栏中输入提供电子邮箱的网址，如提供 163 免费电子邮箱的网站主页“http://www.163.com”，打开网易网站的主页，如图 6-14 所示。

图 6-14　网易网站主页

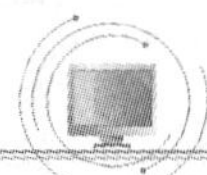

02 单击网易主页上的“注册免费邮箱”按钮，打开邮箱注册界面，如图 6-15 所示。

03 在网易邮箱注册界面中选择“注册字母邮箱”，根据提示信息输入邮件地址（即用户名）、密码、确认密码等信息。输入的邮件地址必须满足一定的要求（如必须是由字母、数字、下画线组成），而且必须是全球唯一的，如图 6-16 所示。

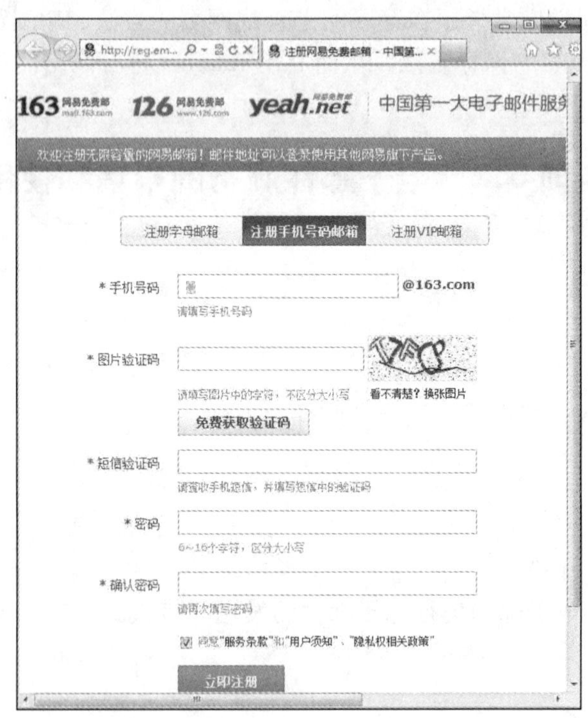

图 6-15　网易邮箱注册界面

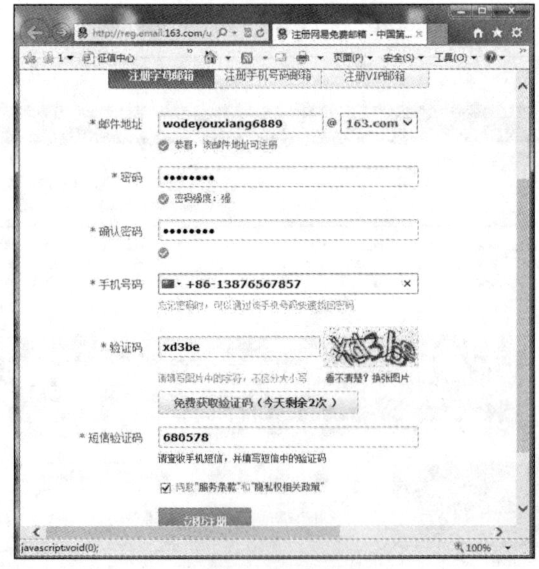

图 6-16　输入注册信息

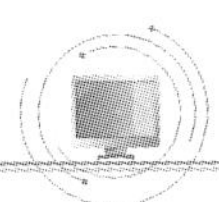

04 单击“立即注册”按钮，提交所填写的用户信息，直接进入新注册的邮箱主界面，如图 6-17 所示。

图 6-17　邮箱主界面

05 在邮箱主界面单击“收件箱”按钮，可以进入收件箱查看收到的邮件，如图 6-18 所示。

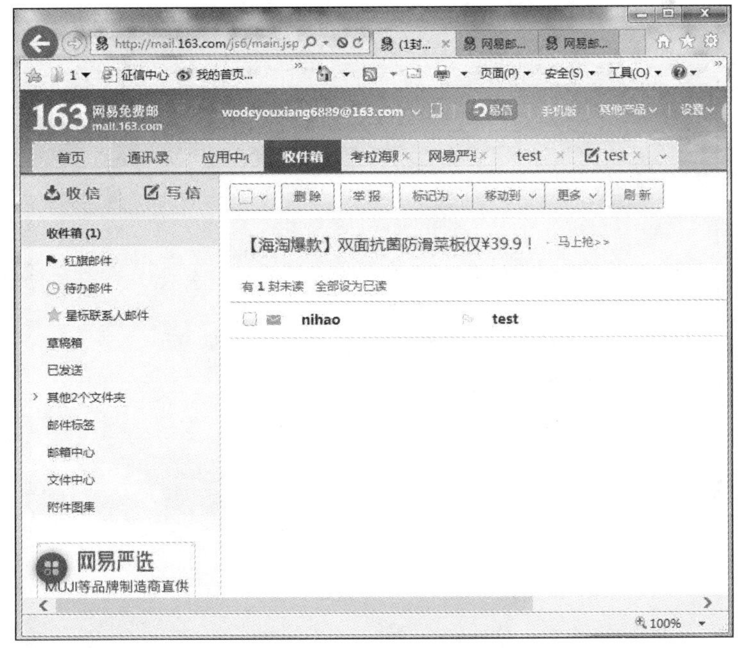

图 6-18　邮箱收件箱界面

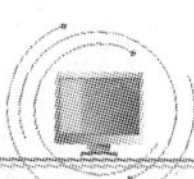

06 单击“收件箱”中的任意一个邮件，可以查看该邮件的详细内容，如图 6-19 所示。

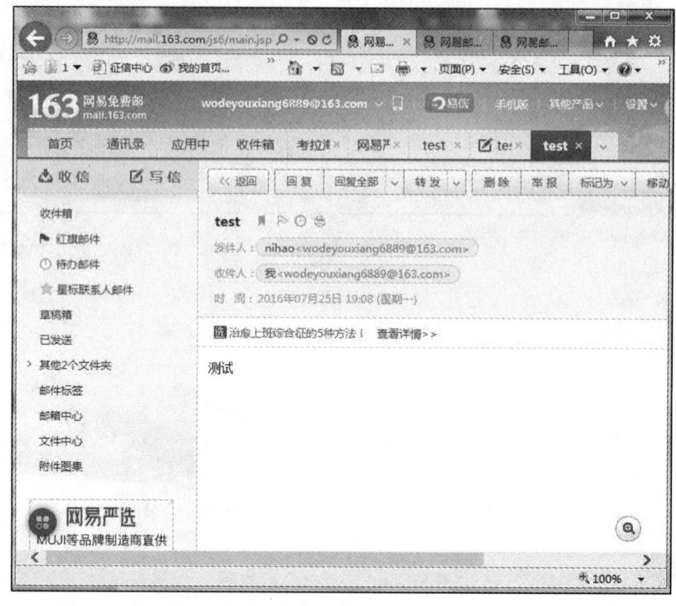

图 6-19　邮件查看界面

07 单击“写信”按钮，进入电子邮件的编辑界面，如图 6-20 所示。该界面主要包括“发件人”“收件人”“主题”“内容”及常用工具按钮等。“收件人”是收件人的电子邮件地址；“主题”是该封邮件的主题（可以省略，无固定格式）；“内容”部分是电子邮件的正文。

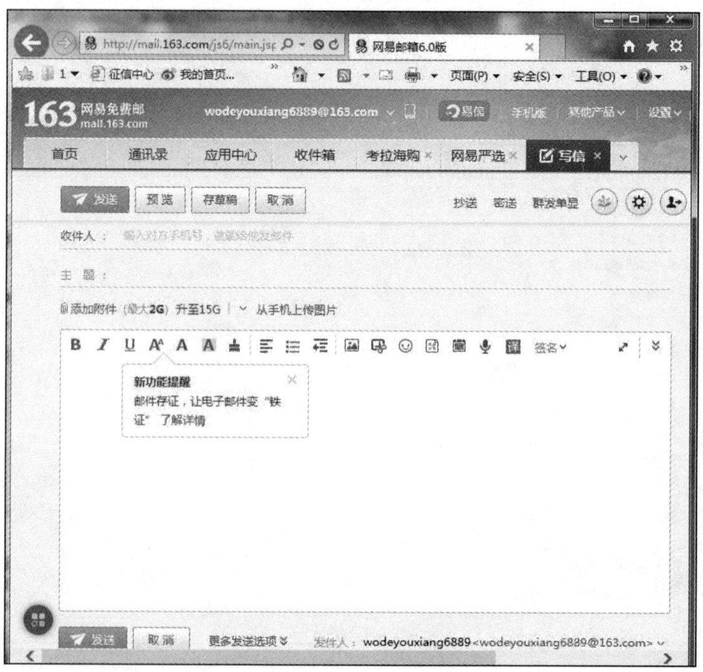

图 6-20　书写邮件

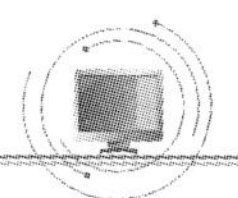

08 还可以根据需要为电子邮件添加附件，即通过电子邮件发送本地计算机中的文件。单击图 6-20 所示界面中的“添加附件”超链接，并根据设置向导完成即可。

09 编辑好邮件后，单击书写邮件界面上的“发送”按钮，就可以实现邮件的发送。发送完成后，会出现如图 6-21 所示界面。

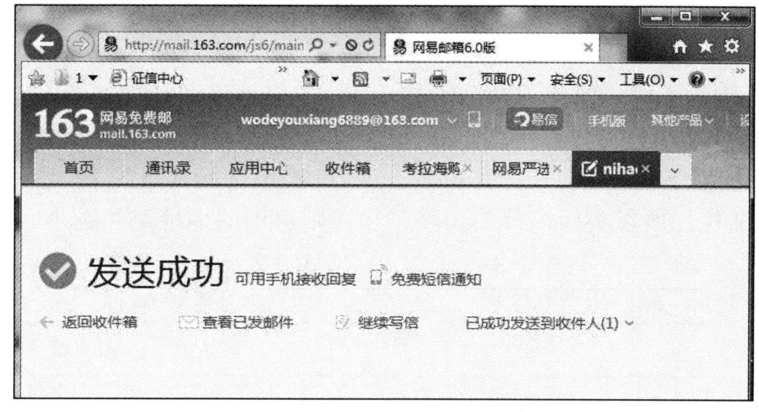

图 6-21　电子邮件发送完成后的界面

实训小结

通过本次实训，同学们掌握了使用网络进行电子邮件管理的方法、申请免费电子邮箱的方法、通过 Web 方式在线收发电子邮件的方法，从而更好地利用网络进行信息共享。

6.3　IP 地址的设置

6.3.1　IP 地址概述

互联网是由许多计算机互联组成，在这个网络中如何才能访问某个特定的主机呢？正如每部电话必须有一个由邮电部门分配的唯一的电话号码用户才能用之通话一样，Internet 中的每一台计算机必须有一个 IP 地址用户才能使用它进行工作。IP 地址相当于 Internet 系统的电话号码。

1. IP 地址的组成

IP 地址根据功能可以划分为两部分，即网络地址和主机地址。网络号用来标示一个逻辑网络，主机号用来标示网络中的一台主机。IP 地址的组成如图 6-22 所示。

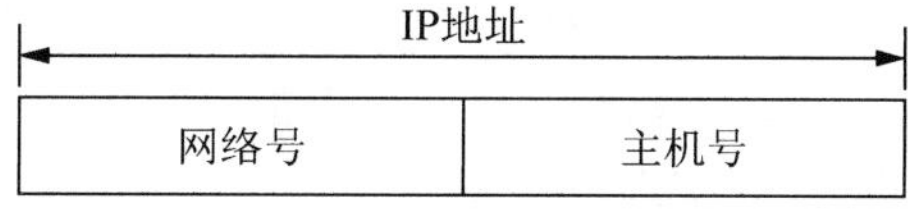

图 6-22　IP 地址的结构

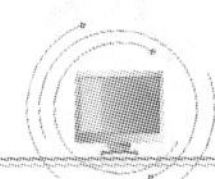

每个 IP 地址均由 32 位（4B）的二进制数组成，每 8 位（1B）之间用圆点分开。用二进制数表示的 IP 地址难于书写和记忆，通常将 32 位的二进制地址写成 4 个十进制数字字段，书写形式为 xxx.xxx.xxx.xxx。其中，每个字段 xxx 都在 0～255 取值，此种表示方式通常称为点分十进制表示法。

2. IP 地址的分类

根据取值范围的不同，IP 地址可以分为 5 类。5 类地址的结构如图 6-23 所示。A 类地址的第 1 位为 0，B 类地址的前两位为 10，C 类地址的前 3 位为 110，D 类地址的前 4 位为 1110，E 类地址的前 5 位为 11110。其中 A、B、C 类地址为基本的 IP 地址。由于 IP 地址的长度限定为 32 位，所以类标识符的长度越长，则可用的地址空间越小。

图 6-23　5 类 IP 地址的结构示意

对于 A 类 IP 地址，其网络号的最高位必须是 0，网络地址空间长度为 7 位，主机号空间长度为 24 位。A 类 IP 地址范围为 1.0.0.0～126.255.255.255，共 126 个网络地址，因此 A 类 IP 地址允许有 126 个不同的 A 类网络（网络号为 0 和 127 保留用于特殊目的）。由于主机号空间长度为 24，因此，每个 A 类地址的主机号数多达 16777216（224）个。A 类 IP 地址结构适合于有大量主机的大型网络。

B 类 IP 地址的网络号的最高位必须是 10，网络地址空间长度为 14 位，主机号空间长度为 16 位。B 类 IP 地址范围为 128.0.0.0～191.255.255.255，允许有 16 384（214）个不同的 B 类网络，由于主机号空间长度为 16，因此，每个 B 类地址的主机号数多达即 65 536（216）个。B 类 IP 地址结构适合于一些国际性大公司与政府机构等。

C 类 IP 地址的网络号的最高位是 110，网络地址空间长度为 21 位，主机号空间长度为 8 位。C 类 IP 地址范围为 192.0.0.0～223.255.255.255。由于网络号空间长度为 21，因此允许有 2 097 152（221）个不同的 C 类网络，由于主机号空间长度为 8，因此，每个 C 类地址的主机号数多达 256（28）个。C 类 IP 地址结构适合于一些小公司与普通的研究机构。

D 类 IP 地址不标示网络，它的范围为 224.0.0.0～239.255.255.255。D 类 IP 地址用于其他特殊的用途，如多目的地址广播。

E 类 IP 地址暂时保留，它的范围为 240.0.0.0～255.255.255.255。E 类 IP 地址用于某些实验和将来使用。

6.3.2　域名系统

二进制形式的 IP 地址对于 Internet 上的普通用户来说难以记忆，为此，人们引入了域名系统。

1. 域名和域名的结构

域名（domain name）是人们为了减轻记忆 IP 地址的负担而给 IP 地址起的别名，如百度服务器对应的 IP 地址是 63.135.169.105，该 IP 地址对应的域名为 www.baidu.com。

DNS 是对 IP 地址和域名进行管理的系统。域名和 IP 地址一样，都只是逻辑上的概念，并不代表计算机所在的物理位置。域名的长度可以变化，其中的字符串为了便于使用通常使用人们易于记忆的字符组合。

一个 Internet 域名只对应一个 IP 地址，但是每一个 IP 地址可以对应多个 Internet 域名。为了便于域名的管理，Internet 中域名的命名采用了层次结构。在这种命名方式中，名字空间被分为若干部分，每一部分称为一个域，每个域还可以再划分为子域，子域可以继续划分为更小的域。如此反复，整个名字空间就构成了一个由顶级域名、二级域名、三级域名等构成的一个层次型树状结构，如图 6-24 所示。

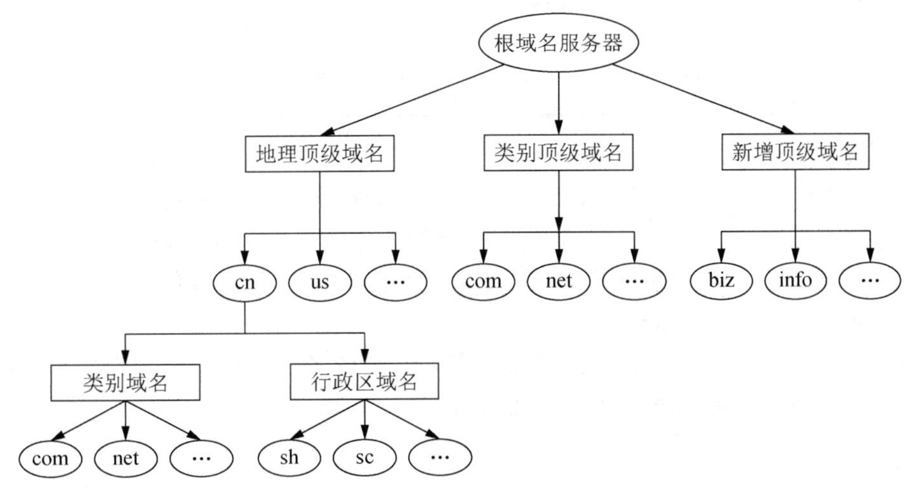

图 6-24　Internet 域名树状结构示意

域名从直观上看由标号和标号之间的点组成。例如，www.google.com 由 3 个标号 www、Google、com 组成，其中标号 com 是顶级域名，Google 和 www 分别是二级域名和三级域名。

每一级域名中的标号由英文和数字组成，字母不区分大小写。级别最高的顶级域名写在最右边，而级别最低的域名标号写在最左边。在域名管理上，各级域名由其上一级域名管理机构管理，而顶级域名则由 ICANN 管理。这种管理方式便于域名使用和查找，也保

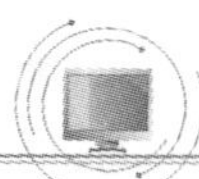

证了每一个域名在整个 Internet 中的唯一性。

当前的顶级域名已经有 200 多个，其中最多的是国家顶级域名。国家顶级域名见表 6-1。顶级域名还有一类是通用的顶级域名，适用于各种机构，见表 6-2。例如 www.baidu.com、www.google.cn 中的 com 和 cn 分别属于通用顶级域名和国家顶级域名。

表 6-1　部分国家顶级域名

域名	国家
cn	中国
de	德国
fr	法国
jp	日本
uk	英国

表 6-2　部分通用顶级域名

域名	使用的机构
com	公司企业
net	网络服务机构
org	非营利组织
int	国际组织
edu	教育机构
gov	政府部门
mil	军事机构

国家顶级域名之下的二级域名由各个国家自己决定。我国的二级域名有类别域名和行政区域名等。对于类别域名的划分，参考了通用顶级域名，如二级域名 edu 指中国的教育机构。而行政区域名一共有 34 个，适用于我国的各省、自治区和直辖市，如上海市的 sh、湖北省的 hb 等。另外，我国也允许在 cn 顶级域名下直接注册二级域名，如 www.google.cn 不必注册成 www.google.com.cn。

二级域名再往下细分，可以分为三级域名和四级域名，即在某个二级域名下注册的机构可以获得三级域名，可以根据实际需要来进行申请。

2. 域名服务器

域名服务器是用来完成域名到 IP 地址的转换工作的服务器。从理论上讲，整个 Internet 上只能有一个域名服务器，用该服务器来存放所有的域名到 IP 地址之间的对应关系，并回答全球范围内对 IP 地址的查询，但这种方式在现实生活中并不可行，因为庞大的 Internet 会使域名服务器因负荷过重而瘫痪，从而使得整个 Internet 无法正常工作。因此，DNS 采用了分布式的结构，即由全世界范围内的多台服务器完成 Internet 中的域名解析工作。

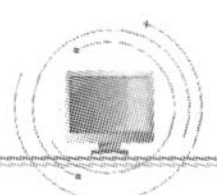

实训 6.3　IP 地址的查询与 TCP/IP 的设置

实训目的

1）掌握本机 IP 地址的查询。
2）掌握 TCP/IP 属性的配置。

实训内容

1）IP 地址的概念、格式及分类。
2）IP 地址的管理方式及 IP 地址资源的分配情况。
3）本机 IP 地址的查询，TCP/IP 属性的配置。

实训步骤

1. TCP/IP 的设置

01 右击“网络”图标，在弹出的快捷菜单中选“属性”命令，打开“网络和共享中心”窗口。

02 在“网络和共享中心”窗口中，右击“无线网络连接”图标，在弹出的快捷菜单中选“属性”命令，打开“无线网络连接 属性”对话框，如图 6-25 所示。

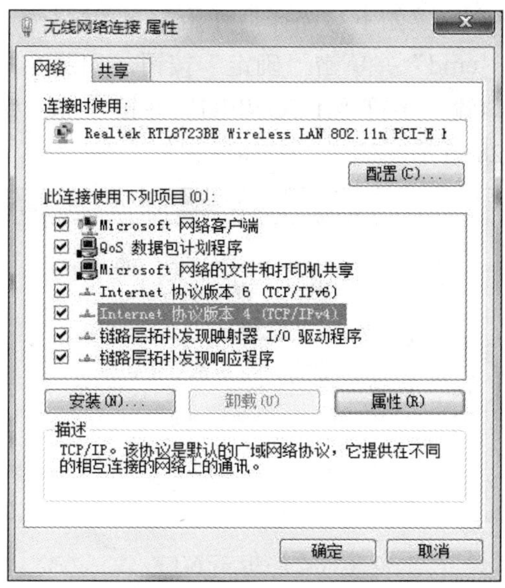

图 6-25　本地连接属性

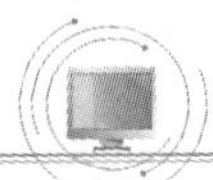

03 在“无线网络连接 属性”对话框的列表框中勾选“Internet 协议版本 4（TCP/IPv4）”复选框后，再单击“属性”按钮，打开 TCP/IP 属性对话框。

04 在打开的 TCP/IP 属性对话框中，设置 IP 地址、子网掩码、网关和 DNS，如图 6-26 所示。

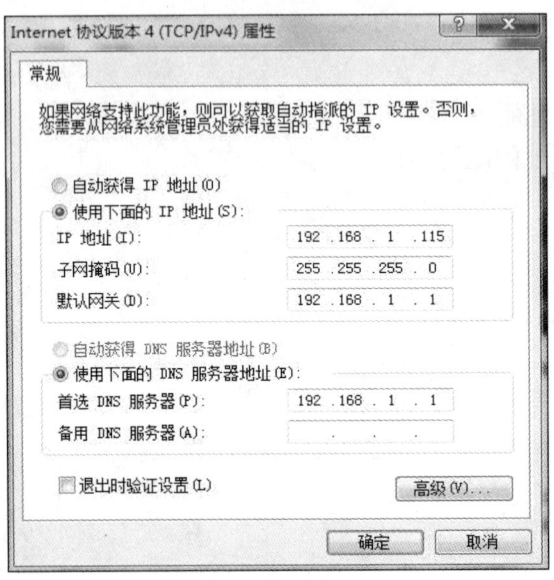

图 6-26 TCP/IP 属性窗口

2. 本机 IP 地址的查询

在正确设置 IP 地址等相关参数后，可以通过系统命令提示符窗口查询本机网络信息。

本机 IP 地址的查询操作步骤如下：选择“开始”→“运行”命令，在“运行”对话框的“打开”选择框中输入“cmd”并单击“确定”按钮，如图 6-27 所示。

在系统命令提示符窗口输入字符“IPCONFIG”并按 Enter 键，即出现相应的本机 IP 地址的相关信息，如图 6-28 所示。

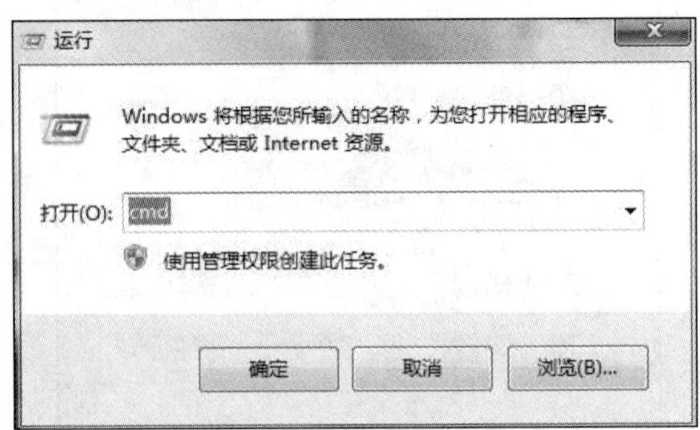

图 6-27 运行窗口

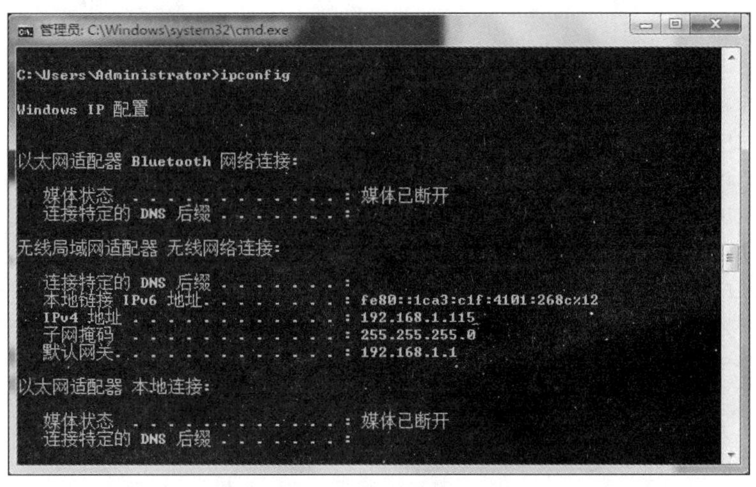

图 6-28　系统命令提示符窗口

IP Address—IP 地址；Subnet Mask—子网掩码；Default Gateway—网关

实训小结

通过本次实训，同学们掌握了对自己计算机上的 IP 地址的设置方法、本机 IP 地址的查询方法、TCP/IP 属性的配置，从而了解了一些网络理论的初级知识。

参 考 文 献

常东超，郭来德，吕宝志．2011．计算机应用基础．北京：科学出版社．

邓惠芹．2009．计算机应用基础．广州：暨南大学出版社．

冯勇，郝利珍．2010．计算机应用基础．北京：电子工业出版社．

聂雪．2009．计算机应用基础．成都：西南交通大学出版社．

王丽英．2007．计算机应用基础．北京：机械工业出版社．

张秀玉．2007．计算机应用基础与实训．北京：清华大学出版社．

祝朝映．2014．高级办公应用项目教程（Office 2007 版）．北京：科学出版社．